高等院校草业科学专业“十三五”规划教材

运动场与高尔夫球场草坪

张巨明　徐庆国　主编

中国林业出版社

内容简介

全书分运动场草坪与高尔夫球场草坪两大部分，在论述运动场与高尔夫球场草坪发展历程、场地概况、质量标准、基础理论以及共性技术的基础上，系统介绍了各类运动场与高尔夫球场草坪的建植技术、养护管理技术以及附属管理等内容。本书广泛吸收了国内外运动场与高尔夫球场草坪的研究成果与先进技术，内容全面、系统、新颖，具有较高的理论水平和实际应用价值。

本书可作为高等农林院校与综合性大学草业科学、园林、园艺及高尔夫等专业教科书，还可供从事草坪、运动场与高尔夫球场管理、园林、环境保护、生态、植物资源利用与管理、城市规划与建设、旅游、物业管理等相关产业的科技工作者、生产管理与经营相关人员参考。

图书在版编目(CIP)数据

运动场与高尔夫球场草坪/张巨明，徐庆国主编. —北京：中国林业出版社，2016.7(2023.12 重印)
高等院校草业科学专业“十三五”规划教材
ISBN 978-7-5038-8642-3

Ⅰ.①运… Ⅱ.①张… ②徐… Ⅲ.①高尔夫球运动－体育场－草坪－高等学校－教材
Ⅳ.①S688.4

中国版本图书馆 CIP 数据核字(2016)第 176043 号

中国林业出版社·教育出版分社

策划编辑：肖基浒　　**责任编辑**：肖基浒
电话：83143555　　**传真**：83143516

出版发行　中国林业出版社(100009　北京市西城区德内大街刘海胡同 7 号)
E-mail：jiaocaipublic@163.com　电话：(010)83143500
http：//www.forestry.gov.cn/lycb.html
经　销　新华书店
印　刷　三河市祥达印刷包装有限公司
版　次　2016 年 12 月第 1 版
印　次　2023 年 12 月第 2 次印刷
开　本　850mm×1168mm　1/16
印　张　18
字　数　460 千字
定　价　54.00 元

《运动场与高尔夫球场草坪》编写人员

主　　编　张巨明　（华南农业大学）
　　　　　徐庆国　（湖南农业大学）
副 主 编　宋桂龙　（北京林业大学）
　　　　　席嘉宾　（中山大学）
编写人员　（以姓氏笔画为序）
　　　　　王显国　（中国农业大学）
　　　　　尹少华　（华中农业大学）
　　　　　白小明　（甘肃农业大学）
　　　　　刘　平　（湖南涉外经济学院）
　　　　　刘卫东　（中南林业科技大学）
　　　　　刘　伟　（四川农业大学）
　　　　　刘天增　（华南农业大学）
　　　　　张巨明　（华南农业大学）
　　　　　宋桂龙　（北京林业大学）
　　　　　余晓华　（仲恺农业工程学院）
　　　　　武小钢　（山西农业大学）
　　　　　杨秀云　（山西农业大学）
　　　　　杨　烈　（安徽农业大学）
　　　　　柴　琦　（兰州大学）
　　　　　席嘉宾　（中山大学）
　　　　　高　凯　（内蒙古民族大学）
　　　　　徐庆国　（湖南农业大学）
　　　　　彭　燕　（四川农业大学）

前 言

运动场草坪作为草坪学的一个重要分支，在所有类型草坪中质量要求最高，专业性最强，社会影响力最大，它始终引领着草坪业的发展，可以说，运动场草坪技术反映了草坪科技的最新成果，运动场草坪发展代表了草坪业的先进水平。

我国的运动场草坪自1990年北京亚运会以来发展迅猛。据不完全统计，截至2015年，全国有大、小运动场草坪上万个，高尔夫球场约600家。但与发达国家相比，我国运动场草坪的发展还十分落后，这也是导致我国足球等草上运动项目大大落后于世界水平的重要原因之一。当前，我国体育产业整体上严重滞后于我国经济的发展水平，为加快我国体育产业和足球运动的发展，国务院2014年发布《关于加快发展体育产业促进体育消费的若干意见》，2015年发布《中国足球改革发展总体方案》中明确提出：推动体育产业成为经济转型升级的重要力量，把发展足球运动纳入经济社会发展规划，大力发展足球运动。可以预料，我国足球场等草上运动项目将迎来新一轮的大发展。这对我国从事运动场草坪科学研究的科技人员和从事相关产业的专业技术人员和经营管理人员提出了更高的要求。然而，我国运动场草坪起步较晚，运动场草坪教育远远落后于发达国家，专业理论体系及专业人才缺乏，远远不能适应当前我国体育产业快速发展的需要，因此，培养专业化、综合型运动场草坪专业人才，设计建造和养护管理高水平的运动场地，就成为当前我国体育产业发展中一个亟待解决的问题。此外，国务院学位委员会、教育部2011年公布新的《学位授予和人才培养学科目录》中，原属于畜牧学一级学科的草业科学二级学科成为草学一级学科，因此草学及下属的草坪等学科的人才培养方案与模式需要重新修订，相应的本科专业培养方案与专业教材也亟待编写。

运动场草坪与高尔夫球场草坪在基础理论、养护管理技术及实施操作等方面具有共同性，鉴于此，本书首次尝试将两者合二为一编写为一本教材。广义上说，高尔夫球场也属于一种类型的运动场草坪，但由于其在规模、产值、场地结构、养护管理的复杂性、质量要求以及比赛形态等方面与其他类型运动场草坪有明显差异，因此，国际上通常将高尔夫球场草坪从运动场草坪中单独出来，而将其他各类称为运动场草坪。在运动场草坪中，虽然各类型之间有差异，但在草坪养护管理及质量要求方面基本一致，因此，本教材分为上下两篇编写，上篇着重介绍各类运动场草坪，下篇重点介绍高尔夫球场草坪。上、下篇首先分别论述运动场、高尔夫球场草坪的发展历程、场地概况、质量标准、基础理论以及共性技术，在此基础上，上篇按各类运动场草坪作为章的基本构成单元，但考虑到有些运动项目在场地、养护管理、竞赛等方面十分相似，故将足球场、橄榄球场和曲棍球场草坪合编为一章，棒球场与垒球场草坪合编为一章，草地网球场与草地保龄球场草坪合编为一章，赛马场和滑草场则单独成章。下篇按高尔夫球场地的构成区域为各章基本单元。由于高尔夫球场各区域具有不同的功能，草坪养护管理差异明显，同时，高尔夫球场也是以球场区域为单元制订养护管理计划和组织实施的，所以下篇各章按高尔夫球场果岭、发球台、球道、长草区及沙坑与草坑分别编写。

本教材在编写过程中，广泛吸收了国内外运动场与高尔夫球场草坪的研究成果与先进技术，采用基础理论与实际应用技术有机结合的编写方法，按照高校教科书编写规律，把握章节分明、条理清晰、概念明确、重点突出、图文并茂的编写原则，在各章节配有相应思考练习题，并推荐阅读书目，最后附参考文献，以方便教学与自学，使本教材内容全面、系统、新颖，具有较高的理论水平和实际应用价值。本书既可作为高等院校草学、园林、园艺等专业及高尔夫等相关专业教科书，还可供草坪、运动场与高尔夫球场管理、园林、环境保护、生态、植物资源利用与管理、城市规划与建设、旅游、物业管理等相关行业的科技工作者、生产管理与经营相关人员参考。

本教材由全国15所高等院校草业科学专业的18位老师集体编写完成。编写具体分工如下：张巨明编写绪论的0.3和0.4节，第1章的1.2和1.4节，第2章的2.3节，第3章的3.2节和3.4节部分内容，第7章的7.2和7.3节；徐庆国编写绪论的0.1和0.2节，第1章的1.1节；宋桂龙编写第2章的2.1和2.2节，第8章的8.4节；席嘉宾编写第1章的1.3节和第7章的7.4节；余晓华编写第3章的3.1、3.3节和3.4节部分内容；王显国编写第4章的4.1和4.2节；刘卫东编写第4章的4.3节；高凯编写第5章；彭燕编写第6章；刘天增编写第7章的7.1节；尹少华编写第8章的8.1～8.3节；柴琦编写第9章的9.1～9.3节；刘伟编写第9章的9.4节；白小明编写第10章的10.1和10.2节；杨烈编写第10章的10.3和10.4节；武小钢与杨秀云编写第11章。编写人员对本书各章内容进行了互换校阅工作，而后由主编张巨明与徐庆国，副主编宋桂龙与席嘉宾分工对各章内容进行了定审，最后由张巨明对全书进行统稿。

本教材全体编写人员以科学严谨的态度，奋发向上的工作作风，协作攻关的团队精神，完成了规划教材编写任务。编写过程中参阅了大量国内外文献资料，对文献作者致以真诚的感谢；对付出辛勤劳动的编写人员以及出版社相关人员的支持和帮助表示衷心感谢。孙吉雄教授在编写过程中给予了热情关怀、指导与支持，向佐湘教授为完善教材大纲提供了有益建议，研究生刘颖、李龙保、解彦峰、毛中伟、曹荣祥、曹丽丽、李凤娇、谢新春、李佳岭、武鑫、罗涵夫协助查阅和整理资料，在此一并表示感谢。

将运动场草坪与高尔夫球场草坪合编是一次新的尝试，加之编者学识水平有限，本书的错误与不足之处在所难免，恳请读者批评指正。

编 者

2016. 2

目 录

上篇 运动场草坪

下篇 高尔夫球场草坪

绪 论

人类早期的竞技活动多是在草地上进行的，随着人类有意识地利用草地开展竞技活动，草地就逐步演变成了专门用于竞技活动的运动场草坪。可以说，运动场草坪的形成和发展是人类社会经济发展、技术进步、竞技体育发展和健康意识提高共同作用的结果。运动场草坪的规模和质量现已成为一个国家或地区经济发达、社会文明和人民健康的重要标志之一。运动场草坪有许多类型。从草坪管理的角度来说，不同类型的运动场草坪有很大的相似性，但由于对使用功能的要求不同，在草坪管理方面又分别有其特殊性。广义上说，运动场草坪包括所有类型的运动场草坪，高尔夫球场草坪属于其中的一类，但由于高尔夫运动的特殊性，且其产业十分庞大，高尔夫球场草坪早已从运动场草坪中分离出来，成为一个与运动场草坪并驾齐驱、独立发展的产业。因此，通常意义上的运动场草坪是指除高尔夫球场草坪以外的其他类型的运动场草坪。

0.1 运动场与高尔夫球场草坪的概念及类型

草坪(turf 或 lawn)是指为了绿化、环境保护和体育运动等目的，由人工建植形成或天然形成并进行修剪等管理改造而成，相对低矮、均匀、平整的多年生草本植物群落。草坪按功能或用途可分为绿化与观赏草坪、运动场草坪、固土护坡与环保草坪和其他用途草坪等多种类型。

0.1.1 运动场草坪的概念及类型

0.1.1.1 运动场草坪

运动场草坪(sports turf)指在特定环境条件下，人工培育而成的具有承受人类体育运动能力的草本植物群落。运动场草坪概念包含了如下 4 个要点。

(1)具有特定环境条件

和绿化与观赏、固土护坡与环保等类型草坪相比较，运动场草坪的土壤基质、灌排系统设置与建造、草坪草品种选择及草坪养护管理等均具有一系列特殊要求。因此，运动场草坪具有特定的建造与运行及经营环境。一是微环境发生变化。高水平的运动场草坪多建在较为封闭的场馆内，场馆建筑导致的遮阴会导致球场内光照条件及通风条件减弱，草坪植物的生长相应会受到影响，如夏季场内会形成高温、高湿的不利条件，容易滋生病虫害；二是人为使用的客观条件。运动场草坪需要在草坪上进行一定的体育运动比赛，如足球、赛马、网球等，因此，它不仅要承受激烈的运动带来的践踏、磨损、冲击等外力与频繁的赛事影响，而且还受正常养护作业影响，如频繁的修剪等是高尔夫等运动场草坪必需的养护作业，同时该养护作业又会对运动场草坪草生长发育带来极大的影响。

(2)人工培育而成

运动场草坪由人工建植或由天然草地经人工改造而成，它还需要进行定期修剪等养护管理，因此，具有强烈的人工干预特性。运动场草坪要通过建造者与管理者的建造、养护和管理，确保用于运动的专门草坪能及时地为运动提供最好的场地条件。它包括通过设计与人为建造而成的优质草坪场地以及为维护高质量草坪而进行的养护管理。作为草坪管理者，不仅需要具有草坪经营计划制定、职员组织管理、修剪、施药等工作技术和职能，更重要的是还需要具备处理这些问题的能力。运动场草坪管理者不仅需掌握草坪草特性、草坪养护管理等相关知识，同时还需具有草坪经营协调组织、管理运筹的能力。其中最为关键的是要切实把握草坪质量与使用强度及自然环境的关系。

(3)具有承受体育运动的能力

运动场草坪是一种具有特有功能和用途的一类草坪。即运动场草坪应为体育运动提供平整、富有弹性、摩擦均一的运动表面，以便运动员临场技术得到充分发挥，使体育比赛准确有序地进行。然而，激烈的运动常常会给草坪带来严重的践踏、冲击、磨损等，从而使草坪受到损伤和破坏，因此，草坪管理者应对草坪及时地进行日常养护、管理和维护，比赛前后还要对草坪进行一些特殊的养护管理措施。

(4)特殊的草本植物群落

运动场草坪草属于狭义的草坪植物，即禾本科草坪草构成的特有草本植物群落。并且，它们具有较强的耐践踏能力、低生长点等显著特征。它们与广义的草坪植物有明显的区别，如白三叶、马蹄金等草坪植物并不具备运动场草坪草所具有的特点，因此，尽管它们可用作绿化等草坪用草，但一般不能用作运动场草坪用草。

总之，优质运动场草坪是经济、科学、技术、管理的综合体现。其中，由人实施的管理因素是能动性最大的决定因素。因此，草坪管理者是决定运动场草坪质量的第一位因素。只有草坪管理者可协调草坪使用强度、自然因素对草坪的影响，通过合理的养护管理措施，才能为体育运动提供一个平整、均一、致密的符合质量标准的运动草坪场地。

0.1.1.2 运动场草坪的类型

体育运动项目多种多样，因而运动场草坪种类也很多。一般依据体育运动属性及类型可将运动场草坪分为球类运动场草坪、竞技类运动场草坪、赛马场及斗牛场草坪和游憩类运动场草坪四大类。但是，运动场草坪的这种分类方法只是一种相对大概的分类方法，有些运动场草场的分类属性可能出现交叉，如常见的足球场草坪既可属于球类运动场草坪，也可归类为一种竞技类运动场草坪，同时，也可作为游憩类运动场草坪加以利用。因此，运动场草坪严格的分类方法，则是依据体育运动类型分成足球场草坪、高尔夫球场草坪、射击场草坪、赛马场草坪、儿童游乐活动场草坪等小类。

(1)球类运动场草坪

足球、高尔夫球、橄榄球、网球、棒球、垒球、保龄球、滚木球、马球、板球等球类体育运动均可在专门的相应运动场草坪上开展与比赛。专门球类运动场草坪系采用特有的草坪草种、特殊的坪床与灌排水系统及特定的养护管理技术建造和经营的天然草坪。与利用普通泥土、砂石建筑材料及塑料、化纤等建造和经营的相应人工球类运动场相比较，球类运动场草坪具有柔软舒适、平整均一、环境优美的特点，不仅可以提高球类运动的质量和球类运动场等级，防止和减少球类运动员受伤，而且还可为观众提供赏心悦目的观看环境和良好的娱乐场所。

①足球场草坪 足球运动是一项古老的体育运动。通常将1863年10月26日英国足球协会成立和世界第一部统一的足球比赛规则制订之前的足球运动(足球游戏)称为古代足球运动;此后的足球运动称为现代足球运动。国际足球协会联合会(简称国际足联,FIFA)认为,古代足球运动起源于中国,现代足球起源于英国。

从1900年第二届奥运会开始,足球已经成为奥运会正式比赛项目。现代足球运动已成为世界三大球类运动之一,由于其普及性和商业性,现代足球运动已发展成为一种文化和社会产业,它在为亿万人们提供精神享受的同时,也为世界创造了巨大的经济和社会效益。因此,足球运动也已经成为具有巨大世界影响的第一大体育运动。

现代足球比赛往往被人们称为"绿茵赛事"。可见足球场草坪与现代足球运动存在极其密切的关系。足球场草坪不仅能使足球运动员可减少或避免在运动中可能受到的伤害,充分发挥竞技水平,而且,对足球运动观众感官具有极好的刺激作用,极大地提高人们对足球运动的热爱程度和参与激情。同时,足球场草坪质量的好坏在某种意义上讲,也反映了足球运动水平的高低。

②高尔夫球场草坪 高尔夫是指个人或团体球员站在草坪上,利用长短不一的高尔夫球杆,从一系列发球台上把一颗颗小球击打入洞的一种户外体育运动。一般认为高尔夫球起源于苏格兰,迄今为止大约有500多年的历史。第二次世界大战后,世界各国经济、科技的快速发展使高尔夫运动获得了快速发展,随着高尔夫运动的职业化,世界各国高尔夫产业经济也获得了快速增长。近年来,我国高尔夫产业经济也随着改革开放事业的发展出现了强劲的增长。

高尔夫球场草坪是所有球类运动场草坪中规模最大、养护与经营管理最精细、艺术品位水平最高的草坪。它投入的人力和物力资源也最高,其球场的规划设计、草坪草种的选择与其他植物种的匹配、草坪建植与养护管理等均代表现代草坪科学的领先水平。高尔夫球场一般建在丘陵地带开阔的缓坡草坪上。其中应有水域、沙坑和乔木、灌木等自然景物点缀于球场草地间。

高尔夫球场草坪尽管也属于球类运动场草坪,但是因为其独特的草坪设计、建造与养护要求,因此,一般将高尔夫球场草坪从运动场草坪中单独列出成为一类草坪。

③橄榄球场草坪 橄榄球是一种盛行于英国、美国、澳大利亚、日本等国家的球类运动。它起源于英国,原名拉格比足球,简称拉格比;美国的橄榄球,称美式足球。因其球形似橄榄,在中国称为橄榄球。橄榄球是一种冲撞型的运动。为了制止攻方向前推进,守方须擒抱拦截持球的对方球员。因此,防守球员会透过身体接触,在符合球例的情况下把对手拦下。球例规定防守的擒抱者不能踢、打或绊倒对手。防守也不可拉对方的面罩、用自己的头盔来拦截、或把对手抱起再摔下。除了这些及另外一些关于"过份粗暴"拦截的规则外,其他方式的擒抱都视为合法。负责阻挡开路的进攻球员以及要避开阻挡的防守球员有很大的空间及方法去令对方失手。

橄榄球运动通常在橄榄球草坪上进行。由于橄榄球是一种运动强度非常大,对抗性极强,有许多激烈身体碰撞的运动,对橄榄球运动场草坪的伤害较其他球类运动场草坪严重。因此,橄榄球运动场草坪对场地要求较高,不仅要求草坪场地灌排系统良好,同时还要求场地硬度适中。

④棒球场和垒球场草坪　棒球运动是一种以棒打球为主要特点，集体性、对抗性很强的球类运动项目。它在国际上开展较为广泛，在美国、日本尤为盛行，被称为“国球”。垒球从棒球发展而来，垒球与棒球比赛规则基本相似。它与棒球最大的区别是球比棒球大、棒比棒球短小、场地比棒球场小。此外，棒球投手采用举手过肩的办法投球，而垒球投手采用下手臂运动投球。垒球技术难度、运动剧烈程度低于棒球，后发展成为女子项目。

棒球与垒球草坪场地主要起绿化、美化作用，对其运动和球的冲击基本无影响。因此，棒球场与垒球场草坪建植管理要求与一般绿化草坪基本相同。但是，沿着投球区和端线方向的棒球场和垒球场草坪经受的践踏强度较大，需重点加强其养护管理。此外，棒球与垒球的场地分为土质场地和草坪场地两类。在草坪场地上只有外场和内场的方块区域有草坪，而内场的跑垒区域没有草坪，只是土质的平地。根据棒球和垒球的运动规则，棒球场和垒球场草坪不像足球场和橄榄球场草坪一样，其受到的磨损和践踏要小得多。因此，它们所要求的草坪更新或再生恢复性能，也不如足球场和橄榄球场草坪那么高。

⑤网球场草坪　现代网球运动是1873年，由英国人沃尔特·克洛普顿·温菲尔德将早期的网球打法加以改进，使之成为夏天在草坪上进行的一项体育活动，并取名“草地网球”。同年还出版了《草地网球》，对草地网球运动进行宣传和推广。后来，网球运动由草地上演变到可以在沙土上、水泥地上、柏油地上举行比赛。现在，网球成为盛行全世界的优美而激烈的健身体育运动。它仅次于足球，被称为世界第二大球类运动。

任何能满足网球场地大小的平地均可作为网球场。但是，草地网球场是历史最悠久、最具传统意义的网球场地。其特点是球落地时与地面的摩擦小，球的反弹速度快，对球员的反应、灵敏、奔跑的速度和技巧等要求非常高。草地网球场草坪既要求反弹力好、平整光滑，又要求有一定的粗糙度，防止球员滑倒受伤。而且，草地网球场使用频率高，践踏损伤严重，其剪草高度、球速、球的反弹以及球场的持久性等都决定着球场质量。还因其所需面积有限，对草坪质量要求较高，草地网球场建造和养护管理难度最大，必须规范设计和建造，精心养护，才能达到使用要求。

⑥草地保龄球场(滚木球场)草坪　草地保龄球又称草地滚球和滚木球，是由室外保龄球演变而来，是将一个偏心球(即保龄球)在草坪上滚动的户外运动。草地保龄球运动在美国、澳大利亚、新西兰、日本等国家的中老年人群中较为普及，它克服了室内保龄球等体育运动室内环境压抑、没有生机的缺点，在室外保龄球草坪上可以自由走动，尽享大自然的优美。我国第一座草地保龄球场，于1990年3月开始施工，5月建成于广州市越秀公园鲤鱼头体育活动区。该球场按国际标准建成，边长为38 m的正方形。场内分7个区，可同时容纳7组队伍开展比赛。

草地保龄球场草坪要求表面均匀平整，草坪草的修剪高度很低，草坪要经常除去枯草层，还要求控制和限制灌溉，以便场地表面坚实和平整。因此，尽管保龄球运动没有人和球的急剧冲击和践踏，草坪草在使用中受伤较轻，其养护管理难度较低，但高水平和有经验的场地管理仍然极其重要和关键。

⑦马球、板球和藤球场草坪　马球史称“击鞠”“击球”等，为骑在马背上用长柄球槌拍击木球的运动。马球起源于公元前200年的中国汉朝，兴盛于唐、宋和元3朝，由于需要一定数量的良种马匹和较大面积的场地，主要流行于军队和宫廷贵族中，至清代始湮没。马球曾在1908年、1920年、1924年、1936年作为奥运会正式比赛项目。英、美、阿根廷、印

度、中东等国至今仍喜爱这项运动。近年随着中国经济的快速增长，马球运动也开始逐渐回归中国。马球赛场相当于9个足球场大小，其场地多用赛马场，无专用的马球场。

板球又名木球，球中心为软木，外表为红色皮革，红色皮革用线缝制起来。板球运动是以击球、投球和接球为主的运动。参与者分两队比赛，通常每队11人，一队做攻击，另一队做防守。攻方球员为击球员，比赛时每次只可派两人上场，一人负责击球取分，另一人配合夺分，致力夺取高分数；守方则11位球员同时上场参赛，一人为投球员，负责把球投中击球员身后的三柱门，力图将他赶出局，其他球员为外野手，负责把击球员打出的球接住，防止攻方得分。攻方的击球局完结后，两队便会攻守对调，得分较高的球队为胜方。

板球起源于英国，盛行英国、澳大利亚、新西兰、印度、巴基斯坦、孟加拉、尼泊尔等国家，并已经成为印度和巴基斯坦的国球，到目前为止已有104个国家发展板球运动，板球也从区域体育项目发展为国际化的体育项目。在国际板联和亚洲板联的大力支持下，中国的板球运动发展迅速。2004年中国板球协会加入亚洲板联，2007年板球运动进入中国，2010年在广州举办的第16届亚运会催生了中国首座标准板球场，它位于广东工业大学大学城校区，总用地面积$4.68 \times 10^4 m^2$，直径150 m的正圆形比赛区面积相当于三个足球场大。板球场中心投手区一般设置8个球道，球道长不少于17.68 m，宽不少于1.83 m。

藤球是一种独特而古老体育运动项目，历史悠久，目前在东南亚国家仍然作为其传统球类运动流行。该运动要求球员运用自己的脚腕、膝关节等同时夹、顶球，不让球落地，类似我国民间踢花毽子。藤球跟排球比赛有些类似，所不同的是以脚代手，所以又叫“脚踢的排球”。藤球场地也与排场类似，但必须在露天进行。由于藤球是限于脚踢球，球员容易在球场跌倒，因此，用草坪藤球场替代泥土场地，不仅卫生舒适，而且有助于减少球员受伤。

(2)竞技类运动场草坪

标枪、铁饼、链球、射箭、射击和滑橇跳伞等竞技体育运动项目均可在相应的竞技类运动场草坪上进行。专门用于这些竞技体育运动项目的运动场草坪均归类于竞技运动场草坪。这些竞技体育运动项目除滑翔跳伞有人体作用于草坪外，其余均为运动器材作用于草坪，因此，竞技运动场草坪对草坪质量要求不高，但要求其充分发挥草坪的生态环境保护功能，减少地面反射辐射，防止尘土飞扬，净化空气，改善竞技环境。此外，标枪、铁饼和链球田径比赛项目对草坪破坏较严重，练习与比赛后，应及时加以修复。还应特别注意该类竞技运动场草坪正式比赛前和比赛期间的恢复与养护工作。

(3)赛马场与斗牛场草坪

赛马是一种比赛骑马速度的竞技活动，属于国际奥运会马术运动的主要项目和基础项目，也是世界性和历史最悠久的传统体育项目。赛马自古至今形式变化多样，但基本原则都是竞赛速度。中国作为历史悠久的养马大国，马术运动源远流长，不仅早在古代各种马术项目就十分丰富多彩，而且从19世纪60年代就开始了现代赛马运动，还有代代相传至今不衰的蒙古族等少数民族的“那达慕赛马”传统体育项目。

斗牛运动是西班牙和葡萄牙的文化遗产，已有几百年历史，随着这些国家的对外扩张和殖民地统治逐渐传到拉丁美洲，至今仍在墨西哥等一些拉美国家盛行。另外，也是我国黔东南苗族、侗族等少数民族和其他地区一些少数民族如回族及印度一些地区的传统体育运动项目。

赛马场与斗牛场草坪不同于其他草坪，人和动物共同作用于草坪，要求耐受频繁而剧烈的马蹄和牛蹄的践踏，因此，该类草坪要求草坪密度大，草层厚；草坪土壤既要有很强的承重性能，又要有一定的通气透水性能，以利草坪草生长。此外，赛马与斗牛场比赛场地面积大，为便于观众欣赏比赛，整个场地均需要用草坪绿化美化，因而，其草坪养护管理任务比较繁重。

(4)游憩类运动场草坪

游憩一般指在闲暇时间内，离开日常居住地，在户外场所空间进行的以放松身心，恢复体力和精力为目的的休闲活动，主要包括非竞技性的运动、娱乐、户外散步、游览、游戏等。根据游憩的定义，承担游憩活动载体的草坪均可称为游憩类运动场草坪，因此，广义的游憩类运动场草坪包括了上述各种类型的运动场草坪，但是，狭义的游憩类运动场草坪仅仅指游憩场草坪和滑草场草坪等。

①游憩场草坪　游憩场草坪是专门供人们进行休闲娱乐活动使用的草坪，一般不进行激烈的竞技运动。因此，该类型草坪与一般的绿化与观赏草坪功能相近，只要是具有一定面积的绿化与观赏功能的草坪均可作为游憩场草坪利用。其养护管理水平要求不高，主要为人们提供进行娱乐、户外散步、游览、读书、玩耍、游戏及非竞技性体育活动的场地，使人们充分欣赏草坪环境的优美，享受草坪户外活动的乐趣，消除身心疲劳。

②滑草场草坪　滑草是使用滑鞋履带用具和滑橇在专门种植的倾斜草地滑行的体育健身运动，1960年由德国人约瑟夫·凯瑟始创。其基本动作与滑雪相同。滑草最初作为弥补无雪或少雪季节无法进行滑雪运动而在草地进行的滑雪准备运动，在滑雪运动员的夏季训练中被采用。后来，由于滑草运动符合新时代环保理念和新奇的特点，并且具有能在春夏秋季节体会冬季滑雪乐趣的独特魅力，颇受人们喜爱，从而形成了风靡全世界的最时尚运动之一。滑草于20世纪90年代初被引入我国，其活动场地主要建在一些主题公园的景区内。

由于滑草与滑雪运动类似，并且可在一年四季中合理安排春、夏、秋季滑草，冬季滑雪，便于全年经营，因此，许多滑草场与滑雪场合二为一，建成综合型滑草滑雪场。

0.1.2 高尔夫球场的概念及类型

0.1.2.1 高尔夫球场

高尔夫(golf)运动，简称高尔夫，是英文一词的中文音译。高尔夫的英文恰好由绿色(green)、空气(oxygen)、阳光(light)和步履(feet)这4个英文单词的第一个字母构成，正好形象地表达了高尔夫运动的内涵与本质。踏着绿色的草坪，呼吸着清新空气，沐浴着和煦灿烂的阳光，漫步在绿草如茵的球场上，人们追逐着小小银球，潇洒挥杆击球入洞，这就是高尔夫运动。高尔夫运动是一项集休闲娱乐与社交商谈及竞技于一体的运动，这也使得高尔夫运动越来越成为一项极富魅力、最受欢迎、发展最快的运动项目之一。

高尔夫球场是进行高尔夫运动的场所。高尔夫球场没有固定的标准和大小，也没有固定的设计标准。一般高尔夫球场是依据原场址地形、地貌等设计建造而成，占地广阔，风格各异，充分把草地、湖泊、沙地、树木等自然景观与现代化建筑融为一体。因此，世界上几乎不存在完全相同的高尔夫球场。但是，高尔夫球场的主要组成元素却是一致的。

0.1.2.2 高尔夫球场组成

一个标准18洞的高尔夫球场占地面积一般为60~100 hm^2。按照其内部区域和功能的不同，可以划分为会馆区、草坪区和维护管理区3个主要功能区域。各功能区在管理上具有相对的独立性，但在功能上又相辅相成。

(1)会馆区

会馆(区)也称高尔夫俱乐部，多设于球场的入口处，是整个高尔夫球场的管理中枢，是球场接待、办公、管理、后勤供应的场所；也是为球员办理打球手续和在打球前后提供娱乐、休息、更衣、餐饮与社交的场所。会馆区大小不一，形式复杂多样。会馆区一般由球场办公楼、餐饮酒馆、停车场、高尔夫挥杆练习场、练习果岭、高尔夫学校、网球场、游泳池及其他附属设施组成，一般面积约占整个球场的5%。

会馆区还应充分融合现代商业建筑和民居建筑风格及现代高尔夫球场园林景观于一体，蕴含球场的企业文化与风格水平。并且一般常设置可供球员登高远望的观景点。

(2)草坪区

草坪区是高尔夫球场的主体部分，面积占整个球场的95%以上。由击球的草坪区域和水域、沙坑、树木等障碍区域组成。

草坪球道区以球洞为基本组成单位。洞与洞之间一般相距90~540 m不等。每个球洞基本由果岭、发球台、球道、障碍区组成。其中果岭与发球台是每个球洞必不可少的组成部分，其他区域则可根据球洞的杆数和设计的需求确定其有无。

①果岭(green)　位于球洞周围的一片管理精细的草坪，是推杆入洞的地方，击球的终点。果岭是每个球道的核心，是球洞所在地。球被打入球洞后，表明该球道的结束，进入下一个球道。果岭面积为500~850 m^2，形状有圆形、椭圆形等，高度比四周地势高30~100 cm。

②发球台(tee)　指每个洞球员打球的起点和供开球用的一块平整的草坪区域。一个洞的发球区至少要设有4个远近不同的发球台，距果岭由近至远依次为红梯(red tee)、白梯(white tee)、蓝梯(blue tee)、黑梯(black tee)。红梯为女子发球区；白梯和蓝梯为业余选手发球区；黑梯为职业选手发球区。每个球员也可根据自己的特点选择不同距离的发球台。有时也将不同的发球台合并成一个大的发球区。发球区应高于四周地势，以利于雨天排水。

③球道(fairway)　指发球台和果岭之间的区域，是发球台通往果岭的最佳路线。球道也是球场中面积最大的部分，球道两侧是起伏的地形或点缀的树丛，使球道和球道相分离，其两侧高草部分称高草区(rough)或长草区。球道为宽阔的草坪，球员一般能够在发球区看到果岭。

④障碍区(hazards)　指位于球道和果岭以外，根据球员的击球距离，常在落球区和果岭周围有计划地设置的沙坑(bunker)、水域(水塘、水池、湖泊、小溪)、树木、高草等。用于惩罚球员不正确的击球，并提高打球的难度、比赛的刺激性及激烈程度。

标准高尔夫球场一般由18个球洞组成，分为上半场和下半场两部分，以会馆为纽带连接。1~9号洞为上半场；10~18号洞为下半场。每个半场的开始与结束的球洞一般都设置在会馆区附近。不同高尔夫球场的球道区各组成部分的设计建造均有其独具匠心的地方。

球场草坪的管理由设在草坪管理区内的草坪部或场务部完成，并由设在会馆区的管理机构实施经营控制。

(3)维护管理区

维护管理区是草坪区日常维护管理机械设备和物质等存放的区域，还是机械设备保养和维修的区域，也是进行草坪试验研究与其他管理活动的场所。一般设置进行草坪区管理的场务部或草坪部，下设机械操作组、果岭管理组、园林组、喷灌组和设备维修组等具体职能部门。这些职能部门员工在场务部经理或草坪总监及各组组长的安排下，按照每日或每周的具体管理计划对草坪区进行管理和养护。

此外，高尔夫球场除了上述3个主要功能区域外，为了方便球员打球，一般还在球场设有一些其他附属设施建筑，如球场内的球场道路、中途休息亭、避雨亭、饮水站等；还为了增加高尔夫球场的整体经营效益，可能设置了一些住宅房地产开发项目及公共汽车站等公共生活设施。

0.1.2.3 高尔夫球场的类型

高尔夫球场大多依自然地形和风光设计建造而成，造成高尔夫球场风格各异，类型很多。为了更好地进行各类高尔夫球场的规划，明确球场的经营定位，有必要了解高尔夫球场的类型。高尔夫球场分类的方法多种多样，一般有如下不同的分类方法。

(1)按照球场建设地的地形地貌分类

由于地形、地貌和植被的划分并没有明确的区分界限，因而高尔夫球场的地形地貌分类方法并不十分确切。但是，该种分类方法约定俗成，广泛被人们应用。

①山地球场　球场建造在山坡、沟谷，地形特点为山区地形地貌。山地球场能显示出山的气魄和原有的山势、山景和林带，所以最具阳刚之美，风景宜人。同时因起伏大、倾斜度大且突兀，所以球的落点会随时改变，对击球的准确性要求很高。如我国北京的太伟球场即是典型的山地高尔夫球场。

②森林球场　球场建造在森林中，其特点是球道两旁都是高大的树木，球道与球道之间以茂密、高大的树木分隔，从一个球道几乎看不到另一个球道，地形变化较少。球道犹如蜿蜒在密林中的小道，一年四季景色随树叶季节颜色改变而发生变化，春秋季节景色最为迷人。如我国沈阳盛京高尔夫球场就是典型的森林球场；日本有名的球场也多数为森林球场。

③河川球场　球场的球道沿河川或人工湖布置，地势平坦，缺少地形及风向变化，有足够的距离且无树木遮掩，进行高尔夫比赛时，有时很难标记而形成困难球。如我国江南一些城市周边的高尔夫球场多为河川球场。

④丘陵球场　球场依山傍水，地形起伏自然多变，介于山地球场和河川球场之间。既可表现河川球场平坦轻松的风格，又能尽情描绘山陵林间的起伏跌宕，且因为它并不像山地球场倾斜度非常大，所以在强烈挑战的同时又安全舒适，各地也多选此种地形建造理想球场。

⑤平地球场　又称平原球场或公园球场。球场地势平坦，视野开阔，树木稀少，球道起伏相对比较小。如我国北京的万柳高尔夫球场、北京国际高尔夫球场等均属于该类型球场。

⑥滨海球场　也称林克斯球场。林克斯是英文单词“Links”的音译，本身就是球场的意思。它起源于苏格兰。英国大英高尔夫博物馆认为，林克斯是指一侧临海，一侧为内陆耕地，形状狭长的球场。历史上林克斯特指海边的狭长沙地，其特征是多由沙地、沙丘构成，地面如波浪起伏，其土质不适合生长植被和树木。追根溯源，林克斯原指苏格兰海边的区域，即从大海向农田过渡的区域。林克斯土质属于沙质土壤，不适合种植作物。实际上由于不能生长作物，林克斯被视为没有价值。后来，林克斯的意思逐渐转化为建设在该类土地上的高尔夫球场和广义的滨海球场。滨海球场建在海边，海浪波涛汹涌，具有风力强、沙粒多、草坪难管理等特点。如古老的苏格兰圣安德鲁斯、美国著名的东南海岸球场以及我国上

海海滨球场就是典型的滨海球场。

⑦沙漠球场　球场建在沙漠，除果岭、发球台、球道外，其余多利用原有的沙漠风貌和植被，有的沙漠球场甚至把一般球场的长草区改为一大片沙地。球场各球道都蜿蜒在沙丘之中，球道两旁布满沙漠植物，在打高尔夫过程中，一旦球员精确度出现偏差，即便找到球，也很难一杆救出来，使得沙漠球场的高尔夫极具挑战性和刺激性。沙漠中大量的沙原本是高尔夫球场不可缺少的元素，可由于沙漠缺水造成的生态脆弱性，使草坪草难以生存，一般很少选择在沙漠中建造高尔夫球场。但在大漠中建造的高尔夫球场草坪绿地，给人们以粗犷、狂野和大自然生机盎然的感觉，而且可带动旅游等相关产业发展，尽管对于沙漠球场是否危及沙漠地区极其脆弱的生态环境有争议。因此，自1950年美国加利福尼亚州建造第一个沙漠球场雷鸟球场(Thunder-bird Course)后，美国、阿联酋等国家也建了许多的沙漠球场。我国也于2010年建成了第一个沙漠球场——陕西榆林大漠绿淘沙高尔夫球场。

(2)按照球场大小分类

①练习场　高尔夫练习场是专供初学人员和爱好者练习打球的场所。一般有真草练习场和人造草打击练习场两种。有些练习场还配有果岭区和沙坑区，供大家练习推杆、沙坑杆和短杆。近年来韩国等国家还出现了室内高尔夫，它是根据真实球场蓝图和实际拍摄，经过3D制作，通过投影机投影展现在球员面前，选手可使用真球杆和真球任意选择在一个练球场或在一个高尔夫球场完成一场18洞。此系统能让高尔夫爱好者足不出户，就能在国际高尔夫球场上击打高尔夫，不受时间和天气的限制。特别是秋、冬、春枯草季节在室外球场不能打球时期，室内高尔夫是最佳的打球选择。

高尔夫练习场一般占地面积约30 000 m^2，最大也不超过67 000 m^2，一般包括推杆练习场和挥杆练习场两部分。推杆练习场1~2个，面积1 000~2 000 m^2，其余为大面积的挥杆练习场。高尔夫练习场一般均建有围网，防止球误击飞出造成的隐患。

②正式球场　高尔夫正式球场一般按照球道长度或球洞个数分为标准球场与非标准球场两种类型。

高尔夫标准球场：具有18个球洞，球场的球洞分为3标准杆球洞、4标准杆球洞和5标准杆球洞。通常标准高尔夫球场有4个3标准杆球洞(短洞)、10个4标准杆球洞(中洞)、4个5标准杆球洞(长洞)，全场标准杆数为72杆，球场总长度在6 200 m以上，符合国际比赛要求，也称为锦标赛球场。至于超过18个球洞的27洞球场与36洞球场等大中型高尔夫球场，同样可用作锦标赛球场，也可归类于高尔夫标准球场类型。

非标准球场：不足18个球洞或总杆数低于68杆，球道长度较短的球场。有3杆洞球场(标准球场的标准杆为72杆，球洞为18个，因此，平均计算结果为4杆洞球场)、9洞球场等。也有人将9个球洞以下高尔夫球场称为小型高尔夫球场。

(3)按照球道布局分类

①核心型高尔夫球场　核心型高尔夫球场又称团块状球场，是最古老和最基本的球场设计。在此种类型的球场中，球洞的设计是统一并且连贯的。起始球洞与结束球洞都在俱乐部会所附近。整个球道的布置形成一个组团，没有其他设施，其中标准球场的每9洞为一个分组团，2个9洞相互配合形成一个整体。若场地以高尔夫俱乐部会馆为中心，则形成倒8字的∞型设计，则俱乐部会所周围会有两个起始球洞和结束球洞。它消耗了最少的土地并且提供了最小的球场场地。在打球频繁和场地的维护费用相对提高的时候，核心型球场还是最有

效率的布局。

②环状球场　环状球场分为单球道连续型和双中心球道连续型两种球场类型。单球道连续型高尔夫球场是一个有着连续18个球洞的球场，这些球洞排列在一起形成一个圈，即单球道形成闭合的环路。这种球场占用极大的土地，能提供最大的球道场地，可操作的弹性极小。因为只有一个起点，所以每次只有一个四人组的球队能在球场开球。这就意味着要花费4个小时才能完全充满球场。一个更短的9个球洞的路线对于打球来说是很困难的，或者说是不可能的。另外，因为打球的人必须避免从球道的两旁出界，所以球会打得较慢(对于击球出界外的惩罚是算作两次击球)。但由于较少的固定因素，这种布局能提供最大的布局弹性，只有会所以及起始和结束球洞有固定的位置。这种球场的设计多针对复杂的地形。

双中心球道连续型高尔夫球场是双球道形成的闭合环路。它的占地面积少于单球道球场面积的1/6。双中心球道布局更缺乏弹性，比单中心球道布局减少了可供房地产开发的开阔地面积。特别是对已经存在的植被进行整理会更加困难。但这种球场非常适合狭长地带。因为使用了这种双中心球道，维护成本和时间都会减少。球场天然的平行会很单调，因此要用心设计出有特色、让人产生兴趣的球洞。

环状高尔夫球场往往与房地产项目紧密配合，在球道周围可配置更多的房屋。

③放射状球场　该种高尔夫标准球场设计成每3个球洞就返回高尔夫俱乐部会馆，各球道在平面以会馆为中心呈放射状排列。这种球场要求在会馆区周围能布置6个发球区和6个果岭区，需要会馆区周围有比较大的空间。并且，此种球场的维护成本要比核心型和环状球场高一些，因为发球台和果岭占了更大的面积。但该种球场整体占地面积比核心型和环状球场的占地面积小。

(4)根据球场属性分类

高尔夫球场还可根据球场所有者的性质(即属性)分为不同类型。

①国内球场类型　我国目前高尔夫球场的业主几乎都是各类企业。既包括外国独资企业和中外合资企业，也包括国有企业和民营企业。还有少量的学校等事业单位也建有用于教学等用途的各种类型的高尔夫球场。

由于不同企业的经营目标不同，使不同企业拥有的高尔夫球场的经营模式也不相同。因此，根据高尔夫球场的经营模式也可把高尔夫球场分为如下类型。

运动娱乐型球场：该类球场以专门发展高尔夫球场为主业，以球场及相关设施的经营为目标。

环境配套型球场：该类球场不以球场经营为主业，而是把高尔夫球场与房地产项目开发相结合，以房地产作为主业，结合高尔夫球场优良的环境带动球场周边地区房地产项目。

商务型球场：该类球场主要是为了适于特别球市的需要，如为满足时间不充裕的球员打球和观光、商务洽谈、娱乐及培训等而设计建造。该类球场一般规模不大，交通方便，有的小型球场位于城市中心位置，餐饮、住宿设施配套，有的练习球场还是商务旅游酒店的附属设施。

②国外球场类型　国外高尔夫球场按其属性可分为如下类型。

公众球场：该类球场作为城乡居民健身活动的场所，是一种公众性和公益性球场，可由政府部门建设，不收费或收费很低。

私人球场：是由私人高尔夫俱乐部会员参股或完全由个人投资建设和经营的球场，有非营利的球场，也有以营利或半营利为目的球场。

军人球场：是由军方专门为军人活动而建设与经营，一般不对外开放。

旅游观光球场：是由旅游观光企业建设与经营的球场，其目的是通过高尔夫运动娱乐项目吸引游客，一般建在公园、旅游风景名胜区、休养度假地和宾馆周边。

大学球场：是大学在校区建设的球场，主要为学生和教职员工服务。

企业或公司球场：大型企业建设属于本公司的球场，主要为自己的员工和企业客户服务，同时，体现和拓展本公司特有的企业文化。

0.2 运动场与高尔夫球场草坪的功能

0.2.1 运动功能

高尔夫球场草坪从本质上也属于运动场草坪，只因其在球场设计、工程建造、草坪建植与养护等方面区别于其他类型运动场，所以人们把高尔夫球场草坪单列为一种草坪类型。但两者的基本功能是一致的，就是都具有运动承载和运动保护功能。

0.2.1.1 运动载体功能

运动场与高尔夫球场草坪是进行体育运动训练和比赛使用的场所，是体育运动场的基础和载体。人们只有通过运动场与高尔夫球场草坪的媒介作用，才可能充分享受绿茵草坪户外体育竞技与休闲娱乐活动的刺激及愉悦。

运动场与高尔夫球场草坪可为各类体育运动训练和比赛及休闲娱乐活动提供一个均一、平坦的场地，为观众创造一种美观、舒适的欣赏环境，从而创造出运动场与高尔夫球场草坪的经济效益及社会效益。

0.2.1.2 运动保护功能

草坪运动场草坪具有良好的缓冲功能，从而在一定程度上保证各类草上体育运动的安全性和舒适性。

首先，运动场草坪可减少体育运动员或爱好者因摔倒、跌落、碰撞、拼抢等而造成的伤害，有利于提高体育运动员或爱好者的参与积极性，保持最佳竞技状态，临场发挥更出色，取得最佳优异成绩。特别对于减少和减轻足球、橄榄球等一些高强度的体育运动项目运动员的受伤概率及受伤程度，运动场草坪发挥着十分重要的作用。

其次，运动场草坪对草上体育运动项目训练和比赛用具，如对足球、橄榄球、网球、高尔夫球等可起到一定的保护作用，进而可以减少其摩擦损耗，延长其使用寿命。

第三，赛马场和斗牛场等运动场草坪对于训练和参赛的马匹及牛等动物也可取到保护作用。不像硬土场或沙石等坚硬场地，其反作用力较大，容易使腾空跃起的动物受伤，甚至使极其珍贵的参赛动物失去运动使用价值和经济价值。

0.2.2 生态功能

运动场与高尔夫球场草坪除了具有能够从事体育运动的使用功能外，还具有重要的生态功能。

0.2.2.1 维持碳氧平衡与调节小气候

(1)维持大气圈碳氧平衡

草坪运动场与高尔夫球场内生长良好的草坪植物通过其光合作用，每平方米草坪每小时可吸收 1.5g CO_2，生产出 1g O_2。50 m^2 草坪可全部吸收一个人一昼夜呼出的 CO_2，同时放出 250 g 氧气。据研究，如果大气中 CO_2 含量达到 0.05% 时，人会感到呼吸不适；而其含量达到 0.3%~0.6% 时，会出现头痛、呕吐、血压升高等不适生理反应。因此，草坪运动场与高尔夫球场可释氧固碳减排，为维持地球大气碳氧平衡、减缓全球气候变暖作出贡献。

(2)调节温度和湿度

草坪运动场与高尔夫球场主要通过草坪植物调节场地温度和湿度改善其场地小气候。生长良好的草坪植物的茎叶中含有 60%~70% 的水分，其吸水蕴水能力很强，可以非常有效地提高空气湿度；草坪植物的根不仅能蓄存水分，而且能将土壤中水分通过蒸腾作用释放至大气中，造成草坪表面空气湿度相对较大。据测定，草坪上空的空气湿度比裸地上空高 5%~18%。

草坪运动场与高尔夫球场草坪对太阳辐射有较好的反射与吸收能力，草坪的反射率约为 30%~60%，对红外光范围的反射率可高达 90%。大面积的草坪能使运动场与高尔夫球场空气清新、湿润、宜人，兼有减低温度和减少光污染的功能，从而改善环境。草坪能吸收阳光直射，消耗热量，夏季可以起到降低温度的作用，冬季还能显著地增加场地环境的湿度和减缓地表温度的变幅。草坪绿地还具有调节辐射热的功能，太阳射到地面的热量，约 50% 可被草坪所吸收。研究表明，草坪地表温度在夏季比裸地低 0.7~3.2℃。

0.2.2.2 净化大气和水，提高空气质量

运动场与高尔夫球场草坪对大气和水的净化作用主要表现在滞尘与净水功效、净化杀菌等方面。

(1)滞尘与净水功效

草坪植物叶片具有绒毛的表面特性使其具有较强的吸附和滞留大气浮尘、粉尘的能力。大片草坪与乔灌木好像一座庞大的天然“吸尘器”，连续不断地接收、吸附、过滤着空气中的尘埃。据北京市环境保护研究所于 1975—1976 年的测验结果表明，在 3~4 级风下，空气中的粉尘浓度裸地约为草坪地的 13 倍。草坪足球场近地面的粉尘仅为黄土足球场的 1/6~1/3。冬季草坪枯黄后，草坪地的粉尘比裸地少 15% 左右。

草坪像一层厚厚的过滤系统，在降低地表水流速的同时，也把大量固体颗粒沉淀下来，起到净水作用。

(2)净化杀菌

城市大气中含有大约 1 000 种以上的污染物，不仅影响日照等气象因素，形成酸雨和光化学烟雾影响农作物生长，而且直接危害人体健康。大面积草坪植物能稀释、分解、吸收、固定大气中二氧化硫、硫化氢、氨气、氯气等有害、有毒气体，通过吸附作用将有害、有毒气体固定。据研究，草坪草能把氮和硫化氢合成为蛋白质；能把有毒的亚硝酸盐氧化成有用的盐类；能将二氧化碳转化为氧气。据计算，15 m×15 m 面积的草坪，释放的氧气，足够满足四口之家的呼吸需要。

某些草坪草能分泌一定的杀菌素。据测定，草坪上空的细菌含量，仅为公共场所的三万分之一。因此，草坪是空气的天然净化器。此外，某些草坪草还能起到环境污染的报警作用，如羊茅能指示空气被锌、铅、镉、铜等污染的程度；草地早熟禾等还可测定空气中二氧化硫的污染程度。因此，草坪是人类生态环境的清道夫和卫士。

0.2.2.3 降低噪音，减少视觉污染

(1)降低噪音

噪音对人体危害，轻则破坏神经细胞，引起头昏、头痛、失眠、疲劳、记忆力减退，严重时可诱发神经病。草坪的叶和直立茎具有良好的吸音效果，能在一定程度上吸收和减弱125~8 000 Hz(赫兹)的噪音。高尔夫球场乔木、灌木、草坪草如果能形成40 m宽的多层立体绿地，能减低噪音10~15 dB。根据北京市园林科学研究所测定结果表明，20 m宽的草坪，可减噪音2 dB左右。草坪植物靠近根部的疏松的土壤，有吸收主要声流的作用。

(2)减少视觉污染

光和视觉污染在现代城镇化进程中越来越受到重视，大面积绿色草坪和地被植物能把太阳光折射转成漫射，减轻和消除人们眼睛和身体疲劳。

绿色是人的视觉感觉最舒适的颜色之一，运动员在绿色草坪比赛，观众长时间欣赏，不容易产生视觉疲劳。草坪绿色宜人，对光线的吸收和反射都比较适中，不眩目，使人的眼睛感到柔和。如果在刺眼的泥土地或水泥地运动场观看体育运动比赛，会引起观众视觉疲劳，使其观赏兴趣大减。同时，草坪运动场优美的环境，不但空气清新，还可使观众在欣赏体育活动的过程中，心情愉悦，身心得到休息，消除疲劳。

0.2.2.4 水土保持与净化土壤

(1)水土保持

草坪因具致密的地表覆盖和在表土中有絮结的草根层，与土壤纵横交错，紧密结合，对固定土壤，防止土壤流失具有极大的有益作用。草坪茎、叶、蘖枝茂密，相互交织在一起，根系发达，形成了一个多孔体系，起到生物过滤网的作用，可抑制地表水的流动，降低其径流速度，不但可以大大地减少沉淀污染物进入地表河流、湖泊的数量，而且有效地减少了土壤水蚀及风蚀的能力，因而具有良好的防止土壤侵蚀的作用。土壤的侵蚀度是依草坪密度的增加而锐减。据研究，不同类型土壤20 cm厚度的表层土，被雨水冲刷净所需要的时间，草地为3.2万年，而裸地仅为18年。此外，草坪能明显地减少地表的昼夜温差，因而有效地减轻土壤因“冻胀”而引起的土壤崩落作用。

(2)净化土壤

草坪植物根系能够吸收大量有害物质，增加促进土壤中有机物迅速无机化的好气性细菌数量。大面积的草坪也是净化土壤的主要植被类型，当裸露的土地建植草坪后，不仅可以改善地表的环境，而且也可改善地下的土壤质量。

0.2.3 景观功能

0.2.3.1 自然景观功能

运动场与高尔夫球场草坪一般面积很大，形成的草坪景观具有自然景观功能，不仅具有自然美，还体现了生活美和艺术美。绿色是象征和体现生命的色彩，绿色草坪景观所散发出的色彩是大自然的主色调，具有天然之美。草坪表现出的纯真朴实、深远博大、自由亲切、充满活力等生态特性，具有最原始的自然美属性。

草坪绿色背景增加了对比度，如从电视中欣赏足球或高尔夫等体育比赛，更能使黑白相间的足球或白色的高尔夫球在绿色球场上显得十分清晰，从而更能体现草坪运动场与高尔夫球场的自然景观美化功能。

在高楼林立的城市环境中，城市建筑和公共设施等硬质景观使人感到压抑、枯燥、烦闷，但通过草坪运动场大面积草坪绿地的衬托，使城市整体景观变得富有生气，不但增强了城市环境的自然美，而且提升了城市景观的艺术美。

0.2.3.2 园林景观功能

草坪运动场中，特别是高尔夫球场等，往往需要乔木、灌木与大面积草坪形成立体的园林景观。草坪运动场与高尔夫球场设计者常常利用草坪创造园林空间，衬托主景、突出主题，还可以乔灌木设计景观造型，表现时空的变化。

(1)创造园林空间

园林空间是一种艺术空间，是园林设计的关键。草坪空间亦如此，构图极为重要。而影响草坪空间构图的主要因素，则是林缘线和林冠线的处理。

要创造雄伟开阔的园林空间，可借助于地形及草坪周围单一树种的乔木，林冠线要整齐，树木平面前后错落，并保留一定的透视面，增加深度感，草坪中间不宜配置层次过多的树丛。若要造成封闭式空间，草坪面积宜小，周围应密植树丛、树群，并以孤植树、树丛、雕塑等作为草坪主景。若要营造咫尺山林的意境，则可借助于一定坡度的地形建立草坪，并以不同的树种，不同高度的树丛，组成层次丰富的林冠线，从而衬托出深邃的意境，再以地被植物隐没山坡的实际高度。

草坪运动场的最大功能就是能够给运动员及爱好者提供一个足够大的空间和一定的视距以欣赏景物。人们在高尔夫球场上打球时，不仅会被草坪平面吸引，而且草坪立面上的变化更能引起人们的关注和兴趣。因此，在设计草坪运动场园林景观时，要注意草坪立体空间全方位的设计。

(2)衬托主景、突出主题

草坪是草坪运动场的重要组成部分，是丰富其园林景物的基调。如同绘画一样，草坪是绘画的底色，而树木、花草、建筑、山石等则是绘画中的主调。草坪运动场没有草坪，犹如一幅只画了主调而未画基调的图画，不论其主调色彩如何绚丽，轮廓如何清晰，假如没有简洁的底色与基调与之对比和衬托，整幅画面则会显得杂乱无章，难以收到多样统一的艺术效果。

目前，虽然有苋科的五色草能形成草坪，但它的适应性弱，繁殖困难，不能持久，所以草坪建植的材料多以绿色的禾草为主。它是介于冷暖色的中间色相，可以衬托红、黄、白、紫等多种建筑和植物造型，蓝天白云下的绿色草地会使红、黄、白、紫色的景物更加绚丽。

(3)设计景观造型

草坪最适用于表现平面的形态。利用草坪运动场草坪的几何形状、色彩和组织等特征可以设计各种规则的草坪景观；还可利用各种不规则的草坪调节景物的疏密和景深，创造出变化无穷的园林景观。

利用草坪的色彩可设计景观。除用草坪绿色作为背景外，主要是利用草坪色彩的明度和纯度。而草坪草色彩的明暗度又因其品种的不同而不同，如利用黑麦草营造亮绿色的运动场；利用匍匐翦股颖营造浅绿色的运动场。此外，利用修剪与镇压可使草坪草叶片的方向发生改变，造成反射光线的差异，从而呈现深浅不同的色彩。足球场草坪的花纹(阴阳线)，除用不同品种交播外，主要是用镇压器或剪草机压出而形成的。

草坪运动场草坪的纯度，是指草坪草色彩的纯正程度。纯度越高，给人的感觉越鲜明。

草坪的组织是草坪草表面或整体结构特性的外表形态，在造型艺术上称为质感。紫羊茅给人是致密的质感；高羊茅给人以粗糙的质感。利用不同质感的草坪草进行造型，即使都是绿色，人们一眼也能看出其差别，如同深色背景上再添加更深颜色的花纹，其艺术效果又不同。

(4)表现时空的变化

园林空间是包括时间在内的四维空间。运动场草坪草的色彩随季节而变换，如一些早熟禾的品种，入秋后其叶色呈褐红色，而另外一些品种的则呈淡黄色。根据草坪草的季相变化，把草坪与其他造园要素配置组成各种造型，同一地点的不同时令即可展现出不同的园林景观。高尔夫障碍区草坪中混播草花品种，其中不同的花卉开花时间不同，可形成不同时令的缀花草坪，从而表现出草坪绿地的时空变化。

0.2.4 社会功能

草坪运动场的社会功能主要体现为如下3点。

0.2.4.1 美化生活环境

草坪运动场草坪的美不仅体现在外形，而且能传到人类的内心，使之心灵美。翠绿茵茵的草坪，能给人一种静谧的感觉，能开阔人的心胸，奔放人的感情，陶冶人的志趣。

草坪运动场均匀一致的绿色草坪，可给人们提供一个舒适的娱乐活动和休息的良好场所。一处凉爽、松软的草坪能引起孩子们游戏的兴趣，给人以美的享受。

0.2.4.2 文化功能

草坪运动场绿色草坪对人的视觉产生美感。天蓝地绿、蓝广绿鲜，这是绿地衬托蓝天产生的视觉美感。因此，草坪运动场是人们学习、休闲、写生、交友、畅谈的好地方。

草坪运动场还可给人们美的文学享受。历来深爱绿草的作家们写出了精湛的草坪文学，使读者千载传颂。“离离原上草，一岁一枯荣，野火烧不尽，春风吹又生”，小草顽强的生命力启迪人们在艰苦的环境中奋发。歌剧《芳草心》中主题曲描写的“小草”是多么可爱：“没有花香，没有树高，我是一棵无人知道的小草…”。歌中的“小草”谦虚、乐观、善友，她对春风、阳光、山河、大地，表达了深深感恩之情。这首歌脍炙人口，大众传唱，告诉人们做人的道理。

0.2.4.3 促进相关产业发展

草坪运动场不仅可提升体育运动场的等级水平，吸引重大国际国内体育比赛活动的举办，从而满足和提高人们参与体育运动的水平，而且草坪运动场与高尔夫球场的兴建，还可带动场地周边旅游业、体育休闲业、房产业及其他服务行业的发展。

0.3 运动场与高尔夫球场草坪发展概况

运动场与高尔夫球场草坪历来是草坪发展的引领者，发展最快，但各个国家和各个项目之间发展很不平衡，差别很大。按区域划分，欧洲和北美洲的运动场草坪最为发达；按国家划分，以英国和美国最发达；而按运动项目划分，足球场、高尔夫球场草坪则最为发达和普及。

0.3.1 运动场草坪发展

0.3.1.1 国外发展概况

现代草上运动项目包括足球、高尔夫、橄榄球、草地网球、曲棍球、棒球、垒球、赛马等。最早有文字记载的草上运动项目为13世纪出现在英国的草地保龄球，然后是板球，而到15世纪出现了高尔夫球。英国17世纪就开始有公共足球场草坪。这些运动都是在天然草坪上开展的。17~18世纪除英国以外，德国、法国、澳大利亚及北美各国也相继出现各类运动场草坪。

在欧美国家，早期的运动场地都建在学校和社区，除举办体育竞技活动外，还用于集会和娱乐等大型活动。随着经济的发展和竞技体育运动的普及，对运动场地的数量要求急剧增加，而且随着竞技体育专业化程度的提高，越来越多的运动场地成为专用场地。

专业体育运动的发展对体育设施的改善起了非常关键的作用。随着电视、网络等媒体的普及，体育的娱乐功能变得越来越重要，举办比赛既可以娱乐又可以赚钱。为了充分发挥运动员的竞技水平，同时追求最佳的现场观看和电视转播效果，以吸引更多的观众，赚取更多利润，要求场地达到最佳的质量水平和景观效果，就成为运动场草坪发展的驱动力。在这种情况下，因场地问题而推迟或取消比赛意味着巨大的经济损失。另一方面，随着竞技体育的发展和公众对运动的热衷，对运动场草坪的使用强度和质量要求越来越高，此外，运动员和公众对自身的运动安全也日益重视起来，同样对运动场草坪提出了更高的质量要求。草上运动项目对竞技场地要求的不断提高，使得运动场草坪养护面临巨大的挑战，促使运动场地的规划、设计和管理更加专业化，草坪的养护管理成本大大增加。进入20世纪后，大量的专业技术开始应用于运动场草坪的设计、建造和养护管理等方面，从而大大促进了运动场草坪的发展。其中以英国、美国等发达国家的发展过程最具代表性。

英国是现代体育的发源地，号称"世界第一大球"的现代足球运动，还有橄榄球、曲棍球、草地保龄、板球等草上运动项目均起源于英国。可以说，英国是世界运动场草坪的摇篮。由于运动项目的需要，英国的运动场草坪发展较早，加上技术不断进步和管理手段的不断改进，以及从业人员的专业化，运动场草坪首先在英国成为一个相对独立的产业，从而确立了英国在全球运动场草坪领域的鼻祖地位。1973年，在全英各类草坪总面积统计中，运动场草坪约占25%，比例为最高，为英国草上运动项目的发展奠定了坚实基础。欧洲大陆受英国的影响，草上运动项目也高度发达。以英国为代表的欧洲运动场草坪，特别是足球场草坪位居世界前列。以英超为代表，包括德甲、意甲、西甲、法甲等五大足球联赛成为风靡全球的顶尖足球赛事，每年吸引亿万观众，这不能不说与欧洲良好的足球场草坪场地设施紧密相关。

美国草上运动项目及运动场草坪由于受英国殖民的影响，也打上了深深的英国烙印。在美国十分盛行的美式橄榄球和棒球运动都可追溯到英国，美式橄榄球来源于英式橄榄球，而棒球则源于英国的板球，然而这两项运动的场地规格及比赛规则与原来相比已很不相同，现已成为独立的运动项目。19世纪末，美国逐渐取代英国成为世界头号经济强国后，美国在棒球、橄榄球等草上运动项目上也超越英国，在运动场草坪建设及养护管理方面也同样处于世界领先地位。美国现有各类运动场达70万个，其中一半以上为草坪场地，美国运动场草坪管理者协会(STMA)会员有5 000多人。

除欧美发达国家外，其他国家，如日本、澳大利亚、新西兰、加拿大和南非等草上运动强国，运动场草坪产业也十分发达。

0.3.1.2 国内发展概况

我国草上运动项目如足球运动水平长期停滞不前，原因是多方面的，但一个不可忽视的重要原因是缺少优质的草坪运动场，影响和限制了草上运动项目的发展。我国运动场草坪发展经历了野生草皮利用、种子直播、综合发展三个阶段。1985 年以前，我国的运动场草坪寥寥无几，且都是由天然草地上的野生草移植而成，属于对天然草的利用阶段，1960 年，北京工人体育场用野生的青岛结缕草建植，南方地区的运动场，如广州天河体育场是用当地的野生狗牙根、假俭草、地毯草混植而成。1985 年，甘肃草原生态研究所在兰州为甘肃省体工队建成我国第一块用种子直接播种的草坪足球场，拉开了快速直播建植运动场草坪的序幕。特别是 1990 年北京第 11 届亚运会的召开，有力地推动了运动场草坪的发展，乘北京亚运会的东风，我国运动场草坪建设发展迅速，形成了我国运动场草坪发展的第一个高峰期。这一阶段属于种子直播建植阶段，主要种植冷季型草坪草，大大促进了我国北方地区运动场草坪的发展。2001 年，第九届全运会在广州举行，兰引Ⅲ号结缕草首次亮相大型运动场，用于第九届全运会足球主赛场——广州天河体育场的草坪建植，其出色的表现受到了各地运动员、裁判员和电视等有关媒体的高度评价，标志着我国南方地区从此逐步摆脱了利用野生草皮建植运动场草坪的历史，开启了我国南方暖季型运动场草坪建植品种商品化的新阶段。从 2001 年广州第九届全运会，到 2010 年广州第 16 届亚运会及 2011 年深圳世界大学生运动会，短短 10 年间，兰引Ⅲ号结缕草在我国长江以南亚热带地区运动场草坪上广泛种植，成为我国最重要的暖季型运动场草坪草种。这一时期，为迎接 2008 年北京奥运会，又极大地促进了我国运动场草坪的发展，形成了我国运动场草坪业发展的第二个高峰期，我国运动场草坪进入综合发展阶段。

我国经济经过 30 多年的改革开放，取得了举世瞩目的成就，正在向着下一个目标——建设小康社会迈进。经济的繁荣大大促进了体育运动的发展，与草上运动有关的体育项目也得到了长足进步。以草坪足球场建设为例，1990 年亚运会前全国不足 20 个，而据 2005 年国家体育总局第五次全国体育场地普查办公室公布的数据，截至 2003 年年底，全国室外游泳池、室外网球场和足球场等室外体育场地共 485 818 个。按照足球场大约占 20% 的比例推算，2003 年全国的足球场数量在 10 万个以上，其中草坪足球场保守估计超过 5 000 个。到 2010 年，草坪足球场的数量估计有 1 万多个，30 年间增长了 500 倍，年均增长 300 多个。除足球运动得到了广泛的普及和发展外，其他如棒垒球、橄榄球、赛马场等也有不同程度的发展和提高。这一时期我国相继成功举办了 1990 年北京亚运会、2008 年北京奥运会、2010 年广州亚运会和 2011 年深圳世界大学生运动会等大型国际赛事，运动场草坪建植与管理技术得到了很大提高，逐步缩小了与世界先进水平的差距。

尽管我国运动场草坪得到了一定程度的发展，但离世界发达国家仍有不小差距，我国的运动场建植管理技术还远远落后于世界先进水平。截至目前还没有一家专业运动场草坪研究机构，还没有一家专业运动场草坪协会，使用的种子、机具，以及其他相关材料基本上都从国外进口，研究项目少而且零散，场地建造和管理技术水平落后，没有施工规范标准，施工队伍鱼龙混杂，运动场草坪还远远没有形成一个产业。

0.3.2 高尔夫球场草坪发展

0.3.2.1 国外发展概况

高尔夫运动始终是草坪科技发展的引领者和草坪产业的驱动力。最早对草坪的研究都是由于对高尔夫运动的重视而开始的，主要在美国和英国进行。美国高尔夫球协会(UAGA)成立于1894年，从1952年起与英国的皇家古典高尔夫俱乐部(R&A)一起共同制定高尔夫运动规则，是现代高尔夫运动的主要推动者。1920年，在J. Monteith博士的倡导下美国高尔夫球协会设立了草坪部，资助草坪草及高尔夫球场维护方面的研究。根据高尔夫球协会草坪部要求，在华盛顿附近的阿林顿进行研究，以后的研究在F. Grau的指导下，在马里兰州贝尔茨维尔的农林部试验站内广泛开展。

美国高尔夫总监协会(GCSAA)是另一支推动美国草坪科技进步的重要力量。该协会成立于1926年，通过教育、研究和每年召开的草坪会议，草坪研究的成果也得到了应有的关注和普及推广。

今天，高尔夫草坪研究在美国的宾夕法尼亚、佛罗里达、新泽西、堪萨斯、得克萨斯等州的大学及农业试验站都在广泛活跃地进行研究。

在英国成立于1754年的皇家古典高尔夫球俱乐部(R&A)是高尔夫运动的发源地，其下设立了草坪委员会。1928年根据该委员会的要求，成立全英高尔夫球联盟咨询委员会和国际高尔夫球联盟，1929年在此基础上组建了运动草坪研究所(STRI)，该研究所是世界上首家草坪研究机构，早期的研究主要针对高尔夫球场，后来逐渐拓展到各类运动场草坪，对草坪科学和技术的发展起了积极地推动作用，成为世界草坪研究的摇篮。随着各国对高尔夫球场草坪研究和开发日益广泛的合作，导致了全球性草坪研究机构的设立。1969年在英国运动草坪研究所成立了国际草坪草学会(International Turfgrass Society，ITS)并召开第一届会议，以后每4年在不同国家召开一次。

由于草坪科技的不断进步，伴随着第二次世界大战后经济的复苏，高尔夫运动在全球得到了迅速发展，与足球、网球运动一样已成为世界性体育运动，估计全球现在有30 000多个球场，其中美国最多，有20 000多个，英国约2 500个，日本近2 000个。据统计，到2010年，仅美国高尔夫球总监协会会员达2万多人，高尔夫人口超过3 000万人，高尔夫相关产业产值达800亿美元，约占美国国内生产总值的1%，相当于美国农业产值的40%，成为名副其实的支柱产业。

0.3.2.2 国内发展概况

中国高尔夫运动发展较迟，1889年5月才在香港成立首家高尔夫俱乐部——皇家香港高尔夫俱乐部，1896年上海高尔夫俱乐部成立，标志高尔夫这项古老运动项目进入中国内地。随后在上海、北京、汉口、天津、大连等地都曾经建设过高尔夫球场，无锡的梅园被用作高尔夫球场与网球场，主要为在华的西方侨民提供服务。这些球场在新中国成立后都关闭。

高尔夫重新走进中国大陆是从1984年开始的，当时由港商霍英东在广东省中山市三乡投资兴建新中国第1个高尔夫球场，即中山温泉高尔夫球场，是由外国设计师杰克·尼克老斯(Jack Niklaus)和阿诺·帕玛(Arnold Palmer)设计，草坪也是由外国专家组织建植的。1987年，中国高尔夫球协会成立，掀开了我国高尔夫运动的新篇章。20世纪90年代以前，中国高尔夫球场发展速度很慢，一共不到10座，从1992年开始，我国高尔夫球场增长速度非常显著，特别是1995—2000年，每年开业的高尔夫球场均在20座以上。2003年达到了增长的高峰。中国国务院自2004年开始，陆续出台了叫停新建高尔夫球场建设相关政策，全国高尔夫球场的建设增长速度趋缓，但是每年仍有许多高尔夫球场不断建成，随着国民经济的不断增长，人们物质和精神文化生活水平的不断提高，我国高尔夫球场数量还在不断增长中。从2004年至2012年5月，全国高尔夫球场数量已从170座增至543座，主要分布在东南沿海、京津唐等经济发达地区和海南、云南等旅游发达地区。另外，全国还有高尔夫练习场595个。截至2010年，我国高尔夫人口超过300万人，年产值达到600亿元。据中国(海南)改革研究院院长迟福林在博鳌国际旅游论坛2010海口高尔夫与旅游主题论坛测算，到2020年我国中等收入群体人数将达到2.8亿左右，潜在高尔夫人口将达到2 500~3 000万左右，如按全面实现小康目标，到2020年中等收入群体的比重将达到37%左右，潜在高尔夫人口将达到5 000万人左右，未来10年将成为中国高尔夫人口快速增长的重要时期，其中青少年将是生力军。

同时，我国高尔夫球场建设逐步打破了由国外设计师、建造师和草坪总监把控的局面。1995年，由甘肃草原生态研究所的科技人员，在福州登云完成了由中国人自己承建的第一块高尔夫球场草坪，表明我国的高尔夫草坪建植管理技术已达到了一个新的水平。2000年以后，我国本土高尔夫球场设计师逐步成长起来，出现了一批设计能力可以与国外设计师分庭抗礼的设计师队伍。目前我国绝大多数的高尔夫球场总监都是本土培养出来的草坪技术人才，一些高尔夫公司已具备独立设计、独立建造高尔夫球场的能力。

与运动场草坪产业一样，尽管我国高尔夫产业得到了一定程度的发展，但高尔夫球场建植管理技术、产业化水平还远远落后于世界先进水平，我国高尔夫球场建设与养护管理行业还远远没有形成一个产业。

0.3.3　运动场与高尔夫球场草坪发展趋势

第二次世界大战后，随着经济的复苏，生活水平的提高，人们对生活环境和自身健康有了更高要求，户外运动和其他各种活动更加频繁，使运动场与高尔夫球场草坪得到了长足发展。在这一过程当中，运动场和高尔夫草坪发挥了重要作用，一直是草坪产业的引领者。然而运动场和高尔夫草坪产业目前还面临着诸多挑战，如不断增长的使用强度和质量要求，以及不断增长的资源和环境压力等问题，与当前的社会需求还有不少差距。建议应从以下几个方面入手，研究攻克关键技术难题，并逐步规范和完善产业体系，才能使运动场和高尔夫草坪产业更好地发展，真正成为一个独立、成熟的产业。

0.3.3.1　草坪草种质资源的搜集保存和育种改良

运动草坪研究领域中最有可能产生成果的就是新品种的开发。随着社会对环境问题的日益重视，抗病虫害、低养护要求、低水肥需求以及在极端气候条件下仍能够正常生长的草种是今天也是未来草坪草种育种工作的努力方向。应广泛搜集、评价和保存有价值的草坪草种质资源，增加对草坪草抗逆性生物学和遗传系统的认识，利用基因工程手段对草坪草抗逆性进行改良。以野生草坪草种质资源结缕草、狗牙根、一年生早熟禾、翦股颖为重点品种。美国已在这方面取得了突破，如SCOTTS公司与Rutgers大学合作已选育出转基因草坪草，抗草甘膦的翦股颖；我国也在这方面做出了有益尝试，已培育出抗旱、耐盐碱、耐高温和滞绿的高羊茅和黑麦草转基因品系。

0.3.3.2 草坪建植管理技术

(1)实施草坪综合管理体系

美国自20世纪80年代开始实施草坪病虫害综合管理(IPM)计划，其内涵是从草坪生态系统的整体出发，充分利用自然界抑制病虫杂草的因素，创造不利于其发生而有利于草坪草生长发育的条件，通过有机地运用各种必要的防治措施，把病虫杂草控制在经济容许水平之下，同时不给人类健康和环境造成危害。该计划在草坪病理学、昆虫学、杂草管理研究，改进病虫害防治措施，防止草坪病虫害，同时控制农药对环境的污染等方面取得了非常大的成功，现在一个更大的更综合的概念体系——草坪综合管理体系(ICM)已经被提出并开始研究，其重点是仔细选择养护措施，不要或尽可能少的使用化学物质，维持一个健康和耐用的草坪，以缓解进而解决因使用化学物质而带来的环境问题。通过以环境友好为理念、以经济为基础的综合草坪管理手段和决策过程，建立综合的草坪管理体系来提高环境质量。这一体系是今后运动场和高尔夫球场草坪养护管理的发展方向。目的是以保护自然资源和环境为前提，通过适当的综合管理措施，使草坪达到最佳使用效果。研究重点包括对新育成品种的适应性和抗逆性，施肥、灌溉、剪草等管理措施对病虫杂草防治效果和草坪草种群动态的影响，还包括特殊情况下，如不良土质、空气污染、遮阴、污染水质等条件下的草坪管理，野生品种和低养护品种的管理措施，暖季型草坪冬季盖播等方面展开研究，并将以上研究结果进行技术集成，制定针对各类草坪的最佳管理计划(BMPs)，推动草坪养护管理向着无害和健康化方向发展。

(2)推广和改进纯砂型坪床结构

美国高尔夫球协会(USGA)推荐的纯砂型坪床结构目前在专业运动场地和大型运动场地上使用，今后的发展趋势是将这种类型的场地推广到更大的范围，因为这种场地能够忍受更大强度的使用。但坪床建造材料来源有限、建造成本过高仍然是限制此种坪床结构普遍推广的重要因素，这一问题是今后研究的重点，如对坪床主要材料砂的粒径范围及其与不同改良材料的构成比例进行研究以扩大沙的使用范围，寻找价格低廉的可以替代的坪床材料。研究目的是为草坪草持续生长提供一个通气、透水、保湿、肥力适中的土壤环境，同时坪床能提高运动表面质量，且对环境影响较小，造价较为经济。

(3)暖季型草坪冬季盖播技术

暖季型草坪在过渡带和亚热带普遍存在冬季枯黄问题。过渡带是指那些冬季寒冷夏季炎热的地带，位于温带和亚热带的交错地带。在此地带暖季型草和冷季型草都可以生长，但都不理想。暖季型草在此地带夏季时有可能不能越夏，而冷季型草冬季枯黄时间长，绿期较短。在亚热带南部较温暖的地区，也存在暖季型草坪冬季枯黄的问题。今后将通过从新品种的选育和建植管理措施的改进两个方面解决上述问题。目前的做法是通过建植管理技术——盖播技术，在暖季型草坪上盖播冷季型草坪草，可很好的解决暖季型草坪冬季枯黄的问题，但常常面临着冷暖季草坪不能顺利转换，造成暖季型草坪不能正常返青，甚至全部枯死的严重后果，因此盖播技术还需要针对不同地域、不同类型草坪、不同草种等情况开展更加深入、系统的研究。

0.3.3.3 草坪可持续发展研究

可持续发展是运动场特别是高尔夫球场发展必须回答和解决的问题。针对人们对草坪管理给环境有可能造成破坏的忧虑，研究草坪对人类、野生动植物和环境的有益作用，研究科学的草坪管理措施对人类的生存环境不会带来损害的综合管理措施，从环境的角度评价各种草坪管理措施成为草坪研究的一个重要领域。研究重点包括评价特定农药和肥料对环境的影响、草坪土壤生态系统对有害物质的吸收降解、草坪管理与野生动植物保护等，这些研究有助于减少人们对草坪管理带来的环境问题的担忧。

草坪可持续发展除了健康的养护管理措施外，还需要关注和提高资源的可持续利用性问题，如评价中水水资源的利用和对草坪与环境的影响，增加对草坪水分与养分利用效率的基本规律的认识，改进水分和肥料养分的利用和管理策略；并通过评估和分析草坪及管理措施对环境的影响，评价和建立改进草坪体系环境质量的管理策略和技术，让社会全面、客观的了解和认识运动场和高尔夫球场草坪在环境中的有益作用和重要地位。

0.3.3.4 更综合、更现代的运动草坪研究与开发

有关运动草坪的研究一直在扩展，但研究范围较窄，多集中在高尔夫、足球领域，对其他运动场草坪的研究很少。由于不同运动项目有不同的场地要求，将来研究的趋势是更有针对性、专业性的运动草坪研究，如对草地网球场土质、耐践踏性的研究，橄榄球场耐践踏性的研究，棒垒球场黏土材料及结构的研究，赛马场坪床硬度、稳定性和草坪耐践踏性的研究等。

利用生物措施和工程措施相结合的方式建造的不受气候条件影响的全天候运动场是当前运动场草坪现代化的重要标志，代表了运动场草坪领域的最高技术水平。自 1994 年美国为世界杯足球赛开发成功世界上第一个可移动式全封闭草坪场馆——密歇根州 Pontiac Silverdome 体育场开始，全天候室内运动场由于不受刮风、降水等恶劣气候条件的影响而能照常活动、训练和比赛，深受运动员和娱乐者的欢迎，此后在 2000 年悉尼奥运会、2004 年雅典奥运会、2002 年韩日世界杯足球赛、2006 年德国世界杯和 2008 年北京奥运会等历届大型体育赛事上出现。全天候室内运动场的建立，除与草坪学、植物栽培学、植物生理学、土壤学等学科密切相关外，还涉及运动场基础、环境科学及物理学等学科，是上述各学科的专家联合攻关的技术集成结果。目前全天候室内运动场需要解决的问题包括简化施工工艺，降低施工、运转和养护成本，解决光照和空气流通问题，为草坪生长提供近似天然的室内环境，以确保草坪草的持续健康生长，满足体育赛事对场地的质量要求。

0.3.3.5 改进机械设备和材料

目前使用的大多数草坪机械最初都是为绿地草坪的养护而开发的，现在，专门用于运动场的机械，如剪草机、打孔机、疏草机均已投放市场。可以预料的是，今后将有更多的机械设备应用于运动场地，使得场地的管理养护更容易更有效率，养护品质更好。

材料的开发其发展趋势类似于机械设备，研究农业和工业副产品在草坪上应用的潜力，克服草坪生产、建植和利用的土壤限制因素。预计今后将有更多更好的新材料投放市场，如一种新的黏土产品已经投放到棒垒球市场，在黏土区使用，与传统使用的黏土相比较，场地比赛条件有了明显改善；高尔夫球场坪床改良材料除泥炭等有机物质外，大量的无机材料如沸石、蛭石等，甚至人工合成材料也可以开发利用。可以预期的是，未来会有许多无机材料和人工合成材料将替代天然材料在运动场上使用。

0.3.3.6 发挥协会组织的作用

运动场草坪产业的另外一个重要方面是加强协会组织作用，发挥其在行业内的影响力。

一些国际协会组织，如GCSAA，USGA，STMA，R&A，STRI等，通过举办展览和出版杂志，为研究者和专业人士提供了一个交流的桥梁和渠道，有利于行业内技术的不断进步和专业人员素质的不断提高，促进产业的共同发展和繁荣。而我国在这方面十分落后，虽然有一些协会组织，但作用并没有真正发挥出来，今后需要规范和加强协会在产业发展中的作用，推动产业的发展。同时，各协会组织通过和大学、研究所合作，开展更专业的培训，将成为行业内技术交流和人才培养的一个重要方式。培训一方面面向场地管理人员，另一方面面向学生，目的是提高场地管理人员的技术水平，同时为行业贮备更多的专业人才，以促进整个行业的共同进步。

0.4 运动场与高尔夫球场草坪管理及其特点

运动场草坪是指在人工培育条件下生长的有承受运动能力的草本植物群落。它包括机械性的管理条件，也包括在特定条件中良好生长并能为人类提供优良运动表面的致密草坪。

运动场草坪是草坪家族中的“贵族”，管理的集约化程度最高。优质的运动场草坪是经济、科学、技术、管理诸因素的综合。其中由人来实现的管理因素，是能动性最大的决定因素。因此，草坪管理者是决定运动场草坪质量好坏的第一位因素。

草坪管理者，特别是运动场草坪的管理者其工作职责和权力不仅仅是养护管理草坪这样简单，而是十分广泛，诸如管理计划的安排、草坪的常规养护、职员的监督管理、养护设备的购买与管理、与有关领导的工作协调、组织比赛与会议等。因此，要保证运动场草坪的良好状态，维持运动场草坪的持续发展，作为运动场草坪的管理者，其作用十分重要。运动场草坪管理者的基本职责就是通过直接领导或通过特殊过程的劳动，确保用于运动的专类草坪能及时地为运动提供最好的场地条件。运动场草坪管理者在运动场领域称之为球场管理员(Groundsman)，在高尔夫球场领域称之为球场总监(Superintendent)。

运动场草坪管理者的职责和任务，主要包括草坪的建植、养护和场务的组织、管理两个方面。草坪建植是利用人工方法建立起草坪地被的综合技术总称。运动场草坪的建植任务主要包括基础调查、场地准备、选择草坪草种及确定草种组合、草坪种植技术和幼坪养护管理5个主要环节。运动场草坪养护是按一定的计划，采用修剪、施肥、灌溉、表施土壤、滚压、杂草及病虫害防治以及辅助管理措施，如中耕、松土等技术措施，使运动场草坪保持良好的使用状态。场务的组织、管理是运动场草坪管理者直接领导草坪技术队伍，合理使用人、财、物等资源、完成一定养护目标和经营目标的能力。因此，运动场草坪管理者要合理组织各种资源，科学使用各种草坪养护技术，协调使用强度、自然因素等对草坪生长的干扰，既要使草坪植物正常生长，保持良好的状态，同时又要满足运动员和观众对运动场草坪使用强度和频率的要求。为此，引导草坪技术人员端正观念，健全一套科学的草坪养护管理体系和程序是运动场草坪管理者的重要职责。

运动场草坪管理者不仅需要具备关于草坪草特性、养护管理等知识，同时还表现出其协调组织、管理运筹的能力。许多运动场草坪管理者认为，运动场草坪的管理工作首先要满足运动比赛本身的需要，其次才是草的需要，认为只有这样才能满足运动场拥有者和运动员的需要。然而大量的事实证明这不是管理草坪的正确办法。优秀的运动场草坪管理者首先要优先考虑草坪草，并以此为核心来制定养护管理计划，通过实施各种养护措施使草坪质量达到竞赛要求，这才是管理草坪的正确办法，也只有这样才能满足运动场拥有者和运动员的需要。

运动场草坪需要精心养护。运动场草坪应为竞技运动提供平整、富有弹性、均一的运动表面，以便运动准确有序的进行。然而，伴随激烈的运动而来的严重践踏、冲击、磨损等常常使草坪受到损伤和破坏，因此，草坪管理者应把草坪当孩子一样看待，及时地进行养护、管理和修补。夏季的酷热、持续的干旱、暴雨等气候的极端变化以及突发的病虫害均会对草坪造成伤害，此时应采取相应的养护管理措施。

运动场草坪管理者还要善于处理管理与环境的关系。草坪管理者需要观察、识别和记载草坪生长环境的变化，不仅要注意季节变化，更重要的是还要了解微环境的变化。在运动场中，微环境可能与气候环境不相一致，如高尔夫球场中树荫下的草坪与开阔地草坪相比，存在光照不足和湿度大等问题；足球场看台与顶棚因遮光和挡风也对场内的草坪产生影响；更重要的是有些微环境的制造者就是人类本身，如修剪、施药、践踏、建造场馆围墙等。作为运动场草坪的管理者，需要了解这些微环境，并以此为依据来指导和开展草坪养护管理工作。

要做好运动场草坪的管理工作，管理者不仅要经过高等教育和系统专业培训，了解草坪草的生长生理知识，掌握系统的管护技术，同时还应该在实际工作中善于思考、总结，不断提高分析问题及解决问题的能力。

高尔夫球场草坪管理与运动场草坪管理有一定的相似性，但高尔夫球场草坪管理又有其特殊性。一是高尔夫球场草坪面积广大、地形复杂，二是高尔夫球场草坪有果岭、发球台、球道、长草区等不同区域，各区域对质量的要求不同，种植的草坪草种也可能不同，因此高尔夫球场草坪养护管理措施的选择和实施强度与运动场相比显得复杂多样，而运动场草坪却相对一致。

运动场草坪与高尔夫球场草坪作为一类特殊的草坪，要求高水平的精细管理。这种高水平体现在科学的养护技术和良好的管理能力两个方面，否则，无论坪床质量多高，草种配比多么合理，最终也会因养护和管理不当而导致草坪质量下降或草坪退化。因此，草坪管理者的科学技术水平和管理能力是高质量运动场草坪与高尔夫球场草坪的重要保证。

本章小结

本章阐述了运动场与高尔夫球场草坪的概念及其内涵，总结了运动场与高尔夫球场草坪运动、生态、景观和社会等各种功能，回顾和总结了国内外运动场与高尔夫球场草坪的发展历史、发展现状及发展趋势，还概括了运动场与高尔夫球场管理的主要内容及其特点。通过本章的学习，可了解运动场与高尔夫球场草坪的概念、类型及功能，熟悉运动场与高尔夫球场草坪的发展历史，掌握运动场与高尔夫球场草坪的发展趋势，明确运动场与高尔夫球场草坪管理者的重要性、职责及其任务，激发进一步学习和研究运动场与高尔夫球场草坪管理的兴趣。

思考题

1. 简述运动场草坪的概念及其类型。
2. 简述高尔夫球场草坪的概念、组成及其类型。

3. 试论述运动场与高尔夫球场草坪的主要功能。
4. 简述国内外运动场与高尔夫球场草坪的发展过程及趋势。
5. 试论述我国运动场与高尔夫球场草坪发展存在问题及对策。
6. 简述运动场与高尔夫球场草坪管理者的重要作用。
7. 简述运动场与高尔夫球场草坪管理的异同。

上　篇

运动场草坪

第1章 运动场草坪概论

运动场草坪类型很多，不同类型的运动场草坪在建植、养护管理及质量评价方面十分相似。草坪草种影响运动场草坪的品质，建植不同类型的运动场草坪，应根据气候条件和运动项目对草坪的功能要求，选择适宜的建坪草种；运动场草坪基础工程具有一次性投资的特点，关系到草坪质量的稳定性和持久性，选用既能满足草坪草生长又符合竞赛要求的坪床土壤，并配套相应的给排水设施，是草坪草长期健康生长的保障；运动场草坪对质量要求很高，需要专业的机械设备进行建植和养护才能达到标准；运动场草坪建成和在使用过程中，其质量是否达到运动项目的使用要求，需要进行科学评价才能确定。这些都为建植与养护管理各类优质运动场草坪提供了科学依据和基础条件。

1.1 运动场草坪草

草坪草是运动场草坪的基本组成和功能单位，草坪草种的遗传特性及养护水平高低是决定运动场草坪质量的关键。运动场草坪属于中高档类型草坪，它对草坪草种选择、草坪坪床土壤改良、配套设备以及养护管理水平要求均很高。并非所有的草坪草都适合建植运动场草坪。因此，必须掌握各类运动场草坪特性，选择适宜的草坪草种(品种)，为建植优良运动场草坪打下坚实基础。

1.1.1 运动场草坪草特征特性

运动场草坪草特征特性一般包括植物形态特征、生物学特性、生态学特性、坪用与生产应用特性等。

1.1.1.1 运动场草坪草的植物形态学特征

运动场草坪草一般属于禾本科。禾本科在植物分类学中属于种子植物门、被子植物亚门、单子叶植物纲。了解和熟悉禾本科植物的形态结构，有利于识别运动场草坪草的种和品种。

(1)禾本科草坪草的根、茎与叶

禾本科草坪草其根系没有主根，为须根系。由种子萌发时胚根生长形成的种子根早期消失，由茎基部茎节发生出多条纤维状不定根或从匍匐根状茎节上生出纤维状根，并以不定根为主组成须根系。其根系一般入土较浅，约在表土层20~30 cm范围，但有的草种根系入土可达1 m以上。

禾本科草坪草的茎称为秆。秆节明显，有节与节间，通常节间中空，圆筒形，少数为扁形。基部数节的腋芽长出分枝，称之为分蘖，分为鞘内分蘖和鞘外分蘖。节部居间分生组织生长分化，使节间伸长。茎节处较膨大，为叶着生处。禾本科的茎大多直立或斜上，匍匐地面者称为匍匐茎，横生土壤中者称为根茎。

禾本科草坪草的叶为单叶互生，成2纵列，由叶鞘、叶片和叶舌构成，有时具叶耳；叶鞘相当于叶柄，扩张为鞘状，包裹于茎上，边缘分离而覆叠，或多少结合，其质地较韧，具有保护节间基部柔软生长组织以及输导和支持的作用。叶片呈狭长线形，或披针形，具平行叶脉，中脉显著；叶片和叶鞘连接处内侧大多有叶舌，有的叶片基部两侧有叶耳；不具叶柄，通常不从叶鞘上脱落。

(2)禾本科草坪草的花、果实与种子

禾本科草坪草小穗是构成花序的基本单位。花序顶生或侧生，多为圆锥花序或总状花序、穗状花序。小穗是禾本科的典型特征，由颖片、小花和小穗轴组成。颖片位于下方，小花着生于小穗轴上，花通常两性，少有单性，每小穗含1至多个孕花和不孕花，而不孕花则具多种情况。小穗基部通常有颖片2个(即第一颖及第二颖)。紧包着颖果(或囊果)的苞片叫做内稃和外稃，与颖果紧贴的一片为内稃，对着的一片为外稃。少数种内稃退化或缺失，如外稃顶端和背面可具有1芒，系中脉延伸而成，芒通常直或弯曲，有的则膝曲，形成芒柱和芒针两部分。每个外稃含1小花，花被通常退化成2个浆片，膜质透明，在开花时膨胀。雄蕊通常3个，或1~6个；柱头通常2个，少数种有1个或3个，多呈羽毛状，雌蕊具有子房1室，含1胚珠。

禾本科草坪草的“种子”，通常为颖果。颖果的果皮与种皮相紧贴，不易分离，内含种子1粒。少数禾本科草坪草的果皮薄且质脆，易与种皮分离，称为囊果，又称胞果。胚位于颖果茎部对外稃的一面，呈圆形、卵圆形或卵形凹陷，用肉眼就可以看到。脐呈圆点或线形，位于胚相对的一面，即向内稃的一面。种子有胚乳，含有大量淀粉质。

1.1.1.2　运动场草坪草的生物学特性

(1)叶丛高度低、叶片质地好

运动场草坪草植株地上部的生长点位置较低，并且还有坚韧的叶鞘保护。因此，遇修剪或践踏时遭受的机械损伤较小，经过修剪后有利于促进分蘖。同时，运动场草坪草建植成草坪后，其地上部分的叶丛生长得低矮，具有良好的观赏性。

运动场草坪草为下繁草，营养生长旺盛，叶量多，小矮型，叶片纤细、直立、致密，具有较好的柔软度和一定的弹性，有良好触感，其叶片质地较好。并且，运动场草坪草的叶片越纤细，其观赏价值越高。

(2)覆盖度密、抗杂草性强

运动场草坪草覆盖度是指草坪草地上部分覆盖地面的百分率。要求覆盖度达到95%以上。运动场草坪草因为植株低矮，植株密度大，加上纤细直立的株型使草层间光、热得到合理的分配，有利于阳光照射到草坪下层与叶片及促进根系生长，减少或延缓了草层下部黄化和枯死现象，因此，修剪后不易显现秃裸地面。此外，运动场草坪草一般呈匍匐型和丛生型，扩展性强，可迅速覆盖地表，形成毯状的覆盖层。因此，其覆盖度很高。

运动场草坪中的杂草对草坪具有很大的威胁，运动场草坪杂草与草坪草争夺光、肥、水和生存空间，严重影响草坪草的生长发育和草坪观赏价值和使用质量。草坪草抵挡和拟制杂草生长的能力称为抗杂草性。如果运动场草坪草的生长势竞争不过杂草，它就有被杂草淘汰的危险；从运动场草坪绿化美化效果考虑，运动场草坪内混生着植株高低不匀、叶片宽窄不齐的杂草，也会使已建成的运动场草坪大为逊色。正是由于运动场草坪草的覆盖度高，使其抗杂草能力强。

暖季型运动场草坪草抗杂草能力的强弱通常依次为钝叶草>雀稗>假俭草>狗牙根>地毯草>结缕草>其他。冷季型运动场草坪草抗杂草能力的强弱通常依次为多年生黑麦草>高羊茅>匍匐翦股颖>细弱翦股颖>紫羊茅>其他。

(3)繁殖力强、再生性能好、生育利用年限长

绝大多数冷季型运动场草坪草一般结实率高，容易收获，种子产量高，可利用种子播种快速建植草坪；而大多数暖季型运动场草坪草难以收获到种子或种子产量极低，但其根茎、匍匐茎发达，具有较强的迅速向周围空间扩展的能力，繁殖系数高，因而暖季型运动场草坪主要靠营养体无性繁殖方式建坪。

运动场草坪草再生力是指修剪、践踏或滚压以后草坪草营养器官再生长的能力。草坪草再生力越强，对修剪后的分蘖及使用践踏后的恢复越为有利。运动场禾本科草坪草的分生部位——根颈位于植株的基部，靠近地面，与茎、叶和根相连，下面的几片叶鞘包裹着生长点。因此，每次都修剪不到其分生组织，因其分生组织在被剪叶的下面，由基部叶鞘保护着。所以，禾本科草坪草在修剪、被踩压或受到病虫为害后，依靠其分生组织可恢复生产，其再生力和恢复力强。

运动场草坪草一般为多年生禾本科草本植物。多年生草坪草一般可利用多年，即使地上部分在冬季严寒或夏季酷暑条件下死亡，但其地上部分翌年可正常恢复生长，或依赖其自行成熟撒落的种子，第二年也可正常形成草坪。另外也可以借助每年补播的方法建植长年利用的运动场草坪。因此，只要选用合适的草坪草种，加强草坪养护管理，运动场草坪一经建植成坪，即可利用多年甚至几十年。

(4)色泽翠绿、绿期长

绿色是运动场草坪草的最重要的表现特征之一。不仅直接关系到绿化美化效果的优劣、观赏价值的高低，而且，间接影响体育运动员的情绪与观众的兴趣，最终影响体育运动临场水平与成绩的发挥及提高。运动场草坪草枝叶翠绿，色彩均一。还可采用不同的草坪草种或通过修剪作业，区别划分出浅绿、黄绿(地毯草)、灰绿(钝叶草)、深绿(沟叶结缕草及细叶结缕草)、青绿或浓绿(假俭草)等不同的绿色，或利用叶片正面和背面的颜色差异，通过滚压或修剪形成运动场草坪上的条纹(阴阳线)。不仅给人们以竞技体育运动与休闲体育活动的享受，还给人们以体育文化艺术的陶醉。运动场草坪草建成的草坪生机勃勃、欣欣向荣，可使人心旷神怡、流连忘返。

运动场草坪草的绿期是指返青期至枯黄期保持绿色的时间，常以天数计算。运动场草坪草一般选用当地绿期较长草坪草种，因此，其绿期均较长。并且还可采用暖季型草坪草与冷季型草坪草盖播(交播)方式，使在四季分明的草坪草过渡带地区，也能达到运动场草坪四季如茵的效果。

(5)逆境适应能力强，对人畜无害，草种稀少

运动场草坪草的环境适应性强，对高温或寒冷、干旱或渍涝、瘠薄或盐碱土壤，荫蔽等不良逆境均具有很强的适应能力，表现出抗热、抗寒、抗旱、耐涝、耐瘠薄或酸碱或污染、耐阴性。

运动场草坪草对病虫害的抗性较强。高温高湿季节是运动场草坪病原菌大量繁殖季节。此时若修剪不当，氮肥施用过多，运动场草坪草就极易感染病害。因此，我国南方运动场草坪草的发病率较高；运动场草坪草春、夏季节的发病率高于秋、冬；运动场草坪草幼苗期发病率高于成年期。运动场草坪草对病原微生物的抵挡能力称为抗病性。暖季型运动场草坪草抗病性的强弱依次为假俭草 > 地毯草 > 结缕草 > 狗牙根 > 钝叶草 > 其他。冷季型运动场草坪草抗病性的强弱依次为高羊茅 > 多年生黑麦草 > 紫羊茅 > 细弱翦股颖 > 其他。

运动场草坪草的茎秆、叶片没有污染衣物的浆汁，无不良气味和尖刺，对在运动场草坪进行体育运动的运动员和爱好者及赛马、斗牛等动物均无毒害。

运动场草坪草大多属于禾本科植物，并且仅限于禾本科的结缕草属、狗牙根属、雀稗属、假俭草属、钝叶草属、早熟禾属、羊茅属、黑麦草属、翦股颖属等，而且各属能够用作运动场草坪草的种类极少。尽管运动场草坪草众多，但外在形态基本近似，纤细、低矮、致密是运动场草坪草的主要形态特征。

1.1.1.3　运动场草坪草的生态学特性

(1) 光照条件

光照不足会影响运动场草坪草的生长速度、分蘖数、根量、叶色等。光照严重不足时，运动场草坪草会因营养不良导致茎叶枯黄甚至枯死。在一定的范围内，光照强度越大，运动场草坪草光合能力越强，但超过一定范围，光合作用不再增强，即产生光饱和现象。不同运动场草坪草出现光饱和的光照强度不尽相同，所需光照强度也不同。大多数运动场草坪草喜光，不耐阴。如结缕草在光照强度为 10×10^4 Lx 左右生长良好，叶色深绿发亮，草层密集均匀，低于 5 000 Lx 时就会遭到自然淘汰。也有部分运动场草坪草如钝叶草、草地早熟禾的耐阴性较强。暖季型运动场草坪草耐阴性的强弱依次为钝叶草 > 细叶结缕草 > 日本结缕草 > 假俭草 > 地毯草 > 狗牙根 > 其他。冷季型运动场草坪草耐阴性的强弱依次为紫羊茅 > 匍匐翦股颖 > 高羊茅 > 多年生黑麦草 > 早熟禾 > 其他。

各种运动场草坪草对日照长度的反应也不同，多数来自中纬度或高纬度的运动场禾本科草坪草，如黑麦草为长日照植物，需较长日照(14 h 以上的光照时间)或短夜才能开花结实；而来自低纬度的运动场禾本科草坪草，如狗牙根为短日照植物，需较短光照或长夜才能开花结实。

(2) 温度条件

温度是限制运动场草坪草种分布和栽培区域的主要因子之一。根据运动场草坪草对温度的不同要求，可将运动场草坪草分为冷季型和暖季型两种类型。不管是冷季型草坪草还是暖季型草坪草，不同草坪草种对温度变化的适应性都有较大的差别。

冷季型运动场草坪草适宜在我国黄河以北地区种植，耐寒性强，一年之中有春、秋两个季节的生长高峰，夏季生长缓慢，并出现短期休眠现象，甚至出现"夏枯"型死亡，在我国南方越夏较困难，须采取特别养护措施。最适生长温度为 15 ~ 25 ℃，耐高温能力差。冷季型运动场草坪草耐寒性的强弱依次为草地早熟禾 > 匍匐翦股颖 > 紫羊茅 > 高羊茅 > 多年生黑麦草 > > 其他。冷季型运动场草坪草耐热性的强弱依次为高羊茅 > 细弱翦股颖 > 草地早熟禾 > 加拿大早熟禾 > 紫羊茅 > 多年生黑麦草 > 其他。

暖季型运动场草坪草主要分布在我国长江以南广大地区，耐热性好，一年中仅有夏季一个生长高峰期，春季和秋季生长较慢，冬季休眠。生长最适温度为 25 ~ 30 ℃，抗寒能力差。

暖季型运动场草坪草耐热性的强弱依次为结缕草 > 狗牙根 > 地毯草 > 假俭草 > 钝叶草 > 雀稗 > 其他。暖季型运动场草坪草耐寒性的强弱依次为结缕草 > 狗牙根 > 雀稗 > 假俭草 > 地毯草 > 钝叶草。

(3) 土壤条件

各种运动场草坪草对土壤的水分、酸碱性和硬度等生态因素要求不同。

①水分　在一定范围内，随着土壤水分的增加，运动场草坪草的生长发育越好。但土壤水分过多和过少都不利于草坪草的生长发育。大多数运动场草坪草喜好在湿润土壤生长，但不耐淹或不适应地下水位过高，需要排灌畅通。

不同运动场草坪草耐湿性表现不同，比较耐湿的运动场草坪草有草地早熟禾和多年生黑麦草。暖季型运动草坪草耐涝性的强弱依次为狗牙根 > 雀稗 > 钝叶草 > 地毯草 > 结缕草 > 假俭草 > 其他。冷季型运动场草坪草耐涝性的强弱依次为匍匐翦股颖 > 高羊茅 > 细弱翦股颖 > 多年生黑麦草 > 紫羊茅 > 其他。

不同运动场草坪草抗旱性表现不同，一般暖季型运动场草坪草的抗旱性优于冷季型运动场草坪草；冷季型运动场草坪草中的紫羊茅与高羊茅的抗旱性较强；暖季型运动场草坪草中的结缕草与狗牙根的抗旱性较强。暖季型运动场草坪草耐旱性的强弱依次为百喜草 > 野牛草 > 狗牙根 > 结缕草 > 雀稗 > 钝叶草 > 假俭草 > 地毯草 > 其他。冷季型运动场草坪草耐旱性的强弱依次为紫羊茅 > 高羊茅 > 草地早熟禾 > 匍匐翦股颖 > 多年生黑麦草 > 其他。

具有根茎的运动场禾本科草坪草如紫羊茅、早熟禾、结缕草等，要求土壤中有充足的空气，土壤通气良好能使其生长在土壤中的根茎呼吸增强，生长旺盛。适于生长在湿润土壤或积水中的运动场禾本科草坪草如草地早熟禾能在通气微弱的土壤中生长。

②酸碱性　不同运动场草坪草对土壤酸碱度的要求不同。在 pH 值为 5.0~6.5 的弱酸性土壤中，大多数运动场草坪草生长发育良好。但是，不同的草坪草种对土壤 pH 值有不同的忍受能力。

暖季型运动场草坪草对土壤酸性的忍耐能力的强弱依次为地毯草 > 假俭草 > 狗牙根 > 结缕草 > 钝叶草 > 雀稗 > 其他。冷季型运动草坪草对土壤酸性的忍耐能力的强弱依次为高羊茅 > 紫羊茅 > 细弱翦股颖 > 匍匐翦股颖 > 多年生黑麦草 > 其他。

暖季型运动场草坪草对土壤碱性的忍耐能力的强弱依次为狗牙根 > 结缕草 > 钝叶草 > 雀稗 > 地毯草 > 假俭草 > 其他。冷季型运动场草坪草对土壤碱性的忍耐能力的强弱依次为匍匐翦股颖，高羊茅，多年生黑麦草，紫羊茅，细弱翦股颖 > 其他。

③硬度　适当的土壤硬度有助于提高运动场草坪草的耐践踏能力，但其硬度超过一定限度时则会影响运动场草坪草的生长发育，使其根系坏死而导致草坪草死亡。据调查，一般体育场土壤硬度为 5.5~6.2 kg/cm^2，裸地硬度为 10.3~22.2 kg/cm^2。结缕草在土壤硬度为 2 kg/cm^2 时能良好地生长发育，而在硬度 2~10 kg/cm^2 时其种子虽然发芽，但根系不能生长。因此，在建植运动场草坪和草坪养护中，防止土壤板结是运动场日常重要养护工作。

④养分　土壤养分的高低对运动场草坪草正常的生长发育、绿期的长短、色彩的深浅具有显著的影响。一般情况下，多年生运动场草坪草比一年生草坪草需要更多的养分以防止枯死。

不同运动场草坪草对养分的要求不同。一般运动场禾本科草坪草对氮元素的要求较其他养分高。氮元素能促进分蘖和茎叶生长，使叶片嫩绿、茎叶繁茂，草坪质地好。但是，在大量施氮的草坪上，磷、钾等元素缺乏时往往成为草坪草生育及抗逆性提高的限制因子。只有均衡施肥，才能保证运动场草坪草持续生长发育良好。

大多数运动场草坪草较耐瘠薄，但为了培植高质量的运动场草坪，施肥往往成为养护管理的必要措施，不同运动场草坪草要求的需肥量不同。暖季型运动场草坪草耐瘠薄能力的强弱依次为狗牙根 > 结缕草 > 假俭草 > 地毯草 > 钝叶草 > 其他。冷季型运动场草坪草耐瘠薄能力的强弱依次为紫羊茅 > 高羊茅 > 多年生黑麦草 > 细弱翦股颖 > 匍匐翦股颖 > 其他。

1.1.1.4　运动场草坪草的坪用特性

运动场草坪的基本功能是作为体育运动的场所使用，而几乎所有的体育运动项目都是激烈的竞技运动，均需高强度、高频率地践踏运动场草坪；运动员与体育爱好者均要亲密接触运动场草坪草；而且一般要求草坪草在赛场连续比赛之后立即恢复正常状态，以利为体育运动连续进行开放使用。因此，运动场草坪草除了具有一般绿化与观赏草坪草的坪用特性外，还应具有适应体育运动要求的特殊坪用特性。

(1)耐践踏与耐修剪能力强

运动场草坪草植株地上部生长点低位，并有坚韧叶鞘的多重保护；它的枝条、匍匐茎具有良好的韧性；它的茎与叶中的机械组织发达，抗压、耐磨能力良好。因此，运动场草坪草具有较强的耐受外来冲击、拉张、践踏和修剪的能力。

运动场草坪草对践踏有较强的承受能力。轻度践踏能促进运动场草坪草的生长，而超过一定限度的频繁践踏就会影响运动场草坪草的生长发育，严重时可导致其生长衰弱和死亡。运动场草坪草对践踏的承受能力称为草坪草的耐践踏性。暖季型运动场草坪草耐践踏性的强弱依次为狗牙根 > 结缕草 > 野牛草 > 百喜草 > 地毯草 > 假俭草 > 其他。冷季型运动场草坪草耐践踏性的强弱依次为多年生黑麦草 > 草地早熟禾 > 高羊茅 > 翦股颖 > 紫羊茅 > 其他。

运动场草坪草株型越小，耐修剪的机能越强。匍匐型的运动场草坪草具有较强的耐修剪性。在一定范围内，修剪的次数和草坪枝叶密度成正比。对于暖季型草坪草，8月下旬的及时修剪可延长草坪绿色期20~30 d。但是，草坪草的耐修剪性是个相对的概念，它与修剪的高度和修剪的频率有关。暖季型运动场草坪草耐修剪的强弱依次为狗牙根 > 结缕草 > 假俭草 > 地毯草 > 钝叶草 > 雀稗 > 其他。冷季型运动场草坪草耐修剪的强弱依次为翦股颖 > 羊茅 > 草地早熟禾 > 黑麦草 > 其他。

(2)光滑度与弹性良好，具运动保护功能

运动场草坪草植株组织柔软，表面具有一定的光滑度；具有良好的弹性和回弹性；具有一定的缓冲功能。因此，运动场草坪草对体育运动员与爱好者及运动性畜具有一定的运动安全保护功能。

(3)生命力强，恢复力良好

运动场草坪草多为低矮的根茎型、匍匐型或丛生型植物，具有旺盛的生命力。表现繁殖力强、成活率高、生长迅速、植株分蘖力或扩展性强、在短期内能迅速成坪；再生性好、受损后恢复力好，具有良好的自我修复能力。

1.1.2　运动场草坪草类型

根据一定的标准将众多的运动场草坪草区分成不同类型称为运动场草坪草分类。其目的在于帮助教学科研部门方便进行教学科研实践；有助于运动场草坪企业正确合理地规划和选择草坪草种(品种)。运动场草坪草是根据植物的生长属性从中区分出来的一个特殊化了的经济类群，因此其目前的分类无严格的体系。运动场草坪草分类通常在大经济类群的基础上，借助植物分类学或对环境条件的适应性等进行的多种分类。

1.1.2.1 按草坪草适宜气候条件和地域分布分类

按运动场草坪草生长的适宜气候条件和地域分布范围可将运动场草坪草分为暖季型运动场草坪草和冷季型运动场草坪草。

(1)暖季型运动场草坪草

暖季型运动场草坪草主要是禾本科画眉亚科的一些植物。其最适生长温度为26~32 ℃，主要分布在我国长江流域及其以南较低海拔地区。它的主要特点是冬季呈休眠状态，早春开始返青，复苏后生长旺盛。进入晚秋，一经霜冻，其茎叶枯萎褪绿。在暖季型运动场草坪植物中，大多数只适应于在我国南方地区种植栽培，只有少数的几种，可在我国北方地区良好生长。

(2)冷季型运动场草坪草

冷季型运动场草坪草主要是禾本科早熟禾亚科的一些植物。其最适生长温度为15~25 ℃，主要分布于我国华北、东北和西北等长江以北的北方地区。它的主要特征是耐寒性较强，在夏季不耐炎热，春、秋两季生长旺盛。适合于在我国北方地区栽培。其中也有一部分品种，由于适应性较强，亦可在我国中南及西南地区栽培。

1.1.2.2 按植物学分类体系分类

运动场草坪草几乎都属于禾本科植物，且主要限于禾本科的以下几个属中。

(1)翦股颖属(*Agrostis* L.)

翦股颖属运动场草坪草种有匍匐翦股颖、细弱翦股颖和绒毛翦股颖等。翦股颖属运动场草坪草是冷季型草坪草中最能忍受频繁修剪的，可耐0.5 cm的低修剪，甚至更低。翦股颖具有匍匐茎或根茎，扩散迅速，形成的草皮性能好，耐践踏，草质纤细致密，叶量大；适于寒冷、潮湿和过渡性气候，大多数品种具有很强的抗寒能力；适宜肥沃、湿润、排水良好、弱酸性土壤。可建成高质量高尔夫球场、草地网球、草地保龄球场等精细型运动场草坪。

(2)羊茅属(*Festuca* L.)

羊茅属运动场草坪草种有高羊茅和紫羊茅等。其共同特点是抗逆性极强，对酸、碱、瘠薄、干旱土壤和寒冷、炎热的气候及大气污染等具有很强的抗性。既适宜生长在寒冷潮湿地区，也能在贫瘠、干旱和pH5.5~6.5的酸性土壤中生长。耐阴性较强，但不能在潮湿、高温条件下生长。羊茅属中的一些种很耐践踏。其中高羊茅叶片质地粗糙，为宽叶高大型；紫羊茅叶片质地较细密，为细叶低矮型。羊茅属运动场草坪草主要用作运动场草坪的伴生种。

(3)早熟禾属(*Poa* L.)

早熟禾属运动场草坪草种有草地早熟禾、加拿大早熟禾和普通早熟禾等。早熟禾根茎发达，繁殖迅速，形成草皮的能力极强，再生能力也强，耐修剪，耐践踏，草质细密、低矮、平整、草皮弹性好、叶色艳绿、绿期长。抗逆性相对较弱，对水、肥、土壤质地要求较严。适宜于气候冷凉、湿度较大的地区生长。抗寒力强，耐旱性稍差。适于我国北方、中部及南方部分冷凉地区种植。国内外常采用多品种混播或与其他草种混播。

(4)黑麦草属(*Lolium* L.)

黑麦草属运动场草坪草种有多年生黑麦草和一年生(多花)黑麦草等。多年生黑麦草和一年生黑麦草种子发芽率高、出苗速度快、生长茂盛，叶色深绿、发亮，多用为先锋保护性混播草种或常绿运动场交播(盖播)草种。但需要高水肥条件，坪用寿命短。适于气候冷凉、湿度较大的地区种植。

(5)冰草属(*Agropyron* Gaertn.)

冰草属运动场草坪草种主要为扁穗冰草。扁穗冰草分布于欧亚寒冷、干旱地区，我国东北、华北、西北等地区有分布，生于干燥山坡、沙地，海拔2 100~4 500 m。扁穗冰草质地粗糙、丛生型，在干旱地区用种子直播其萌发和建坪很快；在冷凉地区常用于不灌溉的运动场草坪和高尔夫球场球道，因而又称其为球道冰草。

(6)结缕草属(*Zoysia* Willd.)

结缕草属运动场草坪草种主要为(日本)结缕草、沟叶结缕草、细叶结缕草和中华结缕草等。结缕草各草种多用根茎或匍匐茎繁殖建植草坪，结缕草和中华结缕草也可采用播种建坪。结缕草具有耐干旱、耐践踏、耐瘠薄、抗病虫等许多优良特性，并具有一定的韧度和弹性。

日本结缕草为质地中等，生长缓慢的暖季型草坪草，适于热带、亚热带和温带地区种植，具有突出的抗寒性，甚至可生长在亚寒带气候区域，但短的生长季使绿期变短而限制其广泛使用。多用于运动场、高尔夫球场球道和长草区。

沟叶结缕草质地较日本结缕草细嫩、较稠密，生长较慢，抗寒性不及日本结缕草，仅适于热带和亚热带地区种植。偶尔用于高尔夫球场球道。

细叶结缕草为结缕草中质地最细、最稠密、生长最慢的种。抗寒性比沟叶结缕草差，用于暖亚热带和热带。在利用率低情况下，能产生十分稠密的地表覆盖，不践踏时可形成“草丘”，影响草坪外观一致性。在日本偶尔用于高尔夫球场球道和果岭。

中华结缕草草丛密度较日本结缕草稍大，叶片也较窄，耐践踏性好，仅从种子形态特征很难区分中华结缕草和日本结缕草。可用于运动场、高尔夫球场球道和长草区。

(7)狗牙根属(*Cynodon* Rich.)

狗牙根属运动场草坪草种为普通狗牙根、杂交狗牙根和非洲狗牙根。狗牙根是最重要和分布最广的暖季型运动场草坪草之一。狗牙根可采用播种和根茎繁殖两种方法进行草坪建植，生长势强，通过匍匐茎和根茎侧向生长，适应性广，喜光性强，不耐寒。

普通狗牙根种间颜色、质地、密度、活力和对环境的适应性均存在明显差异；杂交狗牙根为普通狗牙根与非洲狗牙根的种间杂交种，其质地极细嫩，亮绿色，具有线一样的匍匐茎；非洲狗牙根外观与普通狗牙根相似，叶具茸毛，较为松软。

杂交狗牙根靠根茎营养繁殖，主要用于高尔夫球场果岭、球道，而普通狗牙根可通过种子播种建植，主要用于高尔夫球场长草区。

(8)地毯草属(*Axonopus* Beauv.)

地毯草属运动场草坪草种主要有地毯草和近缘地毯草。地毯草别名大叶油草，为我国华南地区的主要暖季型草种之一。该草喜欢湿润环境，较耐阴，但在沼泽地和大半年时间都渗水的土壤上却生长不良。该草还耐贫瘠，遍布在沿着海岸边的贫瘠高地上。地毯草耐酸性特强，最适宜的pH值为4.5~5.5。该草既可进行种子繁殖，又可进行营养繁殖。生长快，草质粗糙，草姿美，耐修剪和践踏。主要用于管理较为粗放的运动场。

(9)雀稗属(*Paspalum* Flugge.)

雀稗属运动场草坪草草种主要有百喜草和海滨雀稗。雀稗为适应广泛土壤条件的暖季型草坪草。

百喜草草质粗糙，叶片坚硬、较宽，形成的草坪稀疏、密度低；适合在温暖湿润地区生长，不耐寒，低温保绿性比钝叶草、假俭草和地毯草略好；耐高温，抗旱性和抗病虫害能力强，具有良好的耐阴性；耐盐碱和贫瘠土壤，但耐淹性不好；适用于管理粗放的高尔夫球场长草区。

海滨雀稗根茎粗壮，密集，根系深，利用生活污水和非饮用水等喷灌对草没有损害；海滨雀稗原生海滨，性喜温暖；抗寒性较狗牙根差，耐阴性中等，耐涝性强，耐热和抗旱性强。耐瘠薄土壤，土壤适应范围很广，具有很强的抗盐性，一般认为是最耐盐的草坪草之一，甚至可以用海水直接进行浇灌。近年来，美国育成了不少海滨雀稗新品种，可用于高尔夫球场果岭、发球台、球道等区域。

(10)蜈蚣草属(*Eremochloa* Büse)

蜈蚣草属运动场草坪草草种只有假俭草单个种。假俭草主要分布于我国长江以南各省区。其植株低矮，草质较粗糙，早春返青慢，夏秋生长旺盛，具有发达的匍匐茎，与杂草竞争力强，覆盖地面效果好；根深耐旱，耐热性强，耐寒性差，耐贫瘠，耐阴湿环境；土壤适应范围相对较广，耐酸性土壤，在 pH4.0 的土壤中也能生存，但其耐盐碱性差；绿色期较长，生长迅速，侵占性和再生能力强，成坪快，覆盖率高，草层厚，较耐践踏，但弱于狗牙根和结缕草，耐粗放管理，可用于使用频率较低的运动场和高尔夫球场球道和长草区。

(11)钝叶草属(*Stenotaphrum* Trin.)

钝叶草属运动场草坪草草种只有钝叶草单个种。钝叶草原产印度，是一种使用较广泛的暖季型草坪草，近年在我国南方广东、广西、海南、云南等地应用较广泛。

钝叶草植株低矮，质地粗糙，侵占性强，具匍匐茎，蔓延生长，平铺地面，平整美观，可用于高尔夫球场的长草区；叶片长 7~15 cm，宽 0.6~1.5 cm，质地坚硬；适宜广泛的土壤条件，在潮湿、排水良好、沙质、中等到高肥力的弱酸性土壤上生长良好，干旱时需灌溉，抗寒力较差，仅适应冬天较温暖的沿海地区。

1.1.2.3 按草坪草叶宽度分类

(1)宽叶型运动场草坪草

宽叶型运动场草坪草叶宽茎粗，生长强健，适应性强，适用于质地要求较为粗放的运动场草坪。如日本结缕草、地毯草、假俭草、钝叶草、高羊茅等。

(2)细叶型运动场草坪草

细叶型运动场草坪草茎叶纤细，可形成平坦、均一、致密的草坪，要求土质良好的条件，可建植精细型运动场草坪。如翦股颖、细叶结缕草、早熟禾、紫羊茅等。

1.1.2.4 按草坪草株体高度分类

(1)低矮型运动场草坪草

低矮型运动场草坪草株高在 20 cm 以下，低矮致密，匍匐茎和根茎发达，耐践踏，管理方便，大多数适于高温多雨的气候条件；多采用无性繁殖，形成草坪所需时间长，若铺装建坪则成本较高，不适于大面积和短期形成的草坪；常见种有日本结缕草、沟叶结缕草、细叶结缕草、杂交狗牙根、地毯草、假俭草等。

(2) 高大型运动场草坪草

高大型运动场草坪草株高通常在 20 cm 以上，一般用播种繁殖，生长较快，能在短期内形成草坪，适用于建植大面积的草坪，其缺点是必须经常刈剪才能形成平整的草坪。如高羊茅、黑麦草、早熟禾、翦股颖、普通狗牙根等。

1.1.2.5　按草坪草的运动使用功能类别分类

运动场草坪草还可按其运动使用功能类别分为足球场草坪草、高尔夫球场草坪草、网球草坪草、赛马场草坪草等类型；甚至还可细分出高尔夫果岭草坪草、高尔夫发球台草坪草和高尔夫球道草坪草等类型。尽管该分类方法还不广泛为人们所接受，但随着未来不同类型的专用运动场草坪草种与新品种的培育成功，该运动场草坪草分类方法将会被人们广泛接受，并且将更加方便人们对运动场草坪草种和品种的选择。

1.1.3　运动场草坪草选择

1.1.3.1　运动场草坪草选择的作用与意义

运动场草坪草选择即选择适宜的运动场草坪草种及其品种。运动场草坪草选择具有如下作用与意义。

(1) 草坪运动场建设与运行的基础和关键

正确的运动场草坪草种及其品种选择意味着运动场草坪建植成功了一半。要获得优美的运动场草坪，首先要选择适宜的运动场草坪草种及其品种。

运动场草坪草选择对运动场草坪建设和养护管理水平的提高具有举足轻重的作用，尤其是获得优质而长寿运动场草坪的关键。运动场草坪草的选择与配比是一门技术性、科学性较强的系统工程，它不仅涉及草坪植物的分类、栽培，还涉及气候、土壤、水文、机械等诸多方面。因地制宜，正确、科学地选择和配比运动场草坪草种，关系到未来运动场草坪的品质、抗病虫害性、杂草抗性、养护运行成本以及持久性等，是获得健康、优美的运动场草坪，达到一流运动场的基础和关键。

(2) 不同草坪运动场要求选择不同特点的运动场草坪草

由于不同地区的气候、土壤等生态条件各异，不同运动场草坪草承载的运动使用功能类别不同，甚至相同运动场草坪不同分区的草坪草，如高尔夫果岭、发球台、球道和高草区的草坪草，各自的功能也不尽相同；各运动场草坪养护管理措施、养护管理投资、养护人员技术水平及其养护机械等条件也大相径庭，因此，对不同草坪运动场和相同草坪运动场不同功能分区所要求选择的草坪草种也有很大不同。反之，不同运动场草坪草只有在与其适应的条件下才能正常生长形成优质运动场草坪，才能充分发挥优质运动草坪草的功效和作用。为此，必须针对不同运动场的特点与当地的具体情况，选择合适的运动场草坪草种，才可起到事半功倍的效果。

1.1.3.2　运动场草坪草选择的基本要求

运动场草坪草种及品种极其繁多，因为运动使用功能、生态条件等因素不同，所以运动场草坪草选择也不相同。但是，选择作为运动场草坪草的草种及品种，除具有一般草坪草特性外，还必须具有如下基本要求。

(1) 根系发达

运动场草坪草要求具有发达的根系和地下根茎，以保证草坪运动场的密度及地上草坪受损后的恢复能力。

(2)生长旺盛，覆盖力强

具有较强的分蘖能力或发达的地上匍匐茎，以保证草坪较好的密度。

(3)有弹性，耐践踏，耐修剪

运动场草坪草要求叶片短小、密集、草丛结构紧凑；叶片有适宜的硬度和弹性，使建成的运动场草坪具有较好的弹性和耐磨性。

(4)绿期长，持续性能好

运动场草坪草要求绿色期长，可增加草坪运动场使用量；抗逆性强，可减小不利的环境因素对其的伤害；适应性强，适宜栽培的生态幅度大，利用范围广；选择抗病品种，减少病害的发生和管理难度。

(5)经济实用

运动场草坪草要求选择长期、多年生草种，增加草坪的使用年限；要求考虑运动场草坪草种苗的来源和价格，尽量选择质优价廉的运动场草坪草种，以降低成本。

1.1.3.3 运动场草坪草选择应遵循的基本原则

一般认为，凡是适宜建植运动场草坪的草本植物都可以用作运动场草坪草。由于运动场草坪草主要包括禾本科多个不同属的种，而每个运动场草坪草种又有多个不同的品种。因此，运动场草坪草的选择可以有多种不同的选择。如何正确选择适宜的草坪草种及其品种应遵循以下几个基本原则。

(1)气候生态适应性原则

当需要选择合适类型的运动场草坪草时，首先应当考虑草坪运动场所在地的温度等主要气候条件，还需要考虑运动场草坪草对光照、温度的要求，即运动场草坪草的生物学与生态学特性。严格按照适地适草的生态学原则，恰如其分地选择运动场草坪草种及其品种。

光照对运动场草坪草的选择有重要影响，荫蔽地段选择种植喜光性的草种，植株会弱化，易感染病虫害，活力降低，密度变稀。不同种类的草种及其品种具有不同的耐阴性。不同光照条件下耐阴运动场草坪草中，高羊茅、匍匐翦股颖和结缕草属耐阴性良好；海滨雀稗和多年生黑麦草耐阴性中等；草地早熟禾和杂交狗牙根耐阴性差。

基于对气候条件与植物分布时空关系的不断认识，并根据植物对生存环境的反应，运动场草坪草划分为冷季型和暖季型两大类。

冷季型运动场草坪草代表种有高羊茅、草地早熟禾、匍匐翦股颖、多年生黑麦草等。冷季型运动场草坪草多数种经过多代杂交育种和选择育种，品种类型极多，大多品种又能进行种子建坪，各品种种子纯度好，在适宜气候条件及良好养护管理措施下形成的运动场草坪平整度好，观感好，草姿美。主要分布于我国长江流域以北地区，其最适生长温度范围为15～25 ℃，生长主要受高温胁迫、高温持续时间及干旱环境的制约，其主要特点是绿色期长，色泽浓绿，管理需精细。在长江以南地区，由于夏季气温较高，且高温和高湿同期，冷季型运动场草坪容易感染病害，必须采取特别的管理措施，稍有不慎极易产生大面积的斑秃、死亡。

暖季型运动场草坪草种主要有狗牙根、结缕草、假俭草等。主要分布于热带、亚热带地区，即我国长江流域及其以南较低海拔地区。在黄河流域冬季不出现极端低温的地区，也可种植暖季型运动场草坪草，如狗牙根、结缕草的个别品种。暖季型运动场草坪草耐热不耐寒，最适生长温度范围为26～32 ℃，当温度在10 ℃以下时则进入休眠状态，其生长主要受极端低温和持续时间的限制，适宜于温暖湿润或温暖半旱气候，年生长期为240 d左右。其特点是耐热性强，抗病虫能力强，抗本地杂草竞争优势明显，并以地下茎扩展蔓延，繁殖系数极高，耐粗放管理，建植容易，适宜在低水平条件下养护，草坪使用年限长。其缺点是每年冬季至翌年3月上、中旬为枯黄休眠期。暖季型运动场草坪草仅有少数品种可以获得草坪种子，因此主要以营养繁殖方式进行草坪建植。

冷季型和暖季型运动场草坪草均具有各自独特的生物学与生态学特性，而且，两者特性可以优势互补，因此，运动场草坪建植与运行实践中，往往采用冷季型和暖季型运动场草坪草交播或混播的方式，以保持运动场草坪四季常绿，常年能够开放利用。再者，由于相同运动场草坪草种的不同品种的生态适应性不相同，同一地域不同地点与运动场地的小气候也不相同，区域性气候决定了运动场草坪草的选择，而该种选择必须以运动场草坪草的生物学与生态学特性为基础，因此，要结合运动场草坪建植具体地点的局域性小气候特点，选择出最适宜的运动场草坪草种、品种及其组合。

(2)土壤适应性原则

不同的运动场草坪草种及其品种对土壤的适应性不同，大多数运动场草坪草种适宜排水良好的酸性至中性土壤，部分运动场草坪草种有一定的耐瘠薄、耐盐碱、抗酸性能力。例如，碱性土壤应选择耐盐碱性良好的运动场草坪草种，如狗牙根属、结缕草属、匍匐翦股颖、高羊茅等，并结合浇水排盐，施用磷石膏(主要成分硫酸钙)等改土材料。而翦股颖和草地早熟禾的耐盐性较差。

按照我国宏观生态条件和运动场草坪的建植特点，一般可根据如下5个基本地带类型划分法，选择合适的运动场草坪草种及其品种，此划分简便实用。

①冷凉、湿润带　该地带主要分布在寒温带和青藏高原高寒气候区，冬季寒冷，夏季凉爽。适宜的运动场草坪草种主要有早熟禾、紫羊茅、翦股颖等；靠南一些的冷湿地带可选择高羊茅、黑麦草。一些特殊生境也可选用冰草等。

②冷凉、干旱、半干旱带　该区域分布范围较广，位于大陆型气候控制区，冬季干燥、寒冷，春季干旱，夏季具有明显的酷热期。主要分布在秦岭、淮河以北的广大中温带和部分暖温带区域。适宜在该地区种植的运动场草坪草种主要是草地早熟禾、细弱翦股颖、匍匐翦股颖、高羊茅和黑麦草等。在干旱地区，只要供水充足，也可建造高等级运动场草坪。狗牙根、结缕草、冰草等草坪草也可用作该区域一些低养护管理水平运动场的草坪草种。

③温暖、湿润带　该区域气候特征是夏季高温、高湿，冬季温和。7月日平均温度常高达30 ℃以上，并伴随有很高的湿度。主要分布在亚热带区域，向北分布有成都、重庆、西安、郑州等城市。暖季型的狗牙根在该区域生长良好；耐寒性稍好的结缕草，可选择在靠北一些的地区种植；钝叶草、地毯草等则适宜种植在靠南的地区；冷季型的高羊茅、黑麦草、草地早熟禾等也常出现在该区域靠北或海拔较高的地方。

④温暖、干旱半干旱带　该区域零散分布于亚热带、热带及云贵高原的部分地区和其他类似地区。常伴随着干旱的夏季，昼夜温差较大。狗牙根是该区域主栽草种，灌溉条件下，结缕草、高羊茅、草地早熟禾等的选用也非常普遍。该区域内如需要保持高等级运动场草坪，则必须具备灌溉条件。

⑤过渡带　地理土壤过渡带呈隐域性分布和梯度性变化特征，镶嵌或穿插于各地带之

间。选择运动场草坪草种及其品种时，应根据具体建坪地所处的主要地带类型，选择配比不同草种。

我国南、北交错地带，无论种植冷季型草坪草还是暖季型草坪草都不理想。暖季型草坪草会由于冬季太冷而冬枯；冷季型草坪草会由于夏季太热而夏枯，这一地带称为过渡地带，简称过渡带。该区域包括我国北亚热带、中亚热带的北部、暖温带和中温带的南部地区，大致在北纬28°~40°，南北相距1 400 km，包括浙江、江西和湖南3省北部，湖北、江苏、上海、安徽、山东、河南、陕西、山西、北京和天津等省(直辖市)。

(3)使用功能适应性原则

运动场草坪属于管理强度最大的一类草坪。首先，应根据运动场功能确定适宜的运动场草坪草种及其品种。草坪运动场草坪依其承载的运动项目不同，其运动使用功能也不相同，从而决定了不同类型运动场草坪的草坪草选择也存在较大差异。甚至同一个运动场草坪不同分区的草坪草选择也不相同。如足球场或橄榄球场草坪草要求具有很强的耐践踏性，恢复再生能力好，不耐践踏的翦股颖就不适宜选用；网球场草坪草除需要耐践踏、耐低修剪外，还应有很好的弹性；高尔夫球场的果岭草坪草则要求具有耐低修剪、恢复再生能力强、生长均一等特性，可选择杂交狗牙根系列品种；高尔夫球场的球道草坪草可选择普通狗牙根或日本结缕草、沟叶结缕草等草种。

其次，应根据运动场利用情况确定适宜运动场草坪草种及其品种。一是应当考虑草坪运动场的使用强度(频率)。以草坪足球场为例，暖季型足球运动场草坪首选草坪草种为狗牙根和结缕草；冷季型足球运动场草坪首选草坪草种为草地早熟禾或其与多年生黑麦草混播。如果球场使用强度较大时，暖季型足球运动场草坪应以狗牙根为宜，因为其余的几种暖季型草坪草恢复能力较差，一经高强度的践踏损伤，短时间内不易恢复；冷季型足球运动场草坪中，高羊茅在高强度使用下，易形成丛状草坪，且短期内不易恢复，导致草坪摩擦力增大，均一性下降。相对于高羊茅，草地早熟禾草坪或草地早熟禾与多年生黑麦草混播草坪更耐高强度践踏。如果球场使用强度不大时，则以上各种运动场草坪草均可以选择，仅需考虑它们的养护管理水平及成本等因素。

第三，应当考虑草坪运动场质量等级水平的要求。不同草坪运动场根据可承担的体育运动竞技比赛水平划分不同的质量等级，一般可用于承担国际与国家级体育运动比赛的草坪运动场具有较高的等级水平。因此，其运动场草坪草自然是选择运动场草坪功能表现最好的种及其品种，而对影响运动场草坪草选择的其他因素，如养护管理条件、建造费用等一般均可给予满足。而一般的草坪运动场对草坪质量要求不高，其运动场草坪草选择余地较大，主要需要考虑草坪运动场的使用强度等因素。

(4)养护管理适应性原则

草坪养护管理水平也是运动场草坪草选择的重要影响因素。运动场草坪建植后的养护管理条件对于草坪质量具有十分关键的作用，在很大程度上决定运动场草坪使用功能的好坏。运动场草坪作为高档草坪类型，其“三分建，七分管”的理念尤为突出。不同运动场草坪草对养护管理要求也不同，因此，必须根据运动场草坪养护管理水平确定选择适宜的运动场草坪草种及其品种。如暖季型运动场草坪草中，狗牙根比结缕草的养护管理要求高。一是由于前者具有较快的生长速度和发达的匍匐茎，草坪易形成厚厚的枯草层，如果后期草坪养护管理的通气打孔、垂直刈割等措施跟不上，则过厚的枯草层会影响水肥的下渗，容易引发病虫害，还会降低所施药剂的效果。而如果运动场草坪具有高水平的专业草坪养护队伍，其枯草层得到很好的控制，则适宜的枯草层会减轻土壤紧实，改善草坪运动场表面硬度，同时还对草坪草生长点具有保护作用，免受冻害。二是狗牙根草坪还对水肥需求较高，如狗牙根草坪氮肥需求量为每个生长月 2.43~7.30 g/m^2；而结缕草仅为 1.0~2.5 g/m^2。三是狗牙根具有较低的修剪高度和较快的生长速度，使其需要频繁地修剪，才能保持其草坪的高质量。综上所述，暖季型运动场草坪草中，结缕草草坪对养护管理要求较低，更适合管理水平比较粗放和使用次数较多但践踏强度不大的学校足球场草坪。冷季型运动场草坪草中，由于高羊茅具有极强的抗热性和抗旱性，在草坪过渡带地区或低养护管理条件下，成为各类运动场草坪的理想选择；而档次较高的足球场草坪还可采用高羊茅和草地早熟禾混播或结缕草和多年生黑麦草交播。

草坪运动地的养护管理水平还包括运动场投资和经济实力因素。草坪运动场从草坪建植设计伊始，就必须考虑运动场草坪的建造与养护管理费用，要以经济实用为基本原则。质量越高的运动场草坪经费投入越大，经费充足情况下可选择需要精细管理的优质运动场草坪草，如杂交狗牙根系列品种等暖季型运动场草坪草以及草坪型高羊茅、草地早熟禾和翦股颖等冷季型运动场草坪草的一些优良品种；如果没有较强的经济实力，应选择结缕草等普通的运动场草种及品种和具有耐粗放管理特点的运动场草坪草种及其品种。否则，不但增加草坪运动场建造与养护管理负担，而且不能达到应有的运动场草坪效果。特别是冷季型运动场草坪大多采用种子播种建植草坪，几乎需要每年购种补播，因而具有一定的经济负担。因此，投资发展运动场草坪切忌草率拍板，盲目决策，一定要依据运动场草坪草选择的各项基本原则进行综合决策，防止因选择不合适的运动场草坪草种及品种，随后不久又要换种从而造成损失。

(5)优势互补与景观一致性原则

单一草坪草种群形成的运动场草坪，均匀性好。但为了增强运动场草坪草对环境条件胁迫的抵御能力，运动场草坪常采用混合播种方法。同一类型的草坪草种间科学搭配，混合群体比单一群体具有更广泛的遗传多样性，增强对逆境胁迫的耐受力，稳定草坪群落，延长利用期。运动场草坪草中，草地早熟禾可单独或与其他冷季型运动场草坪草种配比，适宜建植多种类型的运动场草坪；高羊茅耐热性突出，抗磨损性好；多年生黑麦草虽然绿期稍显不足，但色泽好、建坪快，抗磨损性强，与草地早熟禾科学搭配，在运动场草坪建植中可发挥重要作用。而具有耐超低修剪特性、质地柔细的翦股颖、狗牙根，则是高尔夫球场果岭区的主要种类。混播的不同组分在遗传组成、生长习性、对光和肥水的要求、土壤适应性及抗病虫性等方面存在差异，混合群体具有更强的环境适应性，能达到优势互补。但是，运动场草坪草混合播种的组分比例受景观一致性原则制约。

混合播种有两种办法：一是种内的不同品种间的混合，例如，我国北方运动场草坪，常用草地早熟禾中不同品种混合建植，组分一般为 3~4 个品种，品种间的比例随品种特性有所变化；二是种间的不同种的混合，例如，常用运动场草坪草种的混合组合——高羊茅+草地早熟禾，两者比例随管理水平有所不同，但先要满足景观一致性的原则，在这一混合组分中，由于高羊茅的丛生特性与相对较粗糙的叶片质地，决定其必须是混播的主要成分，比例一般在 85%~90% 之间，从而形成的草坪才能达到景观一致的效果。此外，常用运动场草坪草种的混合组合——多年生黑麦草+草地早熟禾，多年生黑麦草因其发芽快，幼苗生长迅速，能快速覆盖地面，形成局部遮阴，给草地早熟禾种子发芽创造适宜的环境，并能在一定程度上抑制杂草的生长。因此，多年生黑麦草常用于运动场草坪草混播组分，充当先锋植物的作用。

暖季型运动场草坪冬季交播(盖播)冷季型运动场草坪草也可达到优势互补的效果。冬季交播(盖播)(winter overseeding)是指在冬季低温来临以前，为增加暖季型运动场草坪的绿度，提高运动场草坪利用率，而选择一些适宜的冷季型运动场草坪草种在暖季型草坪上进行播种，然后管理出苗，形成一块冬季“临时草坪”。利用冷季型草坪草冬季能保持绿色的优点可有效改进暖季型草坪草因冬季休眠而枯黄的景观缺陷，给草坪运动场提供一个良好的景观效果和运动环境，满足了我国南方地区草坪运动场正常运营需要，使草坪出现四季长绿的观赏效果；还可减轻冬季运动对休眠的暖季型草坪草的践踏与伤害，有利于暖季型草坪翌年春季的正常返青和生长。冬季交播冷季型草坪草的选择要求，除必须具有一般草坪草的特性外，还应具备以下主要特点：发芽快，出苗整齐，成坪迅速；耐低剪、耐践踏、能形成致密草坪面；冬季坪用性状优良，具有较强的抗病虫害能力、耐热性和耐高温性较差、夏季过渡快等。冬季草坪运动场交播草种以一年生黑麦草、多年生黑麦草、紫羊茅等效果最好。其中，多年生黑麦草比一年生黑麦草的景观效果要好，是比较常用的交播草种。

此外，运动场草坪草的选择还需注意相同地区和地域的不同运动场或同一运动场的不同功能区与其他园林绿化景观的优势互补和景观一致。

总之，运动场草坪草的选择在保证气候生态相适应、土壤相适应、使用功能相适应、管理养护相适应和优势互补及景观一致性的基础上，还应注意草坪草一般的坪用特性，如颜色和绿期、质地、密度、均一性等的选择。运动场草坪质量要求是运动场草坪草选择的出发点，各运动场草坪草种及其品种特性包括其抗病虫害能力是实现运动场草坪功能目的的生物学前提，运动场草坪草对气候、土壤等环境适应性是其生态学前提，所需的养护管理条件是实现运动场草坪功能目的的经济基础。

1.2 运动场坪床工程

运动场草坪除具备观赏功能外，更注重使用功能，要求具有承受高强度使用和耐践踏的能力。因此，运动场草坪都是高度人工设计、建造和养护管理的高质量草本植物群落。坪床是运动场草坪的基础工程，对草坪的生长及场地质量有长远影响和重要意义。运动场坪床工程包括坪床结构、喷灌系统和排水系统三部分建造内容。

1.2.1 坪床结构

坪床结构是指草坪表面以下提供草坪草生长环境的基础层剖面结构。由坪床的层次、厚度及其材料构成。运动场草坪不同于观赏草坪，其使用频率和使用强度都很高，因此对坪床结构的要求很高。

1.2.1.1 坪床结构的设计原则

合理的运动场坪床结构应满足运动本身对场地表面的要求，同时还要满足草坪草的正常生长要求，在这两者之间要达到平衡。

坪床结构的类型多种多样，在设计时应考虑场址状况、气候、使用强度、质量水平、投资及维护费用等因素。坪床结构直接关系到场地质量水平，并影响到将来的场地养护费用。将以上因素综合评估后再进行坪床土壤结构的设计。实践表明，场地表面质量与坪床结构，特别是与排水性能和种植层性质密切相关。排水性能差的运动场不可能获得高质量的草坪表面。

(1)场址状况

在场地设计之前，对现场的调查是非常重要的一项工作。调查的内容包括表土、土层以及排水状况等。

①表土 现场的表土类型和质量将影响到场地的排水性、草坪的建植和养护成本。具体要了解表土的砾石、沙和黏土的大致比例，以及石灰含量和 pH 值等。

②土层 运动场地绝大多数建在非自然土壤上，地下可能有许多建筑垃圾、生活垃圾、未分解的树根和工业废弃物等，可能还含有玻璃等尖锐物、有毒的化学物质、重金属和辐射物，以及旧建筑物基础构件、石头和砖块等。这些都将严重影响土壤质量，并对人身安全和草坪草的生长发育构成威胁。有些需要清除，有些需要重新换土。

③排水 排水是否顺畅是关系到场地未来品质的一个非常重要的因素。排水一方面表现为土壤自身的排水能力，这与土壤类型有关；另一方面是场地排出的水能否及时疏导，这与周围的地势和市政设施有关。

为了建造一个高质量而且安全的运动场草坪，需要做比建植绿地更加繁多的细致工作。只有在仔细调查清楚土壤的状况之后，才可以开始场地的建设工作。

(2)气候

降水量是坪床土壤结构设计中需要考虑的一个非常重要的气候因素。在北方干旱地区主要考虑的是保水问题，而在南方湿润地区主要考虑的是排水问题。总体来说，降水量越多，场地设计的标准就越高。

另外，在设计时也要考虑局部的小气候，如大型体育场地内的遮阴、通风和温度等都与场地的开阔性有很大关系，对场地的排水性能要求更高。

(3)使用强度

使用强度越高，对场地的坪床土壤结构要求就越高。设计时既要考虑高强度的使用要求，又要考虑草坪草的生长要求；既要考虑排水，又要考虑保水和保肥。其最终目的是为运动员提供一个良好的、持久的运动表面。

(4)质量要求

对场地的质量要求越高，场地的坪床结构设计标准也就越高。质量要求很高的运动场草坪一般设计为纯沙型坪床结构。

(5)维持费用

除考虑运动场地的建造成本以外，场地建成以后的维持费用也必须认真考虑，因为这关系到场地的长远利益。纯沙型球场坪床结构很好，但需要投入更多的水、肥、人力和机械才能养护到高水准，由此养护费用也较一般场地高。

1.2.1.2 坪床结构的类型及特点

运动场坪床土壤结构按建造过程可划分为天然型、半天然型和人造型三大类。

(1)天然型

在表土肥沃、基层透水性好的地方直接建植的运动场草坪称为天然型球场。这种球场建造成本较低，主要用于一般比赛，如机关、学校等单位的球场。沙或砾石之上为砂壤土是最好的，可以大大节约场地建造成本。在实践中，符合直接建植球场条件的地方非常少。这类球场在建植草坪时无需进行深层土壤改良，只需进行地面平整工作即可。需要注意的是，在施工之前最好选取深 80 cm 的土壤剖面，以确定运动场草坪基质土层是否有不透水层、地下水位太浅等问题，若存在这些问题应在施工时及时解决。

(2)半天然型

这类场地土壤在质地或排水方面不同程度地存在一些问题，需要进行一些人为的改良措施，方能达到草坪生长和场地使用质量的要求。这类场地大多为新建或改良原有较差的场地而成。根据改良措施的不同，可将半天然型场地分为以下几类。

①盲管排水型　盲管排水可以大大改善场地的排水性能，但要注意的是，排水系统的设计、材料的选择及管道的安装都非常关键。同时，要求坪床土透水性好，水能迅速下渗到排水层中(图 1-1)。

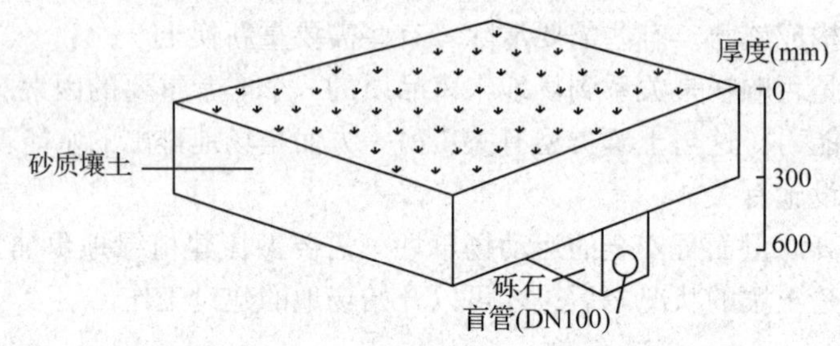

图 1-1　盲管排水型坪床结构

常见的运动场草坪盲管排水结构在设计施工方面的具体要求是：合理的出水口；盲管间距 3～8 m；适当管径的 PVC 管，埋深 60 cm；管道坡度 0.5%～1%；盲沟中砾石要求洁净、坚硬。

如果不注意以上几点，排水系统的效率会大大降低甚至失效。常见的情况有，易破碎的石灰岩风化石充满坪床，盲管与种植层间缺少过渡层，砾石层与种植层之间的过渡层砂石级配不合理，所有这些都易导致砾石层不透水、细小的土壤颗粒淤塞盲沟及盲管，最终使排水系统失去功能。

水分通过坪床根层下渗到排水管中的速度主要取决于土壤的质地和结构。一般是通过在场地建造阶段加适当的沙于坪床中，或在建造后通过每年覆沙逐步改善坪床的透水性。沙的粒径大小对根层土壤的性能影响很大，故选择非常重要。

②盲沟排水型　在坪床中加入适量的沙，并不是总能有效地改善坪床的透水性。在这种情况下，可行的方法之一是在坪床表面设置可透水的小盲沟，以增加其渗水面积。盲沟宽度小、间距较窄，从表面挖深到砾石层，盲沟内填埋沙或下层填砾石上层填沙，通常有三种做法(图 1-2)。

• 砾石＋沙盲沟　用开沟机或人工开设盲沟，沟宽 5 cm，深 20～25 cm 与砾石层连接，沟的下层铺设砾石(粒径 5～8 mm)，上层铺设沙。

• 沙盲沟　盲沟宽 1.5～2.0 cm，挖深至下层的砾石层，盲沟中填沙。

• 浅沙盲沟　盲沟较浅，深 7.5～10 cm，宽 1.0～1.5 cm，填沙。该盲沟的作用是将上层种植土和下层原有的盲沟连接贯通。

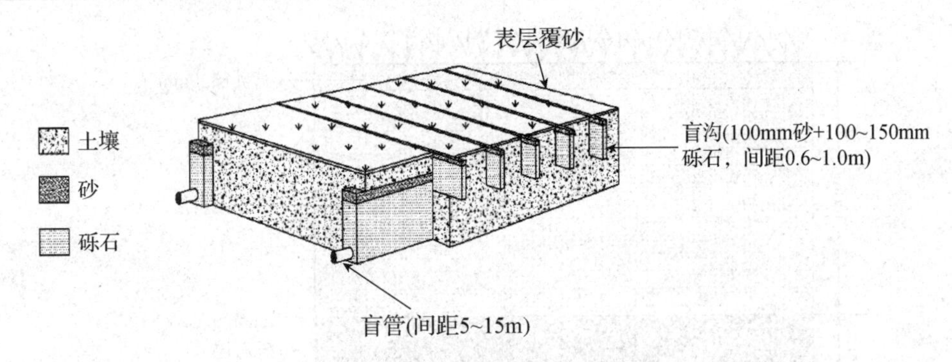

图 1-2　盲沟 + 盲管排水型坪床结构

以上做法中，盲沟间距的设计非常关键，如不合适，盲沟的排水作用就十分有限。通常设计的间距是 0.6~1.0 m，而下层排水盲管的设计间距为 0.8~1.0 m。

盲沟排水常常在场地改造时采用，但并不是都能成功有效，特别是场地基层表面不平、有局部积水时。盲沟上层覆盖黏土也会大大降低盲沟的排水性能。解决的办法是在盲沟设置的最初几年，表层覆沙的强度要大，以便在盲沟上层形成一个砂壤层。

盲沟排水系统常用于一般球场，以改善排水，增加场地的使用率。需要注意的是，盲沟施工最好使用开沟机，且开挖时机非常重要，以确保盲沟的施工质量。因为若在干热季节施工，盲沟容易塌陷，不但土壤混入盲沟中会使盲沟的排水能力受到影响，而且还会使场地的平整度受到破坏。

③表面覆沙型　是在种植土上再平铺一层 10 cm 的沙，种植土下同样有排水盲管和盲沟(图 1-3)。该系统在建造新场地和改造老场地时都可以使用，在后一种情况下，场地的平整度非常重要，通常在铺设沙层时将草坪移走或废弃。经验证明，该类型是在质量要求较高的场地上采用，投资大，但从长远角度看，场地质量高而且保持稳定，投资是划算的。

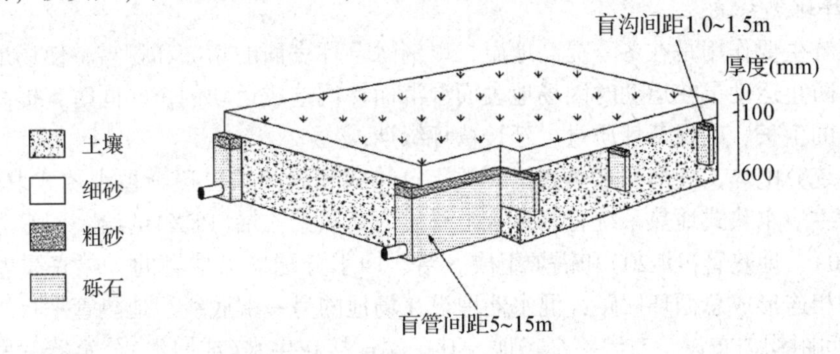

图 1-3　表层覆砂型坪床结构

(3)人工型

该类型的场地完全根据设计而建造，其所有的建造材料均来自场外，种植层均为纯沙型。高水平的体育中心和专业球场大多数为人工型，该场地质量是最高的，即使暴雨过后在场地上马上进行比赛也没有问题。

最常见的人工型场地结构是美国高尔夫球协会(USGA)推荐的高尔夫球场果岭坪床结构(图 1-4)，此结构利用水势原理设计。此外还有加利福尼亚式、细胞式、PAT 式、韦格拉斯式等结构类型，但目前很少被采用。

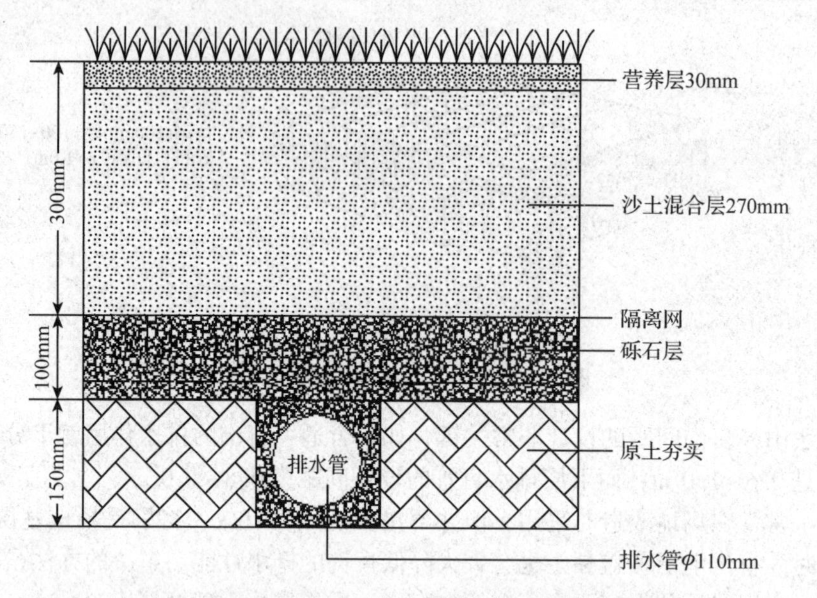

图 1-4　美国高尔夫球协会(USGA)推荐的果岭坪床结构

果岭坪床结构由美国高尔夫球协会(USGA)在大量的研究基础上于 1960 年首次提出，又分别在 1973 年、1993 年、2004 年进行过三次修订，主要是针对纯沙型高尔夫球场果岭的建造而推荐的一种人工型设计方法。这种结构将土壤的持水能力与排水能力很好地结合起来，在二者之间取得平衡，并将土壤的板结趋势降到最低。其结构由下往上由排水系统、砾石层、粗砂过渡层和种植层组成。方法中对各层的厚度、构成比例、材料的规格，以及相配套的施工方法都有明确的要求和说明。该方法在其他运动场地的建造中也被广泛使用。

1. 2. 1. 3　现代化运动场草坪配套系统

(1) 草坪地热系统

地热系统主要作用是在冬季提高地温，以消融草坪表面的霜冻和积雪，使场地草坪处于干爽状态，防止运动员在运动时因场地表面湿滑而摔倒造成运动创伤。同时，提高地温也有助于草坪草的生长，确保草坪质量，延长草坪绿期。

地热系统分电热、气热和水热式三大类。电热式和气热式已逐渐被水热式取代，目前，以水热式为主。水热式地热系统管路系统由材质为交联聚乙烯(PEX)的给、回水分配器、混水器(DN160)、地热管(DN20)和锅炉组成。给、回水分配器沿球场的一端底线埋设并分别与加热设备相连形成总循环回路，混水器埋设在场地的另一端底线。地热管平行于球场长边按 250 mm 间距均匀布设，布满整个场地。其一端连接在供水(或回水)分水器，另一端连接在混水器，相邻的地热管分别连接给、回水分水器，形成若干个循环支路，接在给回水分配器上的地热管数量相同。系统工作时，循环水泵向给水分配器提供的带压热水由与其相连的地热管流入球场另一端的混水器，又经连接在回水分配器上的地热管回流至回水分配器，热水在各支路循环中向周围土壤传递热量，水系统循环中的热量损失由锅炉循环加热补充(图 1-5)。

一个标准足球场地热系统所需的锅炉额定热负荷为 1 500 kW/h。其出水温度通常被控制在 40 ℃左右。

加热设备温控信号取自埋在草坪中的温度传感器。温度传感器埋设在地表下 3. 7 cm 的位置，当地表温度降到 2 ℃时加热系统启动，当锅炉水温高于 20 ℃时循环泵启动，开始加

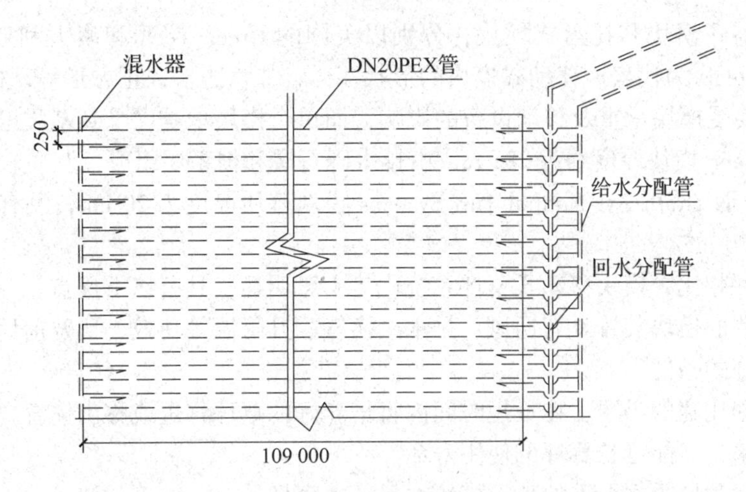

图1-5　水热式地热系统管路布置图(单位：mm)

热土壤。当地表温度升至6 ℃时，关闭加热系统，延迟一段时间后循环系统关闭。

欧洲许多大的足球俱乐部已使用地热系统。近年来国内也先后在沈阳五里河体育中心、武汉体育中心、上海虹口足球场、北京工人体育场安装地热系统。虽然该系统实用性较强，但其一次性投资成本和运行成本均比较高。

地热管铺设与坪床土壤铺设同时进行，一般铺设在地表下20~25 cm的位置。

(2)移动式草坪

现代化的大型体育中心和体育场除举办比赛外，还承担越来越多的商业活动，这样对场地的要求越来越高。草坪作为一个生命体，它的承受力是有限的，难以经受长期的高强度践踏。在这种情况下，20世纪90年代可移动式草坪应运而生，作为一种与传统固定式草坪相对应的全新建造理念，其草坪与场地分离成可移动的、相对独立的个体，前者可以获得更为理想的生长条件，后者可以开展多功能利用。移动式草坪包括两种模式，即整体移动式草坪系统和模块移动式草坪系统。

整体移动式系统就是将整块草坪建造在可以移动的结构框架上。在非比赛日，将整个草坪平移或旋转至场馆外进行养护管理，而场馆内可以通过铺设人造草坪或搭建临时舞台的形式，举行各种各样的娱乐活动或比赛。正规比赛需要时，再通过专门的移动设备将草坪整体移动到场馆内，2002年韩日世界杯的札幌体育场和2006年德国世界杯的奥夫—沙尔克体育场均采用此种模式。整体移动式草坪系统虽然解决了场地光照不足、使用频率低和不灵活等问题，但是由于草坪场地是个整体，依然存在受损部位维修困难的弊端，同时此建植方式对体育场的建筑要求较严格，技术含量高，费用也较为昂贵。

模块移动式草坪系统是移动式草坪最早出现的形式。日本等国家在20世纪90年代初期就有所应用，但其正式被世界所关注和认可，是美国密歇根州立大学为1994年美国世界杯室内体育场设计的ITM系统(Integrated Turf Management System，整体草坪管理系统)。2004年雅典奥运会和2008年北京奥运会均采用模块移动式草坪。

模块移动式草坪是采用特殊构造的模块装置，材料为高浓缩聚乙烯。建造草坪时，首先通过固定装置将模块固定在预先选好的水平空地上，内填充基质和排水砾石，采用种子直播或草皮铺植等建坪，待草坪生长成熟后，将模块分开，根据比赛需要移入场馆内拼装。模块类型主要为容器式模块和托盘式模块，分别以美国的 Green Tech 和澳大利亚的 Strath Ayr-Natural Turf Systems 为代表。移动式模块的形状多样，如六边形、正方形等。模块大小从1～6 m^2不等，主要受模块承重及移动设备的影响，而单个模块承重又受到基质组成及厚度的影响，如 Green Tech 模块厚度约为28 cm，由排水砾石层和根系层组成，基质较重，模块大小约为1.44 m^2；而 Strath Ayr Natural Turf Systems 模块基质厚度为20 cm，没有砾石层，其模块面积约为5.76 m^2。

与常规草坪相比，模块移动式草坪系统优势十分明显。具有以下优点：

①特殊构造的模块装置具有通风、排水、换气、升降温等功效，比赛前后均能为草坪草的生长提供良好的条件。

②可以根据比赛的需要，在最短时间内将培养好的草坪移进或移出体育赛场，既能提高球场的使用效率，又能延长草坪的使用寿命。

③可以随时替换受损严重的草坪模块，保证体育场的全天候正常使用。同时，受损草坪模块被移到场外进行养护，实现可持续利用。

④模块系统的草坪可以满足不同比赛的需要，可以选择不用的草坪品种，同时培育地点更为自由灵活，可以在比赛场外任何地方预先完成草坪模块的建植。这不仅能为体育场馆建造提供充裕的时间和施工场地，还能保证草坪草根系生长更加成熟。

1.2.1.4 坪床的建造

由于采用 USGA 推荐结构建造的运动场质量最高，而且应用最广泛，现以其为例将坪床建造过程介绍如下。

(1)规划与设计

选择有实力和有经验的单位进行设计，并制订详细的施工计划。该过程一般通过招投标的方式进行，以选择最合适的设计单位。监理单位的选择也十分重要，以保证施工计划的落实和施工质量的全过程监控。

(2)场地的准备

若是改造场地，草皮和表土都要小心移走和堆积；新建场地的表土若有使用价值，应妥善收集堆放，以便利用。

(3)基层

基层坡度须与建造好的表面坡度一致，以保持排水坡度和坪床厚度相一致。基层一般建造在坪床表面40 cm以下的位置，但坪床结构中如有中间过滤层，基层须在坪床表面45～50 cm的位置。当基层需要回填时，回填厚度不能超过25 cm，并要求夯实。如果场地基础有湿软之处，必须挖除、换土和夯实，以保持场地基础的紧实。在该施工阶段，同时安装灌溉系统管道。

(4)排水系统

在 USGA 结构中须有盲排系统。排水管道管径直径10 cm，间距以不超过5 m为宜，向场地边缘延伸，便于把水排出场外。排水管道以 PVC 管为宜。

排水管沟应挖15 cm宽，最浅20 cm，沟底须彻底压实，以保证排水管道均匀倾斜。排水管沟的杂物应清除，沟底平整光滑。如果种植土与砾石层之间需加一层隔离网，须在这时铺设，但不能覆盖排水管或排水沟。

在排水沟底必须铺垫一层砾石，厚度不应少于25 mm。如果必要，厚度可以增加，以保证排水管道均匀沿坡度安装。排水沟中砾石大小以6~25 mm为宜。所有排水管都必须铺设在排水沟中的砾石床上并保证有5‰的坡降，PVC管的孔须面向上，周围用砾石填实。

(5)*砾石层和过渡层*

在整好的基层上，按设计标高打桩标明砾石层、过渡层和种植层。铺设10 cm厚的干净无杂物的砾石，误差不超过2.5 cm。若地基较为松软，可考虑在基层表面铺设一层土工布，以稳定砾石层，防止砾石下陷。

过渡层的作用主要是将种植土与砾石层隔离，以防种植土中细小的颗粒直接进入砾石层中影响排水。过渡层是否需要，要根据种植层的沙粒大小而定。如种植层的沙粒粒径大小符合USGA的设计要求，过渡层可以省去。如不符合设计要求，则过渡层必须设置。

当需要过渡层时，砾石和过渡层的粒径大小详见表1-1。过渡层必须很均匀完全地铺设在砾石层上，厚度5~10 cm。过渡层的表面造型须与最终设计造型一致。

表1-1　砾石和过渡层粒径大小

材　料	描　　述
砾石(铺设中间层)	粒径超过12 mm的砾石层不能超过10%，65%的砾石粒径须在6~9 mm之间，粒径小于2 mm的砾石不能超过10%
中间层材料	90%的粒径须在1~4 mm之间

如果能得到理想的砾石(表1-2)，则在坪床结构中无需再铺设过渡层，这可以节省大量的时间和经费。砾石的选择以种植层沙粒的大小为基础。

表1-2　砾石粒径大小(无过渡层)

表现因素	建　议
搭桥因素	15%的砾石最小粒径应≤占种植层85%、粒径≤1.25 mm颗粒的粒径的5倍
渗透因素	15%的砾石最小粒径应≥占种植层15%、粒径≥0.75 mm颗粒的粒径的5倍
均匀因素	90%的砾石粒径与15%的最小砾石粒径之比必须≤2~5，颗粒粒径不能超过12 mm，粒径<2 mm的颗粒不能超过10%，粒径<1 mm的颗粒不能超过5%

(6)*种植层*

①*沙子*　USGA种植层中沙的粒径分布须达到表1-3中的要求。

表1-3　USGA种植层材料颗粒分布

名　称	粒径(mm)	建议(重量)
细砾石 特粗砂	2.0~3.4 1.0~2.0	不能超过10%，最好不含有细砾石
粗　沙 中　沙	0.5~1.0 0.25~0.5	不能小于60%
细　沙	0.15~0.25	不能超过20%
特细沙	0.05~0.15	不能超过5%
泥　土	0.002~0.05	不能超过5%
黏　土	小于0.002	不能超过3%
总细颗粒	特细沙+泥土+黏土	最多不能超过10%

②土壤　如果为种植层选用土壤，则土壤中沙的含量不少于60%，黏土比例不超过5%~20%。种植层最终混合物的粒径分布、物理性状应符合USGA建议标准。

③有机质　泥炭是种植层中最常用的有机质，其含量不低于8.5%(重量比)。此外，种植层中选用的其他有机质也有许多，包括稻壳、粉碎的大麦和锯木等，这些材料至少经过一年的腐熟，其物理性状必须满足USGA标准才能选用。有机肥由于来源不同，所以必须妥善选用。

④种植层材料混合　种植层材料可在场外或场内进行混合。在场外混合须严格按比例搅拌均匀。最好先按比例大致混配，再将混配材料经过卷扬机传送带传送，材料传送到顶下落成堆状时即可达到混合目的。

如果在场内搅拌，将有机质、沃土、沙和肥料等分层均匀摊铺后，采用旋耕机按不同方向多次反复旋耕搅拌，直至坪床材料混合均匀为止。场内搅拌的均匀程度一般不及场外搅拌。种植层混合物的物理性状应符合表1-4中USGA的标准。

表1-4　种植层混合物物理性状

物理性状		建议范围
孔隙度(%)	总孔隙度	35~55
	空气孔隙度	15~30
	毛管孔隙度	15~25
饱和渗水速度(cm/h)	正常范围	15~30
	超速范围	30~60

注意事项：

①在施工现场按计划抽查沙、砾石等原材料的质量，力求整场所用材料达到均匀一致。

②泥炭不能过分粉碎，以免影响混合，混合时泥炭应保持湿润。

③如需化肥，也应在此时与种植土混合。

(7)种植层的铺设、平整和压实

混合好的种植层原料须搬运至场地均匀铺设，厚度为30 cm，误差不应超过1.3 cm。在铺设时，混合物应保持湿润以利于压实。种植层要求紧实、平整、表面疏松以及坡度等达到设计要求。

1.2.2　喷灌系统

适当的灌溉有助于根系生长和健康，有利于草坪草受损伤后的尽快恢复，而不合理的灌溉常会导致草坪草生长处于弱势状态。在灌溉不足时，草坪由于缺水而生长不良；而灌溉过多时，草坪草根系分布过浅、弱小。在这两种情况下，一旦草坪受损伤或受到不良环境胁迫，草坪草极有可能大面积死亡，从而导致场地草坪不能使用。另一方面，健康、灌溉合理的草坪病虫杂草很少，可大大减少农药的用量，这就意味着降低了养护成本，同时也降低用水量。因此，合理设计、安装、维护的灌溉系统与合理的灌溉措施相结合，不但可以降低成本，而且可以拥有健康的草坪。运动场草坪经常受到践踏，且由于用途和要求的特殊性，运动场草坪灌溉系统的设计、安装及器材的选择均有别于绿地草坪。

1.2.2.1　灌溉系统的构成

(1)喷头

①喷头分类　按非工作状态分类可分为外露式喷头、地埋式喷头；按工作状态分类可分

为固定式喷头、旋转式喷头；按射程分类可分为近射程喷头（<8 m）、中射程喷头（8~20 m）、远射程喷头（>20 m）。运动场草坪一般采用地埋式喷头。

②喷头构造　喷头一般由喷体、喷芯、喷嘴、滤网、弹簧、止溢阀等部分组成（图1-6）。

③喷头性能　喷头的性能参数包括工作压力、射程、射角、出水量和灌溉强度等，它们是规划设计中喷头选型和布置的依据，直接影响灌溉系统的质量。

图1-6　地埋式喷头

（2）千秋架

千秋架也叫铰接架，其作用是把喷头与地下支管连接在一起，并保证喷头和地下管线免遭破坏。它由可旋转的一组弯接头组成，当受到来自上方的压力时弯曲，具有缓冲功能。因此，它能保证运动员的安全，又能防止喷头和水管受损（图1-7）。

（3）管材

管材是灌溉系统的关键设备之一，因为它用量大、投资高，技术要求严格。据统计，不包括水源投资时，管道投资的比重占整个灌溉系统的50%以上。管材选择合适与否，将直接影响到灌溉系统运行状况。因此，在灌溉系统的规划设计中，必须对管材、管径的选择及管件的配套给予高度的重视。

管材主要包括镀锌管、聚氯乙烯（PVC）管、聚乙烯（PE）管、聚丙烯（PP）管等。相比其他管材，聚氯乙烯（PVC）管具有造价低、安装维护方便、水压损失少等一系列优点。因此，在运动场灌溉系统中，推荐使用PVC管。

（4）控制设备

通常包括手动阀门、电磁阀、电脑控制器等。手动阀门包括闸阀、球阀等。电磁阀与电脑控制器相连，采用电控水动的工作方式可很方便地开关水源（图1-8）。当电信号传到电磁阀上的电磁头时，电磁头自动打开。另外，电磁阀是缓慢启闭的，这一点对灌溉系统是极其重要的，它可以有效地减小管道中的水锤，防止水锤对灌溉系统的破坏。用于灌溉系统的电磁阀，不仅要有自动功能，还应具备手动功能，即使自控暂时失效，仍能保证灌溉系统的正常运行。

图1-7　各种型号的千秋架

图1-8　电磁阀

电脑控制器是指管理人员能预先将开始灌溉时间、每组灌水延续时间、启动方式等基本参数编程输入电脑，并指导和控制灌溉系统的设备控制器。电脑控制器将指令以电信号的形式下达给电磁阀和机组启动器，指挥其启动或关闭，从而实现灌溉的全自动化(图1-9)。在电脑控制器和电磁阀、机组之间，只需普通的地埋电缆线连接即可。

运动场草坪灌溉系统建议采用自动控制。因为自动控制能避免无序灌溉，可根据不同季节的气候特征编制适宜的程序，既能满足草坪草的需水要求，又可以最大限度地实现节水灌溉。

图1-9 灌溉控制器

(5)过滤器

按照不同的工作原理，可将过滤器分为离心过滤器、沙石过滤器和叠片过滤器。当灌溉用水中含有固体悬浮物或有机质时，须采用过滤器对水中的杂质进行分离和过滤，以免堵塞系统中的阀门和喷头。

(6)加压设备

当使用地下水或地表水作为灌溉用水，或者当市政管网的水压不能满足灌溉的要求时，需要使用加压设备为灌溉系统供水，以保证喷头的工作压力。在运动场灌溉系统中广泛使用的是离心泵、井用泵和潜水泵等加压设备。水泵的性能参数主要包括扬程、流量、功率和效率等。其中扬程和流量是其中最关键的两个参数。

1.2.2.2 灌溉系统的分类

灌溉系统的种类很多，根据其设备组成可分为管道式灌溉系统和机组式灌溉系统两大类。运动场草坪灌溉一般为管道式，主要包括以下三种类型。

(1)地埋、自动升降式灌溉系统

喷头固定埋于运动场内地下，喷时弹出，喷完缩回。这种布置方式要求喷头必须为地埋、伸缩式，各级管道均应埋于地下。其优点为全系统易于自动控制；灌溉管理操作方便，省工、省力；喷洒均匀度高，易于满足草坪草的需水要求，但投资要高于其他两种。

(2)固定于场外的灌溉系统

该系统喷头可移动，就是传统的喷枪，喷水时装上，喷完水卸下来。这种布置方式要求喷头射程大、流量大。优点是场内无喷头，无伤害运动员之虞。缺点是大喷头通常水滴大，易产生地面径流，对土壤侵蚀严重；均匀度不如第一种高。

(3)移动式灌溉系统

临时装在场内，灌完移走，可为移动式管道灌溉系统，也可为移动机组。管道灌溉系统一般采用不多，因为费工费力，且喷洒质量较差。小型移动机组管理较方便，但由于也是在场外运行，必须用大射程、大流量喷头。故而均匀度及灌溉强度不理想，对土壤有侵蚀，易产生地面径流。

通常，运动场草坪灌溉系统最好选用地埋、自动升降式灌溉系统。

1.2.2.3　灌溉系统的施工安装

具有良好性能的灌溉系统，除了科学的、合理的设计之外，还应该有正确的施工安装和精心的维护，才能达到预期的效果。但是，如果不了解灌溉工程的特点，不严格按照灌溉系统施工技术要求施工，即使再优质的产品和优化的设计也不能发挥作用，灌溉系统不能满足设计要求，达不到节水灌溉的目的。

(1)水泵安装

水泵必须安装在稳固的基础上，一般为混凝土结构，在水泵与机座之间垫有橡胶垫，以吸收水泵工作时产生的震动。因为水泵系统比较复杂，包括水泵、电机、各种阀门、仪表、开关，以及电器控制系统等。所以，水泵一般应由专业安装人员进行安装。

(2)管道安装　目前常用的管材主要有镀锌管和 PVC 管。金属管道易发生锈蚀，堵塞喷头或电磁阀。而 PVC 管具有光滑性、流畅性，较相同直径的镀锌管流速可提高 30%~40%，不堵塞、不生锈、耐腐蚀、耐老化、结构轻巧，重量仅为镀锌管的 1/7，价格便宜，可大大降低工程成本，而且施工简单、方便，无需专业的管道施工人员施工，因而已成为灌溉工程的主要材料。下面就以 PVC 管材为例对管道系统的安装做简单介绍。

①定位放线　根据图纸，确定管道的实际位置，用石灰画线作标志。

②开沟　一般需要开 30 cm×30 cm(沟深视当地的冻土层厚度而定)的管道沟，要求沟底平整(如草坪已建好，则需将草坪移走)。沟底最好按水流的方向有一定的坡度，以便排水。沟底需铺设一层没有石头和其他硬物的细沙，以防止管道损伤。

③管道连接　从水源处开始，先主管后支管。

黏接前：按设计要求，选择合适的黏接剂；按黏接技术要求，对管或管件进行预加工和预处理；按黏接工艺要求，检查配合间隙，并将接头去污、打毛。黏接时：管轴线应对准，四周配合间隙应相等；黏接剂涂抹长度应符合设计规定；黏合剂涂抹应均匀，间隙应用黏合剂填满，并有少量挤出。黏接后：固化前管道不应移动；使用前应进行质量检查。

(3)阀门安装

闸阀、电磁阀和排水阀对管道铺设同时安装。运动场草坪阀门一般置于阀门箱中埋设在场地边的草坪缓冲区内，可将多个阀门安排在一个阀箱里，以便于保护和维修。阀门箱与地面平齐，底部垫 5 cm 的砾石便于排水。

(4)喷头和千秋架安装

喷头安装是一个不断调整的过程，必须有耐心。喷头安装前应核对型号、规格；检查千秋架是否有碰伤。

①喷头的高度　如果是地埋式伸缩喷头，必须保证喷头顶部低于地面 2 cm，否则将会伤害运动员。需要注意的是，如果是新建植的草坪则要考虑坪床的自然沉降。

②千秋架　安装在高尔夫球场、足球场等运动场草坪时，对人、设备的安全要求较高，必须使用活动千秋架，以便灵活地调整高度。千秋架和水平面的斜角应在 30°~60°(图 1-10)。

③密封处理　支管与千秋架、千秋架和喷头的连接应密封可靠。

④喷头　应竖直、稳定。

(5)控制系统安装

①用带颜色标志的电缆线连接控制器和电磁阀　电缆线的根数为每个电磁阀配备一根，

再加一根公用线。例如，若需要灌溉 5 个区域（5 个电磁阀），那么至少需要 6 根足够长的电缆线进行连接。

②连接电缆　先沿着从控制器到电磁阀的路径进行电缆线的铺设，场内电缆线铺设在管沟中，电缆线用电缆线进行保护，以免伤害。在每根电缆的拐弯处预留一个线圈，以保证电缆线不至于装得太紧，可防止因热胀冷缩扯断电缆线。

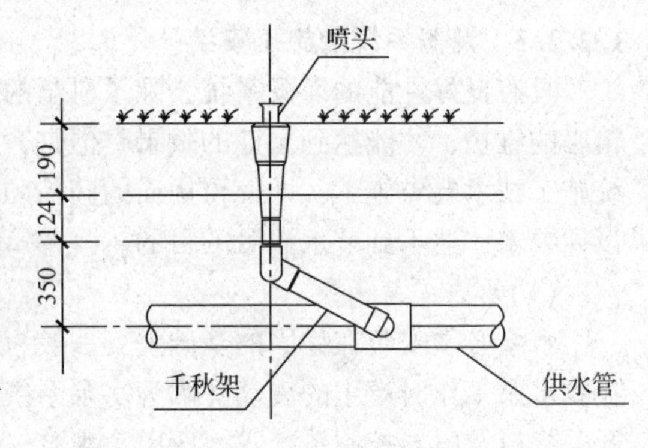

图 1-10　千秋架安装示意（单位：mm）

③连接电磁阀时，需采用防止接头　每个电磁阀需要一根电缆线，再用一根公用线连接每个电磁阀上的另一个接头。

④控制器一般安装在水泵房中　控制器上的"AC"是连接电源（交流电）的，"C"是连接公用线的，"1""2"等是连接每个电磁阀的接线柱。

⑤选用控制器　可以考虑预留一、二组以备今后扩容之需。例如，需要浇灌 6 组灌区，此时可以考虑选用 8 组的。

⑥电磁阀工作原理　迫使磁阀开启的动力是系统的压力，如果管道的水流和压力不足，会导致电磁阀无法正常工作，要特别注意此类情况。

（6）系统的调试

每个系统安装完毕后都应该进行初步检查和全面检测调试，如有问题应及时调整。管道系统施工完成后应进行试压。试压前先将管沟回填，留出接头位置，以便检查是否存在渗漏。试压步骤如下所示。

①试验前应检查整个管网的设备状况；检查地埋管道填土定位情况；检查通水冲洗管道及附件。启动水泵让足够的水通过所有的管网、接头和千秋架，保证管道中的泥土、管道内壁剥落物以及其他残碎物全部被冲出。

②管道注满水后，塑料管道经 24 h，方可进行耐压试验。

③试验压力不应小于系统设计压力的 1. 25 倍。

④试验时应缓慢升压，达到试验压力后，保压 10 min，无泄漏、无变形即为合格。

只有系统已达到设计要求后才能进行最终回填，回填土不能含有石头等尖锐物，平整场地并夯实。

1. 2. 2. 4　灌溉系统的维护

灌溉系统投入使用后，对系统的各个组成部分进行适时、正确维护，可确保整个系统的有效运行，避免水资源的浪费，以及保证草坪正常生长和延长系统寿命是十分必要的。

（1）系统的维护

在北方寒冷地区，由于非灌水期较长，一般在每年春季开始灌水之前，应对灌溉系统进行一次彻底检查。而在南方地区，因灌水期较长，甚至全年均需灌水，所以通常要求每年对灌溉系统至少进行两次检查。

经常检查水源情况，保持水源的清洁，特别是要检查水源的过滤网是否完好，以免沙粒进入管道系统，造成喷头堵塞。在开启灌溉系统时，应将主阀门缓慢打开，以免瞬间压力过大造成管道系统及喷头的损坏。

在对草坪的日常养护保养过程中，要特别注意避免喷头遭到机械的破坏，尤其是旋刀式剪草机很容易将喷头削掉，还要防止人为的破坏。寒冬季节，要注意采取防冻措施。

对灌溉系统进行检查时，应主要检查各个喷头喷洒角度设置是否正确、喷头旋转是否正常、是否有草叶或草根等杂物影响喷头正常工作、喷嘴是否磨损、密封圈处是否漏水等，有时也会出现喷头壳体破裂或喷头内置滤网堵塞的情况。维护人员只要对各个喷头的运行情况仔细观察，上述问题大多数都容易发现和解决。

(2)地埋式喷头的维护

目前市场上知名品牌的地埋式旋转喷头，多为封闭壳体，基本上接近免维护。但在大多数草坪灌溉系统中，地埋式旋转喷头作为系统的重要组成部分，仍需要进行定期的检查和维护。只要管理和维护人员认真按照正确的步骤并使用合适的工具进行操作，地埋式旋转喷头的维护并不困难。

①喷洒角度调整　确认每个可调角度喷头的喷洒角度是否都设置在正确的范围内。有时儿童、好奇的人或有意而为的人会将原来设置好的喷洒角度改变。在这种情况下，需按照制造厂商要求的方法，将喷洒角度重新调整到正确位置。

②喷头旋转情况　在观察调整喷洒角度同时，检查每个喷头是否正常旋转也是非常重要的。若发现有的喷头不能旋转，应及时用同型号或性能相似的喷头更换。

③杂物清除　随着草坪的生长，在喷头安装部位积累的杂物会越来越多。这些杂物多为腐烂的草叶、草根等有机物。如果草坪的叶片和杂物已影响到从喷嘴喷出的水流，则需要剪草，或将喷头处的杂物清除。对于安装喷头时间较长的系统，喷头可能发生沉降，使杂物易于积累。这时就需要把喷头处挖开，调节千秋架，将喷头调整到合适的高度。

④喷嘴磨损　如果喷嘴磨损严重，会使喷头的射程明显减少，喷出的水流也会不够均匀。该情况多发生在老旧的系统，以及管网中有杂质，或水源含沙量较高的系统中。如果喷嘴磨损严重，需用同型号喷嘴更换。

⑤密封圈磨损　当发现在喷头升降柱与顶盖之间有水流溢出时，应该考虑检查密封圈磨损状况。但有时在升降柱与顶盖之间的水流不太明显，或只是微弱的渗漏，这时就需要更换密封圈或整个顶盖。有的喷头可以单独更换密封圈，而另外一些喷头，密封圈与顶盖是一体的，在密封圈磨损时需更换整个顶盖。

⑥壳体破裂　若喷头壳体的裂纹不大，可能不太容易被发现。一般在喷头壳体破裂时，在此喷头附近会出现不正常的湿润区域。壳体的破裂大多发生在运动场草坪边缘，其主要原因是误驶入草坪的车辆对喷头产生的损害。在北方寒冷地区，有时由于冬季对灌溉系统的管理不当，也会造成喷头壳体的破裂。发现喷头壳体破裂时，唯一的解决办法就是更换壳体。但需要注意的是，在壳体破裂的同时，很可能喷头的升降柱或其内部的驱动机构也会损坏，这种情况下，就要更换整个喷头。

⑦滤网堵塞　地埋式旋转喷头一般均配有滤网，以减少杂质堵塞喷嘴和损坏内部机构的可能性。当被滤网挡住的杂质较多时，会使滤网堵塞，造成喷头处的压力过低，流量和射程减小。喷头滤网堵塞的原因，除水源水质较差外，多为系统管网破裂时较多的杂质进入管道，或藻类等有机物在滤网处积累。处理滤网堵塞的问题，首先需将喷头的升降柱取出，把滤网清洗干净；然后，应将有杂质的管道进行冲洗，但在冲洗管道的过程中，要特别注意防止新杂质进入管道。在水源水质差的情况下，则需要在系统首部增加过滤系统。

地埋式旋转草坪喷头的维护，应作为整个灌溉系统日常维护保养工作的重要内容之一。毫无疑问，对喷头进行及时和精心的检查、调整与维修，对保证灌溉系统处于良好的运行状态，延长系统的使用年限，以及保持草坪的健壮、美观起着重要作用。

1.2.3 排水系统

排水系统对于运动场草坪质量影响较大。场地排水功能不好，导致草坪质量下降，场地的运动性和观赏性大大降低，而且运动员容易受伤，尤其在雨季，甚至可导致比赛中断或无法进行。对运动场草坪而言，其坪床结构的核心问题就是排水功能是否良好。

1.2.3.1 排水系统的分类及组成

草坪的排水系统按排水形式可分为以下两种。

(1)地表自然排水

利用运动场草坪表面的坡度自然排水。由于草坪种植层和草皮层的吸收阻隔作用，除特大暴雨外，一般草坪上不易产生径流。地表排水可分为龟背型和平坦型。

龟背型场地基础层的排水能力一般，需要表层有一定坡度来加强排水功能，一般坡度在0.5%~1.75%之间，根据当地的降水量、坪床结构和使用要求来确定坡度。降水量大、坪床基础排水能力较差、使用率高的场地，要求排水坡度较大；反之，则较小。

平坦型场地一般具有纯沙型种植层，下层通常设有砾石排水层及盲管排水，排水功能很好，排水主要是靠下渗通过地下排水系统排出场外。

(2)地下管道排水

要求较高的运动场草坪一般都设有盲管排水系统。盲管的大小、间距和坡度要由当地的降水量、坪床结构和使用要求来确定。

地下管道式排水系统的组成，从下往上包括盲排管、砾石(层)、粗砂(层)、尼龙隔离网或土工布，以及设在场边的沉淀池、排水明沟(图1-11)。

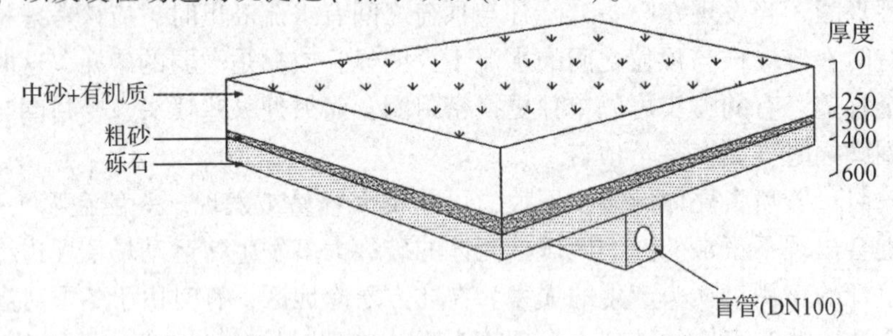

图1-11 地下管道式排水系统(单位：mm)

盲排管种类很多，包括陶管、水泥管、塑料管和新型的软式透水管。陶管和水泥管已被淘汰，运动场草坪中目前一般用带孔或切缝PVC塑料管和软式透水管。软式透水管是以经过防锈处理的外覆PVC的钢丝作为骨架，外面包裹起反作用的无纺布和透水的尼龙布，具有易弯曲、耐压扁、足够的透水性和反滤作用。运动场草坪通常采用10~20 cm的PVC管或软式透水管。

砾石和粗砂通常填充在盲沟中，对排水要求高的场地，可在盲沟之上再设置一层碎石层和粗砂层，厚度一般为15~20 cm。砾石和粗砂主要起过滤水分和疏水通道的作用，要求坚硬、抗风化、抗侵蚀，级配合理，以保证盲排系统的稳定性和功能。

尼龙隔离网或土工布一般铺设在排水系统与种植层之间，其作用是防止来自上部种植层的细小颗粒下渗进入盲排系统，将盲排系统淤塞，影响排水功能的正常发挥。

运动场地内通过表排和盲排排出的水汇集到设在场地四周的排水明沟中，排水明沟为砖砌结构，上层盖有栅栏状盖板，底部分段设计成一定坡度，明沟将水汇集后排出，进入市政排水管道。在明沟中间可分段设计沉淀池，其作用是将泥沙沉淀后排出，防止淤塞市政排水管网。

1.2.3.2　地下管道式排水系统种类

地下排水系统占整个运动场草坪投资的比重很大，对运动场草坪的质量影响也很大。运动场草坪地下排水系统种类较多，不同种类的结构、排水效率、功能和成本相差较大，主要种类介绍如下。

(1) 块石盲沟排水

它由就地开挖的排水盲沟和回填的块石组成，盲沟上直接为种植土（图 1-12）。沟底需要由 0.5%~1% 的坡度。块石可使用卵石、碎石，甚至建筑废弃物，如砖头和混凝土等，要求有较大孔隙，不得下陷。盲沟建造成本低，管理简单，但维修困难，地基不稳时常造成草坪下陷。适用于基础土质不透水、无填方的场地。

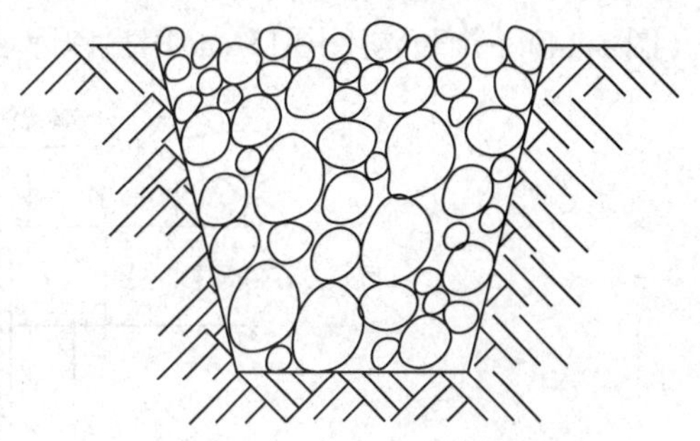

图 1-12　块石盲沟排水结构

块石盲沟排水排列间距一般为 3 ~ 5 m，降水量大的地区，排列间距较小，而比较干旱的地区则取 5 m 以上的间距。

(2) 管道盲沟排水

管道盲沟排水是一种广泛使用的排水方式。即将带孔的排水管放在基层垫有豆石的盲沟中，盲沟中回填砾石，来自上层种植层中的水分不断进入管中排走（图 1-13）。管道盲沟的布设形式同上。

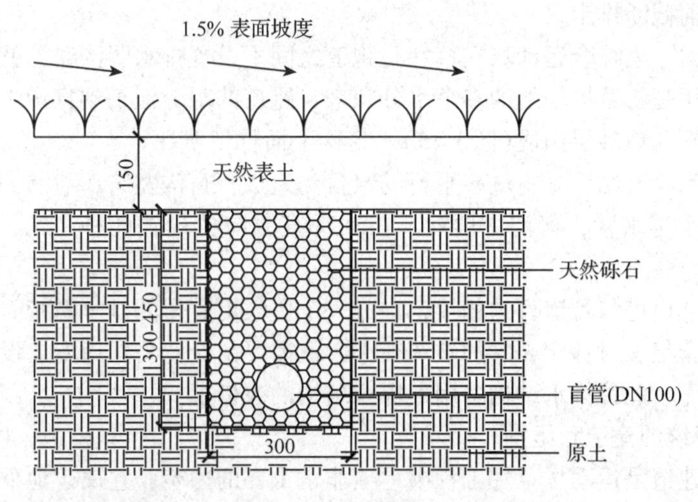

图 1-13　管道盲沟排水结构（单位：mm）

管道盲沟排水的特点是持续不断、缓慢地将水排走，但不能很快地将上层土壤中的水排出，当土壤黏性较大时，上层土壤水分已经饱和，下渗水分还没有进入盲沟砾石中；而当天气干旱时，盲沟上面的种植层将很快失水变干。因此，管道盲沟排水的效率主要取决于上层土壤的结构，若是沙的含量大，则管道盲沟排水的效率将大大提高。当盲管选用凿有2~3排孔的PVC管道时，安装时一定要确保有孔的一面朝下。让孔朝下的理由是，当水面上升到一定高度水就会排出，而当孔朝上时，盲沟中的水要几乎满至管顶时才可以排走，这样，水极有可能向上浸入坪床，造成坪床处于浸泡状态。

根据管道盲沟排水的使用功能，管道排水又可分为以下类型。

①*截留式盲沟*　截流排水设计的主要目的是将场地周围的径流截流并排走，一般设置在场地较低凹的地方。在高尔夫球场一般设置于场内，而在运动场地必须设置于场外。与场内管道排水不同的是，盲沟中回填的粗砂或砾石直到场地的表面，这样大大加快了排水速度(图1-14)。当盲沟上层15 cm用粗砂回填时，可在盲沟上种植或铺设草皮。

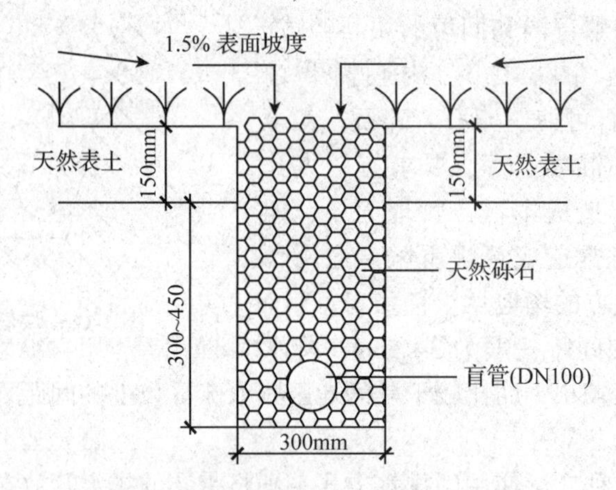

图1-14　截流盲沟排水结构(单位：mm)

这种排水系统也可用于解决地下水溢出问题。沿地下水溢出地带设置截流排水沟，将水分在溢出地表之前截断排走。

②*跑道边盲沟*　当综合运动场在草坪与跑道之间不设置排水明沟时，就需要设计跑道边排水系统。其作用是将草坪场地的多余水分和来自跑道的水分汇集到盲沟中以排出场外。其结构由盲管、砾石和粗砂层构成(图1-15)。盲沟上面种植草坪。

③*沙盲沟排水*　其结构是由许多平行的窄盲沟组成，盲沟宽5.0~7.5 cm，间距1~2 m，底部铺设开孔的小排水管，盲沟中填沙。在其垂直方向也设置此种盲沟，间距30~50 cm(图1-16)。

沙盲沟的下部也可与管道盲沟相接，构成一个更大更有效的排水系统。此种排水结构在场地内分布非常密集，对坪床表层的破坏很小，但需要由专业公司用专业设备进行施工，人工施工不是很可靠。此种排水结构多用于坪床结构的改良上。

1.2.3.3　排水系统的建造和维护

排水系统的建造是运动场草坪工程中一项非常重要的内容，它属于地下基础工程，其施工质量关系到草坪及场地长远的质量水平，必须对材料、施工过程严格要求，按设计、规范进行施工，保证工程质量。

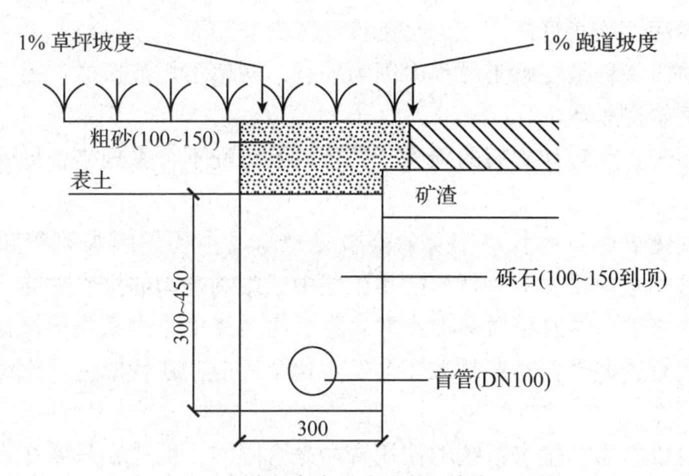

图 1-15　跑道边盲沟排水结构(单位：mm)

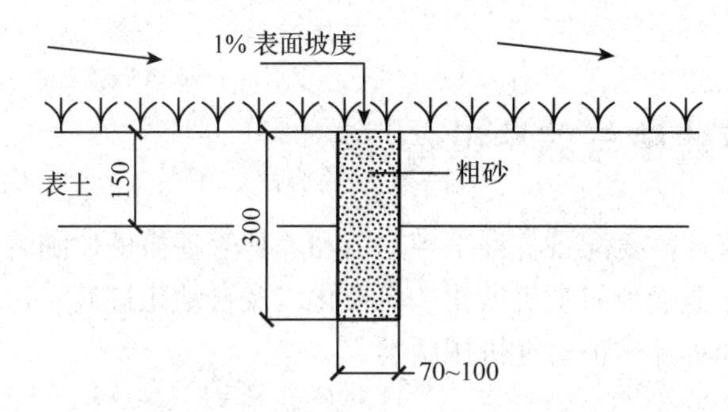

图 1-16　沙盲沟排水结构(单位：mm)

盲沟施工及排水管道的安装与砾石回填在坪床基础工程阶段进行。运动场排水盲沟的布设形式可采用平行式和鱼刺式。平行式又分为单列式、双列式、交叉式(图 1-17)。

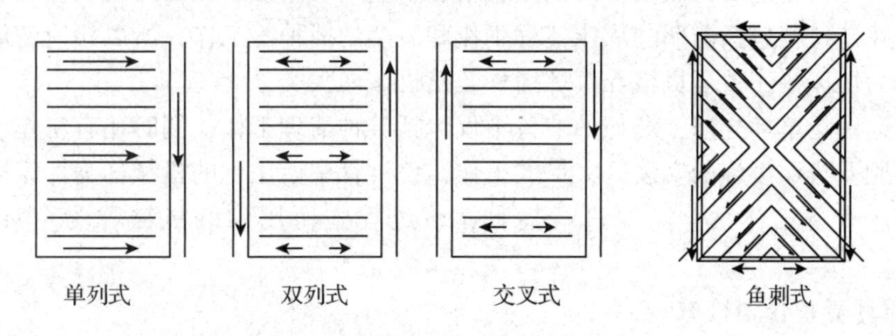

图 1-17　地下排水沟(管)的铺设形式

平行式是盲沟的出水口向场地两侧分布，水流进两侧的排水明沟。单列式适用于简易运动场，双列式和交叉式常用于专业或综合性运动场地。

鱼刺式(也称为龟背式)盲沟的出水口向场地四周分布，水流进四周的排水明沟。一般用于专业或综合性运动场地。

排水系统的建造参照坪床结构建造一节。以下介绍排水系统施工过程中常见的一些问题。

①管沟和管道的坡度不符合要求　盲沟中间高低不平，排水不顺畅，在低洼处出现积水

现象，形成泥沙淤积，堵塞管道。

②管道受损伤　一种是在施工过程中因为安装、回填不规范造成；另一种是安装后管道上面有重型设备将管道压坏。

③材料质量不过关　沙和砾石的硬度、粒径以及级配不合乎规格，导致排水系统不能正常发挥功能。

④沙盲沟系统随着时间的推移其功能会慢慢减退　主要是因为风积和养护措施，如打孔、划破以及覆沙均会使黏土进入盲沟的粗砂层中，影响盲沟的排水功能。

⑤管道盲沟中来自上层种植层的细小颗粒也会逐渐降低排水系统的功能　这些细小颗粒逐渐累积，最终将管道淤塞；有些颗粒还会发生化学反应，在管壁上产生锈斑，致使管道排水速度减慢。

从上述问题可以看出，排水系统的使用寿命是有限的，但是，只要在设计、施工上确保工程质量，在进行草坪养护作业时避免损伤管道、破坏排水层结构，就可以保证甚至延长排水系统的使用年限。

1.3　运动场草坪建植与养护设备

高质量的运动场草坪需要配备各种草坪建植和养护管理机械。随着运动场草坪的迅速发展，草坪建植与管理作业逐渐向半机械化、机械化以及自动化过渡。通常草坪机械依功能可以分为草坪建植机械和草坪养护管理机械两类。

1.3.1　运动场草坪建造与养护机械的分类

1.3.1.1　草坪建植机械

运动场草坪的建造对机械设备的依赖程度越来越大，甚至成为建造高质量运动场草坪的必备条件。建造过程包括前期的坪床整理工作和后期的播种等工作，所以相应的可以将草坪建造机械分为坪床耕作整理机械和草坪播种建植机械两大类。

在建植运动场草坪之前，场地的准备不仅包括各种清理工作，同时还有耕作、整地、土壤改良、施肥及排灌设施的安装等大量的工作，该过程中所用到的机械称为坪床耕作整理机械。完成坪床准备工作后，需要进行播种，该过程中所用到的机械称为草坪播种建植机械。

1.3.1.2　草坪养护管理机械

运动场草坪建成以后要保持良好的坪用质量和运动功能，就需要进行长期科学的养护管理。常规的养护管理措施主要有灌水、施肥、剪草等工作，此外还有病虫害防治，杂草防除、碾压、打孔、覆沙等各项养护管理作业。这些养护管理措施需要使用各种草坪专业养护管理机械，否则就难以保证草坪的高质量。

1.3.2　常见运动场草坪建造机械介绍

(1)拖拉机

拖拉机作为草坪机械的主要动力之一，可以拖带各种草坪作业机具进行耕、耙、播及草坪养护管理等作业，也可以驱动水泵等进行固定作业。

草坪专用型拖拉机，与一般农用拖拉机的结构和性能有一定的差异，根据作业需求其轮胎可更换为花胎或平胎。包括两轮驱动拖拉机(简称4×2轮式)和4个以上轮子驱动的多轮驱动拖拉机(绝大多数为4轮驱动，简称4×4轮式)。4×2轮式拖拉机是生产和使用最多的一种机型(图1-18)。

(2)推土机

推土机是一种铲土、运土的工程机械，适宜于短距离土方铲运作业。推土机主要是在拖拉机上加装推土装置和液压升降装置构成，由推土铲、横梁、液压油缸、油泵、油箱和分配器等组成。

有些推土机的液压升降系统可以使推土铲发生垂直升降、倾斜升降、水平平移和倾斜平移，从而能够将地面推成一定的坡度和形状，也能将铲运的土方堆成一定的形状。具备这些功能的推土机在运动场工程中被称为造型机。而一般场地平整工程中使用的推土机只有垂直升降的液压系统，主要用于地面的平整。

按行走方式推土机可分为履带式和轮胎式两种。

①履带式推土机　附着牵引力大，接地比压小，爬坡能力强，但行驶速度低(图1-19)。

图1-18　4×2轮式草坪拖拉机

图1-19　履带式推土机

②轮胎式推土机　行驶速度高，机动灵活，作业循环时间短，运输转移方便，但牵引力小，适用于需经常变换工地和野外工作的情况(图1-20)。

(3)平地机

平地机是一种地面精细平整的机械，其主要工作部件是铲刀，主要用于地面高差较小的平地作业(图1-21)。与推土机相比，平地机一般不适合微地形起伏、坡度变化多的地面整理作业，对于运动场类草坪的坪床面，因要求较高的平整度，所以需要使用。

(4)开沟机

开沟机主要用于挖掘坪床的排灌盲沟，国际上以发动机功率73.5 kW为界线，将开沟机分为小型开沟机和大型开沟机两大类；按行走方式分为轮胎式和履带式；按开沟机构驱动方式又分为机械驱动式和液压驱动式。

图 1-20 轮胎式推土机

图 1-21 平地机

图 1-22 连续开沟机

常用的一种是连续开沟机，能连续作业，施工效率高，地表破坏小，即使在岩石等坚硬的地质条件下，开沟器也能开挖出形状规则的沟槽，特别适合运动场领域铺设管路等工程(图 1-22)。

(5)旋耕机

旋耕机是一种由动力驱动的土壤耕作机械，主要用来破碎、疏松和混合土壤，是运动场草坪建设中常用的设备之一(图 1-23)。旋耕机工作时，旋转刀齿切碎土壤并将切下的土壤向后抛，并使其与盖板相撞达到碎土的目的。旋耕机的适用范围较广，各种土壤都可以使用。旋耕前施入肥料或土壤改良剂，通过旋耕作业，可以使其均匀混入原土壤中。

旋耕机是用动力驱动的耕作机械，它利用拖拉机的动力输出轴带动旋耕刀旋转进行工作。其工作特点是切土、碎土能力强，一次作业能达到犁耙多次作业的效果，耕后地表平整、松软，能满足精耕细作要求，且能节省劳力。

(6)耙

耙主要由耙架、耙组、牵引或悬挂装置、角度调节装置、加重箱和运输轮等组成。按结构型可分为对置式和偏置式；按挂结方式可分为牵引式、悬挂式和半悬挂式 3 种。按工作部件的运动方式可分为往复式动力耙、水平旋转动力耙和垂直旋转动力耙等。

常用的是往复式动力耙，其主要工作部件是两排钉齿，由拖拉机动力输出轴驱动作横向

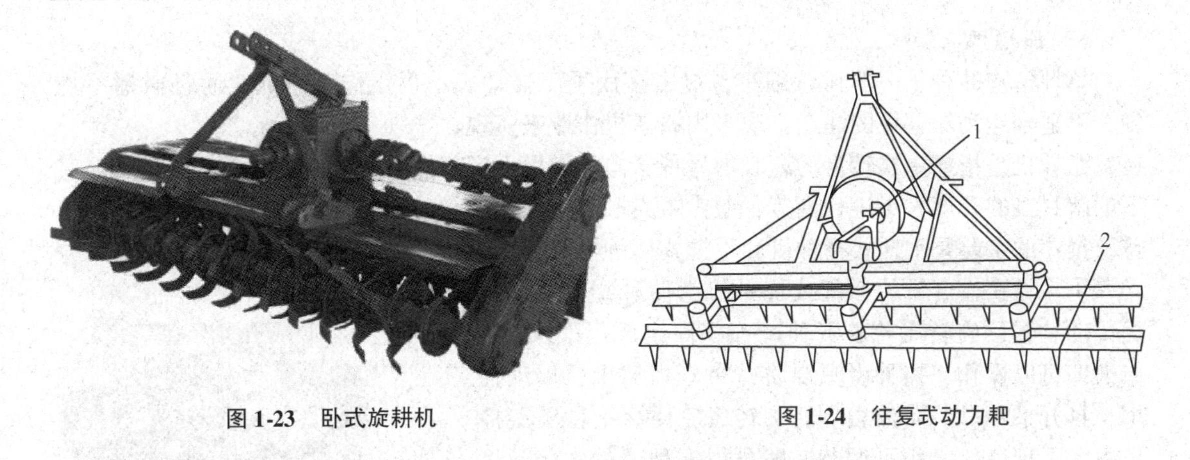

图1-23　卧式旋耕机　　图1-24　往复式动力耙

往复运动，两排钉齿运动的方向相反(图1-24)。作业时碎土能力强，不打乱土层，一次作业就可达到良好的效果，对不同条件土壤的适应能力较强。在机具后部可连接碎土辊(滚耙)，对表土进行平整和压实。

(7)碾压器

坪床土壤在经过翻耕等作业后，地表面不一定平整从而达不到草坪移栽或进行播种的要求，此时就需要进行一定程度的碾压，从而使坪床表层土壤紧实、平整，同时在草坪草播种后进行一定的镇压，能使种子进入土壤，促进种子发芽。在刚铺好营养体的草坪上，一定程度的镇压可以修整草坪表面的凹凸不平，并使坪床达到适当硬度，可以增加分蘖和促进匍匐枝的生长。另外，由于运动场草坪的特殊性，在比赛前后都需要进行适度镇压，促进草坪草以最快速度恢复，镇压要在土壤微润时进行。镇压机可用人力或机械(拖拉机)带动(图1-25)。

碾压器有平面辊和环形波纹辊两种形式，平面辊主要用于草坪播种后的平整及镇压养护。大多数平面镇压辊为钢板焊接成的两头封闭的空心圆筒状，其直径为0.4~1.0 m不等，镇压宽度以不使草坪出现压痕为原则，为增加重量，可以给筒内装沙或水等。加重的碾压器主要用来镇压运动场型草坪。

环形波纹镇压辊由许多铸造的圆环套安装在一根轴上而组成，辊的表面呈波纹状。主要用于新翻耕后土壤的压碎和平整作业。其目的是保持土壤中的水分。

图1-25　人工碾压器(左)及机械碾压器(右)

(8)撒播机

草坪植物的种子一般比较细小，过去多用手工撒播，不仅工作效率低，而且撒播不均匀，不适合运动场草坪的建造，现多用撒播机作业来实现。

撒播机是指靠星式转盘的离心力将种子向外抛撒而实现播种的机械。抛撒量通过料斗底下的落料口的开度大小进行调节，抛撒距离取决于星式转盘的转速。当前我国在直播建坪中普及推广的主要是手摇式播种机和手推式播种机两种。

①手摇式播种机　手摇式播种机由储种袋、基座手摇传动装置、旋转飞轮、下种口等部件组成(图1-26)。单人即可以操作，播种者只要将背带套在肩上，摇动摇把，打开下种口，储种袋下的旋转飞轮便会把种子旋播出去。下种口的大小可调节，即可根据种子的大小，播种量的多少调节下种速度。该播种机体积小、重量轻、结构简单、灵活耐用，不受地形、环境的影响，不仅适合于大面积建坪，更适合于在复杂的场地条件下播种。

图1-26　手摇式播种机

②手推式播种机　手推式播种机是一种由地轮驱动的离心式草坪播种机，该机由种子箱(桶)、机架、传动装置、叶轮等部分组成，单人操作，播种者双手推动播种机，当播种机在坪床上行走时，高速转动的撒种盘将种箱(桶)输出的种子借助于离心力均匀地撒播于坪床上(图1-27)。种子箱(桶)下的下种口大小可调节。此播种机体积小、质量轻、结构简单、灵活耐用，不受环境和气候的影响，适于各种场地条件下建坪使用。

图1-27　手推式播种机

(9)喷播机

传统的草坪建植，主要依靠人工铺植草皮或直接播种等方式来实现，这些建植草坪的方法费工费力，同时受到地形、风力等许多条件的限制，为此世界上一些发达国家开始应用喷播技术。喷播技术在国外已经广泛应用，技术也比较成熟，我国于20世纪90年代引进后，其应用范围也在逐渐增加，目前在完善相关技术的基础上正逐步实现机械设备的国产化。

喷播机的种类很多，主要有气流喷播机、液压喷播机和客土喷播机三种。一般运动场使用的喷播机多指液压喷播机。

液压喷播机主要由车架、搅拌箱、机动泵和喷枪组成，其结构类似水泥搅拌车(图1-28)。液压喷播机是以水为载体，将经过处理的植物种子、纤维覆盖物、黏合剂、保水剂及植物所需要的营养物质，经过混合、搅拌，再均匀地喷洒到需要种植的地方。喷射距离可以通过调整浆泵的流量和压力在一定范围内进行调节。喷枪有长嘴、短嘴、鸭嘴等多种形式，可以根据不同的作业对象和坪床特征进行选用。喷播使播种、混种、覆盖一次完成，可以克服不利条件的影响，提高草坪建植的速度和质量。

图1-28　液压喷播机

图1-29　起草皮机

(10)起草皮机

建植运动场草坪最快速的方法就是在草圃切下草皮卷，在现场铺装、压实、洒水，即可成坪。尤其是在赛事较紧的情况下，用草皮卷建植运动场草坪是一种行之有效的方法。

常见的起草皮机主要有两种形式，一种是手扶自走式起草皮机；另一种是拖拉机悬挂式起草皮机。根据配套动力的不同和铺植的需要，分别有不同的型号。

手扶自走式起草皮机配备4~6 kW的发动机，30~45 cm的铲刀(图1-29)。该机使用灵活，机动性好，适用于小面积或零散地块的草坪基地。门形的铲刀通过振荡式铲割将草皮与地面分离，侧面的割刀再定宽割离草皮。铲刀的切入角度可以通过调整后轮高度加以改变，草皮的厚度也同时得到调节。加宽的直齿轮形的轮子有很好的握地力，能提供足够的行走驱动力。切割出的草皮需靠人工整理。

拖拉机悬挂式起草皮机是由牵引拖拉机、铲割机构、输送机构、分垛打卷机构等部分组成(图1-30)。拖拉机提供行走、铲割等全部工作动力。铲割机构与手扶随行式起草皮机相似，没有驱动轮，但增加了高度定位轮、侧向定位轮和分段垂直铲刀。输送机构起铲移与打卷的过渡连接作用。分垛打卷机根据草皮的宽度和长度要求有小卷、大卷和块垛等多种整理形式。小卷和草皮块需人工辅助整理分垛在托板上，然后由叉车或转运机转走；大卷成卷后，可以向后或转向90°将其卸下。

图1-30　大型铲草皮机

1.3.3　常见运动场草坪养护机械介绍

运动场草坪建成以后，要保持优良的坪用性状和运动功能，就需要进行经常性的养护管理。常规的养护措施主要有剪草、灌溉、施肥、病虫害防治、杂草防除、打孔、覆沙等。在这些养护措施中有些可以用人工或借用其他领域的设备来完成，而有些则必须使用专门的设备，否则工作效率低，作业质量差，不利于草坪的正常生长，进而影响草坪的坪用质量。现就常见的一些运动场草坪养护管理机械介绍如下。

(1)草坪修剪机械

草坪修剪机械，也称割草机，是草坪养护管理中使用量最大的机械种类。运动场草坪需要定期进行修剪，才能保持其整齐、美观和良好的坪用性状，满足各类赛事的需要，同时通过合理的修剪还可以减少草坪的耗水量、消除部分草坪杂草，减轻草坪病害的影响等。

草坪修剪机按工作装置、割草方式的不同主要有滚刀式(滚筒式)、旋刀式、往复刀齿式、甩刀(连枷)式和甩绳式等类型，每种类型的修剪机所能适应的草坪和立地条件不尽相同。一般情况下，运动场草坪主要用滚刀式和旋刀式两种。

①滚刀式剪草机　其用途较广，可根据不同的留茬高度进行剪草，尤其是如网球场草坪需要留茬高度较低，就适合使用此类剪草机。剪草装置由带有刀片的滚筒和固定的底刀组成，滚筒的形状像一个圆柱形，切割刀呈螺旋形安装在圆柱的表面上。滚筒旋转时，把叶片推向底刀，产生一个逐渐切割的滑动剪切而将叶片剪断，剪下的草屑被甩进集草斗。

滚刀式剪草机的规格、式样很多，用于运动场地的主要有手推式(图1-31)和坐骑式(图1-32)。手推式主要用于网球场、草地保龄球场等面积较小的草坪，坐骑式用于面积较大的足球场等运动场草坪。

图1-31　手推式滚刀剪草机

使用滚刀剪草机应注意，由于滚刀与底刀之间是金属的结合，如果剪草机在空转时，滚刀与底刀摩擦生热会引起金属膨胀，从而使刀片出现严重磨损，因此，在2个剪草地点行走时，要把滚刀传动切断；若发现底刀和滚刀出现缺口或刀刃变钝时，应及时磨刀。

②旋刀式剪草机　剪草机刀片在工作时，刀片的转动轴垂直于地面做旋转运动，因此，称为旋刀式剪草机。旋刀式剪草机剪草时以高速旋转的刀刃将草茎水平割断，为无支撑切割，类似于镰刀的切割作用(图1-33)，此种剪草机的缺点是当叶丛高在4 cm以下时，剪草产生困难，不易剪到贴近地面的叶片；同时如遇到坪床有石块、瓦砾以及其他杂物时，容易损坏刀片。

图 1-32　三联坐骑式滚刀剪草机

旋刀式剪草机主要有手推式(图 1-34)、气垫式(图 1-35)和坐骑式(图 1-36)3 种。

图 1-33　旋刀式剪草机刀盘装置

图 1-34　手推式旋刀剪草机

图 1-35　手推气垫式剪草机

图 1-36　坐骑式旋刀剪草机

(2)草坪施肥机械

草坪施肥是保证草坪健壮的一个重要环节，用于草坪施肥作业的施肥机械一个重要的指标是施肥均匀。通常可借助施肥机和撒播机来实现精确施肥。目前常用的施肥机有手推式施肥机和机械驱动施肥机。

①手推式施肥机　手推式施肥机主要有下落式和旋转式施肥机两种。在使用下落式施肥机时，料斗中的化肥颗粒可以通过基部的一列小孔下落到草坪上，孔的大小可根据施用量的大小来调节。对于颗粒大小不匀的肥料应用此机具较为理想，并能很好的控制用量。但由于

机具的施肥宽度受限，因而工作效率较低。

旋转式施肥机的操作是随着人员行走，肥料下落到料斗下面的小盘上，通过离心力将肥料撒到半圆范围内(图1-37)。在控制好来回重复的范围时，此方式可以得到满意的效果，尤其对于运动场这一类大面积草坪，工作效率较高。但当施用颗粒不匀的肥料时，较重和较轻的颗粒被甩出的距离远近不一致，将会影响施肥效果。

图1-37 手推式施肥机

②机械驱动式施肥机 目前，在运动场草坪的管理领域，有各种各样由拖拉机驱动的草坪施肥机，主要有转盘式施肥机(图1-38)和液体肥料喷洒机(图1-39)。转盘式用于颗粒状肥料施肥，而液体肥料喷洒机用于液体状肥料施肥。

图1-38 转盘式施肥机

图1-39 液体肥料喷洒机

(3)草坪喷药机械

运动场草坪在生长期间难免遇到各种各样的病害和虫害。为了防止和减少病虫害的发生，减少损失，必须防治病虫害。目前最常用的方法是化学防治。因此，通过机械手段将化学药剂喷洒到感染病虫害草坪的有效部位，就是草坪喷药机械的主要功能。

草坪喷药机械的种类与基本结构和农业喷药机械没有太大的差异，也有背负式、推行式、拖带式和自行式四种，但整机制作和作业要精细得多，另外轮胎也应是草坪专用的。现就常见类型进行介绍。

喷雾机(器)是将药液雾化成雾滴喷洒在草坪上进行病虫害防治的器械。根据单位面积上喷施的液体量，可以把喷雾机(器)分为高容量喷雾器、低容量喷雾器和超低量喷雾器；根据药液雾化和喷送的方式，可以把喷雾机(器)分为液力式和风送式两种。通常还习惯把手动的称为喷雾器(图1-40)，机械动力的称为喷雾机(图1-41)。

(4)草坪梳草机

草坪梳草的作用是清理草坪内的枯草垫层，其目的是促进草坪的通风透气，减少杂草蔓延，改善透水条件。

手工梳草工具有平齿耙和扇状齿耙。有些草耙的耙齿可以收拢以便于携带。草耙的质量除考虑齿形和疏密度外，主要是耙齿的刚性和柔韧性。

图1-40　喷雾器

图1-41　喷雾机

草坪梳草机的工作原理与普通草耙相同，有自行式和拖挂式等多种形式。主要工作部件是带有弹性钢齿的耙，通过一定重量的重力作用在草坪上行走，就可以将枯草清除(图1-42)。

(5)草坪打孔机

草坪打孔能使深层土壤透气，加强草根部的呼吸作用，改善地表排水和有机质肥料的供应状况，促进草根对地表营养的吸收。运动场草坪经常进行打孔作业是必须地。

①水压打孔机　是将高压水柱射入草坪根系层，此种方式不破坏地面结构，不会使地面泥土飞溅，对草坪表面不产生有害的影响(图1-43)。由于这些特性，在比赛比较繁忙的球场应用时工作效率高，可节约时间。

图1-42　草坪梳草机

水压打孔深度可达10~20 cm，可有效减小草坪表面的紧实度，改善土壤对水分的渗透性。由于注水打孔不直接将金属管插入土层，没有其他类型打孔机常常出现的断针、损耗等现象。

②垂直打孔机　在进行打孔作业时刀具垂直上下运动，使打出的通气孔垂直于地面，不会发生挑土现象，从而提高打孔作业质量。此种草坪打孔通气机作业时由发动机驱动行走轮前进，同时通过一曲柄连杆机构使打洞刀具作垂直上下运动，主要用于对打孔质量要求较高球场的打洞通气作业(图1-44)。该种草坪打洞通气机结构复杂，能耗和造价都较高。

垂直打孔机有手扶式、牵引式和驾驶式3种。垂直打孔机可以根据需要和土壤状况更换不同形式的打孔刀具，有实心打孔锥和空心管两种类型。实心打孔锥靠挤压土壤形成孔，仅用于土壤比较疏松和土壤湿度较大的草坪。空心打孔管的前端有环形刃口，以便于入土，管

图 1-43 水压打孔机

的侧面开有长方形孔，打孔时空心管进入土中，同时泥土也进入管内，当空心管从土壤中拔出到再次进入土层时，这一过程使新进入空心管内的泥土将前一次进入的泥土从空心管的侧面挤出，并散落到草坪表面。它与实心锥打孔相比，并不挤压孔洞周围的土壤。

③旋转式打孔机　一般为拖挂式，靠自重使圆盘状排列的空心尖齿插入草坪实现打孔(图 1-45)。其优点是工作速度快，对草坪表面的破坏小，但打孔深度比垂直运动式打孔机浅。

图 1-44 垂直打孔机

图 1-45 旋转运动式打孔机

(6)草坪覆沙机

草坪覆沙机，也称撒土机。覆沙机通常是将料斗中的沙或细土通过输送带和拨轮进行强制性撒播，可用于播种后的覆沙或覆土，以覆盖种子或营养体，从而保持它们与土壤的接触，不至于直接暴露在空气中(图 1-46)。在草坪打孔和切根等养护管理中也要覆沙，以促进草坪草生长，改良草坪质量。运动场草坪在每次使用后地面会出现凹凸不平现象，也需要定期覆沙并进行碾压，以调整草坪平整度。同时，覆沙还可以促进枯草层的分解，有助于改良表层土壤结构。

图1-46　草坪覆沙机

图1-47　自走式草坪碾压滚

(7)草坪滚压机

草坪滚压机械又称为镇压机械。滚压机械的工作性质与打孔机正好相反。其目的是通过碾压坪床或镇压草坪以提高场地的硬度和平整度，控制草坪草的生长，促进草坪草的分蘖和扩展。草坪滚压的另一个重要作用就是在草坪表面形成不同样式的条纹，增加草坪的美观，增强草坪的视觉效果，这对于足球场草坪和其他运动场草坪都是十分重要的。

按驱动力草坪滚压机可分为平推式、自走式或牵引式。大多数滚压机有配重装置，以调节滚压机的重量。此外，许多草坪滚压机的碾压滚为中空的筒状，使用时根据需要将水或沙注入筒内。在运动场草坪养护期一般使用轻型滚压机，重量在1 t以下(图1-47)。

(8)草坪清洁机械

在草坪的修剪、梳草、打孔等作业之后都需要进行清洁工作，而且清洁草坪是保持草坪美观的一项经常性工作。根据草坪上需要清洁的对象和不同时期的草坪状态，配有不同的草坪清洁机械。一般为草坪刷扫、吸风或吹风等类型，大型的草坪清洁机械将刷扫、吸附为一体，先刷扫，后吸附。

吸风式清洁机械主要是利用吸风机的功能将草坪表面上散落的树叶、草坪剪草后的草屑等吸起并送入到清扫箱中(图1-48)。用硬尼龙针制成的草坪刷可在清洁草坪杂物的同时梳刷草坪，使散落进草坪根部的草屑也被吸入清扫箱中。吸附式草坪清洁机有拖拉机牵引式和驾驶式以及手推式等多种。

(9)草坪刷

草坪刷用于梳刷清理草皮以助透气，撒开蚯蚓的排泄物以及梳理平整草坪表面。草坪刷的工作部件是一个圆辊型毛刷，毛刷一般由鲜鱼骨、鬃、尼龙和塑料制成，毛刷通过圆盘夹持，密集地穿套在毛刷轴上形成毛刷辊，圆盘中心孔为方孔，穿套在方轴上，与方轴刚性连接，以保证圆盘随轴转动，带动毛刷旋转(图1-49)。

其工作原理与结构形式与梳草机类似，主要区别是将梳草机的刀辊换成了毛刷辊。一般由拖拉机三点悬挂，或由小型手扶拖拉机前置悬挂，通过改变限深轮的高度来调节毛刷对草坪的刷理强度。

图 1-48 草坪清洁机

图 1-49 草坪刷

1.4 运动场草坪质量及其评价

运动场草坪不仅具有运动功能，而且具有景观功能和生态功能。一块舒适漂亮的运动场草坪不但能激发运动员的斗志，使运动员竞技水平得到充分发挥，而且让观众视觉上充分得到美的享受。然而，如果草坪质量不佳，草坪的上述功能将得不到发挥，甚至可能带来危害，例如，斑秃、凹凸不平的运动场草坪不但让人感到刺眼，而且很容易导致运动员受伤。因此，运动场草坪质量是运动场草坪功能和运动员竞技水平能否得到有效发挥的重要保证。

1.4.1 草坪质量与草坪质量评价概述

1.4.1.1 草坪质量与草坪质量评价的概念

草坪质量是指草坪在其生长和使用期内功能的综合表现，它体现了草坪的建植技术与管理水平，是对草坪优劣程度的一种评价，它是由草坪的内在特性与外部特征所构成。草坪质量是一个衡量草坪动态变化状态的相对概念。它因草坪草种类、草坪类型、生长季节、草坪的使用目的的不同而不同，而且也因为评价者或使用者的不同而有所差别。由此可见，影响草坪质量的因素是复杂多样的。

草坪质量评价是采用一定的方法对草坪质量相对优劣程度进行综合量化的一个过程。草坪因其用途不同，其质量要求也不同，质量评价的指标及其重要性也各异。草坪质量评定的结果依草坪利用的目的、季节和评定所使用的方法及评定重点的不同而不同。因此，简单笼统地对草坪进行质量评价是没有意义的。草坪质量评价只有在草坪用途明确、评价指标一致、取值方法相同、评价方法统一的基础上，其评价结果才有意义。对一种类型的草坪来说，由于构成这类草坪质量的基本因素是一致的，因此，对同一类型的草坪可采用一个统一的评价方法，能够客观地反映该类草坪的质量优劣程度。

定期地对运动场草坪进行质量评价和监测不仅能客观地评判一个草坪现有的质量状况，及时发现草坪已经存在的问题，从而通过实施有针对性的养护措施提高草坪质量，并发现将会出现的问题，预测该草坪质量状况的未来演变趋势，为运动场草坪的季节性宏观管理提供前瞻性的科学依据。另外，草坪质量的评价和监测是一项基础性的工作，它在运动场草坪的建设，新技术、新产品的评价，重大赛事的场地准备，场地质量分级等方面具有十分重要的意义。

1.4.1.2　运动场草坪质量评价发展过程

草坪质量评价经历了从单因子测定到多因子综合测定，从目测分级法到量化分级的过程。在这一过程当中伴随着各种检测仪器的研发。到目前为止，草坪质量评价还没有形成一套成熟统一、被广泛接受的评价体系。

(1)单因子评价

最初的草坪质量评价是独立的单因子的测定，就草坪质量的单方面进行评价，比如说测定草坪的颜色、均一性、高度、密度、盖度等。对颜色、均一性这类外观性状，一般采用直接目测法，根据观测者主观印象对这些指标给予评价，评分方法有五分制和九分制两种，其中九分制较常用。如颜色评分，在九分制中，9 分表示墨绿，1 分表示枯黄。这种测定主观性很大，与测定人员的联系很大。对草坪的高度、密度、盖度等植被性状，常采用植被测定的方法测定，如密度采用单位面积枝条数来衡量，盖度采用针测法测定。

随着社会经济的发展，人们对草坪的质量提出了越来越高的要求，一些质量指标需借助于专业仪器和技术才能进行检测。科学技术的进步使得更多专业仪器不断被研发和投入使用。

传统上对草坪颜色的评价采用直接目测法进行打分，但这种方法有一定的主观性，为了避免人为误差，人们发明了草坪照度计。照度计法根据草坪反射光的强度和成分，能较好地反映草坪整体颜色状况。它与人眼接受的光相同，受主观因素影响较小，测定结果较为准确。

草坪硬度对运动场来说非常重要。对足球运动来说，草坪硬度关系到运动员的安全和足球的弹跳高度和滚动速度，从而影响比赛质量。果岭硬度用 Clegg 硬度仪测量。Clegg 硬度仪由澳大利亚人 Baden Clegg 博士于 1976 年研发成功，该仪器不仅能较有效地测定运动场草坪根系表层土壤物理特性和管理措施对草坪使用功能的影响，也能较有效地模拟运动员踢踏运动对草坪质量的影响。2010 广州亚运会的运动场草坪硬度就是用此种仪器监测的。

模拟运动员对草坪践踏的践踏仪于 1975 年在英国试制成功，可用来评价运动员对足球场和高尔夫球场草坪的践踏影响，也可用来评价草坪草的耐践踏能力。

(2)多因子综合评价

在草坪质量评价中我们经常发现，草坪可能在某些质量指标方面表现较好，而在其他指标方面表现欠佳，这就不能说明该草坪质量优劣。评价草坪质量不能单凭几个分散的质量指标来评价，而要选择能反映草坪本质的各项指标进行综合评价，例如，把草坪的外观质量和坪用质量结合起来，才能对草坪的质量做出全面评价。此种综合评价方法以 NTEP 草坪草评价体系最有代表性。

NTEP 是美国国家草坪草评定计划(The National Turfgrass Evaluation Program)的简称，是在全美范围内的草坪草品种测试，开始于 1980 年，目的在于评价草坪草品种在不同环境条件、养护管理措施和应用情况下的表现。NTEP 评分法是一种外观质量评分法，评价体系包括草坪外观指标、抗逆性指标和使用功能指标，采用 9 分制评价草坪质量。9 分代表某一质量性状最高评价值，而 1 分表示最差水平，5~6 分表示质量尚可，属于可接受水平，其余分值参考以上尺度，根据表现情况打分。

对运动场草坪进行质量综合评价时，首先应该明确要采用的评价指标，并根据各指标的重要性，赋以相应的权重，经加权平均后得到综合评价值，根据综合评价值对运动场草坪质量优劣做出评判。

1.4.2 草坪质量评价体系

虽然草坪质量评价涉及很多因素，而且不同类型草坪质量评价的重点有所不同，但所有草坪都可从外观质量、生态质量和使用质量三个方面进行评价，这就为不同类型草坪质量从宏观上实现统一的综合评定提供了可能。但在设计评价体系时应根据草坪的用途确定评价指标及其权重。运动场草坪要求耐践踏、耐频繁修剪并能满足运动项目的需要，其质量评价体系应以使用性能指标为重。

1.4.2.1 草坪外观质量

草坪外观质量是草坪在人们视觉中的好恶反映。外观质量评价指标主要是景观指标，包括草坪的颜色、均一性、密度、高度、盖度、质地等。上述因素结合在一起给人以完整的印象。在对草坪外观质量评价时多采用目测打分的方法，打分方法有五分制和九分制，其中九分制较常用。此种方法直观体现了草坪的主要功能，有很强的实用性。其不足之处在于，评价的准确性在很大程度上取决于观测者的经验。如通过多人打分或将构成草坪外观质量的因素逐一分解并加以定量分析，可消除人为因素的影响。

(1)草坪颜色

草坪颜色是指草坪草反射光照后对人眼的色彩感觉。草坪颜色能够反映草坪植物的生长状况和草坪的管理水平。例如，营养不平衡、水分管理不当、病害、虫害或其他的环境胁迫使草坪颜色失绿。同时草坪草的颜色评价与个人喜好有关。草坪颜色的测定有目测法和实测法两种。

①目测法　包括直接目测法和比色卡法。直接目测法是根据观测者主观印象对草坪的颜色给予评价。在九分制中，9 分表示墨绿，6 分表示浅绿，1 分表示枯黄。比色卡法是事先将由黄色到绿色的色泽范围内，以 10% 为梯度逐渐加至深绿色，并以此制成比色卡，由观测者将被观察草坪的颜色同色卡比较，从而确定草坪的颜色等级。在用目测法测定草坪颜色时，可在样地上随机选取一定面积的样方，以减少视觉影响。测定时间最好选在阴天或早上进行，避免光照太强造成色感误差。

②实测法　包括叶绿素含量测定法和草坪反射光测定法。草坪草叶片中叶绿素的含量与草坪绿色的深浅呈正相关，因此可随机抽取草坪草的叶片，通过测定草坪草叶绿素含量来反映草坪颜色。草坪反射光测定法采用照度计，照度计测得的结果为草坪反射光的强度和成分，它与人眼接受的光相同，能较好地反映草坪整体颜色状况。为了减少误差，要在光线弱的条件下进行测定，一般选在阴天或早上(太阳高度角在 23°~31°)进行测量，并在较短的时间段内完成。

(2)草坪均一性

草坪均一性是指草坪在外观上均匀一致的程度，是对草坪草颜色、高度、密度、组成成分、长势、质地等项目整齐度的总体评价。高质量的草坪应是高度均一，不具裸露地、杂草、病虫害斑块，生育型一致的草坪。草坪的均一性取决于两方面：一是地上枝条在颜色、形态、长势上的均一、整齐；二是草坪表面的平坦性。此外草坪的均一性受草坪草的种类、修剪高度以及草坪的质地、密度等影响。

均一性的测定方法有样方法、目测法和均匀度法。需要注意的是测定应在修剪一定时间后进行。

①样方法　样方法就是计数样方内不同类群的数量，然后计算各自的比例和在整个草坪中的变异状况。在测定中样方多为直径 10 cm 的圆形区域，重复次数依草坪面积而定。此种方法常用于测定草种性状差异较大的混播草坪。

②目测法　目测法测定草坪均一性，一般采用九分制评分法。9 分表示完全均匀一致，6 分表示均匀一致，1 分表示差异很大。

③均匀度法　是用草坪密度变异系数(*CVD*)、颜色变异系数(*CVC*)和质地变异系数(*CVT*)来计算均匀度，即

$$\text{均匀度}(U)=1-(CVD+CVC+CVT)/3$$

对运动场草坪来说，除了草坪表面的均一性外，场地表面的平坦性更加重要。在国外运动场平坦性采用平整架来测定。测定方法是将 10 根有刻度的针间隔 20 cm 等距离置于架子上，制成简易装置，其中针可以自由地上下移动，在测定中将该装置放在运动场上，读取各针的上下移动值，重复 3 次，计算标准差，用标准差的平均值表示平坦性。

(3)草坪密度

草坪密度是指单位面积上草坪植物个体或枝条的数量。高密度的植株对优质草坪而言是很需要的，它可以增强草坪对杂草侵入的竞争力，同时它与草坪强度、耐践踏性、弹性等使用特性密切相关。草坪的密度随草种、自然环境和养护措施的不同而有很大的差异。

草坪在生长发育过程中个体间存在种间、种内竞争，因此草坪建植后其密度会随时间而变化，随着竞争的缓和，草坪密度逐步稳定，草坪密度的测定应在草坪建植后密度稳定时进行。密度的测量方法包括目测法和实测法。

①目测法　以目测估计单位面积内草坪植物的数量或人为划分一些密度等级，用此来对草坪密度进行分级或打分。草坪密度的目测打分多采用九分制，其中 9 分表示极密，6 分表示密，1 分表示极稀疏。

②实测法　在草坪上设置 10 cm×10 cm 的样方，计数样方内草坪植物个体数量或枝条数量或叶片数量，根据草坪草密集程度决定计数单位，一般情况下常用单位面积枝条数来表示。草坪密度实测的工作量非常大，试验的重复次数可根据实际情况而定。在样方选定后，将地上植株齐地面剪下，计数其地上植株或茎、叶数。

九分制与实测法人为设定有以下对应关系，9 分表示极密，枝条密度≥3.5 枝/cm^2，6 分表示密，枝条密度 2.5~3.5 枝/cm^2，1 分表示极稀疏。枝条密度≤0.5 枝/cm^2。

(4)草坪盖度

草坪盖度是指一定面积上草坪植物的垂直投影面积与草坪所占土地面积的比例。盖度是与密度相关的指标，但密度不能完全反映个体分布状况，而盖度可以表示植物所占有的空间范围。盖度越大，草坪质量越好。杂草与裸地一样，不能列入盖度之中。草坪盖度可采用目测法或针刺法测定。

①目测法　目测法利用预先制成的 100 cm×100 cm 样框，内用线绳平均分为 100 个 10 cm×10 cm 的单元，测定时将样框放置在选定的样地上，目测计数草坪植物在各单元中

所占的比例，然后将各单元的观测值统计后，用百分数表示出草坪的盖度值。或直接目测估计样框中草坪覆盖面积所占的比例。重复次数5~10次。盖度值分级评价可采用五分制，盖度为100%~97.5%记5分；97.5%~95%记4分；95%~90%记3分；90%~85%记2分；85%~75%记1分；不足75%的草坪需要更新或复壮。

②针刺法 将上述具有100个小方格的样框置于被测草坪上，用细长针垂直针刺每一格，然后统计植物种与针接触的次数和针刺总数，二者的比值即为某一植物种的盖度和植被的总盖度，一般重复5~10次，以百分数表示盖度。

与目测法相同，盖度值分级评价可采用五分制，盖度为100%~97.5%记5分；97.5%~95%记4分；95%~90%记3分；90%~85%记2分；80%~75%记1分；不足75%的草坪需要更新或复壮。

(5)草坪高度

草坪高度是指草坪在自然状态下，草坪草顶端(包括修剪后的草层平面)至坪床表面的垂直距离。一般采用直尺或卷尺人工测量，样本数应大于30。在国外采用特制的草坪高度测定仪测定，可避免坪床表面因局部不平整带来的误差，结果更为精确。草坪的修剪高度影响草坪的外观质量。不同类型的草坪所要求的高度不同，如草地网球场低至4 mm，足球场为2~4 cm。不同草种所能耐受的最低修剪高度不同，如翦股颖所能耐受的最低修剪高度要远低于高羊茅与草地早熟禾，而这一特性在很大程度上决定了草坪草的使用范围。

(6)草坪质地

草坪质地主要是对草坪草叶片宽窄与触感的量度，是人们对草坪草叶片喜爱程度的指标，取决于叶片宽度、触感、光滑度及硬度。国内草坪质地的测定方法较统一，多用草坪草叶片的最宽处的量度来表示，在叶宽的测定中要选叶龄与着生部位相同的叶片，测量叶片最宽处重复次数要大于30。草坪草的叶宽主要是由其基因所决定，但是，养护管理措施如修剪高度、施肥水平、表层覆沙等都会影响草坪草的质地。例如，匍匐翦股颖和一年生早熟禾当修剪高度从3.8 cm下降到0.8 cm时，叶片的宽度会降低50%，叶片的质地也会随着植株的密度和环境胁迫而发生变化。对同一品种来说，密度和质地有一定相关性，密度增加，质地则变细。质地也影响草坪草种间混合播种时的兼容性。在进行草坪混播和混合配方时，要使用叶片质地相近的草种和品种，粗质地草种不宜同细质地的草种混合播种，因为两者相结合外观表现不一致，会破坏草坪的均一性。

1.4.2.2 草坪生态质量

草坪生态质量是指草坪草间以及草坪草与环境之间相互作用所表现出来的特性。草坪草生态质量可反映草坪对环境和利用方式的适应能力。生态质量评价指标包括草坪组成成分、草坪草分枝类型、草坪草抗逆性、草坪绿期、草坪生物量等。在草坪生态评价指标中，有些指标只能用定性方法描述，如分枝类型、抗逆性等，有些指标可通过数量化方法评价，如绿期、生物量等。由于评价方法的不一致，难以将上述指标纳入到一个评价体系，对草坪生态质量做出综合评价。因此，目前对草坪生态质量的评价多为单因子的评价。

(1)草坪群落构成

是指草坪群落的植物种或品种以及它们的比例。冷季型草坪草可通过混播建植运动场草坪，以增加草坪的适应性，降低管理成本。但混播也不是种类越多越好，因为种间竞争激烈，混播组合以3~4种为宜。一般情况下种内品种间混播草坪的均一性好，虽然其生态适应性不及种间混播，但好于单一品种的草坪。暖季型草坪草因为竞争性差异很大，一般用单一品种建植草坪。

草坪的群落结构是动态变化的。评价草坪组成成分应当在草坪生长达到相对稳定状态时，通过测定群落组成结构，与当初设计的草种组成及其比例进行比较，对草坪组成成分是否合理作出判断，两者差异不大，说明草坪组成成分合理；反之，则不合理。评价时根据差异的程度进行打分。

(2) 草坪草分枝类型

草坪草分枝类型是指草坪草的枝条生长特性和分枝方式。这一特性与草坪草的扩展能力和再生能力密切相关。在草坪质量评定中，草坪草的分枝类型并非草坪质量的独立指标，而是影响草坪质量和适应能力的一个重要因素，对其没有直接评价，而是隐含在其他质量指标当中。草坪草的分枝类型可以分为丛生型、根茎型和匍匐茎型 3 种。

①丛生型　丛生型草坪草主要是通过分蘖进行分枝，不断形成新的个体。用此种草坪草建坪时在播种量充足的条件下，能形成均匀一致的草坪；但在播种量偏低时则形成分散独立的株丛，导致坪面不均一，影响草坪的外观质量和使用质量，如多年生黑麦草、苇状羊茅等。丛生型草坪草密度较大时形成的坪面少有波状起伏，草坪均一性好，对球的旋转方向影响较小，对于运动场草坪而言较为理想。

②根茎型　根茎型草坪草是通过地下根状茎进行扩展。根状茎蔓生于土壤中，具有明显的节与节间，节上有小而退化的鳞片叶，叶腋有叶芽，由此发育为地上枝，并产生不定根。该种草坪草在定植后扩展能力很强，并且地上枝条与地面趋于垂直，可形成均一、致密的草坪，如草地早熟禾、紫羊茅和结缕草等。

③匍匐茎型　匍匐茎型草坪草是通过地上水平枝条扩展。匍匐茎是沿地表面方向生长的茎，其节上可产生不定根和与地面垂直的枝条和叶，与母枝分离后可形成新个体。该类草坪草的扩展能力与土壤质地密切相关，在沙质土壤上易形成新个体。匍匐茎是该类草坪草种的主要再生器官，因此匍匐茎型草坪草耐低修剪性强，如匍匐翦股颖、野牛草和狗牙根等。草坪中出现斑秃时，可通过匍匐茎的扩展而得到修复。

在丛生型、根茎型和匍匐茎型 3 种基本类型的基础上，又可将丛生型细分为密丛型和疏丛型，还有根茎型与疏丛型的中间类型——根茎疏丛型。

(3) 草坪草抗逆性

草坪草的抗逆性是指草坪草对寒冷、干旱、高温、水涝、盐渍及病虫害等不良环境条件的抵抗能力，以及对践踏、修剪等使用、养护强度的耐受能力。草坪草的抗逆性除受草坪草的内在遗传因素决定之外，还受草坪的管理水平以及混播草坪的草种配比的影响。草坪草的抗逆性是一个综合特性，评价它的指标主要有形态、生理和生化指标。不同用途的草坪对抗逆性要求的侧重点不同，如运动场草坪要求耐践踏、耐修剪能力强，耐高强度管理。抗逆性评价是根据草坪草抵抗不良环境条件的实际表现，以及对使用、养护强度的耐受程度，进行综合评价打分。

(4) 草坪绿期

草坪绿期是指草坪群落中 50% 的植物返青之日到 50% 的植物呈现枯黄之日的持续日数。绿期长者为佳。较高的养护管理水平可延长草坪的绿期，但草坪的绿期受地理、气候和草种的影响较大。评价草坪绿期之前要获得不同草种在某地区绿期的资料，然后对被测草坪的绿期进行观测打分，达到标准值的记为满分，绿期短的根据缩短天数扣分。

(5)草坪生物量

草坪生物量是指草坪群落在单位时间内生物量的积累程度，是由地上部生物量和地下部生物量两部分组成。草坪生物量的积累程度与草坪的再生能力、恢复能力、定植速度有密切关系。

地上生物量是草坪生长速度和再生能力的数量指标，一般以单位面积草坪在单位时间内的修剪量来表示。地上生物量可用样方刈割法测定，也可用剪下的草屑量来估测。地下生物量是维持草坪草地上部分生长的重要物质和能量基础，对草坪的景观质量和使用质量起决定作用，也是草坪质量能否持久保持的关键。草坪地下生物量的测定通常采用土钻法，取样后用水冲洗清除杂质，烘干称重。

对草坪生物量的评价首先应清楚草坪的类型、草坪草种，以及该草坪在当地适宜管理条件下的生物量大小及其季节变化，然后与取样实测结果进行对比，根据两者的差异程度给出评价结果。

1.4.2.3 草坪使用质量

草坪的使用功能主要表现在作为运动场使用时所表现的特性。使用功能良好的草坪可以为运动项目提供理想的场地，使运动员的竞技水平充分发挥出来，同时大大缓冲运动员与场地间的剧烈冲击，从而对运动员的运动安全起到保护作用。草坪使用质量的评价指标包括草坪的弹性与回弹性、草坪滚动摩擦性能、草坪滑动摩擦性能、草坪强度、硬度、刚性等。

(1)草坪弹性与回弹性

草坪弹性是指外力作用后恢复原状态的能力，回弹性是指草坪在外力作用时保持其表面特征的能力。二者既有联系又有区别。草坪弹性实质上是植被的一个特征，由草坪草的质地和茎叶的密度所决定；而草坪回弹性不但与植被生长状况有关，还与坪床的物理性质有关。弹性与回弹性对运动场草坪是极为重要的，它影响比赛的质量和运动员的安全。草坪弹性和回弹性与草坪草种、修剪高度、根量、土壤物理性状等多种因素有关，同时还受气候、土壤等影响。

草坪弹性在实际中不易测定，一般测定的是回弹性，用反弹系数表示。

$$\text{反弹系数}(\%) = \text{反弹高度}/\text{下落高度} \times 100$$

测定方法是将被测场地所使用的标准赛球在一定高度使其自由下落，记录当球接触草坪后的第一次反弹的高度，以反弹高度占下落高度的百分数表示。在不同运动类型场地应选用相应的测定用球，下落高度一般为3 m。弹性过大或过小都不利于运动员水平的发挥。不同的运动项目对草坪弹性的要求有所不同，如足球为20%~50%，而网球要求在53%~58%。

(2)球滚动距离

球滚动距离是衡量草坪滚动摩擦性能的一项指标。滚动摩擦性能是指草坪和与其接触的物体在接触面上发生阻碍相对运动的力。对草坪上进行的球类运动项目而言，草坪滚动摩擦性能主要用于评价球在草坪表面上滚动的性能。这一特征与草坪草的种类、草坪密度、质地关系密切。在实际测定中，球在一定高度沿一定角度的测槽下滑，从接触草坪起到滚动停止时的长度来表示滚动距离。通常采用的高度为1 m，角度多采用45°或26.6°，运动场草坪测定用球通常为标准足球(图1-50)。但高尔夫球场果岭草坪通常使用较为简单的测速仪。由于草坪多具有一定的坡度，同时测定时会受风向的影响，因此在测定中要正反两个方向各测一次。

草坪滚动距离的计算公式为：

$$DR = 2S\uparrow \cdot S\downarrow / (S\uparrow + S\downarrow)$$

式中，DR 为滚动距离；$S\uparrow$ 为迎坡滚动距离；$S\downarrow$ 为顺坡滚动距离。

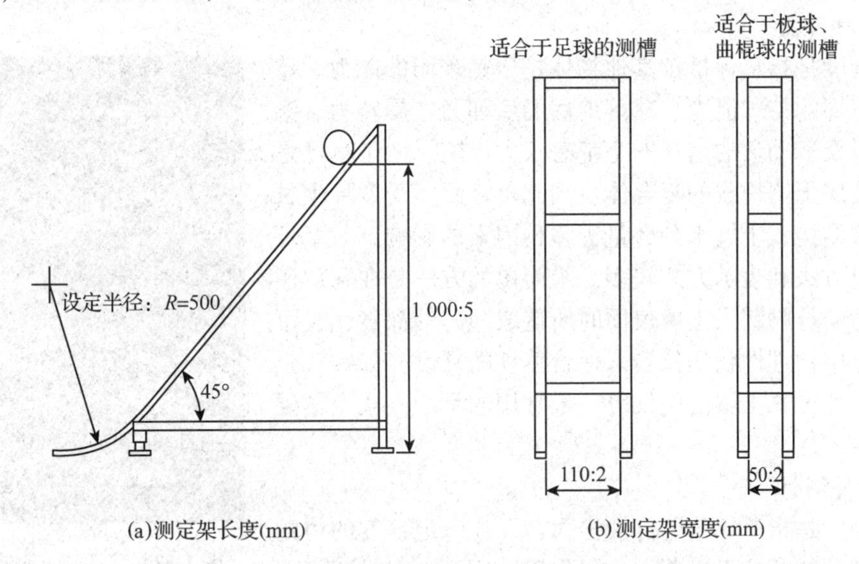

图 1-50　滚动摩擦性能测定装置(引自孙吉雄，2009)

(3)草坪摩擦力

草坪摩擦力也称草坪滑动摩擦性能。滑动摩擦是指互相接触的物体在相对滑动时受到的阻碍作用。用于草坪质量评价时，主要反映运动员脚底与草坪表面之间的摩擦状况。测定滑动摩擦的常用方法为牵引力法。

牵引力法测定是采用一个重量为46 kg ± 2 kg、直径为150 mm ± 2 mm 的圆盘，其底部装有运动鞋鞋钉，圆盘通过一个转动杆经固定衬套与扭力计连接(图 1-51)。测量用力转动时的扭矩力峰值，单位为N · m。通过扭力来衡量草坪的滑动摩擦性能。扭力越大，表明草坪的摩擦力越大。但并非摩擦力越大越好，对足球场草坪来说，最佳范围为35 ~ 50 N · m，合格范围为25 ~ 60 N · m。

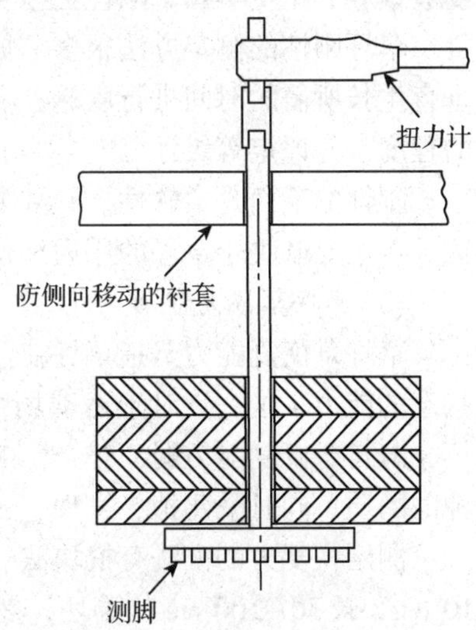

图 1-51　摩擦力测定装置
(引自孙吉雄，2009)

(4)草坪强度

草坪强度是指草坪忍受外来冲击、拉张、践踏等能力的指标。草坪强度包含了草坪的耐践踏性，是一个综合指标。草坪的强度不仅取决于草坪草的分枝类型，还受建植与养护管理水平的影响。如果草坪草为根茎型品种，修剪、镇压得当，水肥适度，草坪生长良好，根系发达，则草坪强度大，表现为再生速度快，耐践踏能力强，使用寿命延长。

草坪强度可以用草坪强度计测定。该装置将切割下来的草皮一端固定并连接到测力计上，另一端连接到负重体上，测定时不断增加负重体重量直至草皮撕裂，此时负重体的重量即为草坪强度。待测草皮最好用起草皮机切割下来，标准规格长 30 cm，宽 30 cm，厚度 3 cm，要求均一，保持原状，有代表性。草皮与测力计和负重体通过夹条连接，负重体常采用水桶，通过加水增加负重。

(5) 草坪硬度

草坪硬度是指草坪抵抗其他物体挤压其表面的能力。草坪硬度对草坪的持球能力、球落地后的反弹力、旋转力、滚动距离，以及运动员的运动安全都有很大影响。由于草坪是由植物与表层土壤构成的复合体，因此草坪硬度受草坪生长状况、土壤结构、土壤水分含量等多种因素的影响。对草坪硬度的测量方法和表示方式较多。最简单的方法是在赛后用直尺测定运动员脚踏入土壤表面时所造成凹陷的深度，也可利用测定土壤物理性状的仪器来评价草坪的硬度，如针式土壤硬度仪、冲击式土壤硬度仪等。最常用的是冲击式土壤硬度仪(图 1-52)。

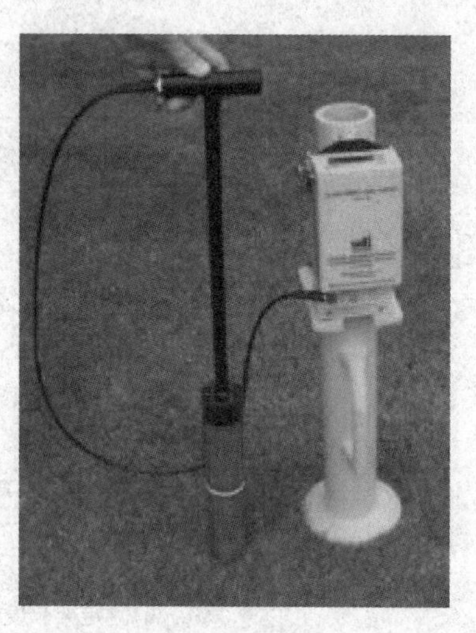

图 1-52 草坪硬度测定装置

(6) 草坪刚性

草坪刚性是指草坪草的抗冲击力，即在一定强度的力的作用下草坪草的茎叶不折断，除去作用力后经一定时间可以恢复向上生长。刚性与草坪的耐践踏能力、弹性与回弹性等有关，是运动场草坪评定的一个重要指标。草坪草的刚性主要取决于茎、枝、叶的结构、机械组织的发育状况，同时受植物体含水量、温度、植株个体大小和密度等影响，因此，应注意植株的生育状况，在密度、含水量、温度等相同的条件下进行测定。结缕草和狗牙根草坪的刚性强，可以形成耐践踏的草坪；草地早熟禾和多年生黑麦草草坪刚性则差一些；而匍匐翦股颖和一年生早熟禾刚性更差；粗茎早熟禾最差。

草坪刚性的测定方法很多。如采用压路机碾压一次草坪后，通过观察倾倒的草坪草恢复垂直生长所需的时间进行度量；利用简易的“前脚掌转碾法”，观察被脚掌转碾的草坪碾损的程度，并评定等级评分。

刚性的反面是柔软性。只要具备一定的耐践踏能力，柔软或许是某些草坪所希望的特征。这主要取决于草坪的用途和使用强度。

(7) 草坪草恢复能力

草坪草恢复能力是指草坪在使用过程中受损坏后，经常规的养护管理，自行恢复到原来状态的能力，这一点对于运动场草坪尤为重要。因为运动场草坪经常遭受剧烈的践踏和损坏，若自行恢复能力弱，势必影响使用次数，提高养护费用。自行恢复能力的基础是草坪草种的品质，同时受建植、管理、土壤及季节影响。

测定恢复力的方法有挖块法、抽条法，即在草坪中挖去 10 cm×10 cm 的草皮或抽出宽 10 cm、长 30~100 cm 的草坯，然后填入壤土，任其周边的草自行生长恢复，按照恢复快慢打分，或用一定时间内的恢复率表示恢复能力。

1.4.3　运动场草坪质量综合评价

草坪质量评价是借助专门的草坪质量评价工具对构成草坪质量的各个主要因子进行定点、定期地测定，然后运用国际通用的质量标准对所测的草坪质量进行综合评价和分级。运动场草坪质量的评价指标繁多，在实际的草坪质量评价过程中，有时会遇到一个球场在某几个质量指标方面表现较好，而在其他质量指标方面表现欠佳的情况，因此单因子评价不可能对球场整体的草坪质量状况做出评判，此时就需要进行综合评价。综合评价不是对草坪质量各项指标一一进行分散的评价，而是根据草坪类型选择一些对其质量有较大影响的指标，并通过一定的方法将这些指标有机地统一起来，构成一个评价体系，对草坪质量做出综合评价。

1.4.3.1　草坪质量综合评价的步骤

(1) 确定评价指标及其权重

草坪的用途不同，其质量评价所采用的评价指标也不相同，而且各指标在不同用途草坪中的重要性也不相同。对运动场草坪来说，耐践踏性、草坪强度等使用指标较为重要，而对颜色、质地等外观质量指标要求一般。评价指标的重要性通过权重系数来体现。评价指标和权重可通过研究资料，统计分析获得，也可通过综合专家组的评定意见来确定。

(2) 确定各评价指标的测定方法

草坪质量评价指标的测定方法对草坪质量评价的真实性和准确性有重要影响。指标的测定方法必须统一、标准，具有科学性和操作可行性，同时测定程序要规范，符合国际、国内或行业标准。对一些没有标准规范的测定指标可采用大家公认的仪器或装置进行测定。

(3) 确定质量综合评价的标准

草坪质量综合评价的方法不同，其评价的标准也不同。在加权评分法中要确定评价指标的分级和加权平均数的分级。在模糊综合评价法中只需确定各指标的分级。草坪质量综合评价标准的确定受主观判断影响较大。在确定中要尽力包括从差到优所有可能的情况。质量评价指标的分级一般为 3 级制(优良、中等、较差)和 5 级制(优秀、良好、中等、较差、很差)两种。

(4) 获得草坪质量评价指标值

按照已确定的测定标准、规范和方法测定草坪质量各评价指标，获得评价指标值。

(5) 进行数据的统计分析，得出草坪质量综合评价结果

根据综合评价统计分析结果，以 3 级制(优良、中等、较差)和 5 级制(优秀、良好、中等、较差、很差)表示草坪质量综合评价结果。

1.4.3.2　草坪质量综合评价的数理统计方法

草坪质量综合评价的数理统计方法主要有加权评分法和模糊综合评价法。

(1) 加权评分法

在加权评分法中需要确定两个标准：一是草坪质量指标的分级；二是加权平均数的分级。

用加权评分法进行草坪质量综合评价时，首先要将被测草坪评价指标的实测值与草坪质量指标的分级进行对比，得到草坪在各指标上的得分。再将各指标的得分与指标权重相乘，累加后除以指标数量，即得到加权平均数。最后根据加权平均数的分级标准确定被测草坪的

等级。

(2)模糊综合评价法

草坪质量是一个模糊概念，它具有不确定性，评价草坪质量的指标也具有不确定性，因此可借助模糊数学的方法。模糊综合评价法就是利用模糊数学的方法对草坪质量指标的数值进行数理分析。

草坪质量模糊综合评价的步骤：

①确定质量评价量化评级集 U 可设 U 为：

$$U=(u_1, u_2, u_3, u_4, u_5)=(\text{优秀、良好、中等、较差、很差})$$

②确定草坪质量评价指标和指标的评语集。草坪质量评价的指标要根据草坪用途来确定。指标的评语集是根据实际情况人为划定的质量分级，在划定评语集时基数要与评级集的分级数相同。

③根据指标的评语集确定草坪质量评价指标的线性隶属函数。确定的线性隶属函数是以评语集中的线性代数的函数方式体现，函数的上下限与评语集的上下限相同。

④根据指标的线性隶属函数将草坪质量评价指标的实测值或打分进行模糊化，获得各指标的隶属度 $r_{nj}(0\leqslant r_{nj}\leqslant 1)$，并且构建指标评分的隶属度矩阵 R。

$$R=\begin{pmatrix} r_{11} & r_{12} & \cdots & r_{1j} \\ r_{21} & r_{22} & \cdots & r_{2j} \\ \cdots & \cdots & \cdots & \cdots \\ r_{n1} & r_{n2} & \cdots & r_{nj} \end{pmatrix}$$

式中，n 为指标的个数；j 为指标的分级数。

⑤按照指标的权重形成权重集合 W，权重集合中各元素，即各指标的权重之和为1。

⑥将权重集合 W 与隶属度矩阵 R 相乘获得评价结果的集合 A：

$$A=W\times R=(d_1, d_2, \cdots, d_j)$$

式中，d 为被测草坪隶属评语集中各级的隶属度；1，2，⋯，j 为分级。

从集合 A 即可得出被测草坪隶属评语集中各级的隶属度，隶属度最大的那一级即为该草坪的等级。如果需要可将集合 A 与量化评级集 U 相乘获得草坪质量综合评价的总分数 K。

$$K=D_{i\times j}\cdot U^T=\sum_{i=1}^{n} d_i u_i$$

通过总分数可对所评价的草坪进行排序。

1.4.3.3 应用实例

假设有10个评审员对某运动场草坪质量按照模糊综合评价法进行评定。其参评项目及权重如表1-5所示，经过现场调查评定，10个评审员分别给5个参评项目打分统计后，其评分情况如表1-6所示。据此，计算出模糊关系矩阵 R 并进行质量综合评价。

表1-5　草坪质量评定指标的权重

草坪类型	密度	均一性	质地	盖度	弹性与回弹性	刚性	强度	光滑度
运动草坪	0.1	0.1	0.05	0.05	0.15	0.2	0.2	0.15

注：引自韩烈保，1999。

表 1-6　10 个人 8 因素感官质量评定表

因　素	分数(等级)				
	4.1~5 分 优	3.1~4 分 良	2.1~3 分 中等	1.1~2 分 差	1 分 很差
密度	3	5	1	1	0
均一性	0	2	6	1	1
质地	0	1	5	3	1
盖度	5	4	0	1	0
弹性与回弹性	2	7	1	0	0
刚性	1	6	3	0	0
强度	1	7	2	0	0
光滑度	0	1	7	1	1

注：引自韩烈保，1999。

则

$$R=\begin{pmatrix} 0.3 & 0.5 & 0.1 & 0.1 & 0 \\ 0 & 0.2 & 0.6 & 0.1 & 0.1 \\ 0 & 0.1 & 0.5 & 0.3 & 0.1 \\ 0.5 & 0.4 & 0 & 0.1 & 0 \\ 0.2 & 0.7 & 0.1 & 0 & 0 \\ 0.1 & 0.6 & 0.3 & 0 & 0 \\ 0.1 & 0.7 & 0.2 & 0 & 0 \\ 0 & 0.1 & 0.7 & 0.1 & 0.1 \end{pmatrix}$$

又因 8 个参评项目的权重分配为：

$$W=(0.1,\ 0.1,\ 0.05,\ 0.15,\ 0.2,\ 0.2,\ 0.15)$$

据此，求得综合评定 Y：

$$Y=WR=(0.1,\ 0.1,\ 0.05,\ 0.15,\ 0.2,\ 0.2,\ 0.15)\begin{pmatrix} 0.3 & 0.5 & 0.1 & 0.1 & 0 \\ 0 & 0.2 & 0.6 & 0.1 & 0.1 \\ 0 & 0.1 & 0.5 & 0.3 & 0.1 \\ 0.5 & 0.4 & 0 & 0.1 & 0 \\ 0.2 & 0.7 & 0.1 & 0 & 0 \\ 0.1 & 0.6 & 0.3 & 0 & 0 \\ 0.1 & 0.7 & 0.2 & 0 & 0 \\ 0 & 0.1 & 0.7 & 0.1 & 0.1 \end{pmatrix}$$

$$=(0.125,\ 0.475,\ 0.315,\ 0.055,\ 0.03)$$

由 Y 中可以看出，评审员意见较集中的部位(即出现峰值的部位)是 Y_2，表明评审员对 Y_2 这个评语较为赞同，而 Y 的评语集为优、良、中、可、差(Y_1、Y_2、Y_3、Y_4、Y_5)，故该运动场草坪质量为“良”。

本章小结

本章阐述了运动场草坪的特性，介绍了各种类型的运动场草坪草，总结了运动场草坪草种(品种)选择的原则，介绍了运动场草坪的坪床结构、喷灌系统的类型与组成、排水系统的类型与组成，阐述了运动场草坪养护设备种类及选择与配置的原则，总结了运动场草坪质量评价指标与评价方法及运动场草坪质量综合评价的主要内容和特点。通过本章的学习，可全面了解运动场草坪的草种选择、坪床结构、给排水类型、养护设备及质量评价的基本内容，要求重点掌握运动场草坪草选种的原则、改良型和人工型坪床结构组成及其建造过程、排水系统结构，以及运动场草坪质量评价指标与评价方法，为进一步学习各种类型的运动场草坪奠定基础。

思考题

1. 简述运动场草坪草的生物学特性和坪用特性。
2. 试论述运动场草坪草选择的基本原则。
3. 运动场草坪坪床结构有哪些类型？其主要特点是什么？
4. 简述运动场草坪灌溉与排水系统的类型和组成及其特点。
5. 运动场草坪养护设备种类有哪些？如何选择和配置？
6. 简述运动场草坪质量评价指标与评价方法。
7. 试论述运动场草坪各种质量评价方法的主要特点。

第2章

足球场、橄榄球场和曲棍球场

足球(英国称为football，美国称为soccer)，有“世界第一运动”的美誉，是全球体育界最具影响力的单项体育运动，而橄榄球(英国称为Rugby，美国称为American - Football)主要盛行于美国、英国及英联邦等国家和地区，曲棍球(Hockey)则是一项古老的运动项目，现主要流行于英联邦国家。这三类项目的运动场地在使用角度上对草坪要求较为相似，均属于比赛强度比较高的践踏负荷型场地，因而三类运动场草坪建植与养护管理技术基本一致，但三项运动对草坪质量的要求或重视的角度不同。足球主要是在草坪表面滚动，因此足球场更重视场地的平整度；橄榄球主要是在空中传接，但运动员之间的冲撞激烈，因此橄榄球场更注重场地对运动员的安全性，要求草坪弹性好；而曲棍球较小，在草坪表面滚动快，加上球棍容易对草坪造成损坏，要求草坪平滑、坚固、抗击打。因而在实际建植和养护管理足球场、橄榄球和曲棍球场草坪时，应根据各自的运动使用特点，有针对性地制定和实施草坪建植和养护管理技术方案。

2.1 概述

2.1.1 足球运动

2.1.1.1 发展简史

足球运动是一项古老的体育活动，其发展历史可谓源远流长。国际上通常将1863年10月26日英国足球协会成立和世界第一部统一的足球比赛规则制定之前的足球运动(或称足球游戏)称为古代足球运动，在这之后的足球运动称为现代足球运动。

有关古代足球的起源有许多说法。目前主要有两种观点，一种观点是古代足球运动起源于中国，即在我国战国时期(公元前475年—前221年)就出现的一种类似游戏的运动，称为“蹴鞠”和“蹋鞠”。这一观点已经得到了国际足联的认可。1980年4月，国际足联技术委员会主席布拉特在《国际足球发展史》的报告中指出：“足球发源于中国，由于战争而传入西方”。1985年7月，第七届国际足联主席阿维兰热来中国时也曾表示，足球起源于中国。另一种观点是古代足球起源于古罗马，西方研究专家认为，古罗马时期流行着一种名为“哈帕斯顿”的游戏，游戏规则与现代足球规则有相似之处。此外，希腊人和罗马人在中世纪以前从事的一种足球游戏，称为“哈巴斯托姆”，也被认为是古代足球的起源。

有关古代足球运动的起源，目前尚无准确的考证。但是，现代足球诞生于英国却得到了全世界的公认。1863年10月26日，英国的11个足球俱乐部在首都伦敦召开会议，成立了英国足球协会，从此足球运动进入了一个新的时期。后来，把这一天命名为现代足球的诞生日。同年 12 月 8 日，又召开会议制定了全国统一的比赛规则。尽管这个规则只有 14 条规定，比较简单，也不够完善，但它对促进现代足球运动的发展，起到了一定的积极作用，是当今足球比赛规则的基础。19 世纪末英国人将足球带入了西班牙、葡萄牙、意大利等西方发达国家，足球运动开始在欧洲盛行，殖民者们又将足球带到了美洲、亚洲，足球运动开始在全世界普及。1904 年 5 月 21 日，国际足球协会联合会(FIFA)成立，标志着足球作为一项世界性的体育运动项目登上了世界体坛。国际足联是世界足球运动的最高权力机构，现已经发展成为世界上最大的单项体育组织，而且作为一个单项运动联合会，国际足联的规模空前庞大，甚至达到与国际奥林匹克委员会相提并论的程度。从 1900 年第二届奥运会开始，足球被列为奥运会的正式比赛项目。国际足联从 1924 年第八届奥运会开始，负责奥运会足球比赛的组织工作。从此，足球运动发展成为世界性的体育运动项目。

2.1.1.2 比赛规则

现代足球比赛最常见的是 11 人制足球，两个队，每队 11 人，球员主要用脚踢球，也可用头顶球。比赛时间为 90 min，分上下两个半场，各 45 min。如遇受伤等使比赛暂停的情况，裁判可适当补时。以将球射入对方球门多者为胜。如淘汰赛相遇时打平，可进入加时赛，时间为 30 min，也分上下半场，各 15 min。如果仍然打平，则以罚点球方式来决胜负。

(1)比赛场地

比赛场地可为天然草坪场地或人造草坪场地。比赛场地应为长方形并带有标记线，所有标记线为同一尺寸，且不得超过 12 cm 宽，所有标记线所占据空间为比赛场地内部。两条较长边界线称作边线，两条较短边界线称作端线。比赛场地由中线分为两个等面积部分，中线为两边线中点连线。赛场中心点为中线中点，以中心点为圆心，中点周围围绕着半径为 9.15 m 的环线。

(2)比赛球员

足球比赛由两队进行，除替补球员外，每队最多同时有 11 名球员参赛，其中必须有一名守门员。每队最少球员数量为 7 人。全部球员中只有守门员可以在比赛中于本方禁区内用手及上肢接触足球。

(3)比赛时间

除得到裁判及两队同意外，比赛持续时间为两个等长的半场，每半场为 45 min。任何更改比赛持续时间的协议应在比赛之前确定，并不得与赛会规则相冲突。在上下半场之间球员可以进行中场休息，休息时间不得超过 15 min。因换人、评估伤员、处置伤员及其他事由损失的比赛时间将进行补时，补时时间由裁判把握。如在任一半场结束时发生点球或重罚点球，则比赛持续至点球罚球结束。

(4)比赛开始与重新开始

比赛开始前将进行掷硬币，掷硬币获胜一方可挑选上半场进攻的球门，另一方获得上半时开球权，下半时开球前互换攻守方向，并由上半时掷硬币获胜一方开球。开球为比赛开始与比赛重新开始的方式，在以下情况下将开球视为开始或重新开始比赛：比赛开始、进球后、下半时比赛开始、加时各阶段开始。开球时射门入球有效。

开球顺序如下：双方球员必须在自己防守方向半场，非开球方球员距离皮球至少 9.15 m，开球时球必须静止于球场中心点，开球前必须得到主裁判信号，向前开球后比赛开始，开球球员在其他球员触及皮球之前不得二次触及皮球。在进球后开球时，开球方为失球一方。

坠球，也称“抛球”。是当比赛进行中，由裁判因比赛规则中未涉及原因停止比赛后重新开始比赛的方式。

(5)活球与定位球

当球整体越过端线或边线时，或比赛由裁判终止时，为定位球。除定位球外其他时间球为活球，包括球与球门柱、球门梁、角旗反弹后落回场地的情况，及球与球场内主裁判或助理裁判反弹的情况。

(6)得分

在没有违反任何比赛规则时，球整体低于球门横梁越过两球门柱间端线，进攻球队得分。比赛结束时得分多的球队获胜，如果两队得分相同或均未得分，比赛为平局。

(7)越位

如果球员处于“较第二接近对方端线的对方球员及球更接近对方端线的位置”时，他处于越位位置。处在越位位置上并不犯规。

以下情况球员不处于越位位置：①球员处于己方半场；②球员与第二接近对方端线的对方球员处于同一端线平行线上；③球员与最后两名对方球员处于同一端线平行线上。

处于越位位置的球员只有在己方触球或持球并且裁判认为越位位置球员有以下行为时才会被判处越位犯规：①影响了比赛；②影响了对方球员；③试图从越位位置上获得利益。

从以下情况接球不构成越位：①球门球；②界外球；③角球。

2.1.1.3　场地规格

足球场场地为长方形，边线长90~120 m，端线长45~90 m，边线必须长于端线。国际A级足球比赛场地为长100~110 m，宽64~75 m的长方形。球场地面必须平坦，硬度合适，以不伤害运动员和不影响球的正常运行为原则。国际足联世界杯赛组织委员会曾指令世界杯足球赛不得在人造草坪球场上进行。

(1)专用足球场

专用足球场是指专供足球运动比赛的场地。根据国际足球联合会规定，世界杯足球赛决赛阶段使用的足球场必须是105 m×68 m。边线和端线外各有2 m宽的草坪带，故标准足球场草坪的面积为109 m×72 m。通常草坪外还有10~15 m的缓冲地带，多用来设置商业广告和教练员及球员休息棚。

世界足球运动发达国家都建设有专供足球比赛用的运动场地，上海虹口足球场是中国第一个专用足球场。足球场的横中线将全场分为两个半场，中线的中点有一个半径为9.15 m的中圈；两端线的中点两侧各有3.66 m的球门线至球门柱，球门前有5.5 m×18.32 m的球门区和16.5 m×40.32 m的罚球区(俗称大禁区)；罚球区内有一距球门线11 m的罚球点，以罚球点为圆心，半径为9.15 m的弧线交于罚球区内线上，称为罚球弧；场地的四角各有半径为1 m的角旗区。专用足球场草坪的场地结构如图2-1所示。

(2)田径足球场

田径足球场是指将田径赛场和足球场共同建于一个赛场内的综合运动场地。足球场布置在田径场跑道中间。田径跑道的最内圈一般要求不少于400 m，因此，足球场只能在周长为400 m的椭圆形区域内加以布局。田径足球场草坪的场地规格如图2-2所示。

田径赛场的分跑道每条的宽度为1.22~1.25 m，一般设6~10条分跑道，总宽度为

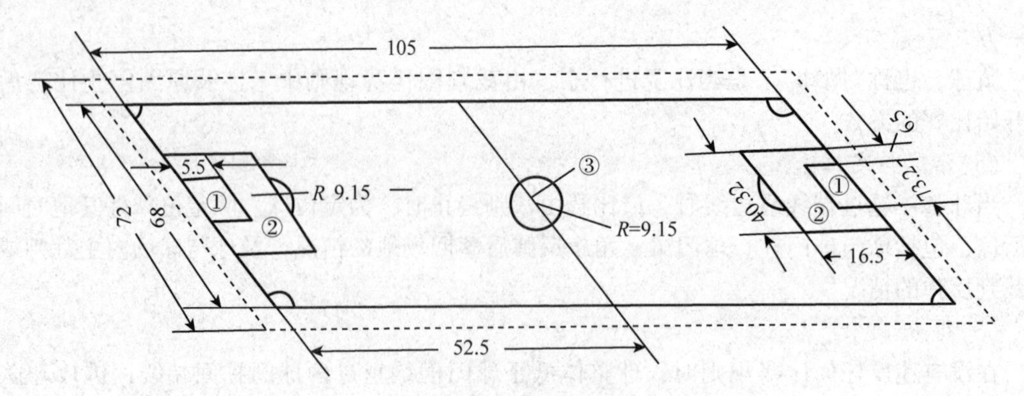

图 2-1 专用足球场草坪的场地规格(单位：mm)

(引自韩烈保，2011)

①球门区 ②罚球区 ③中圈

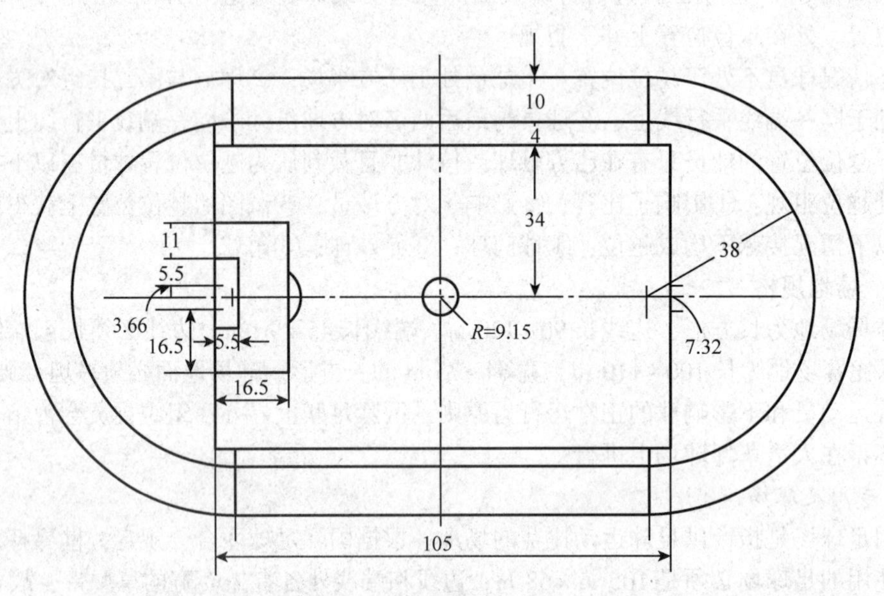

图 2-2 田径足球场草坪的场地规格(单位：mm)

(引自韩烈保，2011)

7. 32～12. 50 m，跑道外侧还有 4～5 m 的缓冲带，所以整个田径足球场的面积应为 1. 9 万～2. 0 万 m^2，设施齐备的体育场都设有观众席和防雨顶棚。在足球场两端的半圆形区域内，通常设有跳远沙坑、铅球投掷区和跳高台等竞技运动区。中、小学校运动场，因受场地面积限制，足球场常取 45 m×90 m，甚至更小，所以此类足球场都是非标准的足球练习场。

2. 1. 1. 4 场地质量要求

足球场质量最基本的要求是坪用质量首先要达标。均一、平坦、舒适、美观的场地是每一种球场草坪质量的基本要求。草坪覆盖度达 99%，草坪均匀度≥90%，修剪高度≤5 cm，比赛高度为 2. 0～2. 5 cm。

草坪足球场的排水能力要求良好，种植层土壤渗透率≥50 mm/h，最低要求为 25 mm/h。球场表面坡度一般以 <7‰为宜。喷灌如果采用地埋式自动升降系统，则喷头顶部必须低于地面 2 cm，外加标准橡皮盖，防止运动员在快速奔跑时不会被坚硬的喷头绊倒受伤。

草坪足球场的运动质量指标主要包括回弹率、滚动距离、表面硬度、滑动摩擦力以及表面平整度等，这些指标是国际上用来评价足球场草坪运动质量优劣的主要依据。目前关于足球场运动质量的国际标准尚无定论，国际足联和英国国家运动委员会针对各国足球场草坪质量参差不齐的现状，共同起草并推荐了足球场草坪运动质量标准，各项指标标准及测定方法如表 2-1 所示。

表 2-1　足球场草坪运动质量主要评价标准及测定方法

主要质量指标	国际推荐标准	测定方法
回弹率	20%～50%	将一标准比赛用球放在一定高度(3 m)使其自由下落，观测球的反弹高度，以反弹高度占下落高度的百分数来表示反弹率
滚动距离	3～12 m	将一标准比赛用球置于一个高 1 m，斜边与水平面成 45°角的三角形测架上，使球沿滑槽下滑，测定足球从接触草坪到停止滚动后的距离
滚动速率	0. 25～0. 75 m/s	红外线测定仪测定
表面硬度	20～80 g	克勒格硬度测定仪(Clegg-hardness test)测定
扭动摩擦力	30～51N · m	扭矩测量法测定
滑动摩擦系数	1. 2～1. 85	用装有足球鞋钉的圆盘测定
表面平整度	<8mm	平整度测定器测定

2. 1. 2　橄榄球运动

2. 1. 2. 1　发展简史

橄榄球运动是直接衍生于足球的一种团队球类运动。橄榄球运动起源比较偶然，据说 1823 年英国拉格比(Rugby)学校的学生在举行比赛的时候，一名叫威廉 · 韦伯 · 埃利斯(William Webb Ellis)的 16 岁小男孩，因为比分落后，情急之下，他竟然抱起地上的球向对方的球门跑去。对方队员上前阻拦，都被他一一避开，最终埃利斯终于把球扔进对方球门。这个球理所当然地被判为无效，但这一冲动之举却引出一种新的运动——拉格比足球，简称拉格比。因比赛用球形似橄榄球，在中国被称为“橄榄球”。1839 年，橄榄球运动在英国的学校逐渐开展起来，1845 年，在爱尔兰都柏林大学，世界上第一个橄榄球俱乐部成立。1871 年，橄榄球协会在英国伦敦成立，在此次会议上取消了以前拉格比运动中一些比较野蛮的动作，制定了正式的比赛规则，1895 年这个组织分裂成橄榄球联盟(Rugby League)和橄榄球协会(Rugby Union)两个组织，并逐渐形成各自的特色。1934 年，英式橄榄球运动的国际组织——国际橄榄球理事会(IRB)成立，至 1999 年 4 月，共有正式会员 84 个，分布于五大洲。1906 年第一届国际橄榄球比赛在法国举行。1987 年第一届橄榄球世界杯召开，以后每四年举行一次。国际橄榄球理事会主办的赛事主要有 4 年一次的 15 人制男、女和 7 人制世界杯赛。除此之外，国家队比赛还有欧洲的六国锦标赛、南半球的三国橄榄球赛及各大洲的洲际杯赛。现在一些综合性运动会也把橄榄球列为比赛项目，如英联邦运动会、世界运动会、亚洲运动会、非洲运动会、南太平洋运动会等。而最重要的俱乐部比赛则为南半球的南非、澳大利亚和新西兰三国之间的超级 14 职业联赛。

目前橄榄球运动大致可以分为英式橄榄球(rugby)、美式橄榄球(American football)、加拿大式、澳大利亚式和美国盖尔式五类。其中英式橄榄球始于 1823 年，盛行于英联邦各国，目前在国际上最为流行，有100多个国家开展这项运动。由于比赛时运动员不穿护具，基本上采用足球运动员的服装，故称软式橄榄球。美式橄榄球始于19世纪80年代，仅在美国等北美地区流行，由于运动员必须穿戴规定的服装和护具，故又称为硬式橄榄球。美式橄榄球比英式橄榄球略小，便于传球。

在中国，橄榄球运动是一项新兴运动项目。1990年中国农业大学成立了第一支橄榄球队，标志着橄榄球运动开始进入中国。1996年10月7日，中国橄榄球协会正式成立。1997年3月18日，中国橄榄球协会成为国际橄榄球理事会的正式会员。1997年12月5日，亚洲橄榄球联合会通过决议，接纳中国橄榄球协会为该组织的正式会员，中国的橄榄球运动正式登上国际橄榄球舞台。但是目前，中国的橄榄球运动主要在大、中城市的一些大专院校和军队中开展，还没有形成一定的规模，其水平与国外也有较大的差距。但由于橄榄球运动可以磨炼人的意志和品质，增强对紧张环境与外界压力的耐受能力，锻炼思维的敏捷性，提高人的全面素质，预计未来其将会发展成为一项非常有价值的体育运动项目。

2.1.2.2 比赛规则

(1)基本规则

①持球员可以抱球向前进，也可以向前踢球。

②持球员只能向侧后方传球，不能向前传球。

③球所在位置向左右两边拉出的虚拟直线叫“越位线”，攻方球员必须留在越位线的后方，不能越位。

④持球员被防守方擒抱倒地时，必须立刻放开手里的球；而擒抱别人的球员必须立刻放开对方。

(2)得分

①球被带入或踢入对方达阵区时，攻方球员以身体带球压地称为达阵，可得5分。

②达阵之后攻方可以由任一位球员自达阵点与达阵线的垂直线上任一点再打门一次，若射入球门可再得2分。

③比赛中持球员可以用落地踢球打门，射入可得3分。

④对方犯规后的罚踢可以直接打门，射入可得3分。

(3)英式与美式的区别

橄榄球比赛在橄榄球场上进行，球可用足踢，手传，也可抱球奔跑。英式橄榄球和美式橄榄球有以下4点不同。

①队员人数不同　英式橄榄球每队15人(后卫7人，前锋8人)，无候补人员，即使队员受伤也无替补；而美式橄榄球每队为11人(后卫4人，前锋7人)，有候补人员。

②比赛规则不同　英式橄榄球比赛分两个半场，每半场为40 min，中间休息20 min；美式橄榄球比赛分四节，每节为15 min，第一与第二节、第三与第四节之间各休息2 min，第二、三节之间休息20 min。此外，英式橄榄球只能由队员带球，不能远传，美式橄榄球则可以远传。

③着装不同　英式橄榄球比赛时，运动员仅戴头盔；美式橄榄球比赛时，运动员除戴头盔外，还需护垫、衬垫等。

④计分方法不同　英式橄榄球得分的形式为：持球触地得5分，称作达阵。达阵后，得分队还可以在通过达阵点与球门线垂直的假想线上定踢射门一次，射中得2分；因一方犯规

而获得的罚踢射门以及在比赛进行中的落踢射门，射中得 3 分。美式橄榄球得分的形式为：持球触地达阵得 6 分；达阵后定踢射门，射中得 1 分；比赛进行中射中得 3 分；在对方得分区内，把对方逼成死球，算作安全得分，得 2 分。

比赛用的橄榄球为椭圆形，其长轴为 27. 94 ~ 28. 58 cm，短轴为 17. 09 ~ 17. 40 cm，重 0. 435 ~ 0. 467 kg。

2. 1. 2. 3　场地规格

橄榄球运动可以分为英式橄榄球、美式橄榄球、加拿大式、澳大利亚式和美国盖尔式五类，且各橄榄球场场地的大小与形状设计也各不相同。以下主要对英式和美式橄榄球场场地规格进行分述。

(1) 英式橄榄球场

英式橄榄球场的场地规格为 146. 30 m × 68. 58 m (75 码 × 100 码)，长边中点 73. 15 m 为中线，中线两侧各有一条 9. 14 m 线(10 码线)，距中线两侧 50. 29 m 为球门线，球门线后各有为 22. 86 m (25 码) 的得分区，球门线内另设有两条 22. 86 m 线(25 码线)。球门线正中设有 5. 67 m 宽的球门，球门横木高出地面 3. 05 m(图 2-3)。

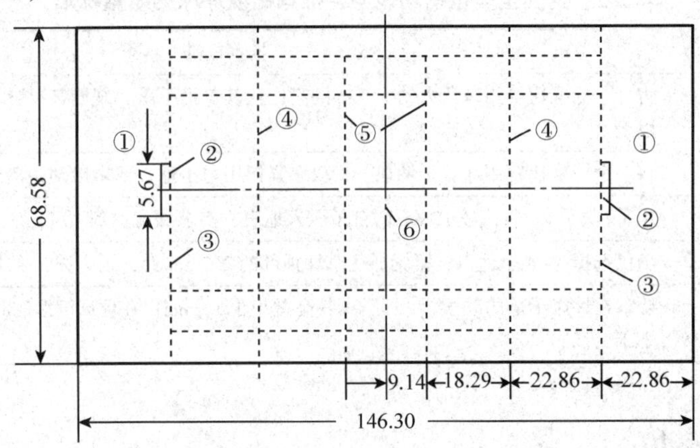

图 2-3　英式橄榄球场地面积和分区(单位：m)

(引自韩烈保，2011)

①得分区　②球门　③球门线　④22. 86 m 线　⑤9. 14 m 线　⑥中线

(2) 美式橄榄球场

美式橄榄球场场地规格为 109. 73 m × 48. 77 m(53. 33 码 × 120 码)，两端内 9. 14 m 处各设一条球门线构成得分区，全场每隔 9. 14 m(10 码) 画一条横线，共分 12 等份。球门设置同英式橄榄球场(图 2-4)。

英式橄榄球场与美式橄榄球场均在场外各设 10 ~ 20 m 的缓冲区。

2. 1. 2. 4　场地质量要求

橄榄球场草坪坪用质量基本同足球场草坪。橄榄球场草坪的使用质量评测与足球场草坪也基本相同，英国全国运动场地协会制定了一个橄榄球场质量标准(表 2-2)，作为场地质量评估参考，如果需要一个精确的评估，应该求助于专业的评估机构。协会要求如果其中任意一项指标不能达到，则此橄榄球场地不能被应用，必须进行必要的养护管理。

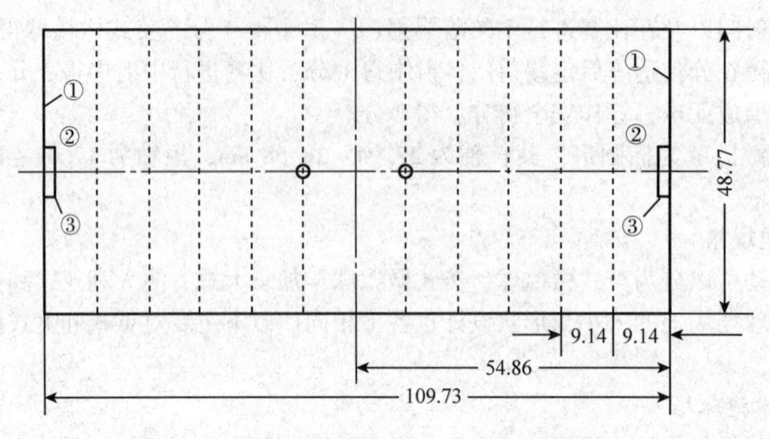

图 2-4　美式橄榄球场地面积和分区(单位：m)

(引自韩烈保，2011)

①端线　②得分区　③球门

表 2-2　英国全国运动场地协会推荐橄榄球球场质量标准

主要质量指标	推荐标准
回弹率	将一个标准比赛用球从大约 1.8 m 的高度让其自由下落，观测其反弹高度，要求至少 30 cm 以上
滚动距离	将一个标准比赛用球置于场地上，双拳紧握用力击球，要求滚动距离至少在 3 m 以上
表面硬度	用手(戴手套)将一枚 15 cm 的钉子压入地表，要求深度达到 10 cm
表面牵引力	随机选择 3~4 个地点，紧紧抓住草坪顶部的 2.5 cm 处，用力拔，要求不应将草皮拔出
表面平整度	要求在坪床干燥的时候，1 m 距离其高差小于 12 mm；在坪床潮湿的时候，1 m 距离其高差小于 25 mm

2.1.3　曲棍球运动

2.1.3.1　发展简史

曲棍球又称草地曲棍球，它有着悠久的发展历史，是最古老的体育运动之一，也是奥运会中历史最为悠久的项目之一。关于曲棍球的起源，大多数人认为曲棍球运动起源于古波斯，早在两千多年前，古波斯就已经进行过类似曲棍球的比赛活动。在古希腊发现了曲棍球运动的浮雕图案，在埃及的文物中也有类似的发现。美洲的印第安人中，也有对他们祖先从事类似曲棍球游戏的记载和传说。我国唐代宫廷中盛行的“步击球”和北宋的“步击”，就和现代的曲棍球极为相似。尽管历史上各地类似曲棍球运动的名称不同，打法也有所差异，但基本形式是一致的，都是用一端弯曲的木棍，击打木质的圆球，以击入对方球门为目标。这不仅构成曲棍球的基本特点，也是现代曲棍球运动的基础。

现代曲棍球运动起源于英国。在 19 世纪初期，英国的中、小学就开展了曲棍球活动，当时英吉利三岛将类似的曲棍球运动统一称之为“Hockey”，并沿用至今，并于 1852 年出版了世界上最早的《曲棍球竞赛规则》。1861 年英国出现第一个曲棍球俱乐部，1875 年成立第一个曲棍球协会，同时制定了较为统一的比赛规则，曲棍球器材、比赛方法逐步完善。19 世纪末，法国、丹麦、德国、捷克、比利时、西班牙等国先后受英国影响，间接或直接引进曲棍球运动，使现代曲棍球运动逐渐流传于世界各地。

1908 年第四届奥运会将曲棍球列为比赛项目，1928 年又被列为固定比赛项目。从 1971 年开始，每隔 2~3 年举行一次曲棍球世界杯赛，各大洲每年还举行各种比赛。1924 年国际曲棍球联合会成立后，国际女子曲棍球联合会也于 1927 年成立。1949 年举行第一届女子草地曲棍球杯赛，1980 年被第二十二届奥运会列为比赛项目。目前，曲棍球已经成为世界重要的体育项目之一，是仅次于足球、板球的第三大运动项目。目前曲棍球世界重大赛事有奥运会曲棍球赛、曲棍球世界杯赛、曲棍球冠军杯赛、曲棍球洲际杯赛、世界大学生运动会曲棍球赛、亚运会曲棍球赛、亚洲杯曲棍球赛、曲棍球亚洲冠军杯赛、曲棍球世青杯赛和亚青杯赛。

我国现代曲棍球运动开展比较迟，1952 年开始进行试点，1974 年组建了青年业余集训队。1978 年在黑龙江省举行了第一次正式比赛，1979 年列为第四届全运会比赛项目，1980 年我国加入了国际曲棍球联合会。每年举办的全国比赛有全国曲棍球联赛、全国曲棍球冠军杯赛、全国青年曲棍球锦标赛、全国中学生曲棍球锦标赛，其中全国曲棍球联赛水平最高。

2.1.3.2　比赛规则

(1)比赛

曲棍球比赛可在天然草坪场地或人造草坪场地举行。目前国际曲棍球协会曲棍球比赛由两名裁判主持，他们分管各自半场的判决。比赛与足球十分相似，在两支球队之间进行，每队 11 人，有前锋、前卫、后卫和守门员之分。比赛目的就是将球攻进对方的球门，进球多的队为胜。比赛分为上下半场，每半场为 35 min，中间休息 5~10 min。比赛用球有两种，传统使用的球为白色皮革外壳，球心为软木和麻线。20 世纪 60 年代后期随着人造草地球场的出现开始采用塑胶球，球的重量为 156~163 g，球的圆周长为 22.4~23.5 cm。曲棍球使用的球棍为钩形、木质，重量为 340~794 g，长度一般不超过 1 m。球棍的左侧为平面，是击球部位，右侧为凸面。比赛时男运动员身着运动衫、短裤及长袜，女运动员为运动衫、短裙(不得短过膝盖以上 17.5 cm)及长袜。守门员服装和队员相同，但上衣颜色要与双方队员都有区别。为安全起见，守门员还需戴护垫、手套和面罩，并穿用靴鞋，以便踢球或挡球。

除守门员以外，其他球员只能用球棍击球，如故意用脚或身体的其他任何部位击球都将被处罚。守门员在射门区内可以用身体的任何部位挡球。

(2)比赛开始

比赛开始时，双方队长用投掷硬币决定进攻方，另一方则在中场开球。开球时，双方球员列于自己的半场，由指定的一个球员从中场点将球击向至少 1 m 开外的队友后开始组织进攻对方球门，而防守方则尽力断球以转入进攻。进球得分后要由丢分的一方从中场开球，在每次补时开始时也要从中场开球。在下半场，双方交换场地，由上半场未开球的一方在中场开球。

(3)比赛重新开始

如果球被击出边线，则由对方发球恢复比赛。当双方出现同时犯规、球被射入球员的衣服里、比赛因球员受伤或其他原因时，都要采取争球来重新开始比赛。争球的地点由裁判选择，但距离端线至少要 14.6 m 以外，球放在双方各一名球员之间，争球队员将自己的球棒交替与地面和对方球棒碰触三次后开始击球。在争球时其他队员必须站在 5 m 开外。

(4)长角球和近角球(也称惩罚性角球)

①长角球　如果防守球员无意将球击出自己一方的端线，则判给进攻方一个长角球，即由攻方球员在距角旗5 m远处发球。

②短角球　如果守方球员故意将球击出己方端线，则判给攻方短角球。短角球是重要的得分手段之一。罚短角球时，守方只能有6名队员留在球门区内，另外5名队员必须退出中线。攻方由1名队员在端线距门柱约9 m处发球，其他队员要在球门区以外，待球击出后，双方才可组织进攻或防守。接短角球必须先经过停球或对方触球后方可射门。

(5)点球

当守方球员在射门区内利用故意犯规来阻止对方球员时，判攻方罚点球。罚点球时，一名攻方球员在距球门6.4 m远处将球直接射向球门。守方只能有守门员防守，其他队员全部退出球门区以外。

(6)得分

与足球不同的是，曲棍球必须在射门区内射门得分才有效。另外，守门员违反点球规则而阻止进球时将判攻方得分。

(7)危险动作

由于球和球棍都可能产生危险，因此球员不能将球棍举过头顶或有危险动作。除射门外，不允许空中击球，是否为空中击球要由裁判员判定。

(8)阻碍

在曲棍球中不允许身体冲撞和用身体、球棍插入到对方队员与球之间进行干扰和阻碍，也不能用身体或球棍护球，或阻碍对手击球。如果守门员压在球上也属阻碍犯规。

(9)其他规则

如果球员故意犯规，行为不当或有危险动作，视情节可受到警告(绿牌)、暂停其比赛5 min以上(黄牌)或逐出比赛(红牌)的处罚。被替换下场的球员可重新参加比赛。

2.1.3.3　场地规格

曲棍球场场地规格为91.4 m×55 m(100码×60码)，中线是一条把球场一分为二的横线，两侧的纵线称为边线，两端的横线称为端线。端线正中为球门，两立柱之间的端线部分称为球门线。每个半场自端线向中线23 m(25码)各有一条与端线平行的虚线，称23 m线(也称25码线)；球门宽3.66 m，高2.14 m。在球门前14.63 m也有一条与球门等宽的横线，从横线的两端到端线，各以两侧球门柱为圆心画一1/4的圆弧(半径为14.63 m)，构成一个“D”形区称为射门区，必须在此区域射球入门方为有效。球门正前方6.41 m处为罚球点。在中线和23 m线上离边线4.57 m处，各有一条长1.83 m的与边线平行的标志线；在距离球门柱两侧4.57 m和9.14 m处，各有一条与边线平行的标志线。场地所有各线的宽度为7.5 cm。场地四角插有角旗，中线和23 m线外0.914 m(1码)处分别插有中线旗和23 m旗，旗杆高度为1.22~1.52 m(图2-5)。

2.1.3.4　场地质量要求

目前，较多的比赛用曲棍球场地采用人造塑胶和人造草坪，而高质量和高品质的场地则依然采用草坪。曲棍球的特点是球体小，直径只有7.5 cm，对场地平整度的要求比其他场地更为严格，还要有一定的坡度。草坪修剪高度一般为2~4 cm，高质量的球场修剪高度可为1~2 cm；场地表面不能积水，硬度适宜而富有弹性，确保曲棍球能有良好的滚动性，可

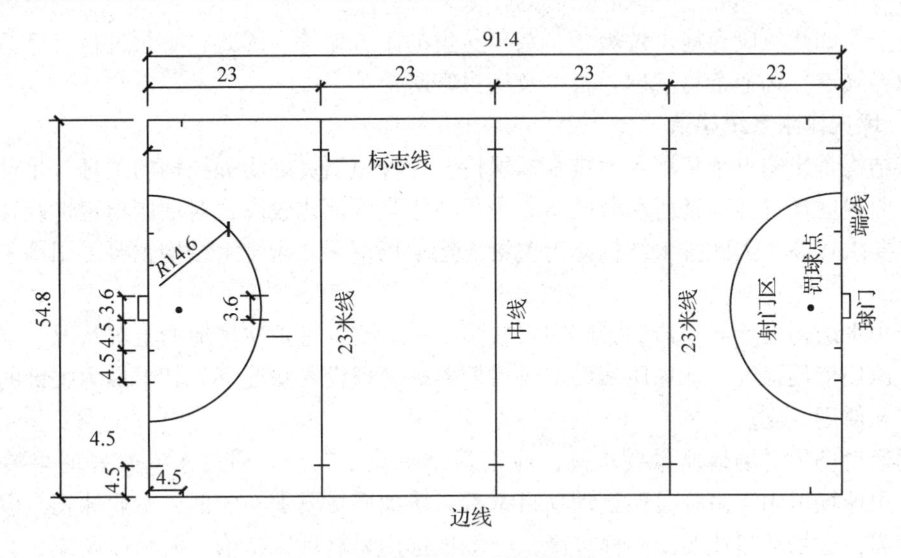

图 2-5　标准曲棍球场地平面图(单位：m)

顺畅地推击和传接球。曲棍球场地草坪的使用质量标准见表 2-3。

表 2-3　曲棍球场草坪使用质量标准

测试项目	优	中	差
2m 高处垂直落地反弹距离(m)	0.2~0.3	0.3~0.5	>0.5，<0.3
滚动距离(m)	≥2	1~2	≤1
滚动偏角①(°)	≤15	15~20	≥20
紧实度②(kg/cm^2)	3~4	≤3	≥4

注：①用 45°的槽尺将曲棍球自最高点 1.25 m 自由滚出，在草坪上滚动的距离和槽尺形成的角度。
②用土壤紧实度仪测定，一般是用油压计使 1 cm^2 的压力头刺穿草皮的读数。
引自韩烈保，2011。

曲棍球场设计为沿纵向中心线向两侧要有一定坡度，以利于地表排水，通常坡度不得大于 1%，一般要求安装排水系统，达到在下雨天气不会影响比赛。在地形允许的情况下，最好把球场设计成由一条边线向另一条边线的整体坡度，坡度为 1%~1.5%，达到充分排水。但要注意的是，坡面与水平边界相接的地方很容易成为潮湿带，这样会影响球速也容易使队员打滑。因此，在场地设计时应向边线外延伸 3~5 m。

2.2　草坪建植

2.2.1　坪床建造

坪床建造主要包括坪床清理、坪床结构建造、灌溉系统建造、坪床土壤配制或改良、坪床平整等。其中，尤以坪床结构和灌溉系统建造最为关键，直接影响草坪建植的成功与否、球场使用质量以及后期的养护管理。

2.2.1.1　坪床清理

坪床清理是球场建设工程正式施工前的一项必要工作。由于运动场草坪拟建场址一般情况比较复杂，如建筑废弃地、垃圾场、杂草丛生的闲置地等，因此，必须进行坪床清理。主要包括边界确定、场地杂物清理、杂草及病虫害防治等。

2.2.1.2 坪床排水系统建造

坪床结构是影响整个草坪场地排水及保持草坪种植层良好物理结构的关键。足球场、橄榄球场和曲棍球场三类球场所承载的运动项目使用强度都比较高，对坪床稳定性及草坪表面运动性能要求较高，因此排水结构尤为关键。运动场草坪坪床排水结构主要采用高尔夫果岭结构设计。

坪床排水结构设计与建造的影响因素较多，一般要参考拟建场地的土壤状况、当地的降雨强度、球场使用强度、球场质量要求及后期养护管理投入状况等。其中最为关键的因素是质量要求和使用强度。

专用运动场地对场地质量要求高，应选择排水效率较高、质量水平较好的果岭坪床结构。非专用球场可用于多种类型运动项目举行，场地质量要求一般低于专业球场，但一般使用频率较高，对场地建造要求同样较高，一般也选用果岭坪床结构。简易球场或一些训练场地对质量要求不高，可选择无地下盲沟排水结构，直接采用地面和明渠边沟排水，要求平整场地并沿中线形成一定的坡降，降雨多的地区坡降可适当增大至2%~3%。

坪床排水结构建造要严格按照设计方案实施，建造顺序一般从下往上，依次为基础层处理、排水沟开挖、排水盲管安装或排水盲沟铺设、砾石层铺设、过渡层铺设(根据设计有无)、种植层铺设。

2.2.1.3 灌溉系统建造

目前足球场、橄榄球场和曲棍球场三类球场草坪常用的灌溉方式主要为喷灌，常见的主要有三种，即地埋式自动升降喷灌系统、固定式地上喷灌系统及移动式喷灌系统。其中，以地埋式自动升降喷灌系统效果最好，实际应用最多。对于这三类球场而言，场地规格均为长方形，喷头布置多规则排列，考虑到场地内喷灌系统对场地外跑道或其他设施的影响，一般将灌溉设计规划分为边线布设喷头和边线不设喷头两种形式(图2-6、图2-7)，实践中多以边线布设喷头为主，可保证场地浇水无死角，且不影响场地外的区域。所选喷头一定为运动场专用喷头，以喷射半径为14~30 m的中远距离喷头为主，喷头数量以12个、16个、24个较为常见。灌溉系统的建造主要包括给水管道的铺设及连接、水泵设置及安装、喷头安装及调试等。

对于运动强度比较高、与草坪接触比较多的三类球场而言，喷灌系统的安全问题在设计和安装过程中应加以注意，如喷头选择不合理、升降式喷头突出草坪、喷头及快速接口没有覆盖橡皮垫等。在进行喷灌设计时，喷头的选择与布设多根据球场使用强度、建造费用、设计理念等不同而有所差异，过去一般多采用远射程大喷头，保证尽量少的喷头布设在草坪上，但现在随着喷灌设备制造技术的不断提高，在场地内布设较多的安全性非常好的小型喷头逐渐成为主流，但在安装时应使之略低于草坪面。

2.2.1.4 土壤改良

种植层是草坪草生长的基础，也是坪床结构排水的关键。三类球场都属于使用强度较高的类型，对坪床表层强度和稳定性有较高要求，因此坪床土壤改良的思路是在提高坪床排水性能的同时，也要最大限度地增强土壤强度。坪床土壤配置一般以高含沙量为主。高含沙量的种植层有一个明显的缺点是缺乏稳定性，为了保证其稳定性，实践中常通过适当加入一定

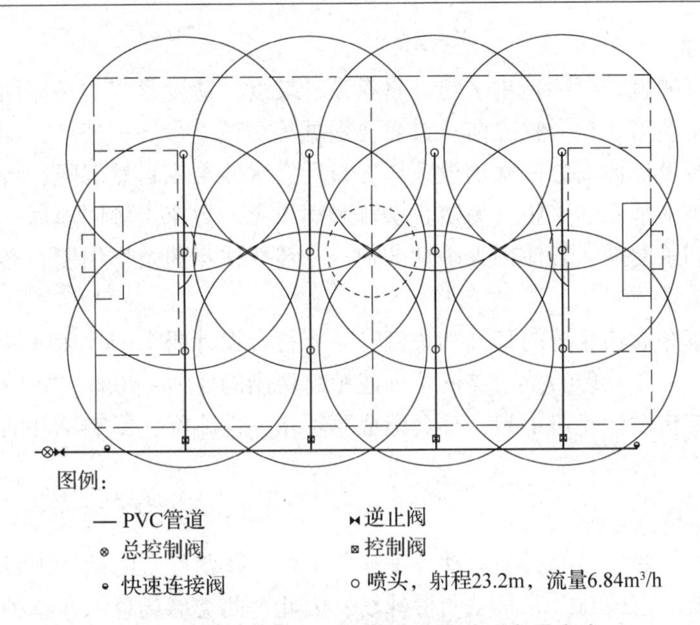

图 2-6　足球场边线不布置喷头的喷头布置方式

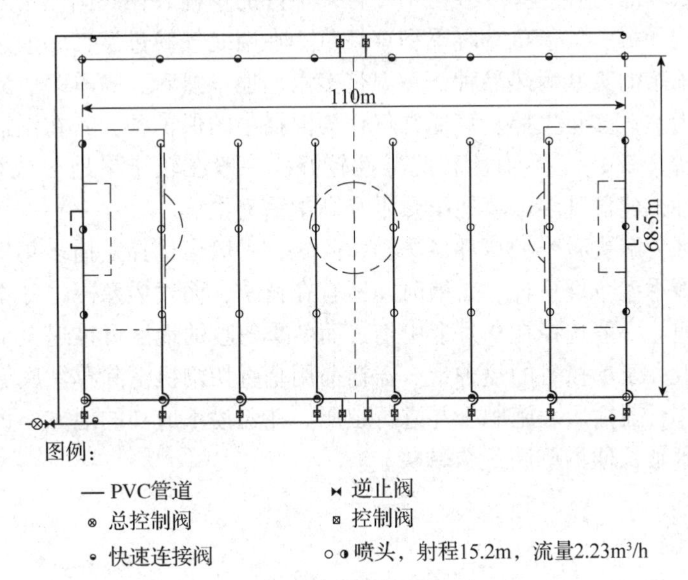

图 2-7　足球场边线布置喷头的喷头布置方式

比例的细质地土壤及增加一些起稳定作用的加固材料，如纤维丝、塑料网等。有研究发现，配置 5%~7% 的土壤对于运动场草坪表面保持稳定的承载能力及表面硬度具有一定的作用。但同时也会产生负面影响，如易导致表层土壤紧实、渗水率下降、根部缺氧等。高含沙量的种植层保水、保肥性能较差，一般可通过配置一定比例的有机质来改良，运动场草坪有机质含量一般配置比例为 1%~5%（w/w）。此外，种植层含沙量的多少也将直接影响到草坪的养护管理，高含沙量的种植层对水肥的需求相对要多，相应的养护管理强度要高，因此，足球场、橄榄球场和曲棍球场草坪坪床种植层配置，要根据实地土壤质地、气候条件及质量要求来决定。

2.2.1.5 坪床平整

坪床平整的目的就是要创造出平整、具有设计坡度、适度紧实的坪床面，主要包括挖填方、粗平整、细平整等。在平整之前，首先要根据等高线进行等高处理，即挖填方工程。回填坪床土壤时，按设计标高分三次铺设镇压。最后灌水使土壤自然沉降，待土壤干至适宜耕作时，分别进行粗平整和细平整。为防止杂草和病虫害，坪床土壤回填后，耕作和平整过程中可施入除草剂和杀菌剂。若使用灭杀性药剂，一定要注意药效作用期，必须等药效消失后才能播种或栽植。

坪床是球场草坪成功建植的基础和关键，只有符合设计要求的坪床才能建植品质优良的草坪。实践证明，坪床处理的费用要占草坪建植总费用的80%~90%。如果坪床土壤质量分布不均或者排水结构设计建造不当，都会造成草坪均一性下降，影响草坪的整体质量。

2.2.2 草种选择

足球、橄榄球、曲棍球都属于运动强度高、草坪受践踏严重的运动项目，此外，三类球场对表面平整度要求也较高，尤其是曲棍球场，因此，此类球场草坪在草种选择时应选择一些相对耐践踏、恢复能力强、茎叶致密均一且弹性好的草种。在我国热带及亚热带多雨地区多选择结缕草、狗牙根、假俭草等暖季型草坪草，在南北气候过渡带一般选用结缕草、较耐寒的狗牙根及高羊茅的某些耐热品种；在温带多以草地早熟禾、高羊茅、紫羊茅、多年生黑麦草单播或混播为主。多年生黑麦草通常仅作为混播中的保护种，其在混播组合中的比例一般不超过20%，紫羊茅由于耐阴性和抗旱性较好，一般在较干旱地区或存在遮阴影响时，选择其作为混播种，建群种多以草地早熟禾和高羊茅为主。

在过渡带地区为解决暖季型草坪冬季枯黄问题，一般会选择盖播多年生黑麦草、粗茎早熟禾、紫羊茅等冷季型草坪草种。盖播时间适宜在秋季，而气候寒冷、冬季来临早的地区应适当提前播种时间，一般选择在9月上中旬；而冬季较暖的地区可推迟至10月上中旬交播。盖播的播种量一般大于单播时的播种量。盖播前用垂直切割机清除草坪底层的枯死物或用打孔机进行芯土耕作，盖播后表施肥土并进行镇压。在盖播不成功的地方，可考虑采用覆盖保温或地下加热技术延长球场草坪冬季绿期。

2.2.3 草坪建植

足球场、橄榄球场和曲棍球场三类运动场草坪的建坪方式与其他类型草坪建植方式一样，主要包括种子直播方式和营养繁殖方式，其中营养繁殖又包括穴栽、条植、撒植和铺植4种，以种子直播建植方式最为理想。

2.2.3.1 种子直播

用种子播种建植草坪是最理想的方式，因为便于控制草种组成、均一性和密度，缺点是成坪时间较长，幼苗期管理技术要求较高。

球场草坪常用草坪草的播种量见表2-4。根据理论密度计算，每平方厘米有可发芽种子2~3粒便可保证全苗。对于播种周期较短的球场，播种时可选择高播种量。

表2-4　球场草坪常用草坪草的播种量

草坪草种	正常播种量(g/m^2)	高播种量(g/m^2)
草地早熟禾	10~15	15~20
多年生黑麦草	30~40	40~50
高羊茅	30~40	40~50
狗牙根	5~10	10~15
结缕草	25~30	30~40

为了种子播种均匀，目前用于播种的机械设备有手摇播种机、手推式播种机和喷播机。液压喷播播种方式已经成为近些年运动场草坪建坪的主要方式，尤其是一些面积较大或质量要求高的场地。液压喷播技术是以水为载体，将种子、肥料、纤维、黏着剂等建坪材料混合并通过高压喷枪喷洒在坪床上的播种方式。该播种方式工作效率高，种子分布均匀，适用于高质量草坪的建植，一般球场草坪使用手摇播种机或手推式播种机即可，既方便又实用。

播种后一定要进行覆土镇压，用圆形或钉齿滚筒镇压效果较理想，必要时还要对种子进行覆盖，以保证种子快速出苗或保持适宜的温度和水分。

2.2.3.2　营养繁殖

营养繁殖通常包括穴栽、条植、撒植和铺植等方式，其中以铺植最为常见。

①穴栽法　在用于建坪的营养繁殖体有限或短缺时可采用开穴栽植的方法进行草坪建植。一般用10 cm×10 cm~20 cm×20 cm的株行距开穴，为使栽植后种苗生长整齐，可用机引播种机在坪床上进行交叉划行，在十字线处栽苗。若人工锄头开穴也要先用划线器在坪床上划出十字线，在十字交叉处开穴。为了保证成坪效果和整齐美观，应在种植前预先划线确定穴位。每穴栽入截短的营养枝2~3根，培土固定。

②条植法　将营养枝栽植在成行的沟中。人工栽植时通常为单行栽植，即先开一条沟，投入预先准备好的营养枝，再开第二行沟，并将挖出的土填入第一行，以后依次条植。

③撒植法　将匍匐茎切成含有2~3个节的茎段，并将此材料撒在准备好的坪床上，一般1 m^2的营养枝可铺撒5~8 m^2，然后覆沙或营养土0.5~1.0 cm，要求部分茎叶露出以吸收阳光。为控制覆沙或覆土效果，可用成卷的塑胶网先压在营养枝上，然后覆土耙平，移出塑胶网，实践证明此种方法既可以保证覆盖厚度均一，又可以大幅度提高工作效率，多适用于暖季型草坪的建植。

④铺植法　将培育好的草皮直接铺植在坪床上的建坪方法。此种方法是足球场、橄榄球场草坪建植中较为常用的方法，1998和2002年世界杯足球赛上，许多球场都采用了草皮直铺的方法。为使草皮能快速生根，草皮不易切得太厚，一般不要超过5 cm，而且在铺植后马上进行滚压和浇水。虽然草皮铺植相对于种子直播，所需的时间较短，但也要留有足够的时间以使草皮新根系得到充分发育，否则不牢固的草皮极易在比赛中被掀起。

2.2.4　幼坪养护

建植后的新草坪一般需要4~6周的重点养护，称为幼坪养护。当草坪草的盖度达90%以上，生长分布均匀即视为已成坪，不同草坪种其成坪期差异较大。成坪期草皮尚未完全成熟，根系较浅，草皮的弹性和抗冲击性还较差，此期间不适宜进行剧烈比赛，符合比赛要求的草坪一般需要6个月以上的时间。幼坪养护期间，根据草坪草生长特点，养护重点内容包括浇水、杂草防除、修剪、滚压、病虫害防治等。

2.2.4.1 浇水

幼坪养护期，最为重要的养护内容是要保证浇水及时且充足，因为此时是草坪草对水分亏缺的敏感期。最好保持土壤湿润至幼苗达到 2.5 cm 高，然后逐渐减少浇水次数，但应注意避免给草坪草造成干旱胁迫。当采用匍匐枝或草皮建植草坪时，在起初的 5～7 d 开始长出新根时应保持土壤湿润。随着匍匐茎的定植、扩展及草皮的逐渐形成，要逐渐减少用水量，以使土壤适应有规律的干湿变化，用以刺激根系的向下生长。对于暖季型草坪草来讲，一旦新草坪长出新根，适当的干旱、高温会刺激匍匐茎的蔓延生长，加快建植速度。在这期间，为了保证草坪草旺盛的生长及快速成坪，充足的营养供应是必须地。

2.2.4.2 清除杂草

幼坪期是杂草危害最盛的时期，各种非目标草都应清除。建坪前尽管对土壤进行了防除杂草的处理，但仍会有部分杂草种子残留并生长，风等因素也可将周围的杂草种子带入球场。清除杂草的方法很多，要依被清除的对象而定，阔叶杂草可用化学除草剂杀灭；一年生的禾本科杂草可用频繁修剪的方法抑制其生长；但目前还没有十分有效的方法，实践中采用适时组织人力拔除是简易而实用的方法。

在新建草坪的前 3 个月期间，尽量避免施用除草剂或杀菌剂等化学药剂，以免对幼嫩草坪造成伤害。必要时也可施用，但一定要注意施药量的控制，以免幼嫩草坪受到除草剂的伤害。

2.2.4.3 修剪

当用种子直播建坪的冷季型草坪草长到 7～8 cm，匍匐枝建坪的暖季型草坪草长到 2.5 cm时，就可进行首次修剪。对于草皮直铺的草坪来讲，只要度过 7～10 d 的过渡期，草坪即可进行修剪。幼坪期的修剪按照 1/3 原则，逐渐将修剪高度控制在理想范围，一般为 2～4 cm，高质量的球场可降到 1～2 cm。实践证明，频繁修剪能有效地抑制杂草竞争和加速成坪。

2.2.4.4 滚压

在新草坪首次修剪之后进行适度滚压是有必要的，可以促进草坪分蘖，同时还可提高表面稳定性。磙子的重量以 200～300 kg 的轻型磙子为宜。

2.2.4.5 病虫害防治

草坪病虫害发生往往与草坪生长和气候因素紧密相关。草坪草幼苗期植株低矮，密度较小，通气性好，土壤受光较强，病害和虫害虽然有发生，但生长受到抑制，尚未充分发育，对草坪草的危害较小。成坪后密度增加，通气性下降，特别对高温高湿的环境，为病虫害的发生创造了良好的条件，也是病虫害的高发期。在建坪当年要注意对以后可能发生的病虫害的预防。

2.3 草坪养护

2.3.1 日常养护管理

2.3.1.1 修剪

适当修剪可使草坪保持适宜密度、控制杂草、减少病虫害并维持球场良好的使用质量。

修剪不当会减弱草坪草的生长势，造成草坪退化。足球场草坪高度一般保持在2~4 cm，对暖季型草坪草如狗牙根，在生长季节修剪到2.5 cm，如果冬季盖播冷季型草坪草，高度可提高至5 cm；对冷季型草坪草如多年生黑麦草和草地早熟禾或混播草坪，生长季节修剪高度维持在3~4 cm，在盛夏高温季节可适当提高至5 cm。橄榄球场草坪修剪高度比足球场略高，冷季型的多年生黑麦草为5 cm，盛夏高温季节可提高至6.5 cm，草地早熟禾一般为4 cm，高羊茅一般为6 cm，杂交狗牙根草坪比赛时高度为2~4 cm，结缕草草坪的比赛高度为2.5~5.0 cm。曲棍球场草坪要求高度较低，一般为2~4 cm，高质量的球场可降至1~2 cm。修剪频率因草坪草的生长速度而异，生长旺盛期大约每周修剪两次，其余时间约每周修剪一次。

修剪机械多选择刀片锋利的宽幅驾驶式旋转剪草机，要求修剪后草坪草基本无拉伤现象。高质量的足球场和橄榄球场草坪要求用滚刀剪草机修剪。曲棍球草坪具有低修剪高度、高平整度的特点，这就需要频繁低修剪。一般的旋转式剪草机很难达到要求的标准，需要使用滚筒式剪草机。曲棍球场使用频率高，修剪间隔时间短，应采用大型宽幅滚筒式剪草机快速完成修剪作业。利用剪草机运行方向的改变使球场草坪形成不同的花纹图案，可增加球场的景观效果。修剪后的草屑要运出球场外进行处理。遗落在草坪上的草屑或尘土可用吸收式捡拾机进行清理。

为减少修剪作业次数和肥料消耗，可施用植物激素来抑制草坪草生长，常用的有40%的乙烯利水剂、50%矮壮素水剂和比久85%水溶性粉剂。施用剂量和方法按使用说明执行。据实践，每剪出草坪草100 kg需消耗N 0.5 kg。在生长旺期，每次追施尿素10 g/m^2，经过4次修剪便将所施尿素消耗完，草色由深绿色变为淡绿色。

2.3.1.2　施肥

施肥是保持球场草坪品质的重要措施，施肥的种类和数量要依据当地气候、土壤、草种、使用强度和修剪频率而定。气温适宜，雨水充足，草坪草生长快，需肥量大，反之较少。土壤呈酸性的球场除补充N、P、K等营养元素外，还应定期追施石灰粉或$CaSO_4$。草坪使用的强度越大、修剪的次数越多，草坪草受到的损伤越大，从土壤中带走的营养也越多，需要补充的营养也就越多。在使用强度大、草坪草损伤严重的情况下，应增加施肥次数。

施肥的原则是平衡施肥。定期取土样进行化验，制定施肥计划。目前已有多种植物营养诊断仪，在野外也能测定。管理者随时注意草坪草的长势是决定施肥策略的最直接和最有效的方法。

通常情况下，冷季型草坪草如草地早熟禾、高羊茅等一般春季、夏初进行少量施肥，以氮肥为主，肥料配比为N: P: K＝24: 4: 12，氮肥含量为5 g/m^2，50%~80%为缓效氮。夏季一般不施氮肥，以适量钾肥为宜；秋季多施氮磷肥，肥料配比为N: P: K＝20: 3: 20，氮肥含量为5~7.5 g/m^2，100%为缓效氮。暖季型草坪草如杂交狗牙根等一般5~6月施肥，秋季不宜多施氮肥。

有机肥多在草坪休眠期施用，用量一般为1.50~2.25 kg/m^2。每隔2~3年施用1次。有机肥的施用不仅能够改进土壤疏松度和通透性，而且有助于草坪安全越冬。

2.3.1.3　灌溉

为保持球场草坪的优良品质，必须及时灌溉以满足草坪草正常的生长及快速恢复。在干旱地区，草坪的适时灌溉尤为重要，一旦草坪草缺水，其耐践踏性显著下降。一般施肥后都要及时灌溉，使肥料溶解渗入植物根系生长的土壤层。此外，灌溉还可以清洗草坪草表面尘土，提高吸收光能的效率。暖季型草坪夏季的需水量最大，秋季后逐渐下降；对冷季型草坪来说，高温季节避免浅灌，要求灌透灌早，可防止病害的发生。

2.3.1.4 草坪有害生物防治

球场成坪后出现杂草，可以通过频繁修剪、低修剪和喷施药剂的方法进行防除，采用药剂防除时应注意药剂的浓度。也可以采用人工拔除的方法来清除杂草。对于已经成坪且管理精细的运动场草坪，杂草是很少的。

草坪病害大多属真菌类，如褐斑病、锈病、白粉病、币斑病、炭疽病等。它们常存在于土壤中枯死植物的根、茎、叶上，遇到适宜的气候条件便侵染危害草坪，使草坪生长受阻，成片、成块枯黄或死亡。防治方法通常是根据病害发生侵染规律采用杀菌剂预防或治疗。预防常用的杀菌剂有甲基托布津、多菌灵、百菌清等。危害草坪的害虫有夜蛾类幼虫、黏虫、蜗牛、蛴螬、蝼蛄、蚂蚁等食叶和食根害虫，常用的杀虫剂有杀虫双、杀灭菊酯。防治时对草坪进行低剪，然后再进行喷雾。

2.3.1.5 表施土壤

表施土壤是将砂、土壤和有机肥适当混合，均一地施入草坪的作业过程，不仅能平整坪面、促进草坪草分蘖和枯枝层的分解，还可以增加草坪弹性和耐践踏性，改良土壤结构、增加土壤的透气性和透水性。表施材料原则上应与原坪床土壤类似，或者是土壤、砂和有机肥的混合物，比例通常为1:1:1(或2:1:1)，厚度0.5 cm左右。表施土壤的时间以草坪草萌芽期和生长期为宜，一般冷季型草坪草以3~5月和9~11月为宜，暖季型草坪草以4~7月为宜。表施作业前，应先修剪草坪。表施土壤后要用金属刷拖平或用细齿耙耙平，然后灌溉。

2.3.1.6 草坪通气

运动场草坪衰败的主要原因之一是土壤紧实和草土层根系絮结，影响土层中水气比例。在草坪使用一定时期(一般为2~3年)后，土壤紧实和根系过多影响了土壤和根系的通气性，草坪草生长受限制，此时应及时疏松、打孔通气。目前用于疏松草坪土壤的机械有梳理表层枯草的垂直刈割机、划破草皮层的划破机，以及各种实心和空心打孔机，打孔深7~10 cm，直径1~2.5 cm，孔距8~15 cm。打孔时要注意土壤水分状况，含水少不易打孔；含水过多，作业中容易把土壤压得更紧。其中最有效的设备是实心打孔机，一台工作幅1.8 m的打孔机1 h可完成1 000~1 500 m^2的作业。用空心打孔机打出的芯土，经垂直刈割机粉碎和疏耙，再表施肥土和镇压，最后浇水使其恢复生长。松土作业最好是在春季草坪草开始返青时进行，高温时作业会导致损伤严重，恢复期延长。

足球场每年需打孔或疏草3~4次，橄榄球场和曲棍球场为2~3次，以改善根系层的透气性与透水性。打孔一般在春秋季进行，最佳时间在早春，大面积草坪通气一般采用打孔机。打孔后，在草坪上覆盖沙子或沙土混合物，然后用齿耙、硬扫帚将沙子搂扫均匀，使沙子深入孔中，一般覆沙厚度不得超过0.5 cm。在小面积及轻壤土草坪上通气，可用挖掘叉按8~10 cm间距与深度进行，叉头直进直出，以免带起土块。可以用垂直切割机清除堆积过厚的枯草层。

2.3.1.7 滚压

滚压可促进草坪草分蘖和匍匐枝的生长，使匍匐枝的节间变短，增加草坪密度；滚压可平整局部，使土壤与草坪草根系充分接触以保证草坪草从土壤中吸收水分和养分；滚压还可使草坪变得平整，提高运动场地使用质量。足球场草坪滚压一般在赛后或覆沙后进行，常用的滚筒重为 350 kg 左右，应避免在场地湿度较大时进行作业。

2.3.2　赛时养护管理

2.3.2.1　比赛前的养护管理

(1)球场画线

球场画线是赛前准备工作中最为重要的一项措施。均匀一致、色彩清晰的标线不仅使视觉效果美观，而且也是比赛规则贯彻执行的依据，所有标线都应严格依照国际规定进行标记。

画线所采用材料应具有防水，迅速干燥，不易褪色、剥落或变成粉末物质等特点，同时对草坪、环境、运动员的眼睛及皮肤无害。

画线之前一般都先用线绳将球场的边界及各区域标记出来，然后再用选定的涂料进行画线。画线时，涂料是应涂在标记线的里侧还是外侧应事先弄清楚，否则会导致标记混乱。

画线时所采用的涂料一般与水以 1∶2 或 1∶3 的体积混合，稀释效果主要受涂料的颜色和质量影响。混合涂料在球场以外进行，避免将涂料漏洒在球场上。喷洒涂料时，在允许范围内应尽量使用较大的压力，以保证画线或绘图的准确。有时为减缓草坪的生长以延长标记或图案的保存时间，可在混合涂料中加入一定量植物生长抑制剂。植物生长抑制剂的使用量为 $0.3\ g/m^2$。

画线时还应注意以下三点：①当草坪很湿时不宜涂漆，此时油漆易随水扩散而使场地界限不鲜明；②不能过厚，薄薄地涂上一层就能在长时间内清晰可见。若涂得过厚，油漆便会在草皮上结成硬块，使草皮更易磨损，而且过多的油漆还会沿着纤维向下流到纤维的基部，使清洗更加困难；③在投入使用前，一定要保证油漆完全干燥，未干的油漆很容易粘在运动鞋或衣服上。

(2)草坪着色剂

草坪着色剂可在休眠草坪上进行人工染色，用于装饰退化草坪和草坪标记等。草坪着色剂主要是用于冬季休眠枯黄草坪的染色。根据着色剂的特性、施用量和施用次数的不同，可使草坪呈现出不同的颜色，所以，施用着色剂时多根据施用前的草坪颜色来确定着色剂的种类、施用量等，以保证着色后的草坪与真正的草坪相似。

当草坪由于病害、使用过度等原因而褪色时，除了对草坪进行必要的修复更新外，还可以采取喷洒着色剂的方法暂时补救，使草坪的颜色在草坪恢复期变得合乎人们的要求。但着色剂不能代替良好的管理，退化了的草坪，除了在叶色上与生长良好的草坪不同以外，在草坪盖度、均一性及使用效果上也存在着很大差异，因此，着色剂只能作为暂时的补救措施，不能替代良好的养护管理。

(3)修剪

修剪是足球比赛赛前准备的首要工作。赛前 1～2 d 内应进行一次修剪以达到理想的高度，同时为使草坪更加整齐美观以增加商业效果，常将草坪修剪成各种图案。

(4)灌溉

灌溉也是赛前准备工作中一项十分重要的措施。为了确保比赛时草坪表面具有适宜的硬度和干燥度，一般在比赛前 24～48 h 内应停止灌溉。

每一场比赛之前所需的灌溉量都应按照球场草坪的实际情况而定。既要考虑实际土壤含水量情况，又要考虑坪床结构的排水性能及当时的气候条件等，进而确定当天的灌溉量，一旦灌溉量确定，应立即进行灌溉，使灌溉有充足时间进行渗透，以免场地过湿，对比赛产生不利影响。

灌溉时还应注意的问题是在一些过度践踏区域如球门区等，应避免浇水过多，因为这些区域由于践踏强度较大，往往土壤紧实程度严重，而且这些区域草坪易退化而出现裸地，如果浇水过多，则会出现泥泞积水等现象，严重影响着球场景观效果及使用质量，对于这些特殊区域可采用手动浇水。总之，保持土壤适宜的含水量是一项十分复杂的工作，但它对比赛质量有着直接的影响。

(5) 辅助设施场地的准备

辅助设施场地主要包括摄影区、替补席和教练席、裁判席、医务席等。准备工作主要包括清理上述场地内的垃圾，放置防护棚等。

(6) 安全检查

比赛前一定要仔细检查球场表面是否有凹凸不平之处，是否有养护作业留下的杂物以及未清除的草块，还应注意灌溉系统喷头是否都在球场表面之下。上述问题需要提前处理完成，以保证运动员的安全。

2.3.2.2 比赛后的养护管理

比赛后应及时进行场地清理，并进行施肥、灌溉、补播、修复草皮、地表整平、镇压等。

在比赛中运动员的剧烈运动会使草坪受到不同程度的损伤，为了确保草坪快速恢复，赛后应及时进行适量施肥和灌溉。同时高强度践踏和磨损还经常使大量的小块草皮被铲起，特别在中场和球门区附近的草坪践踏严重，经常出现大片枯死、草皮掀起现象。因此，为维持草坪的完美，赛后必须及时进行修复。通常可将该处枯草铲去，还要进行适当的松土、平整，然后从备用草皮处铲下同等大小的草皮进行补植，注意与周围草坪的衔接。如果土壤紧实严重，可以进行适当的打孔通气作业，但一般打孔后 5 d 内不能进行比赛，之后应该配合必要的灌溉与施肥，以维持高质量的草坪运动表面供以后的比赛使用。

比赛后场地的修复通常还包括采用种子拌土覆盖草坪，在一些地段轻轻滚压以消除表面的凹凸不平。若用带叉滚筒经常进行通气作业，可促进草坪较快恢复。

2.3.3 草坪更新

球场草坪由于赛事频繁、使用强度大，场内一些地方经常会出现草坪退化现象，造成草坪退化的两个主要因素是表面的践踏磨损及土壤紧实。球场草坪的耐践踏性由多因素决定，其中草种类型、养护水平、使用强度、环境条件等对草坪退化起关键作用。

退化草坪一般要在赛季结束后进行局部或整体更新，所谓更新是指一切用来改善球场表面条件并恢复植株良好生长条件的耕作作业。草坪更新措施主要由草坪内在的问题及形成类型而定，存在的问题常有表面变得不平整、草坪盖度下降、杂草、病虫害、枯草层过厚、土壤板结、排水不良等。针对问题，采取相应的解决措施，这些措施的技术要求通常要高于日常养护措施，必要时可求助专家。常见的更新措施包括：除去草垫层，重新培植新草坪，以改良透水性、改善表面平整度；通过打孔、穿刺、划破等通气措施来提高土壤的透水透气性；表施土壤等。

在球场中场、球门区等草坪损伤最为严重的区域，若出现斑秃或局部枯死时，就需及时更新复壮，补植新的草皮或者补播。修复更新时常采用补草皮的方法，因为补草皮修复可在短时间迅速见效，而草皮原有的枯草层还具有保护和减轻磨损的作用。但修补更新需注意坪床的紧实度和表面的平整度，还应注意调整排水坡度。

当草坪因大面积退化变得稀疏时，在北方地区，只要气候条件允许可进行晚秋播种，此种补播措施被认为是“休眠播种”，因为种子直到春天才会发芽。秋播使草坪在次年早春就开始生长，避免春播时因天气不适宜而造成的延误和影响。但在南方和过渡区，如果补种的是暖季型草坪草，还是应采用春播，因为秋天修复和建坪会使种子提早发芽，而随后到来的冬天会使幼苗被冻死或难以承受高强度的使用而被踩死。不过，在南方和过渡带，如果球场是暖季型草坪，可采取秋季盖播冷季型草的方法，解决暖季型草坪冬季枯黄的问题，大大提高球场冬季的草坪质量，但需注意控制次年春季水肥施用量、剪草高度，以抑制冷季型草的生长而促进暖季型草的生长，实现两种草的平稳过渡。

本章小结

本章对足球、橄榄球和曲棍球三类体育运动项目的发展历史、比赛规则、场地规格和质量要求等方面分别进行了概述。由于三类运动项目对草坪的要求相似，因而对草坪建植与养护管理技术，包括坪床结构、坪床土壤、草种选择、建植方法和养护管理措施进行合并论述。坪床结构、坪床土壤和草坪建植属于运动场草坪的基础工程，具有一次性投资的特点，对草坪将来养护措施的有效性和质量的稳定性及持久性有重要而深刻的影响，是保证运动场草坪质量的根本。虽然与足球、橄榄球和曲棍球所关联草坪的建植与养护管理技术很相似，但三者的运动特点不尽相同，因此，三者的草坪建植与养护管理还是有一定差异，在工程实践中需要加以调整。

思考题

1. 从运动竞赛对场地要求的角度，试分析比较足球、橄榄球和曲棍球三类运动场草坪的质量特征及其异同。
2. 简述足球场草坪的坪床结构及其建造过程。
3. 足球场、橄榄球场和曲棍球场三类运动场草坪喷灌系统安装时需要注意哪几方面问题？为什么？
4. 运动场草坪沙质坪床结构有哪些特性？为什么要进行改良？
5. 哪些草坪草适合足球场、橄榄球场和曲棍球场草坪建植？为什么？
6. 比较足球场、橄榄球场和曲棍球场草坪常规养护与赛时养护措施的异同。
7. 试论述足球场、橄榄球场和曲棍球场草坪退化的原因及更新措施。

第3章

棒球场与垒球场

棒球(baseball)运动是以球、棒、手套等为工具，以击球、跑垒和投球、传球、接球等技能为特征的一项竞技体育项目。垒球(softball)运动是由棒球运动转化而来，其比赛方式、运动员职责等与棒球运动基本相同，但球场、球、规则和技术方法等稍有不同。棒球和垒球运动中，球与草坪的接触并不十分频繁，主要是球员防守时在草坪上奔跑，因此，棒球场和垒球场草坪首先要满足球员的运动安全要求，如草坪的平整度、刚性、弹性等；其次是草坪植物的生态适应性，包括对环境和使用强度的耐受能力；最后还要满足观众审美情趣，如草坪的质感和色泽。

3.1 概述

3.1.1 棒球运动

3.1.1.1 发展简史

棒球运动是一种以棒击打小球为主要特点的集体性的、对抗性很强的、只限男性参加的球类运动项目。它在世界上影响较大，被誉为“竞技与智慧的结合”，在美国、日本尤为盛行，被称为“国球”。

棒球的起源要追溯到遥远的古埃及时代。很久以前，古埃及人就会玩一种棒子和球的游戏，并把它当作宗教的一部分。但棒球更直接的来源是英国的圆场棒球，18世纪初期，棒球作为一项草地球类运动盛行于当时的英国，那时的棒球场是一个设计非常复杂的圆形球场。大约在1800年，棒球运动从英格兰传入美国。1869年在美国兴起，此后该项运动日益开展，从新泽西州传遍全美国，然后慢慢传播到欧洲国家如意大利和法国，第二次世界大战后在亚洲一些地区蓬勃开展，并逐渐发展成为世界性体育项目之一，在北美洲、南美洲、日本、英国、澳大利亚等洲、国家和地区也非常盛行。1938年，世界业余棒球协会(后改称国际棒球联合会)成立，并定期举行按男子成年、青年和少年分组的世界性比赛。现在世界上有120多个国家开展该项运动，是日本和加拿大以及一些加勒比海国家最流行的体育运动项目。1912—1988年，棒球运动一直是奥运会表演项目，直到1992年巴塞罗那奥运会时，才被列为正式项目。

3.1.1.2 比赛规则

现代棒球运动起源时，它最初的规则也同时被制定出来。1840年，举世公认的现代棒球运动之父——美国人亚历山大·卡特赖制定了第一部竞赛规则，其后人们逐步对棒球的规则进行了补充与完善，到1993年3月下旬，在加勒比海古拉索岛召开的国际棒球联合会执行委员会特别会议上，通过了 4 项新的比赛规则，形成了现在国际棒球运动所使用的规则。

棒球运动是以球、棒、手套等为工具，在棒球场进行击球、跑垒和投球、传球、接球等。棒球圆周长为 229. 23 mm，重为 141. 7 ~ 148. 8 g；球棒长 <1 070 mm，直径 <70 mm。比赛分两队进行，每队各 9 人(当采用指定击球员时为 10 名)，轮流进攻和防守，进攻队队员在本垒用棒击打防守队投来的球后，若能顺利踏过一垒、二垒、三垒，并安全回到本垒，就可得 1 分。进攻队每次只可派一名队员上本垒击球，防守队 9 人全部戴手套上场，职责名称分别是投手、接手、一垒手、二垒手、三垒手、游击手、左外场手、中外场手、右外场手。任务就是使用接球和传球技术将对方击出的球接住，在跑垒的队员尚未进入本垒前将其传杀出局，不使进攻方得分。一攻一守为一局，3 人出局，进攻结束，双方交换攻守。比赛局数为 9 局，如果出现平分，还要加赛，直到分出胜负。

3. 1. 1. 3　场地规格

棒球场上设有 4 个垒位、若干个区域和一个挡球网。比赛场地多为平整过的泥地或草坪，呈直角扇形，直角两边是区分界内地区和界外地区的边线。两边线以内为界内地区，两边线以外为界外地区，界内和界外地区都是比赛有效地区。界内地区又分为内场和外场，内场是 27. 43 m×27. 43 m 的正方形，四角各设一个垒位，在同一水平面上。尖角上的垒位是本垒，设一五角形的橡皮板，并依逆时针方向分别为一垒、二垒和三垒，各设一个四方形的帆布垒包，中间设一木制或橡皮制的投手板。内场以外的地区为外场，以投手板前沿中心为圆心、64. 30 m 为半径画一弧线，即为外场的边缘(本垒打线)。本垒后 7. 62 ~ 9. 14 m 处设一后挡网，看台或观众席设在此距离以外(图 3-1)。

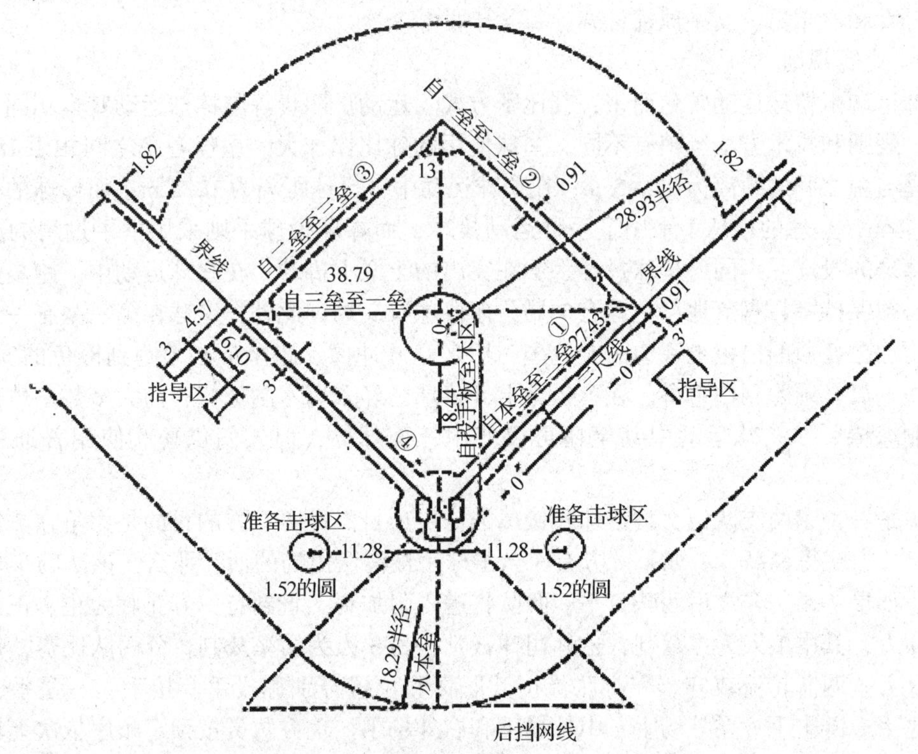

图 3-1　棒球场的场地规格(单位：m)

(引自韩烈保，2011)

3.1.2 垒球运动

3.1.2.1 发展简史

垒球脱胎于棒球，也是一种类似攻占堡垒、以棒击球的球类运动，它更适合在女子和少年男子中开展，富有集体对抗性、技术和战术要求很高的运动项目。

现代垒球起源于美国，比棒球晚出现 40 多年。垒球运动的诞生完全是出于一种需要，也极具戏剧性。在 1887 年的一场美式橄榄球比赛中，耶鲁大学击败了老对手哈佛大学。赛后，在芝加哥弗拉加特的划船俱乐部举行的庆祝活动中，一名耶鲁毕业生将一个拳击手套掷向一名哈佛学生，哈佛学生则试图用一根棍子击打这个手套。这启发了划船俱乐部的格·汉考克，为了在严冬或风雨天也能打棒球，他对现代棒球场地、器材和竞赛规则等做了修改，移至室内进行，时称“室内棒球”，同时拳击手套变成了圆球，棍子变成了球棒，划船俱乐部发展成了芝加哥室内运动中心。1895 年，明尼苏达州的消防队员尔·罗伯也做出了同样的创新。数年后室内的棒球比赛又移至室外进行，为了有别于真正的棒球，于 1933 年正式取名为垒球(softball)。1938 年美国垒球协会成立，并举办全国男、女垒球比赛，次年又制定了统一的规则，此后逐步在世界各地流行，垒球这项类似棒球的运动由此诞生。

同美国三大运动之一的棒球相比，由于垒球具有所需场地小、球体大、球速慢等诸多优点，很快风靡美国城市地区，至今，在垒球运动产生百年之后，垒球仍然是全美最受欢迎的运动之一。随着第二次世界大战中美国势力的扩张，垒球运动在全世界得到了推广，世界垒球联合会也有了 110 多个成员国。1952 年国际垒球联合会成立，并于 1965 年起举办世界性成年男、女和少年男、女垒球锦标赛，每 4 年举办一次。

3.1.2.2 比赛规则

垒球运动由棒球运动转化而来，其比赛方式、运动员职责等与棒球运动基本相同，但球场、球、规则和技术方法等稍有不同。垒球使用的球比棒球大。垒球各垒之间相距 18.3 m，而棒球垒与垒之间的距离为 27.45 m；在垒球运动中，投球距离为 12.2 m，而棒球的投球距离为 18.4 m；垒球的投球手采用下手臂运动投球，而棒球投球手则采用举手过肩的办法投球；与棒球的投球手不同，垒球投球手不在突出的土墩上掷球；在垒球运动中，跑垒员在球投掷前必须保持一只脚落地；垒球有 7 局，而棒球有 9 局。此外，垒球在第一垒有一个安全垒，即附加在普通的白色垒旁边的橙色垒，用来避开冲撞。跑垒员必须跑到橙色的安全垒，而第一垒球员必须跑到白色垒。在奥运会上，棒球已经采用木制球棒，而大多数垒球击球手仍用铝制球棒。在垒球运动中甚至还可以使用三面球棒，但人们仍喜欢使用普通的圆形球棒。

垒球是一种以两支队伍交替击球和接球的比赛项目。比赛双方的目的是力争在 7 局比赛(7 轮击球)中获得最高分。如果一方有 3 名击球手被淘汰出局的话，那么，该队的半局就宣告结束；如果 7 局比赛之后两队打平，两队将进入附加赛，直到有一方获胜为止。正式比赛设裁判 4 人，其中 1 人为主裁判，也称司球裁判，另 3 人为司垒裁判。分两队比赛，每队上场队员 9 人。两队轮流攻守。守方队员按其职责和位置分别称投手、接手、一垒手、二垒手、三垒手、游击手、左外场手、中外场手和右外场手。攻方队员按预定顺序依次上场击球的队员称击球员。攻方队员在本垒用棒击打守方投手投来的球，并能依次踏过一垒、二垒、三垒，最后安全返回本垒者即得 1 分。

3.1.2.3　场地规格

垒球场与棒球场相似，由内场和外场两部分组成。通常，垒球的内场为泥地，外场是草坪。因为垒球场内场被本垒和其他三垒围成一个45°的菱形，所以垒球场也称为菱形场。垒与垒间隔18.3 m，一条假想的线将四个垒连成一个锐角。内场为18.29 m×18.29 m的正方形，在扇形的顶端设一个五角形的橡皮板，称为本垒；在其他三个角上各设一个四方形的帆布垒包，分别称为一垒、二垒、三垒，中间设一木制或橡皮制的投手板。内场以外的地区称为外场，以本垒板尖角为圆心、68.58 m为半径画一弧线，即为外场的边缘(本垒打线)。本垒后7.62~9.14 m处设一反挡网，看台或观众席应设在此距离以外。与棒球场不同的是，垒球场接手区的边线与击球员区的边线在一条直线上(图3-2)。

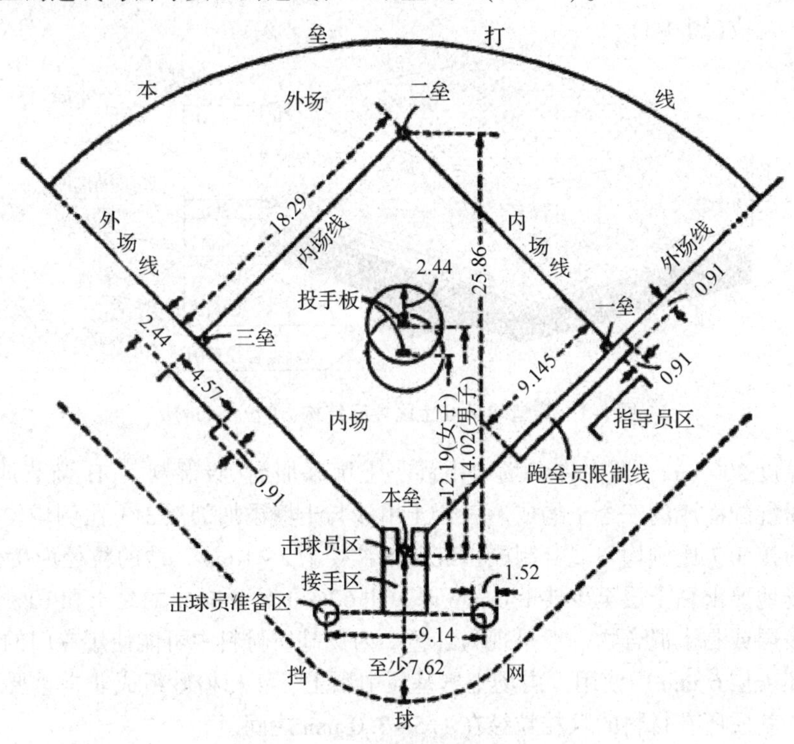

图3-2　垒球场场地规格(单位：m)
(引自韩烈保，2011年)

3.1.3　场地质量要求

棒球场和垒球场分内场和外场。内场是黏土区，内场土壤要保持适当的湿度，既要避免扬尘，也要避免黏脚，其建造和养护不仅要科学更要艺术。内场黏土区一般为特制的红土，要求色泽统一，手握成团，一抛即散，不板结，不起尘，能为运动员提供坚固、安全的立足基础。场地坡度由中心投手包向四周倾斜0.3%~0.5%，投手包坡度为1.5%~2%，保证内场的均一性、持久性、良好的排水性和表面运动性能。外场为草坪区，草坪高度在2.5~4 cm之间，球场比赛有效区四周必须有明显的2 m宽的安全无草土质区域。

棒球场和垒球场外场草坪主要是运动员的防守区域，要求有利于运动员的活动，同时也起绿化美化作用。因此，坪面要平坦、美观，草皮要坚韧、有弹性、耐践踏，不仅对运动员安全舒适，而且可以给观众美的享受。其质量要求包括：密度和盖度大、稳定；叶片窄、质地柔软；色泽翠绿；长势整齐、均一；绿期长；耐践踏性、抗病虫害能力强，不易受杂草侵染等。

3.2 内场建造

棒球场和垒球场的内场为黏土区。其基础结构除面层是黏土外，下面的结构与一般运动场地基本相同，包括粗砂层、隔离层、碎石排水层和盲沟管道。一般的场地其黏土区面层用沙或细煤渣与土的混合料(三合土)铺设，厚度 20 cm；高质量的棒球场和垒球场的内场面层由特制的红土构成(图 3-3)。

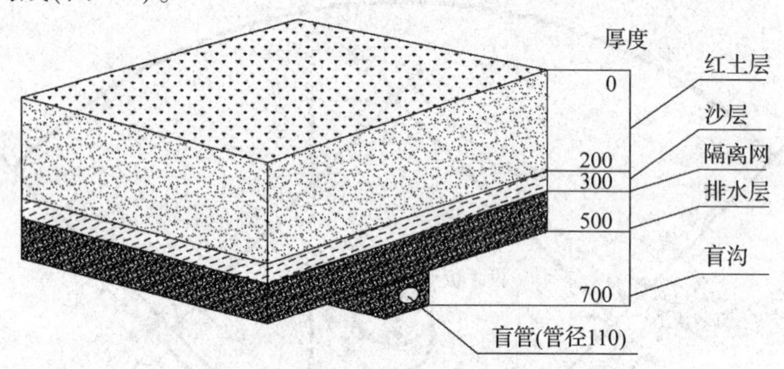

图 3-3 棒垒球场红土区坪床结构(单位：mm)

红土层厚度 200 mm，国内许多场地由沙、土壤添加剂(吸湿剂、pH 调节剂等构成)和特制的红砖粉混配而成的三合土构成。三合土由沙与土壤添加剂按 3∶1 比例均匀混合，混合物再与红砖粉按 3∶7 比例均匀混合制成。红砖粉粒径为 2~4 mm，沙的粒径为 0.5~1.0 mm。国外棒垒球场地要求黏土层至少要 150 mm 厚，由 60% 的沙、30% 的黏土和 10% 的粉砂混合组成。内场表层或黏土混合物一般呈现为红色。内场基质材料中可能使用专门的土壤调节剂或改良剂，在表层 6 mm 内使用。内场土壤基质中黏土、沙和粉砂组成非常重要，但粒级大小同样重要，基质所有材料的颗粒粒径在 1.5~3.0 mm 之间。

红土层施工预先将各种材料在场外混合均匀，分三层施工，夯实，表面平整一致，坡度 0.3%~0.5%，密实度大于 90%。红土层下的结构施工与运动场草坪施工程序相同。

3.3 草坪建植

3.3.1 坪床建造

3.3.1.1 坪床清理

场地清理是根除或减少影响草坪顺利建植的障碍物。在有树木的场地上，要把全部树木和灌丛移走，残留的树桩彻底挖掉，还要把影响草坪建植的岩石、碎砖瓦块以及所有不利于草坪生长的杂物清除掉，使岩石埋藏在地面 35 cm 以下，上覆土壤。如果在大的岩石上覆土不充分，上层土壤水分储存不足，而下层土壤的水分不能充分向上供应，这些地方会变得干、硬，使草坪根生长受阻，杂草侵入。

3.3.1.2　排水与灌水系统

良好的排水系统不仅能够通过土壤剖面层排出雨水，还能够通过地表径流迅速排出雨水。大多数的棒球场和垒球场排水系统从内场到外场作为一个整体来设计，一般都建造成龟背形，有一定的倾斜度，从投手区的边缘到整个球场的边缘坡降为1%~2%，以利于地表排水。排水管道在地下的深度一般为60 cm，管间距为5~10 cm，排水管周围常用砾石填充，厚度为10~15 cm。有些棒球场和垒球场的排水材料层由砾石构成。安装排水系统时，将包有过滤网的排水管安装在盲沟系统中。如果在坪床深层有排水良好的沙层，也可以不再安装排水系统。棒球场和垒球场灌溉系统可采用固定式喷灌，沿着本垒、一垒、二垒、三垒的后方边界和防护栏周围安装喷头，从而更方便地浇灌践踏严重的地方。目前喷灌多为电脑控制的自动灌溉系统，喷头为地埋式自动升降喷头。

3.3.1.3　土壤改良

土壤改良主要是针对外场草坪区域，改良土壤的质地、调节土壤的pH等，为草坪草生长创造良好的条件。应根据土壤的分析结果，如果土壤太黏重，应施入必要的土壤改良剂，如沙子、泥炭、有机肥、石灰石粉等，翻耕并使之混合均匀，然后平整并碾压以使坪床坚实。棒球场和垒球场的场地要求镇压后保持平整和一定的紧实度，但地表不能太硬，否则不利于运动员加速和停止。一般来说，在pH值为6.0~7.5时，草坪草生长最好。若土壤pH过低，施入生石灰或石灰石粉调节；对于碱性土壤，施用一些化学改良剂如石膏、明矾、黑矾、腐殖酸类肥料以及腐熟肥类、锯木屑等。在建植前所施的基肥以磷肥为主，施用量要依据土壤测试分析的结果而定。有的场地杂草丛生，土壤板结、贫瘠，需要把场地上深20~30 cm的表土全部铲起运出场外，重新配制适宜草坪草生长的营养土。

3.3.1.4　坪床平整

平整是在坪床工程完成喷排水系统建造、种植层回填后进行的最后一步作业。在平整之前，首先要根据设计等高线进行挖填方处理。回填坪床土壤时，按设计标高分三次铺设镇压。最后灌水使土壤自然沉降，待土壤干至适宜耕作时，分别进行粗平整和细平整，目的就是创造出一个平整、具有设计坡度、适度紧实、适合草坪草生长的坪床。如果坪床不够平整，土壤水分和养分分布不均，会造成草坪均一性下降，影响草坪的整体质量，更为严重的是，导致草坪平整度较差，影响场地的运动质量和运动员的安全。此外，平整工作结束后，在植草之前，为防止杂草和病虫害，可施入除草剂和杀菌剂。若使用灭杀性药剂，必须等药效消失后才能种植。如果土壤肥力不足，此时可施入一些复合肥或缓释肥，为草坪草苗期生长提供足够营养。

3.3.2　草种选择

选择适用、优质、经济、高效的草种，是草坪建植中一个十分重要的问题。草种的选择是否正确，对草坪的形成及其品质、功能和管理等方面有着深远的影响。建造棒球场和垒球场草坪时，要根据所处的地理环境、气候条件和建造棒球场和垒球场的具体要求选择草种。对于以运动为主的棒球场和垒球场场地来说，草坪应具有极强的耐践踏性和持久性、色泽好、绿期长、能在较低修剪高度下良好生长，草坪要求密实、平滑，便于球回弹和滚动，否则不利于运动员加速和急停，也不利于运动员倒地扑救。

在我国北方地区主要选择草地早熟禾、多年生黑麦草、高羊茅和扩展性稍弱的匍匐紫羊茅的品种来建植棒球场和垒球场。在我国南方地区，则以狗牙根和结缕草为主。在某些地方，也可以选用普通狗牙根、地毯草、海滨雀稗、假俭草和钝叶草等。用单一草种建植的草坪生长整齐美观，高矮、密度、叶色一致，管理方便，但单一草种对环境条件的要求也较为单一，因而其适应能力较差，特别不耐多重的逆境胁迫，因此在北方地区，可采用草地早熟禾、多年生黑麦草、高羊茅和紫羊茅的一些品种来建植混播草坪，但混播品种最好不要超过3种。

3.3.3 草坪建植

草坪草的建植方法有种子繁殖和营养繁殖两种。与足球场等运动场一样，种子繁殖一般采用种子直播方式，营养繁殖包括穴栽、条植、撒植和铺植4种。应根据草种类型、来源、成坪时间和成本来确定具体采用的方式。

3.3.4 幼坪养护

从播种或栽植营养器官的当天开始到几乎全部种子萌发或营养器官成活，需要10～14 d，在这期间，最关键的是保证水分供应充足，不宜践踏。灌溉原则是播后立即灌溉，少量多次，坪面要一直保持湿润，使种子或营养器官在良好的生长环境下顺利萌发或快速长出新根。新建草坪幼苗开始生长发育的幼坪阶段，每次灌溉量有所增加，而灌溉次数则减少，但总的要求还是要少量多次，因为此时幼苗的根系吸水能力有限，同时这样做有利于根系向深处伸长，从而为耐践踏性打下良好基础。建植后的幼坪阶段，追加的肥料应以可溶性氮肥和钾肥为主，但量要控制。

3.4 场地养护

3.4.1 内场黏土区养护

内场黏土区要求表面顺滑、疏松但不板结、湿度适中，能够为运动员提供稳固的抓地性。因此，日常的养护工作非常重要。黏土区养护措施包括清洁、灌溉、耙平、滚压、补充黏土等。

清洁工作需每天进行，及时清理黏土区的杂物、草屑、石块、杂草等，保持黏土区表面处于干净、均一状态。虽然黏土区没有种植草坪，但土壤表面要保持适宜的湿润度，以控制扬尘，因此黏土区的灌溉必不可少，一般都需要安装自动喷灌系统，且雾化程度要求较高，以避免对黏土区表面的冲刷，影响其平整度和顺滑状态。灌溉在天气干燥的季节，或者是在雨季当黏土区表面处于干燥状态时进行，原则是少量多次，一般喷3～5 min，表层湿润即可。灌溉通常是在耙平作业之前进行，待黏土区表面干爽不沾脚后才开始耙平。

耙平是内场黏土区最多最重要的日常维护工作，每天在场地使用前进行，以保持黏土区表面的疏松和平整。耙平作业分划破和拖平两道工序，一般用小型平胎拖拉机拖挂专用的耙平器一次性完成。用带细钉齿的拖耙先将黏土表面划破，紧接着拖网将疏松的土壤颗粒压碎、拖平。耙平作业时应该从距离草坪边缘2 m的地方开始呈螺旋状逐渐向中间延伸，以防止黏土区的沙子或者泥土的流失，进入草坪。大雨后不可以利用机械耙平，以防土壤板结，可以直接用手持耙子耙平。耙平作业完成后，离开内场黏土区时应将拖网提升起来，避免将黏土拖到草坪中。因为内场黏土区的排水口通常位于与草坪的结合部，黏土过多累积会阻塞排水系统管道。

投手员区、击球员区及垒包周围土壤要求紧实，需要每天填补黏土、夯实并耙平，然后灌水并保持一定的湿度。黏土区边缘的草坪每年至少修整两次。在修整前要先将草坪边缘累积的黏土用高压水管冲洗干净，要求站在草坪上沿草坪外缘5~10 cm的位置冲洗，让疏松的黏土冲刷到内场黏土区，要避免直接对着草坪边缘的沙子或土壤冲洗，以免对黏土区造成冲刷。

每个赛季初，要对内场黏土区用划破机将冬季形成的土壤板结层进行破碎、耙平，为比赛创造良好的条件。

3.4.2　草坪日常养护管理

草坪建植的成败及其质量取决于草坪的养护管理。草坪播种后进入草坪的养护管理工作，主要是灌溉、修剪、施肥、表施肥土和防治病虫害及杂草。对棒球场和垒球场草坪而言，最主要的要求就是草坪要致密，草皮要有一定程度的弹性、硬度以及适当的抗冲击力。因此，与其他运动场草坪不同，棒垒球场草坪的修剪、施肥和灌溉有不同的要求和侧重点。

3.4.2.1　修剪

修剪是建植高质量草坪的一个重要措施，决定着草坪的外观、健康和持久性。职业比赛的棒球场和垒球场对草坪质量要求非常高，中国2003年出台的《中国棒球联赛场地设施规范及标准》中规定，比赛场地外场区的草坪高度在2.5~4 cm之间，因此修剪高度相对较低，修剪外观要整齐。当草坪草长至7.5 cm左右时，标志着幼坪阶段的结束，即可开始进行第一次修剪，而后修剪高度逐渐降低，遵循1/3原则的少量多次修剪，直至符合棒球场和垒球场草坪的高度为止。但修剪高度也要考虑不同的草种，对棒、垒球场地来说，冷季型的多年生黑麦草修剪高度为4~5 cm，草地早熟禾2.5~4.0 cm，高羊茅一般为5~6 cm，暖季型的修剪高度较低，杂交狗牙根和结缕草草坪为1.5~2.5 cm。修剪有助于草坪保持健康、致密和旺盛的生长活力。修剪次数取决于所选草种的生长速度和季节。以暖季型草坪为例，春秋季大约每周修剪1次，夏季生长旺盛期每周需修剪2次。修剪后，剪下的草叶、草屑等要运出草坪地，以免病菌滋生。此外，修剪时如果草屑溅入内场黏土区，一定要清理干净，否则草屑积累过多会影响黏土区场地质量。

3.4.2.2　施肥

由于棒球场和垒球场草坪需要频繁修剪，修剪下的草叶、草屑要运出草坪地，使得部分营养物质随之流失，加上灌溉时随着水分渗漏淋溶损失部分肥料，因此，棒球场和垒球场草坪若要生长旺盛，必须进行必要的施肥。

棒球场和垒球场草坪的施肥计划取决于多种因素，如使用强度、施肥时间及所施肥料种类。不管在哪种情况下，最好能先测定土壤内可利用的营养成分含量，然后再制定施肥计划。在冬季，草坪草生长缓慢而肥料流失较快时，应每隔2~3周施1次可溶性氮、钾肥，施量为15~20 g/m^2，氮、钾肥的比例为1∶1~1∶2；在春季和秋季，每隔4周施1次可溶性氮、钾肥，施量为15~20 g/m^2，氮、钾的比例为1∶1~1∶2；在夏季，施氮量可略减少，每

4周施1次，施量为10～15 g/m²，以减少病害发生，而施钾肥量可稍多一些，每4周施1次，施量为20～30 g/m²。为防止所施的各种肥料不均衡，每年应至少进行一次草坪土壤营养成分和叶片组织测试，这有助于制定合理的施肥计划，防止因施肥不当造成草坪耐践踏性差、损伤而恢复慢等现象。

总之，草坪整体施肥计划要为形成一个密实、耐践踏的草坪提供充足的、有规律的、平衡的营养物质，避免草坪因缺肥而生长不良，从而导致耐践踏性和对病害、虫害的抵抗性降低。

3.4.2.3 灌溉

因棒球场和垒球场草坪的修剪高度低，导致根量减少，吸水能力下降，而因土壤蒸散作用损失的水量增加，因此灌溉的水量要弥补蒸散损失的水量。灌溉要求灌透，避免浅灌，否则影响根系的健康生长。干旱情况下，夏季生长旺季每周2～3次，春夏可减少至1～2次。一般在早晨或傍晚时灌溉，此时应严禁打球或比赛，直到表层土壤完全干燥为止。

3.4.2.4 草坪有害生物防治

在棒球场和垒球场草坪上，环境胁迫非常普遍，尤其当比赛在封闭的体育场中进行时更为明显，如看台对草坪的部分遮阴、沙粒的疏水性、因过多的比赛而造成的物理性磨损以及极端温度等，这些都有利于草坪病虫害的滋生。

防治草坪有害生物时，不得污染景观与环境，必须贯彻“预防为主，综合防治”的原则。根据防治对象的发生规律，确定高效、经济、安全的措施。通过改善立地条件、平衡施肥、合理排灌、适度修剪和减少枯草层等方法，降低有害生物的种群数量，从而减少危害。

棒球场和垒球场草坪有害生物为害严重时，也可采用药物控制，即使用除草剂、杀虫剂、杀螨剂和杀菌剂来防治有害生物。杂草问题较严重时，首先要识别杂草种类，是一年生还是多年生，是禾本科杂草还是阔叶型杂草，然后对症下药，喷洒既能除掉杂草，又不对草坪草造成影响或危害的选择性除草剂，一定要仔细参阅药剂产品标签，必要时可向有关专家咨询，切不可盲目喷洒，以免造成不可弥补的损失。

棒球场和垒球场草坪对寄生性线虫也很敏感。线虫危害的发生，在很大程度上取决于草坪草种类、打球对草坪草的胁迫以及气候条件。防治寄生性线虫，目前主要使用为数很少的有机磷杀线虫剂。大量证据表明，采用生物防治剂和某些有机物如糖浆、海草汁液等配合处理，将是更有发展前途的综合防治方法。

3.4.3 赛时养护管理

3.4.3.1 比赛前的养护管理

(1)修剪

在保证球场草坪耐践踏和具有一定弹性的情况下，草坪草修剪得尽量低一些。并在球赛前逐渐降低修剪高度最终达到比赛要求。

(2)球场画线

标线对于球员和观众来说对运动规则的理解执行十分关键。理想的标记材料应为防水，迅速干燥，不易擦掉、剥落或变成粉末的物质。可利用的材料有胶泥——白垩、专用标记材料、专用干矿材料、乳漆、胶带、锯末及公路线标记漆等。另外，草坪着色剂有时也被用作球场的标线剂，但草坪着色剂或染色剂在棒球场和垒球场中的主要用途是改善冬季草坪枯黄期的颜色，使草坪呈现令人满意的颜色。同样，当草坪发生病虫害或任何机械的损伤时，也可采用着色剂应急。

(3)灌溉

棒球和垒球比赛要求场地干燥，因此在球赛开始前24 h内应停止灌溉。

3.4.3.2　比赛后的养护管理

比赛后场地的修复通常包括采用种子拌土覆盖草坪，使一些机械损伤较重区域的草坪复原，达到补播的效果；另外，在比赛后对一些地段轻轻滚压以消除表面的凹凸不平，为尽可能地减少板结，不宜重压场地。在一些损害十分严重的区域，需要重新铺植草皮或更新草坪。

比赛后草坪的修剪可适当提高留茬高度，以利于赛场草坪更好恢复和良好生长。

3.4.4　草坪更新

球场表面的退化有两个主要因素，即运动员对草坪的磨损践踏和坪床土壤的日益板结。在利用率高、使用时间长的棒球场和垒球场草坪上，磨损践踏和坪床土壤板结是难以避免的。棒球场和垒球场草坪即便使用频率不高，如果缺乏合理的管理措施，随着时间的推移，草坪也会发生不同程度的退化。

造成坪床土壤过度板结的原因，主要是在土壤过于湿润时，长时间打球、频繁的降雨以及正常的养护管理措施如修剪、滚压不当。由于管理不善导致土壤板结的症状主要是草坪枯草层累积，根系生长和养分吸收受阻，坪面透水性下降而持水性增强以及海藻和苔藓出现于草坪中。一般而言，棒球场和垒球场草坪沿着投球区和端线的地方被球员践踏得最为严重，这主要是由于球员击球和接球时在草坪上滑动，对叶片造成损伤。通常，耐践踏的草坪，其草坪草必然生长迅速、强健，对养分要求高的种类能从践踏或其他损伤中迅速恢复过来。草坪草结构和形态的不同也影响着耐践踏性的强弱。总体来看，暖季型草坪草比冷季型草坪草更耐践踏，但并不是绝对的。任何草坪草的耐践踏性都可通过调节土壤养分状况、灌溉制度、修剪高度和枯草层累积厚度等来进行人为控制。

棒球场和垒球场草坪的修复作业主要是改善球场表面状况和草坪草生长环境。所采取的措施很大程度上取决于建坪地固有的问题和建坪后新出现的问题，一般包括草坪平整度变差、草坪覆盖度下降、密度变小、草坪组成发生变化、杂草侵入、病虫害严重、枯草层过厚、土壤板结、根系生长受阻变浅、排水不良等。草坪的更新修复作业就是要解决上述问题，使草坪生长更健壮。

修复措施主要包括划破草皮、打孔通气、表施肥土、补播和盖播等。划破草皮可减少枯草层，改善水分渗透状况，平整坪面，为盖播或再建植提供良好的坪床；打孔通气可采用草皮穿刺、除芯土、垂直切割等措施，改善深层土壤板结状态，每年进行2~3次；表施肥土可使草坪草增加分蘖，加快恢复，并使坪面恢复平整；通过补播可提高草坪密度，改善或改变草坪组成成分；对亚热带暖季型草坪来说，通过盖播可解决草坪冬季枯黄或满足冬季高水平赛事对场地的质量要求。

当草坪退化严重，如土壤通透性很差、草坪稀疏、杂草盖度超过50%以上，导致更新成本很高时，可考虑重建。重建要求清除老场地土壤、给排水系统，重新设计建设。

本章小结

本章对棒球和垒球体育运动项目的发展历史、比赛规则、场地规格和质量要求等方面分别进行了概述。通过本章的学习，可了解棒球和垒球运动的基本知识，熟悉棒球场和垒球场草坪建植与养护管理的主要技术内容。需要注意的是，棒球场和垒球场的内场黏土区是两类运动项目的主要运动区域，在很大程度上决定其运动质量，与运动场草坪坪床结构不同的是，其对土壤质量要求很特别，要重点掌握其床土结构、土壤材料特性、施工规范及养护措施。

思考题

1. 简述棒、垒球运动场草坪的质量要求。
2. 简述棒、垒球内场黏土区的土壤特性及建造标准。
3. 棒、垒球内场黏土区的养护措施有哪些？
4. 哪些草坪草适合建植棒、垒球场？
5. 棒、垒球场赛时养护措施有哪些？
6. 试述棒、垒球草坪退化的原因及更新措施。

第4章

草地网球场与草地保龄球场

草地网球(lawn tennis)和草地保龄球(lawn bowling)运动都是在精细草坪上进行的草上运动项目，对草坪的质量要求很高。网球运动场地有塑胶、红土、草地三种类型，但草地球场是历史最悠久、最具传统的一种场地。草地网球的特点是球落地时与地面的摩擦小，球的反弹速度快，对球员的反应、灵敏度、奔跑的速度和技巧等要求非常高。最古老也最负盛名的温布尔登网球锦标赛就是在草地上进行。但是，由于草地网球场对草的质量、规格要求极高，加之气候的限制以及保养与维护费用昂贵，很难被广泛推广。草地保龄球被认为是人类最古老的一种游戏，历经演变，在英国及英联邦国家最为普及，是一种非常适合中老年的户外健身休闲运动，但草地保龄球在中国不太为人所知，需要大力宣传推广。

4.1 概述

4.1.1 草地网球运动

4.1.1.1 发展简史

网球是一项古老的体育运动，孕育在法国，诞生在英国，普及和发展在美国，现盛行全世界，是当今体坛上唯一能够和足球争宠的球类项目。

12~13世纪，法国传教士在教堂回廊里用手掌击球进行娱乐，这被认为是网球运动的最早起源。到了14世纪中叶，法国的一位诗人把这种球类游戏介绍到法国宫廷中，作为皇室贵族男女的消遣。最早玩这种游戏的场地是在宫廷内的大厅，球是用布卷成圆形后用绳子绑成的，以场地中间架起一根绳子为界，用两手来作球拍，后来人们开始用木板做成的球拍来代替双手拍球。到了16世纪，人们又开始用羊皮来代替木板制成球拍。17世纪开始将绳改为网，拍子改用穿线的网拍。在法国宫廷中玩这种游戏时，球场旁边会放置一只金色容器，每次比赛完毕后，观众将金钱投入盘中，作为胜利者的奖品。但这种方法后来渐渐演变成为一种赌博，于是法国国王遂下令禁止此种游戏，这也是18世纪初期网球衰败的主要原因。

大约在14世纪50年代末到60年代初，这种球类游戏从法国传到了英国。英国国王爱德华三世对此非常感兴趣，下令在宫内建造一处室内球场。从此，网球开始在英国流行，成为英国上层社会的一种娱乐活动，也因此有了“贵族运动”的雅称。1859年，英国陆军少校哈里·吉姆和佩雷拉开始在伯明翰的埃格卑斯顿草坪上玩网球，1872年又创办莱明顿网球俱乐部，促进了网球运动的形成。1873年，英国人温菲尔德将早期的网球打法加以改进，使之成为夏天在草坪上进行的一项体育活动，并取名“草地网球”，同年出版了《草地网球》

一书。1874 年，规定了球的大小和网的高低，在英国创办了简易的草地网球比赛。1875 年，英国建立了“全英网球运动俱乐部”。1877 年全英棒球总会改名为全英棒球和草地网球总会，并把网球场地定为 23. 77 m×8. 23 m 的长方形，球网中央的高度为 99 cm，同年 7 月举办了第一届温布尔登草地网球锦标赛。

1874 年，在百慕大度假的美国人玛丽·奥特布里奇将网球规则、网拍和网球带到纽约，从此网球开始在美国普及。网球运动最初是在东部各学校中开展的，不久就传到中部、西部，进而在全美得到普及。此时网球运动已经由草地上演变到可以在沙土上、水泥地上、柏油地上举行比赛，于是“网球(tennis)”的名称就慢慢替代了“草地网球(lawn tennis)”的名称。1881 年全美网球协会成立后，网球流传世界各地，尤其盛行欧美国家。1896 年，在雅典举行的第一届奥运会上，网球的男子单打和双打被列为正式项目。

19 世纪 90 年代中期，网球进入了初步发展阶段，许多国家和地区组织了网球协会，并定期举行比赛。1888 年英国草地网球协会成立，1904 年澳大利亚草地网球协会成立并于 1905 年开始主办澳大利亚锦标赛，从此温布尔登锦标赛、法国网球公开赛、美国网球公开赛和澳大利亚锦标赛，被称之为世界 4 大网球公开赛。1913 年 3 月 1 日由澳大利亚等 12 个国家的网球协会代表，在巴黎成立网球联合会(ITF)。1919 年，抽签采用“种子”制度。1927 年，英国首创五缝网球，使球速加快。1945 年至 20 世纪 60 年代网球趋向职业化。1963 年温布尔登开始举办女子团体赛——联合会杯。1968 年，温布尔登首先实行不区分业余选手和职业选手的参赛制度。1970 年以后，网球又得到了进一步的发展，美国有 4 000 万人在打网球，墨西哥和澳大利亚几乎全民打网球，网球运动已普及到了世界各地。1972 年，国际男子职业网球选手协会成立，而国际女子网球协会其后第二年也宣告成立。进入 20 世纪 90 年代以后，网球运动朝着高普及率、高水平、高度职业化、高度商业化方向迅速发展。

我国网球运动起源于 19 世纪中叶。1860 年，占领天津紫竹林的英军，在此设立了我国最早的网球场。1876 年，居住在上海的外侨建造了两片草地网球场，这是上海最早的标准网球场。网球运动在近代中国的传播得力于基督教会。19 世纪后期，英、法等国在上海、北京、天津、广州、香港等地创办教会学校，校际之间经常举办网球比赛，促进了网球运动在中国的发展。1910 年，在南京举行的旧中国第一届全国运动会上，网球被列为四个比赛项目之一。20 世纪 30 年代是中国网球运动的第一个发展时期，各个地区及省、市的运动会，都把网球列入赛程。而且于 1933 年，红色革命根据地瑞金举行的中华苏维埃共和国第一次运动大会上，网球就是比赛项目。1956 年，成立了中国网球协会。1958 年，中国开始派队参加温布尔登网球赛。1981 年和 1983 年分别派队参加了在日本举行的联合会杯网球赛和戴维斯杯网球赛。1983 年，男子网球队首次登上了亚洲男子网球团体冠军的宝座。1986 年，新中国第一次获得汉城亚运会网球金牌。

2000 年以后，网球在中国日渐流行，中国运动员也开始在国际上有影响的比赛中取得突破，李娜是 2011 年法国网球公开赛、2014 年澳大利亚网球公开赛女子单打冠军得主，成为亚洲第一位大满贯女子单打冠军得主，亚洲女单世界排名最高选手。目前，城市中网球大多是硬地或塑胶场地，草地网球场少之又少，上海的世纪公园网球俱乐部拥有两片草地球场，是我国为数不多的草地网球场。

4.1.1.2 比赛规则

比赛开始前，双方用掷钱币或旋转球拍的方法来决定选择场区或首先发球和接发球权，得胜者有权选择发球或选择场地；选择发球或接发球者，应让对方选择场区；选择场地者，应让对方选择发球或接发球。比赛开始时，发球一方先在底线中点的右区端线后发球，发球员有两次发球权，第一次发球出界或下网为失误一次，不作失分，应在原位置上做第二次发球，第二次发球再失误则失一分，即每分有两次发球机会。第二分换在左区发球，第三分又回到右区，如此轮换区域发球，直到该局结束。第二局改由对方先发球，接球员成为发球员，发球员成为接球员。以后每局终了，均依次互相交换直到比赛结束。如发球顺序发生错误时，发觉后应立即纠正，由此轮发球的球员重新发球，发觉错误前双方所得的分数都有效。落在线上的任何球(压线球)均算作界内球。双方应在每盘的第一、三、五等单数局结束后，以及每盘结束时双方局数之和为单数时，交换场地。如果一盘结束时，双方局数之和为双数则不交换场地，需等下一盘第一局结束后再进行交换。如果发生未按正常顺序交换场地的错误，一经发现应立即纠正，按原来顺序进行比赛。正式的网球比赛分为男、女团体；男、女单打；男、女双打；男、女混合双打七个项目。男子单打和双打采用 5 局 3 胜制，女子单打、双打与混合双打则采用 3 局 2 胜制；团体赛分 2 人团体和 4 人团体，分为 2 场单打和一场双打 3 个项目，均以 3 局 2 胜定胜负，而在 4 人团体赛中，一个运动员在一次团体赛中只能参加一次单打。网球比赛按分、局、盘计分。运动员每胜一球得一分，先得四分者胜一局。而双方各得三分时，则为“平分”。“平分”后，一方净胜两分才算胜一局，一方先胜六局为胜一盘。而双方各得五局时，一方必须净胜两局才算胜一盘。

4.1.1.3　场地规格

草地网球场呈长方形，分单打和双打两种。单打场地宽为 8.23 m，长为 23.77 m；双打场地宽为 10.97 m，长度则和单打场地一样。场地两边的长线称“边线”，两端的短线称端线(俗称底线)。球网将球场横隔成相等的两个区域。网高 0.91 m，球网两侧 6.4 m 处各有一条与端线平行的横线为发球线，两条发球线中点联结的线叫中线，中线把发球线与边线之间地面分成四个相等的发球区，自端线到发球区的长度为 5.49 m。球网悬挂在直径不到 0.8 cm 的绳或钢丝绳上，悬挂球网的网柱直径不能超过 15 cm，网柱中心距边线外沿 0.91 m，网柱高度应使网绳或钢丝绳的顶部距地面 1.07 m。网球场场地规格如图 4-1 所示。

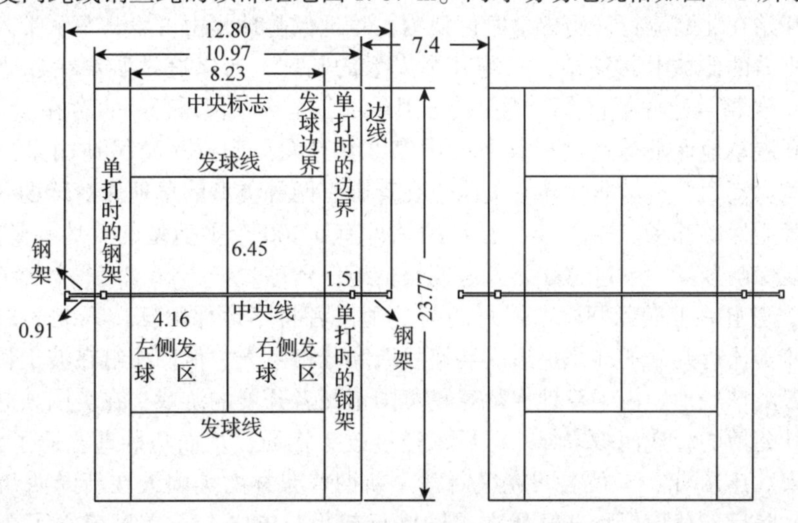

图 4-1　网球场场地规格(单位：m)
(引自韩烈保，2011 年)

4.1.1.4 场地质量要求

网球对场地质量要求很高。要求场地坡度小，平整，结实；排水良好，暴雨后仍能比赛，所以球场土壤必须具有良好的渗透性，方可避免出现地表积水及板结现象，同时土壤也要有一定的保水能力，不能在干燥时变得松散而产生灰尘。土壤中要有一定量的黏土，当表面草坪磨损后黏土能够与根系结合形成一个紧实的、快速的、真实的打球地面，具有一定的硬度，以保持对球的弹性。网球场的草坪必须具有以下特性：植株生长矮，即生长点低；耐践踏性强，再生力强；叶片纤细，整齐均一，外观美观，质地好，致密；青绿期长，适应当地气候、土壤条件；抗病虫害能力强；耐频繁的低修剪，高度保持在4~8 mm；弹性好，受外力后，能很快恢复原状；叶片水分含量较低，不褪色，不着色。

目前，网球场地的性能测试还处于早期研究阶段，还没有形成可被广泛接受的质量标准。研究表明，网球场的弹性随着硬度增加而增强，当硬度Clegg冲击锤测定结果小于200 g时，回弹力和硬度呈线性关系，硬度在200 g以上时，回弹性可达到58%。网球场的硬度适宜范围更多地取决于运动员的舒适程度，而不是球的表现。球和场地表面的摩擦是决定球反弹速度和高度的主要因素。

4.1.2 草地保龄球运动

4.1.2.1 发展简史

草地保龄球，又称草地滚球或滚木球，是将一个偏心球(即保龄球)在草坪上滚动的户外运动。很多学者认为草地保龄球是人类历史上最早流行的一种游戏，可以追溯到距今7200年前。英国考古学家在埃及古墓里发现了9个石瓶及1个石球，玩法也是用球投向石瓶，将石瓶击倒，与现代保龄球的用具与玩法十分相似。

草地保龄球起源于4世纪的德国，最初“九柱戏”是天主教用来评测教徒信仰程度的一种仪式，在教堂的走廊里放置九根柱子象征着异教徒与邪恶，而石球代表着正义，教徒们认为用石球击倒木柱可以为自己消灾、赎罪，击不中就应该更加虔诚地信仰天主。由于这项仪式充满着趣味性，后来逐步传入民间演变成一种与宗教信仰无关的游戏。至公元10世纪初，草地保龄球开始在北欧流行。历史学家们认为，草地保龄球是由古罗马军队带入欧洲的。由于这一游戏所需的器械非常简单，只需几个光滑的圆球，所以这种游戏在各地自行发展起来。1299年，英格兰建立了首个草地保龄球俱乐部，至今该俱乐部一直存在。

英国是开展草地保龄球运动最普及的国家，并且发展到许多殖民地国家，例如，加拿大、澳大利亚、新西兰、南非，还有美国。在英国有两种类型的草地保龄球场——平坦型保龄球场和龟背型保龄球场。1992年，在英国估计有5 200个平坦型的草地保龄球场和3 500个龟背型草地保龄球场，超过100万人定期玩草地保龄球。

1690年，驻扎在北美新阿姆斯特丹的荷兰殖民者将草地保龄球传入北美。然而，使草地保龄球在北美流行开来的却是那里的英格兰人和苏格兰人。他们相继在波士顿和纽约建造了一些草地保龄球场地。由于草地保龄球是英国殖民者开展的游戏，在美国独立战争之后曾被认为是一种赌博的游戏而被取缔。但后来经过改头换面，从而巧妙地躲避了禁令的限制，使之延存下来。1876年，一位名叫克里斯蒂·斯彻普弗林的美国人在新泽西州建造了草地保龄球球场。随后，草地保龄球开始在美国盛行起来。1915年，美国建立了全美草地保龄球协会，20世纪30年代，草地保龄球的发展在美国达到顶峰。许多市政公园内都建有草地保龄球球场。1978年，美国举办了全国草地保龄球赛。两年后，在澳大利亚墨尔本举行世界草地保龄球锦标赛，吸引了来自24个国家的保龄球爱好者。

草地保龄球运动在18世纪80年代正式传入中国，新中国成立后，大陆不少球场被拆除，最后保留下来的只有天津老干部俱乐部(原英国乡村俱乐部)、上海锦江俱乐部(原法国总会)、上海体育俱乐部(原西侨青年会)等寥寥几家。新中国首座草地保龄球场，位于广州市越秀公园鲤鱼头体育活动区，1990年3月开始施工，5月建成，是由澳大利亚人罗伯特·邦迪先生捐赠并指导建设。但草地保龄球运动在中国香港得到了发展。1900年5月，4个苏格兰人在九龙诺斯福台进行了第一次比赛。其后他们组成了第一个球会，也就是今天的“九龙草地滚球会”。1908年，“香港草地滚球总会”成立。香港现在共有30个草地保龄球球会，有6个公众球场及13个私人球场，分布在港九及新界各地，大约有3 000多名球员经常参与各种不同类型的草地保龄球活动。

4.1.2.2　比赛规则

国际标准的草地保龄球比赛是在平坦型的正方形或长方形草坪上进行。比赛所用的保龄球是木制的，带有轻微的偏心。球面分为滚动表面和刻有标记的两个侧面，四个规格相同为一套滚球。传统的滚球为黑色、棕色，后来兴起绿色、黄色、橙色，直径为116~131 mm，重1.59 kg。另外有约为60 mm直径的白色小球作为目标球。比赛开始球员在赛道上铺下垫子，站立垫子上沿赛道中心线发出目标球，并将目标球移至中心线。双方球员轮流发出滚球去接近目标球，因为滚球的偏心使其可以以弧线滚动，使自己的滚球更加接近目标球，在双方球员发出所有滚球，最终以目测或尺量决定最近目标球之滚球，计算得分。草地保龄球比赛可分为男子、女子和男女混合赛事。同时，又分成单人赛、双人赛、三人队际赛和四人队际赛。

单人赛比赛双方各一名球员，每人四个球，轮流发出共8个球为一局，以先取得25分的一方为胜，不限局数。

双人赛比赛双方各两名球员，每人4个球，轮流发出共16个球为一局，比赛21局，得分高的一方为胜。

三人赛比赛双方各三名球员，每人3个球，轮流发出共18个球为一局，比赛18局，得分高的一方为胜。

四人赛比赛双方各四名球员，每人3个球，轮流发出共18个球为一局，比赛18局，得分高的一方为胜。草地滚球分单人赛、双人赛、三人赛和四人赛。但以三人赛或四人赛更具特色。这是一种小团体配合作战的玩法。以四人赛为例，通常1号、2号球手的任务是尽量让球靠近目标球，而3号球手则必须根据当时我方的形势，如果有利的话就做保护，如何不利的话，就对对方的优势位置进行破坏。

与平坦型草坪保龄球一样，龟背型草地保龄球也是把球尽可能滚至比其他选手更靠近目标球。球比平坦型草地保龄球的要小，直径和重量也不是非常严格。龟背型的草地保龄球可以沿任何方向运动。草地的不规则性意味着当两人以上同时玩球的时候会产生一定的干扰。

4.1.2.3　场地规格

国际标准的草地保龄球比赛必须在平整的草坪上进行。场地规格为37 m×37 m的正方形(最小标准)至40 m×40 m的正方形(最大标准)(图4-2)。球场面必须水平。球场内分7个平行区域，宽度为5.48~5.79 m，宽度可以减少到4.27 m，用于一般比赛。每个区按顺序编码，最大容量是可同时有 7 个组开展比赛或进行娱乐活动，因此球场的周围要有较为宽阔的活动范围和一些附属的服务设施如休息室、更衣室、酒吧、停车场等。一般外围的栏杆、过道占地 3~9 m。采用园林手法美化装饰球场，使参加活动的人们置身于一个环境优美、景色宜人的场所，让身心娱乐达到更好的效果。

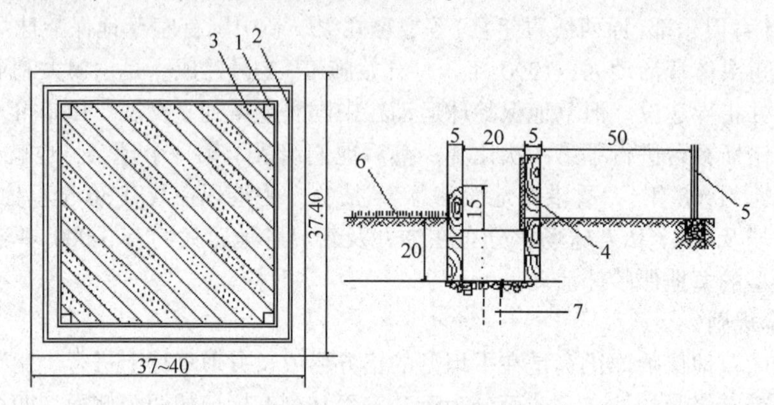

图 4-2 草地保龄平面图及沙槽(单位：m)

(引自韩烈保，2011)

1. 水准桩；2. 沙槽；3. 草坪花纹；4. 橡皮板；5. 护栏；6. 保龄球场草坪；7. 排水孔

在欧洲和一些英联邦国家，龟背型的草地保龄球场地很流行。在这种场地上，保龄球打球的方向可以是任意的。龟背型草坪保龄球也是一样的正方形大小，但是可以扩增到 54. 9 m×54. 9 m。场地表面坡度从四周到中间缓慢向上。沟渠和场地大小要求远不如平坦型保龄球场地严格。

4. 1. 2. 4 场地质量要求

草地保龄球场因球要在草坪表面滚动，因此，要求场地表面必须平坦、紧实和顺滑，草坪表面质地纤细、均一、光滑、致密，为球的滚动提供良好条件。草地保龄球场中的草坪草，必须具有耐低修剪、耐强度修剪、耐磨损和叶子质地纤细的特征，恢复能力要快。草地保龄球场地只有在干燥和紧实的状态下才能表现最好，球速较快且稳定，因此，在赛季期间，场地的浇水必须少量，要严格控制。草地保龄球场场地使用质量可通过平整度和球速来衡量。

平整度用水准仪或 2 m 塞尺测量。水准仪测量，按 2 m 方格网放点，整块场地表面高差以 ±10 mm 为优良，±15 mm 为可接受水平；相邻点测量点高差以 ±6 mm 为优良，±10 mm为可接受水平。2 m 塞尺测量，高差以 ±1. 5 mm 为优良，±2 mm 为可接受水平。

球速为保龄球在草坪上滚动一定距离所需要的时间。滚动时间越长，则表明球速越快，场地质量越好。测定前要求 1 h 内的降水量不能超过 5 mm，5 h 内降水量不能超过 10 mm，10 h 内不能超过 15 mm，24 h 内不能超过 25 mm。测定时，将一个目标保龄球放在离保龄球发球垫 27. 4 m 的位置，让球手挥滚保龄球，仅记录保龄球从垫上开始滚动到停止在离目标球 0. 15 m 范围内所运行的时间(s)，3 次有效记录的平均值即为球速。在英国，理想的球速是 12~13 s，9 s 为慢，14 s 为快。但在新西兰，由于草地保龄球场主要用阔叶的山芫荽属(*Cotula* L.)植物建植，球速较慢，14 s 为慢，16~18 s 为可接受水平。

上述球速测定是针对平坦型保龄球场的，对评价龟背型场地此测定没有实际意义，原因在于龟背型场地表面有坡度。

4.2　草坪建植

4.2.1　坪床建造

4.2.1.1　场地清理

在进行坪床建造时首先要对场地进行清理，清除场地内的障碍物，如石块、树根、瓦砾、杂物、杂草等，这些障碍物一般都是可以用人工清除的。木本植物、岩石、瓦砾及多年生杂草清除要求比较高，木本植物要彻底清除地下的树根以避免残体腐烂后形成洼地，破坏草坪的一致性，也可防止蘑菇、马勃的发生。在清除较大岩石和瓦砾时，应注意床面以下60 cm都要清除掉并用土填平，避免形成水分供给能力不均的现象；而地表以下20 cm土层内的小岩石和瓦砾，要用耙子耙除，也可用拣石机械清除。对于种植多年生的土壤，应喷杀菌剂、喷杀虫剂或进行毒土处理。此外，还应翻耕地面，以改善土壤通透性，提高持水能力，减少根系刺入土壤的阻力，增强抗侵蚀性和践踏表面的稳定性，再用孔径为2 cm的筛子将土壤全部过筛，厚度为30 cm，筛出部分运至场外。

4.2.1.2　排水与喷灌系统

（1）草地网球场

排水在湿润地区是草坪生长良好的关键，因此，准备坪床的第一步是根据建坪地的降水量和球场的位置提出正确的排水系统设计。通常球场排水采用地表径流和地下渗透两种。网球场因要求灌溉后30 min内就能进场打球，故一般采用暗管排水。细修底面坡度，挖排水沟，设置地下排水暗管，排水管采用塑料波纹排水管，排水支管采用45°斜三通与干管连接，排水支管间距为2.8 m，排水管最小铺设坡度为0.5%，排水主支管分布如图4-3所示。排水管端部需加盖或包60 cm宽的无纺布，为防止鼠害，可在场地四周设硬塑橡胶或硬塑料网。排水管道的管沟开挖成18 cm×18 cm，沟边角要修成弧形，底部要夯实，以利于排水。在排水管道下面还要有隔水层，故在开挖排水管沟之前要将土夯实，做到不透水或是少量渗水，这样有利于地基稳定。地下有孔管道排水一般采用PVC管，注意整个管网的坡度不得小于1%，坡度越大越有利于排水。要注意如果管网被淤泥阻塞，应及时疏通。

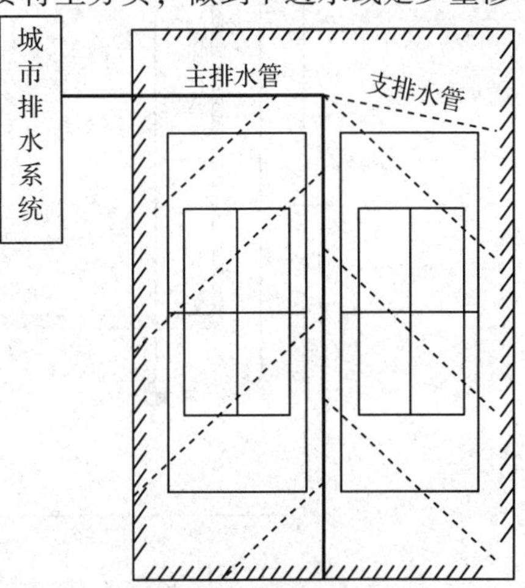

图4-3　草地网球场排水管设置
（引自韩烈保，2011）

喷灌系统为草地网球场在缺雨季节补充草坪生长所需要的水分，是满足草坪正常生长需要的一种设施。喷灌系统采用地埋、自动升降式系统，隐蔽效果好，对运动员安全。网球场一般设计有6个喷头，即在球场缓冲区外的4个角处各安装1个可旋转90°的喷头，而在球场两边沿缓冲区的中间各安装1个可旋转180°的喷头。网球场要求场地偏干旱，因此灌溉系统的开启和工作最好手动控制，而不要采用全自动装置。在注意喷头型号的选择，对于土壤黏性较大的球场要选择出水量较小或旋转较快的喷头，以保证土壤表面不会过快饱和，造成积水。

(2)草地保龄球场

草地保龄球场坪床结构多采用高尔夫球场果岭结构的排水模式。种植层下设置排水层，英国在种植层与砾石层间设置有5 cm厚的粗砂过渡层，砾石层粒径为8~12 mm，厚度为15 cm。砾石可采用粉碎过筛的玄武岩或大理石、过筛冲洗的河石。砾石层下布设盲沟排水系统，平行排列，间距为5~10 m，并保持1:100的坡度，采用聚氯乙烯或聚乙烯管道，管径为60~110 mm，管道铺设后回填砾石。如果当地有深且自由排水的沙层，则可省略排水系统。龟背型保龄球场的排水系统除了地下排水管道外，还应结合地表排水，将表面建成龟背型。

草地保龄球四周布设沟渠，起排水和阻挡保龄球的作用。国际保龄球委员会制定了沟渠规则，然而在一些国家对具体沟渠大小有一些较小的变化。沟渠最小宽度必须为200 mm。最大宽度为280 mm。沟渠内的沙或任何合适的松散材料在球场水平下不能超过25 mm。从外沟壁测量的堤面要么垂直，要么朝着草地倾斜，以便在表面上255 mm点处突出端不超过50 mm。不同国家对沟渠设计有很大不同，可由混凝土纤维预制或有排水孔的玻璃钢建造，承受保龄球冲击的保护面可以是橡胶或人造草皮。

灌溉对保龄球草坪表面质量及球速影响很大，设计要确保场地灌溉均匀。灌溉系统可采用3×3设计，共9喷头，即在正方形球场的4个角上各安装一个可旋转90°的喷头，在球场的4条边的中点各安装1个可旋转180°的喷头，而在场地正中心则安装1个可全方位旋转的喷头。这样在灌溉草坪时，只要水压稳定，所选喷头符合设计射程，场地中各处所能得到的水就能保证最大限度的一致(图4-4)。

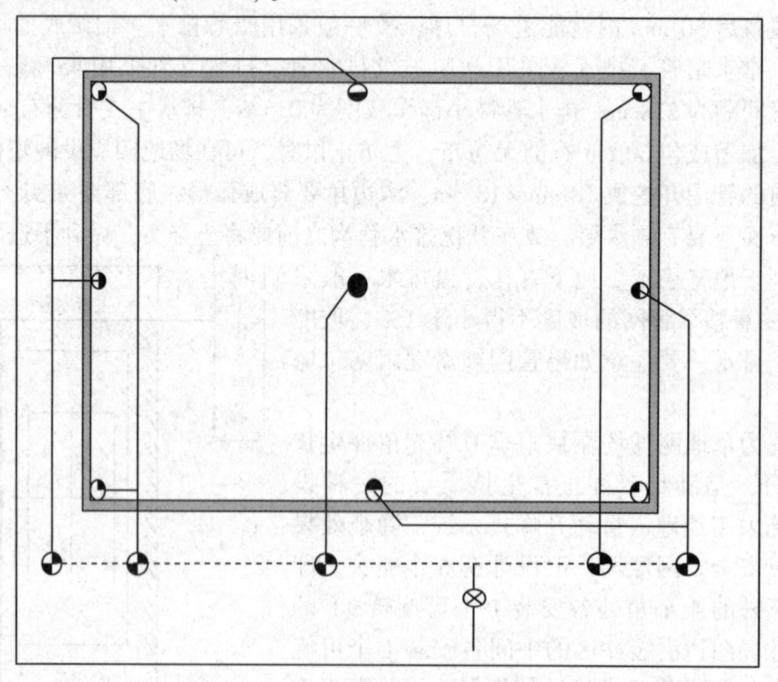

● 360°旋转喷头，◓ 180°旋转喷头，◔ 90°旋转喷头，◑ 控制阀，⊗ 闸阀

图4-4 草地保龄球的灌溉示意

(引自 Jim Puhalla，1999)

4.2.1.3　土壤改良

坪床处理是指在新建草坪之前对草坪的坪床土壤进行整治和改良，使坪床土壤结构和营养达到草坪植物正常生长所需条件和状态的过程。

草地网球场要求场地坡度很小，为了避免出现地表积水，土壤必须具有良好的渗透性，可采用以沙子为主的种植层，一般含有 80% 或更多的沙子，并且与有机质混合。这样的土壤不仅具有一定的保水能力，同时也具有良好的排水性能，降低土壤板结，尤其在踩踏比较集中的区域。但沙质坪床的稳定性较差，一旦草坪磨损退化，坪床表面会较松散，运动员的抓地力明显下降。由于这个原因，许多草地网球场使用壤质土作为种植层材料，可用 40% 塘泥 +40% 细沙 +20% 有机改良剂或是 30% 田园土 +50% 河沙 +20% 有机改良剂。多雨地区采用自然土壤: 有机质: 沙为 2∶3∶5 的比例进行处理。这类壤质土坪床不仅能向草坪生长提供必要的养分和水分，同时还要为运动员提供紧实、快速、稳定的打球表面。

草地保龄球场种植层多是采用排水良好的沙质土壤，但在不同国家和地区，坪床的厚度及沙的粒径与高尔夫球场果岭坪床结构有所不同。英国保龄球场要求种植层厚度为 11.0~12.5 cm，澳大利亚要求该层厚度为 20 cm，美国则为 25 cm。英国建议粒径为 0.25~1.0 mm 的沙至少要占 75%~80%，美国推荐沙的粒径为 0.2~0.4 mm。总体上，草地保龄球场沙的粒径较细。

土壤的改良还包括酸碱度等化学性质的调节。对于盐和碱含量较多的土壤，一般情况下都采用漫灌溉洗的方法，将过多的盐分和碱分溶解排除掉，灌水时加入少量的硫酸亚铁，效果更好。还可以在土壤中施入有机肥、泥炭，这些物质有利于缓冲土壤碱性，提高土壤保水、保肥能力、改善坪床结构，是盐碱地区坪床土壤改良的一项重要措施。对于南方地区酸性土壤，可施入生石灰或是碳酸钙粉，其目的是调节土壤的 pH，施入的量依具体情况而定。

4.2.1.4　坪床平整

草地网球场和草地保龄球场对场地表面的平整度、紧实度要求很高，因此回填坪床土壤时，应按设计标高分层铺设镇压，每层回填厚度不超过 10 cm。最后灌水使土壤自然沉降，待土壤干到适宜进行平整作业时，再进行平整。平整之前，首先要根据设计图纸沿等高线间隔 3 m 打桩，标出各点的标高，再进行耙平、镇压和拖平工作，直至达到设计要求的高程及坡度，场地表面顺畅为止。最后，施入草坪苗期所需要的种肥，轻耙使之与土壤均匀混合。

4.2.2　草种选择

草地网球场和草地保龄球场要求草坪低矮，质地细腻、光滑，耐践踏，因此，所选用草坪草必须具有耐低修剪、耐强度修剪、耐磨损和叶子质地纤细的特征。常用的草种有狗牙根、匍匐翦股颖、细叶类羊茅、多年生黑麦草以及草地早熟禾，其中杂交狗牙根和匍匐翦股颖应用较为广泛。

对于草地网球场，在北方冷凉地区，细叶羊茅类和多年生黑麦草的混配在草地网球场上应用较普遍，可采用 60% 多年生黑麦草 +40% 细弱匍匐紫羊茅、30% 多年生黑麦草 +50% 细弱匍匐紫羊茅 +20% 邱氏羊茅、30% 多年生黑麦草 +30% 细弱匍匐紫羊茅 +35% 强壮匍匐紫羊茅 +5% 细弱翦股颖、100% 多年生黑麦草(4 个品种混合)等方案。在南方温暖地区，草地网球场主要采用杂交狗牙根，冬季可盖播多年生黑麦草。

对于草地保龄球场，在温带冷凉地区，多年生黑麦草、邱氏羊茅和翦股颖最常用。常用的翦股颖种类是细弱翦股颖、旱地翦股颖、匍匐翦股颖。纤细型的冷季型混播组合较常用，有时也可与细弱匍匐紫羊茅和硬羊茅混合种植。在英国常用的一个草种混合配方是80%的细叶羊茅类和20%翦股颖(重量比)，还可采用50%细弱匍匐紫羊茅+50%邱氏羊茅、40%细弱匍匐紫羊茅+30%邱氏羊茅+30%硬羊茅、50%细弱匍匐紫羊茅+30%邱氏羊茅+20%细弱翦股颖、30%多年生黑麦草+50%细弱匍匐紫羊茅+20%邱氏羊茅等组合。举世闻名的温布尔登草地网球场地的草坪配方曾采用70%的"Lorina"多年生黑麦草和30%"Barcrown"细弱匍匐紫羊茅。2001年至今，该球场始终采用100%的多年生黑麦草以提高草地的持久性和耐践踏性。在新西兰，采用小糠草与邱氏羊茅(种子重量比例为2:1)，但更多的草地保龄球场地采用阔叶草——山芫荽属(*Cotula* L.)植物来建植。这种植物耐磨性好，运动性能很少受雨水和露水的影响，在冬季、暖季和旱季都可使用，使用时间长于一般禾草草坪。与禾草相比，芫荽菊养分需求少，但对干旱很敏感。当禾草因干旱呈干枯状时，芫荽菊则处于休眠状态。而在热带和亚热带地区，草地保龄球场常选用杂交狗牙根或改良型狗牙根、海滨雀稗等。

除上述草坪草外，有些国家对马唐属、狼尾草属和结缕草属也进行了尝试。例如，昆士兰马唐在澳大利亚的草地网球场和草地保龄球场地应用较为普遍。

4.2.3 草坪建植

草地网球场和草地保龄球场草坪的建植方法有种子繁殖和营养繁殖两种。种子繁殖一般采用种子直播方式，要严格按播种程序操作，目的是做到均匀播种，播种后用无纺布进行覆盖，确保出苗整齐。营养繁殖常用撒植和铺植方式，穴栽和条植方式因为成坪均一性很难得到保证，很少采用。撒植要求种茎活力强、规格一致，撒布均匀，覆沙厚度适中一致，滚压均匀，保证草坪营养茎的成活率和坪面均一平整。铺草皮是成本较高的建植方法，但建植速度快。铺设的草皮应尽量薄，以利于迅速生根。草皮块可用人工或用机器水平自动铺展。对草皮应尽量避免过分的伸展和撕裂。相邻草皮块间应尽量错开，使收缩而产生的裂缝为最小。草皮铺装后，应进行轻度的滚压，使草皮与土壤均匀接触。

4.2.4 幼坪养护

出苗阶段灌水要遵循"少量多次"的原则，既要保持土壤湿润，又要使幼苗不会淹水，以免"种子"漂浮、出苗不均。出苗以后，灌水时间要适当延长，灌水次数相应减少。

当新建草地网球场的草坪草长至2~3 cm时，或草坪盖度达95%时，就可进行第一次修剪。随着修剪次数的增加，修剪高度也逐渐降低，直至达到所要求的高度。当修剪高度已经逐渐降至约1 cm时，即可开始对草坪进行压滚。

播种后幼苗期一定要防止鸟类在苗床上活动，还要防止蚂蚁取食草种，危害幼苗。因此，出苗15 d后，按常规用量喷施10%百菌清600倍液，1周后用甲基异硫磷喷施1次，以防蚂蚁及地老虎。

4.3 草坪养护

草地网球场和草地保龄球场草坪属于精细管理的运动场草坪，与其他运动场草坪的养护管理修剪、灌水、滚压和疏草等。

4.3.1 日常养护

4.3.1.1 修剪

修剪是维持优质草坪的重要管理措施之一，目的在于特定范围内保持顶端生长，控制不理想的营养生长，维持一个美观持久耐用的草坪。草坪的修剪次数、修剪高度都因草坪草的种类、用途的不同而不同，同时与肥料的供给有关，特别是氮肥的供给，对修剪的次数影响较大。草地网球场和草地保龄球场必须用滚刀剪草机修剪，在生长季节几乎每天需要修剪，草地网球场留茬高度为4.0~8.0 mm。冷季型草坪一般要求为5.0~8.0 mm，如温布尔登草地网球场地的修剪高度为8 mm。暖季型草坪草修剪高度较低，一般要求为4.0~5.0 mm。草地保龄球场修剪高度低于草地网球场，适宜的修剪高度为3.0~5.0 mm，但在秋季赛季结束后修剪高度可逐步提升至8 mm，以利于草坪草越冬，并有助于来年返青。

4.3.1.2 灌溉

土壤湿度对网球和保龄球的弹性和球速影响很大，因此，草地网球场和草地保龄球场要求场地偏干旱，以使草坪表面变得较为坚硬，对球保持足够的弹力，并减少运行阻力，提高球速。灌溉系统的开启和工作最好手动控制，而不要设置为全自动控制，以避免灌水过量。选择雾化程度好、出水量较小或旋转较快的喷头，以保证土壤表面不会过快饱和，造成积水。同时要确保场地灌水均匀。灌水不匀或需要特殊养护的地方可人工浇灌。

4.3.1.3 滚压

草地网球场和草地保龄球场对场地的平整度和紧实度要求很高，滚压是一种保持草坪表面均匀一致和为了防止土壤变形影响球的弹性而采取的提高土壤坚固性的日常养护措施。其作用：①能增加草坪草分蘖和促进匍匐枝的伸长；②可使匍匐茎的浮起受抑制，使节间变短，草坪密度增加，增加球场草坪硬度；③生长季节滚压，使叶从紧密而平整，从而使球场平整；④可以抑制杂草入侵，减轻杂草防除工作。草地网球场和草地保龄球场因为经常滚压，为避免土壤紧实板结，滚子的重量较轻，一般在250 kg左右。

4.3.2 赛时养护管理

4.3.2.1 比赛前的养护管理

(1)修剪除杂

在比赛的前期要及时地清除草坪场地上的杂草与杂物，否则既影响美观又不利于比赛的进行。修剪要根据比赛的要求在赛前提前开始调整剪高度，以使正式比赛时草坪高度满足比赛要求。修剪的次数也要增加至一天两次，最好是每天的上、下午各修剪一次。

(2)灌溉滚压

灌溉也是赛前准备工作中一项十分重要的措施，既要考虑实际土壤含水量情况，又要考虑坪床结构的排水性能及当时的气候条件等。灌溉的总体要求是少量多次，以保证坪面坚实，打球性能好。为了确保比赛时草坪表面具有适宜的硬度和干燥度，一般在比赛前24~48 h应停止灌溉。灌溉时还应注意，在一些过度践踏区域如中场、边线区等，应避免浇水过多，因为这些区域由于践踏强度较大，往往土壤紧实程度严重，且这些区域草坪易退化而出现裸地，一旦浇水过多，则会出现泥泞积水等现象，从而严重影响着球场使用质量，对于这些特殊区域可采用手动的方式进行浇水。

草地网球场和草地保龄球场的滚压是一项很重要的养护措施，比赛季节一般一天滚压两次，分别在比赛的前后进行。滚压的目的是使草坪的表面更加坚实平整。

(3)画线

在进行必要的修剪和滚压后，赛前的最后一项准备工作就是按照比赛标准要求对网球场画线。均匀一致而且清晰确定的标线不仅看起来美观，而且对于球员和观众来说，它对运动规则的执行十分关键。

画线时还应注意以下几点：当草坪很湿时不宜涂漆，此时油漆易随水扩散而使场地界限不鲜明；不能涂得过厚，薄薄地涂上一层就能在长时间内清晰可见，否则油漆便会在草皮上结成硬块，使草皮更易磨损；在正式比赛前，一定要保证油漆完全干燥，否则未干的油漆很容易黏在运动鞋或衣服上，造成污染。

4.3.2.2 比赛后的养护管理

比赛后应及时清场，除灌溉、施肥外，还要进行修剪，注意损坏草皮的修补和镇压等。修复常用的方法是将种子和土壤混合来覆盖损坏严重的草皮，并轻轻滚压。对于草皮严重损坏以至无法修补的地方，要铲除原草皮，进行基础平整，添加土壤，重新铺植新草皮，然后滚压。需要强调的是，添加的土壤一定要与原来的土壤质地一致，以避免土壤产生分层现象，影响坪床的排水性能。最后，对赛后的草坪进行及时的灌溉和施肥，以加快草坪的恢复速度。

4.3.3 草坪更新

草地网球和草地保龄球对场地的质量要求很高，要求场地平坦、硬实。但随着时间的推移，枯草层积累和土壤板结是球场面临的两个主要问题。草坪生长过程中会不断产生枯枝落叶，这些枯枝落叶逐渐累积形成枯草层。枯草层过厚不但影响球的反弹和运行速度，还影响坪床的排水性能；另一方面，由于运动员对场地的不断使用践踏，导致坪床土壤日益板结，不但影响坪床的排水性能，也影响草坪根系的生长，草坪质量因此下降。

枯草层的控制对草地网球场和草地保龄球场比赛质量至关重要。草地网球场枯草层厚度最好是控制在 1.3 cm 以下，草地保龄球场应控制在 6 mm 左右。控制枯草的措施除了将修剪的草屑收走外，可通过疏草、打孔、覆沙等更新措施减少枯草层，而且这些措施也会减轻土壤板结状况，增加土壤通透性，促进草坪草生长。但这些更新措施一定要控制好强度，以不破坏坪床的平整度为限度，如可以采用高压水枪打孔、实心打孔等不会影响坪床表面质量的更新措施。但为了维持草坪健康生长，空心打孔还是必要的。空心打孔一年可进行 4 次。在北方对冷季型草坪来说，赛季前的春季进行 2 次，赛季后的秋季进行 2 次。在南方地区，由于草基本上全年都处于生长状态，打孔可安排在比赛间歇期进行，打孔后可通过封场，让草坪得到恢复。一般打孔后要进行滚压，以保证场地的平整度。如果场地草坪退化严重，打孔后可配合补播、覆沙和滚压等综合更新措施，使草坪得到完全更新，场地质量水平得到全面提升。

此外，与其他运动场草坪相比，草地网球场和草地保龄球场由于坪床含有一定壤质土，质地较为黏重，如果场地经过多年使用后枯草层积累过多，土壤中蚯蚓数量大量增加，其在土壤表层的穿行会产生许多疏松的小土垄，严重影响场地表面的紧实度和均一性。蚯蚓可使用一些含有茶碱的生物农药进行防治，并配合改良土壤酸性，减少枯草层，控制土壤湿度等措施进行综合防治。

对平坦型的草地保龄球场来说，各球道使用强度不一致，边线附近践踏严重，都会导致整个场地表面质量差异明显，从而对比赛的公平性造成影响。这一问题可通过调整球道宽度、改变球道位置及数量等方式，使场地各区域得到平均利用，使球场表面质量尽可能趋于一致。

本章小结

本章对草地网球和草地保龄球的发展历史、比赛规则、场地规格和质量要求等进行了概述。通过本章的学习，可了解草地网球和草地保龄球运动的基本知识，熟悉草地网球场和草地保龄球场草坪建植与养护管理主要技术内容，掌握草地网球场和草地保龄球场对草坪质量要求的差别和养护管理关键技术措施。草地网球和草地保龄球运动项目都是在精细草坪上进行，对草坪质量的要求很高。草地网球场不但对场地表面的平整度、硬度、弹性要求极高，而且对草坪草的耐践踏性和恢复能力也要求极高，可以说，草地网球场草坪养护管理是所有运动场草坪中最有挑战性的工作。草地保龄球场对场地表面的质量特别是平整度和一致性要求很高，但对草坪草的耐践踏性要求一般。由于草地网球场和草地保龄球场使用特点和质量要求不同，二者在坪床结构、草种选择及养护管理技术上还是有所不同的。

思考题

1. 简述草地网球场和草地保龄球场草坪质量的特点。
2. 比较草地网球场和草地保龄球场草坪坪床结构、土壤特性的异同。
3. 比较建植草地网球场和草地保龄球场的草坪草种类有哪些异同？为什么？
4. 草地网球场和草地保龄球场草坪常规养护措施有哪些？
5. 草地网球场和草地保龄球场赛前、赛后养护需注意哪些方面？
6. 草地网球场和草地保龄球场长年使用后容易出现哪些问题？如何解决？
7. 中国适合发展草地保龄球运动吗？为什么？

第5章 赛马场

赛马(horse racing)是一项古老的运动项目。从古老的草地狩猎生活到现代的都市生活，赛马就一直伴随人类社会。18世纪之前，以马为竞赛目的的赛马、赛车、障碍赛和跳越赛在欧洲贵族中已经流行，这些赛马活动在当时只有帝王将相才能够玩得起，被称为“王者的运动”。今天，赛马由于与博彩业联系起来，影响十分广泛，已遍及世界各地和社会各个阶层，成为当今世界公认的“运动之王”。

5.1 概述

5.1.1 发展简史

赛马运动是一项深受人们喜爱的体育运动，也是集体育、娱乐为一体的运动，其形成与人类历史的发展颇有渊源。在早期的人类历史中，马匹常常被作为一种交通运输工具，在战争中也被大量使用，而在运动和娱乐方面却有一定的欠缺。古希腊诗人荷马在他所著的史诗《伊利亚特》中提到过用马牵引战车进行比赛，这是有关赛马的最早记录。公元前776年在希腊举行的首届奥林匹克竞技会中，赛马就是其中的竞技项目，优胜者获以橄榄枝冠和塑像，作为奖励。在我国古代，周朝有“六艺”之说，即“礼、乐、射、御、书、术”，其中“御”即为驾驶马车，是当时教育的重要内容。在我国古代也有“赛车”运动，即驾驭马车追逐比赛，这也是较量“御”技的一项赛事。到春秋战国时期，赛马运动在达官贵族中甚为流行，至今还流传着“田忌赛马”的故事。据记载，汉魏时期已经有了马球、马戏，唐代时马术已经有了较高的水平。至元代，因“元起朔方，俗善骑射”，赛马之风盛行。清代由于不允许异族养马，从而导致赛马、马术的衰败。

而在民间，赛马成为我国北方草原少数民族的一项传统体育项目，代代相传，至今不衰，深受各族人民喜爱的运动。尤其是蒙古族，素有“马上民族”的美称。每年夏天，富有民族特有的赛马会——那达慕赛马，都会在北方草原的各个角落上演。在西南少数民族地区赛马也很盛行。与此同时，我国也培育了一些较好的赛马品种如蒙古马、伊犁马、三河马，但与国外的汉诺威马、阿拉伯马、英纯血马等相比，在体型、速度、耐力上都有很大差距。

传统的赛马多在天然草地上进行，娱乐意义大于比赛，而现代意义上的赛马因其带有了博彩性质，为此制定了严格的运动规则，要求在高质量的赛马场上进行。赛马场除包括原来的赛马跑道外，还包括看台、设施内场地、胜马投票卷发售台、停车场、商店、酒吧等服务设施。

英国是世界上设立赛马场最早的国家，于1540年在奥切斯达市创办了第一所赛马场，并培育出赛跑速度为世界之冠的英纯血马种。历史上记载的最早赛马会举行于英国伦敦的史密斯菲尔德市。法国的赛马历史比英国短，法国从16世纪以来就热爱马匹，完善马政，将赛马同马匹改良结合起来。法国赛马的特点是全面发展，经常举办平地速度赛马、速步轻驾车赛马及跳越障碍赛马，赛马场多集中在巴黎地区。世界赛马协会设在巴黎，每年10月举行一次会议。美国是世界赛马大国之一，早期的赛马引自英国，并在许多方面超过英国。澳大利亚的第一次马会举行于1810年。1838年，墨尔本赛马俱乐部宣告成立，但是直到1867年才开始举办墨尔本赛马大会，该项赛事至今还享誉全球。澳大利亚按人口平均，为世界上赛马最发达的国家。前苏联也是世界赛马大国之一，赛马场最多时超过100所。其赛马始于18世纪，由于国土幅员广阔，又因军队的需要，把发展赛马视为国策。根据20世纪90年代统计，欧洲、北美洲、南美洲、大洋洲、亚洲、非洲均有赛马场，其中部分场地为草坪场地，以澳大利亚草坪赛马场最多，达400余个，其次为法国，200多个，英国、美国、新西兰等国40~60个，日本及南非各有10余个。

我国现代的赛马活动始于1850年，到20世纪30年代，除香港赛马场外，全国的赛马场也达20多个，上海跑马厅在新中国成立前曾一度成为亚洲最大的赛马场。新中国成立后，我国赛马运动因历史原因一度中断，1992年以后又恢复赛马，截至2014年共有6座赛马场。

5.1.2　比赛规则

赛马方式有多种，主要为马术比赛和速度赛马，比赛规则也不尽相同。

5.1.2.1　马术比赛

马术比赛在于使马的体格与能力得以均衡发展。通过良好的训练，使马匹养成既沉静、顺从、轻松、柔软、灵活，又富于信赖感、注意力及机敏性，从而达到人马一体的效果。奥运会马术比赛项目有花样骑术、三日赛和障碍赛。

(1)比赛要求

马匹要求步调自如规整，运动协调、轻快，不勉强，靠旺盛的奋进力，使前肢更为轻快，后躯充分踏进，并且始终保持顺从性，无紧张感和抗拒行为，受衔良好，最终达到人马和谐的效果。骑手要求按规定着装，给马匹佩戴的马具也要按规定佩戴，以不影响马匹的呼吸、视力、运动为准则。

(2)比赛规则

①花样骑术　又称盛装舞步骑术赛，被形容为马的芭蕾表演。选手在60 m×20 m的场地里进行3轮比赛(1轮团体赛、2轮个人赛)，通过骑师发出的信号，马匹要在规定时间内作出行进、疾走和慢跑等规定动作来展现马匹和骑师的协调性、马匹的灵活性以及马匹对骑师的驯服程度，力求给裁判和观众留下马匹完全是在自己的意志下完成动作的印象。裁判根据动作的难度、表现力和流畅性打分。

团体赛为个人赛的资格赛，前25名进入个人决赛。每个国家(或地区)限3名骑手入围。个人决赛的第一阶段后取前15名进入有配乐的自选盛装舞步决赛。两者成绩相加分数最少者获胜。

盛装舞步比赛耗时4 d。首轮比赛分两天进行，将决出盛装舞步团体赛的名次和首批25个进入第二轮的名额。第二轮难度增加、时间缩短，将产生15个进入第三轮的选手和马匹。

第三轮为自选动作。

②障碍赛　障碍赛考验马匹的速度和动作的准确性，要求马匹在规定的时间内按顺序跨越12~15个水池、模拟石墙和横竿等障碍，每个障碍不高于1.6 m。在跨越过程中碰倒障碍、拒绝跨越、摔倒、顺序出错或者超时都将被扣分。规定障碍全部跳完后，必须通过终点标志杆，比赛成绩方可有效。最终罚分少、时间快者为优胜。每超时1 s罚1分。马匹第一次拒跳罚4分，第二次拒跳或马匹摔倒将取消参赛资格。马匹撞倒障碍物或马蹄落水将罚4分，骑手落马将罚8分。

障碍赛分3 d进行，首日75名选手和马匹进行个人资格赛。第二天的比赛分2轮，产生团体障碍赛的名次和进入个人决赛的选手。第一轮来自15个协会的最多4名、最少3名选手和马匹参加团体赛的角逐，另有15名选手和马匹参加个人赛的角逐。第二轮，首轮过关的10队进入团体决赛，闯过首轮的另外35人进行个人赛。第三天也分2轮，首轮从第二天闯关的45名骑师和马匹再赛一轮产生20名决赛选手和马匹。第二轮决出个人障碍赛的金牌。

③三日赛　又称综合全能马术赛，由盛装舞步、耐力赛和场地障碍赛组成。骑手在3日内连续参加3项比赛，第一天进行盛装舞步的比赛，基本包括步伐和步幅姿态等，但是三日赛中的盛装舞步要比单独的盛装舞步比赛简单得多。第二天进行速度、耐力和越野能力比赛，即越野赛。比赛的全程分成5段，骑手必须在规定时间内到达终点，裁判员根据所用的时间长短来评定名次。第三天进行的是障碍赛，内容基本上和障碍赛的单项比赛相同，只是程度要浅一些。以3项总分评定名次。

5.1.2.2　速度赛马

(1)马匹要求

速度赛马马种不限；参加比赛的马匹必须经过调教，必须保证不干扰比赛场的正常秩序，否则取消该马匹的比赛资格；比赛马匹必须年满4岁，方可参加比赛。身体健康，无疾病、疫症，并确能担负起竞赛运动量。参加比赛的马匹一律佩鞍具(鞍屉、镫、肚带)并佩带小勒或大勒。马鞭长度不得超过50 cm，不得有锐刃，严禁佩戴有伤害马匹的任何装备，在比赛前不得给马注射与服用任何刺激性药品。

(2)运动员要求

参加比赛的运动员必须是一人一马，每队可视情况带1~2匹备用马。运动员在比赛前应遵守下列规则：运动员听到检录员点名，应即出场应点，三次点名不到者，该场以弃权论。赛马运动是人马结合体育运动，因之在检录入场时的不仅检查运动员的号码服装，还要检查马匹的号码、装具和接受兽医的检查，发现号码不符、装具不当或马匹有疾病等情况，都不准参加比赛。点名后必须听从检录员的指挥，运动员本人及全套鞍具均须经过测量，方可入场比赛。

(3)比赛规则

起跑：起跑前，运动员必须抽签确定起跑位置(跑道顺序)。发令前，参加比赛的运动员按抽签位置乘马站于起跑线后20 m处，等发令员喊“预备”口令后，即骑手慢步进入起跑栏网(架)，待运动员马匹基本稳定后，发令员发出起跑信号，计时员看到第一匹马的头部通过起点线时，即可启动秒表。起跑时运动员第一次犯规(抢跑)，发令员给予警告，第二次犯规即取消其比赛资格。在起跑最初100 m内，必须沿着自己的跑道前进，不得进入其他跑道内超越前面的运动员，否则以犯规论。

途中：运动员在比赛途中要遵守 10 多项规定，如违反其中规定中任何一项，均为犯规，并取消其该场比赛资格。

终点：马匹的头部任何部分到达终点时，就算跑完全程。到达终点时运动员落马或马匹跌倒时，必须人和马全部越过终点线才算跑完全程，运动员落马后如牵马通过终点线者，不算跑完全程。运动员通过终点线后，仍应沿跑道向前疾行 200 m，才准离开跑道或降低速度。每匹马最少要用三个跑表测量成绩。如果两个以上的马匹同时到达终点，凭目力与跑表不能判定名次时，可根据终点照相或录像判定。

5. 1. 3　场地规格

因为速度赛马影响最为广泛，这里仅介绍速度赛马场场地规格。

速度赛马场地通常与田径场地一样，长方形且两端半圆形或带有直线的椭圆形，其具体规格如图 5-1 所示。

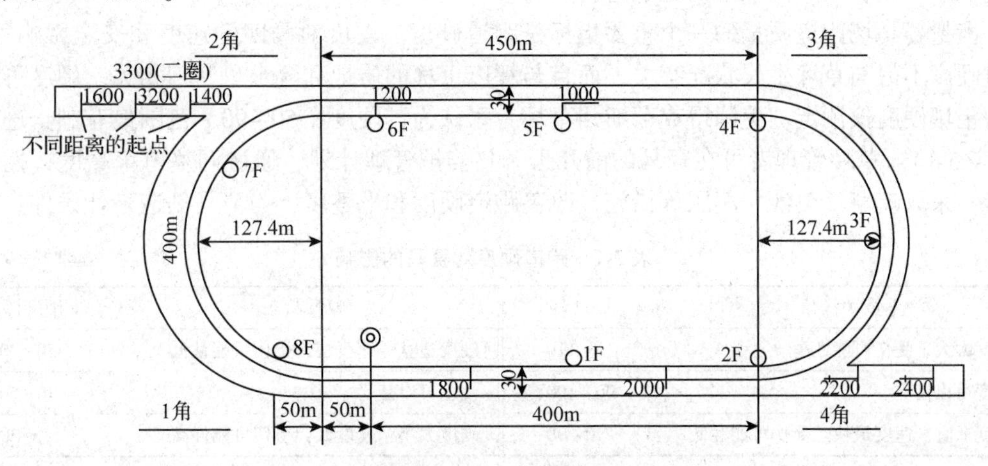

一周距离=1700m　宽度=30m　H.S.直线=400m

1F, 2F,...,8F=裁判站的安全岛　曲线半径=127.4m　曲线距离=400m

图 5-1　速度赛马场场地规格

（引自王铁权，1993）

赛马场跑道一周的长度在 1. 4 ~ 2. 4 km 之间，最小不低于 800 m；宽 42 ~ 50 m，最小不低于 15 m。赛马场末端的圆弧尤为重要，一个设计良好的跑道，其直道末端的弯曲处应尽可能的平缓，弯曲半径要尽可能大，这样，当马匹在弯道以 60 km/h 的速度奔跑时，能够以变化不很大的速度安全通过弯道，奔向直道。弯道通常有 1/15 ~ 1/20 的坡度，以便使马匹远离护栏，增加安全性。在设计直道时，通常有 2. 5% 的坡降，在转弯处，坡降通常为 7. 5%，这样在下雨时，可以使水顺坡流下，形成自然排水系统。多数赛马场跑道面积在6 ~ 8 hm^2之间，跑道外沿设有高 1. 2 m 的木栏杆，内沿设有 60 ~ 80 cm 高的木栏杆（以不超过马镫高度为准），内沿栏杆的支柱必须向跑道方向倾斜，与地面成 60°~ 70° 角，并在顶端安置活动横杆，以免碰撞发生危险。在跑道里每 100 m 设置一个高达 4 m 的木杆，作为距离标志。

5.1.4 场地质量要求

赛马时，马匹与草坪之间的相互作用与其他运动场草坪显著不同。马匹重且速度很快，蹄形特殊，对草坪的践踏和冲击非常严重。马蹄在接触草坪时要经历3个阶段：减速、支撑和推进。在减速阶段，马蹄与草坪之间必须有足够大的摩擦力，以防止马蹄在草坪上打滑，这就要求草坪表面既要有一定的变形又不致断裂。在支撑阶段，作用于马腿上的垂直作用力和作用于草坪上的合力，在一次支撑中大约为马匹和骑士重量之和的2.5倍。在推进阶段，研究表明，如果马蹄能够旋进土壤中，则在水平方向减速很小，因而对提高马的奔跑速度最有利。因此，赛马场跑道上的草坪必须在这三个阶段中既能保证马匹与骑手的安全，又能有效地提高马的奔跑速度。这就要求草坪具有足够的弹性，不仅能在马蹄接触草坪时发生一定程度的变形，还要在马蹄踏过后能很快恢复原状。因此，赛马场草坪土壤要求能够迅速排水，通气良好，水渗透率高，不易板结。而且跑道表面应该有2%~5%的坡度，有利于排走跑道积水，使赛马即使在雨天也能进行。

衡量赛马场跑道质量的一个重要指标是跑道硬度。硬度对马匹的速度和安全影响很大。跑道硬度不但与草坪生长状况有关，而且与坪床土壤的质地和含水量密切相关。硬度可用克勒格土壤硬度仪测定。美国得克萨斯州草坪专家认为，硬度在50~90 g范围最有利于进行赛马(表5-1)。草坪管理者可在赛马的前几天调整养护管理计划，通过调整剪草高度，控制灌水量，采取疏草、覆沙、滚压等措施，改善跑道硬度和平整度，为赛马创造最佳条件。

表5-1 跑道硬度对赛马的影响

草坪状态	硬度(g)	草坪状态	硬度(g)
硬度太大、受伤可能性高	> 110	硬度适宜，速度快，受伤可能性低	50~70
硬度可以接受	90~100	硬度可以接受	30~50
硬度适宜，速度最快，受伤可能性低	70~90	硬度太小，速度低，受伤可能性高	< 30

5.2 草坪建植

5.2.1 坪床建造

5.2.1.1 场地清理

赛马场的基础工程施工前，应清除土壤表层(30 cm以上)中的石块、垃圾等杂物，保证基层结构的一致性和稳定性；如有木本植物的残留物和地下根系，都要清除干净，以免残根腐烂后形成洼地，影响跑道的平整度和均一性。

如果在计划建植赛马场的地方杂草丛生，有害生物肆虐，那么就要使用杀虫剂和除草剂来处理。坪床中的杂草种子、线虫或昆虫的幼虫数量较多时，会对幼坪产生难以弥补的危害。杂草可喷洒非选择性除草剂(草甘膦、百草枯等)杀灭。在有线虫的地区，播种前喷施杀线虫剂可以起到明显的改善作用。在既有线虫又杂草严重的地区，最好的防治方法土壤熏蒸，可杀死土壤中的病虫体和杂草种子及营养体。常用的熏蒸剂有溴甲烷、氯化苦、棉隆等，使用时应注意安全。目前，有些国家禁止使用甲基溴，因为怀疑它有破坏臭氧层的作用。

5.2.1.2　坪床结构与排水系统

坪床是赛马场草坪的基础，坪床的质量不仅决定赛马场草坪质量，也对赛马比赛速度及安全有重要影响。因此，建成质量良好的坪床基础十分重要。坪床通常分四层，从上至下如图5-2所示。

第一层为8～10 cm草坪层，第二层为20 cm表土层，第三层为30 cm砂壤土的底土层，第四层为30 cm砾石层，其有利于渗透水分。这四层总深度为90 cm左右。新西兰、英国、美国和日本的赛马场为了使跑道基础扎实牢固，加入了百分比较高的黏土，可归纳为下面三类：

①黏土50%，黏壤土25%，沙质淤泥壤土25%；

②黏土34%，淤泥黏土22%，淤泥黏壤土22%，淤泥壤土22%；

③黏土45%，沙黏土16%，沙质黏壤土13%，沙质壤土13%，沙13%。

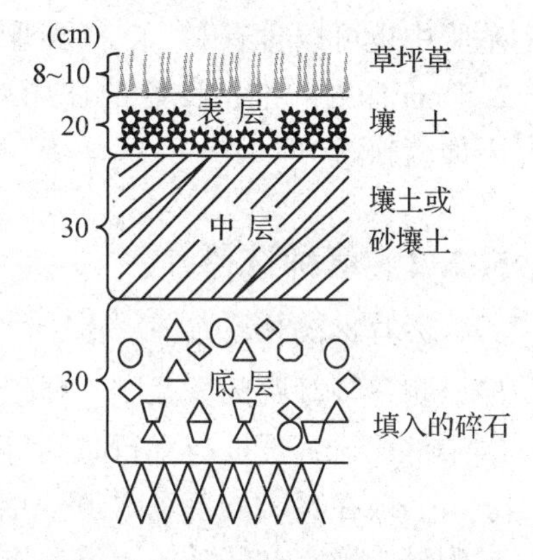

图5-2　草坪赛马场标准剖面图
（引自孙吉雄，1995）

上述土壤配方虽然可使地基稳固，但遇到降雨会使土壤处于潮湿状态，对草坪损害较大，赛马在奔跑时容易“打滑”，对人和马都不安全，易发生事故，所以在降雨与降雨后短期内禁止比赛。因此，对于赛马场跑道来说，土壤中的沙土比例要相对高一些，黏土的比例要小些。这不仅有利于土壤的排水和通气，缓和土壤硬度，可以提高马和人的安全系数，而且有利于草坪草的根系生长，提高草坪的耐践踏性。根系的生长与土壤排水状况密切相关。赛马场跑道草坪地表排水的坡度一般为1%，而地下排水采用较厚的沙层、砾石层以及盲管排水系统，并在跑道两边设置排水沟，与周边市政排水系统相连，整个排水系统蓄积水分能力强，排水效率高，可将地上地下多余水分快速排走。

由于赛马场坪床要承受马匹强烈践踏，坪床的坚固性非常重要。随着科技的进步，目前开发出了许多赛马场跑道的土壤加固新材料，大大提高了草坪及坪床基础的抗压性、抗践踏性和耐磨性。这些加固材料包括：①放置整块合成纤维或地毯在坪基表层或近表层土壤内；②采用网眼10 mm×10 mm，网片大小约为5 cm×10 cm地网织物碎片撒在根系层内；③使用3～4 cm长的聚丙烯纤维撒在根层内。其中以第三项措施效果较好，这样可以减少赛马时马蹄踢出的小草块。在坪床整理好后，直接随机铺于床面下2 cm左右，再在上面播种或铺设草坪。

5.2.1.3　喷灌系统

赛马场喷灌系统设计时一定要考虑到跑道形状或坡度不规则状况，将整个跑道划分为若干个灌溉条件基本相同的区域，布置好轮灌分区，保证每一区域内管道水压一致，喷头大小一致，射程相同，可保证灌水均匀一致。

5.2.1.4　坪床准备

通过对赛马场坪床层全面的土壤分析，可确定土壤的pH值，以及石灰和肥料的需要量。如果坪床准备不合理或者在恶劣的天气或土壤水分条件下进行坪床的准备工作，有可能导致整个建植作业的失败。当土壤含水量过多时作业，尤其是有重型机械设备作业的情况下，会破坏土壤的物理结构，从而引起土壤板结、通气性下降、排水不良等诸多问题。土壤板结会阻碍肥料中的营养物质、水分和空气等在土壤中的运动和深入下层土壤。土壤测定结果也可为土壤施基肥提供依据。施 P、K 肥应在土壤耕翻前进行，并将其翻进土壤 10～15 cm深处，与土壤混合均匀。但土壤测试结果对于确定施 N 量并不可靠，因为测定结果只能说明在测定时土壤中的可溶性硝态氮的量。因此，最好是在播种前施入含氮肥料，混合的基肥中也可以含有 P、K 和 N 肥。在施基肥前，坪床必须平整完毕。基肥应施入土壤表层 2.5 cm 深处。准备良好的坪床应该具有良好的团粒结构，土壤、石灰、肥料等混合均匀，表面疏松。

5.2.2 草种选择

赛马场的特殊用途，决定了赛马场草坪草种必须具有根系扩展能力强、密度大、草层厚、耐坚硬马蹄频繁践踏、弹性好、损伤后能很快恢复等特性。同时还要考虑建植地区的气候条件、比赛强度与举行时间等因素。

一般在赛马场草坪建植一年之前就应该进行草种的选择及评估工作。该项工作应该以实地测试为主，在赛马场跑道上选择可能适合当地的不同草坪草品种进行试种，观察其生态适应性、成坪时间、草坪质量等基本特性。在其成坪后进行马匹试验，包括在跑道上模拟赛事过程，如赛事中的慢跑、快跑等作测试；同时，还要观察各试验草坪草对马匹践踏后的伤害程度及恢复能力和速度；最后选择适合当地的建坪草种。

一般情况下，在我国北方地区，通常采用多年生黑麦草、羊茅、草地早熟禾等。根据地域条件、比赛强度与举行时间，选用不同的草种和品种，不同的混播比例、不同的播种方式来建坪。在南方地区则多采用狗牙根（天堂草 419，天堂草 57）、兰引三号结缕草。此外，在过渡带，可以采用结缕草或高羊茅。

①北方冷凉地区　多采用草地早熟禾与多年生黑麦草混播，混播比例为草地早熟禾 40%～50%、多年生黑麦草 50%～60%，高比例的多年生黑麦草主要用于草地早熟禾赛马场的补播或急需草坪赛马场地使用。也可铺草地早熟禾草皮，用多年生黑麦草补播损坏区。还有如下草种组合：多年生黑麦草 50% + 草地早熟禾 25% + 紫羊茅 25%；高羊茅 70% + 紫羊茅 15% + 细弱翦股颖 15%；高羊茅 80% + 多年生黑麦草 10% + 草地早熟禾 10% 等。值得注意的是，草地早熟禾属中的一些种如粗茎早熟禾根系较浅，马飞跑时容易使小块草土飞起，在混播中比例不宜过多。在青藏高原地区可选用抗寒耐旱、耐瘠薄、耐盐碱、抗风沙的粉绿披碱草、多叶老芒麦、中华羊茅、冷地早熟禾 4 种草种进行混播，混播比例为 1∶1∶3∶3，播种量为 375 kg/hm^2，补播区 15 kg/hm^2。在新西兰多采用高羊茅 80% + 多年黑麦草 20% 混播。

除混播外，高羊茅及多年生黑麦草分别可以进行单播，最好选择近期培育的矮生型品种。

②南北过渡带　在北过渡带高羊茅是首选草种，尤其是在无灌溉条件的赛马场草坪上，高羊茅最好选择低矮型草种。过渡带还可以采用结缕草。

③南方温暖地区　用狗牙根和多年生黑麦草盖播效果比较好，这样可以使草坪在冬季仍然呈现出宜人的绿色。美国的南部一些州和香港特别行政区的赛马场草坪一般采用狗牙根的改良品种。例如，香港赛马场选用杂交狗牙根天堂 419 号为草地跑道的基本用草。同时在每

年11月至翌年3月，由于气温可降至12℃或以下，为了保持跑道翠绿的颜色及增加草的密度，每年11月左右，在草地跑道上盖播多年生黑麦草。这种方法从1978年开始一直沿用至今，效果仍然很好。而1996年新加坡新马场选用的是结缕草。

此外，赛马场跑道周围较为广阔的场所(比赛前马活动和训练的地方)可以采用质地较粗、适应性强、生长旺盛、管理省工及寿命较长的禾本科草类，如无芒雀麦、冰草、狗牙根、地毯草、结缕草和假俭草等。

5.2.3　草坪建植

一般情况下，赛马场草坪根据草坪草的生长习性选择种植时间。冷季型草坪草选择在春秋季播种为宜，而暖季型草坪草则选择在春末夏初建植为宜。建植方法可选用下列3种方法。

①种子直播　利用草坪草种子进行建植草坪，一种方式是利用简易播种机播种或者人工播种，将草坪草种子均匀地撒在坪床上，利用草坪耙轻轻耙平，之后用镇压装置进行轻度镇压；另外，还可以将草坪草种子、基肥和覆盖物混合均匀之后，利用喷播设备将其均匀快速地撒到坪床上进行草坪建植。

②营养体繁殖　对于如狗牙根、翦股颖、海滨雀稗等利用营养体可以繁殖的草坪草，可以进行撒植营养体的方法建坪。将从苗圃运来的草皮进行撕碎，按1:(5~10)将其撒植在准备好的草坪坪床上，最后覆土。一般需要3~4个月时间才能成坪。如果赛马场要在短期内投入使用，可采取直接铺设草皮的方法建坪，2~8周即可投入使用。

③喷播　这是一种将种子、基肥与覆盖物一次性撒在坪床上的快速作业。种子、肥料和覆盖材料装在一个大型搅拌器中搅拌均匀，然后用喷枪将它喷射到要栽植的地方。有些赛马场使用这种方法，成坪需要3~4个月时间。

5.2.4　幼坪养护

新建的赛马场草坪养护与其他运动场草坪基本一致，均要保证充足的水分供应，为种子的萌发、幼苗生根或者营养体长出新根创造良好条件。尤其在种皮吸水膨胀、种子萌发和匍匐茎栽植后的最初几天，充足的水分供应对于建坪成功与否至关重要。

第一次修剪应在草坪草高度超过正常草坪修剪高度的1/4~1/3时开始，此时即应将草坪修剪到所要保持的正常高度，直至完全覆盖为止。新建草坪在种植前如已适量施肥，就不存在新坪施肥的问题。如果幼苗呈淡绿色，接着老叶呈褐色，这是缺肥的征兆。此时可施N:P:K=10:6:4的复合肥或含氮少(<50%)的缓效化肥。施量约为5~7 g/m^2。为了防止颗粒附于叶面上而引起灼伤，肥料的撒施应在叶子完全干燥时进行。如条件允许，肥料应事先溶于水中，然后使用轻型喷灌机喷施。新建的草坪，每当降雨满足不了草坪生长需要时，就应该进行人工灌溉。新坪灌水应做到水压稳定，雾化好，当坪床表面产生积水时，要停止喷灌。随着新草坪草的发育，灌水的次数逐渐减少，但每次的灌水量则增大。覆土是新建草坪经常采用的一种特殊养护措施。表施的土壤可促进匍匐枝生长和地上枝条发育，这对改善草坪平整度很重要。

杂草通常是新建草坪危害最大的敌人。如果苗期出现杂草，最好人工拔除。除草剂的使用一定要慎重，通常推迟到新草坪发育到足够健壮的时候进行。草坪出现根茎病害，可用克菌丹和福美双防治。

5.3 草坪养护

赛马是一项激烈的运动，在赛事进行期间，10 多匹负重约 60 kg 的马匹，以时速 50～60 km竞跑，每一匹马竞跑时均以单蹄着地。因此，赛马场草坪承受由马匹践踏而引起的伤害，远较其他的运动场草坪严重，再加上赛事每隔 7 d 举行，一次性令受损伤的草地在短期内恢复则是对护养者的另一大挑战。因此，赛马场草坪跑道的养护管理十分重要。一个良好有效的养护计划，应该是形成极耐磨损的草坪，草皮密度非常大，极耐践踏，抗杂草侵害，根系深而发达，能为赛马提供高质量的跑道，同时能从践踏或其他损伤中迅速恢复。

5.3.1 日常养护管理

①修剪　剪草不但可以使草坪平整，还可以促进草的横向生长，使草坪更致密，缓冲垫层效应更佳。剪草一般在赛事后的第二天进行，由于马匹喜爱在较高及致密的草坪上奔跑，剪草高度约为 8～10 cm。赛后修剪至 8 cm，经过 7 d 的生长，在下次赛事高度约为 10 cm。剪草后的草屑，应尽快用机械回收清走。如果大量的草屑留在草坪中，则会加快枯草层的形成和病虫害的滋生，影响草的正常生长。在非比赛期间修剪留茬高度可高一些。在生长旺季通常一周修剪一次，但为增加分蘖也可频繁修剪。

②肥　标准施肥方案要根据土壤的测定结果而定。不同的草坪草种所需要肥料种类和数量也不同。使用适量含氮、磷、钾的肥料都可以，现时施肥的趋势是多用钾肥；氮、磷、钾的比例为 1∶1∶1，甚至 1∶1∶2。在初秋时可施 1～2 次含钾的肥料，以增强草的刚性及耐寒性；在初冬播种冬草时，应多施含磷的基肥，以促进根系的发育。生长期间根据叶片的营养成分分析，可适当补充一些微量元素。为了使草坪草叶片色泽浓绿，提高观赏价值，在比赛的前几天，可追施硫酸铵等氮肥，用量为 15～20 kg/hm^2，不宜施用过多，用量过多虽然使叶丛繁茂，但茎叶生长柔软，抵抗能力差，易受病虫害的侵袭。在草坪损坏后进行修补后，应施用氮肥，以促进草坪草较快生长，施用量为 25～40 kg/hm^2。

③水　草坪草生长需要水分。气候干旱或土壤含水量较低时应进行喷灌。每次比赛之前，注意灌水量应适当，不宜过多，太潮湿马匹跑得较慢亦较危险，影响比赛，同时会使草坪及土壤容易受到践踏的破坏，留下大量蹄坑，土壤的结构和草坪的平整度遭受严重破坏，草坪根系变浅，质量大大降低。为了促进根系生长，提高草坪密度和强度，灌水的时间及次数亦要控制，通常的规则是减少次数，但要灌透，让水分深入到土壤底层。

④有害生物防治　对于杂草的防除，化学处理通常是最有效的方法。对于莎草类及双子叶植物的杂草，通常使用选择性除草剂控制；对于一年生的禾本科杂草，使用芽前除草剂或芽后除草剂控制；对于恶性杂草，则需要用人工方法拔除。喷洒除草剂时，必须严格按照产品标签上的施用量和施用注意事项等进行操作。病虫害防治首先应请权威部门来诊断草坪草的病害和虫害，根据病虫害类型，采取化学防治方法对症下药。

⑤表施土壤　草坪表施土壤是将沙、土壤和有机质适当混合，均匀施入坪床。可以使草坪表面平整，提高耐践踏能力，促进枯草层分解，有利于草坪更新。对草坪凹凸不平、枯草

层过厚的情况尤其适用。表施土壤也可结合施有机肥一起进行。

⑥通气作业　赛马场的跑道一般由于马的严重践踏或大型草坪养护机械的碾压，使跑道土壤逐渐板结，土壤通气不良，对草坪草生长不利，加之枯草层的产生，对草坪质量产生影响，这时必须进行对草坪进行打孔通气。每年春季进行切根和穿刺土壤，可以增加土壤孔隙度，改善土壤通气状况，促进根状茎和根系的生长，使草坪草地下部分更加繁茂，草皮层更加稳固。打孔通气采用垂直刈割机、打孔机等，切割深度5~8 cm，打孔深度为18~25 cm。根据气候、土壤等自然条件及土壤紧实程度，每年进行2~3次，除春季进行通气作业外，秋季也可进行，春季作业效果优于秋季。通气作业可恢复跑道草坪密度和弹性，更好地满足比赛需要。

⑦滚压　滚压是赛马场草坪的一个日常养护措施。赛马比赛准备期间用2~3 t滚压机对跑道进行滚压。由于草坪跑道经常被马匹践踏，表面有大量蹄坑，滚压可以使跑道草坪变得平整。赛前跑道草坪经滚压可产生阴阳色条纹，十分美观，大大增加赛马比赛的观赏性。此外，滚压可促进草的横向生长，有助于提高草坪的覆盖度和密度，为赛马比赛创造更好的场地条件。

5.3.2　赛时养护管理

5.3.2.1　比赛前的养护管理

①修剪　赛前对赛马场草坪进行修剪，将草坪高度控制在8~10 cm。

②滚压跑道　赛马活动期间，每天使用2~3 t重的滚压机滚压1~2遍，以保证草坪跑道的平坦稳固，有利于赛马的安全和比赛。若草坪湿度太大，就不宜滚压。

③清理跑道　在赛马比赛前要用清扫机对跑道进行安全、彻底的清理，扫除其中的石子、石块、砖头、铁钉等杂物、硬物，并运出跑道外，以免在比赛过程中这些硬物刺伤或者碰伤马蹄，造成不必要的伤害，甚至影响比赛的公平性和安全性。如比赛场地环境干燥，灰尘大，应在比赛前对非跑道区域进行适当浇水，以减少由于马匹奔跑而产生大量尘土。

④耙草　赛马前，可以用草坪耙轻轻地耙起草坪，使草坪的朝向与马的奔跑方向相反，这样可以增加草坪草的高度，并最大限度地减轻马匹快速奔跑而造成的对草坪草的冲击和伤害。

5.3.2.2　比赛后的养护管理

①移栏　由于马匹在竞跑时，由起步闸开始，就要立即抢入内栏，再贴栏边奔跑，以期用最短的距离，跑完全程，取得胜利。所以，除了在起步闸厢前的一段草地外，磨损多集中在马栏边的3~4 m这一段位置。为了让受损的草地有适当的时间恢复，可采用移栏的方式使跑道草坪得到平均使用。每次赛事完毕后，先将践踏过的草坪清理、覆沙，然后将马栏外移至4~5 m的位置。在下一次赛事完毕后，重复上述程序，再将马栏向外移4~5 m。以此类推，马栏可以分4~5次，向外移16~20 m。在完成这一循环后，最内栏的草地将会有约3~4周的恢复期，重要赛事一般都会安排在最好的跑道上进行。移栏后，起步点亦相应推前，所以每次相应的赛程都是一样长度的。

②常规养护　赛马比赛结束后，跑道草坪的破坏一般极为严重，此时需要精心养护，最大限度地恢复草坪的活力。赛马后的常规养护作业主要包括耙草皮、滚压、修补变得松动的草坪。如果草坪破坏严重、不能通过上述常规养护措施恢复的话，就要采取更新措施，重新

铺植草皮或者补播草坪。

5.3.3 草坪更新

赛马场草坪如果管理不当，赛马场跑道会随时间的推移而逐渐退化，造成跑道质量下降，容易对人或马匹造成严重伤害。赛马场退化草坪的更新方法主要有以下四个方面：

(1)跑道整平与排水

赛马场经长期使用，表面会留下大量的蹄坑；跑道围栏经常移动也会留下大量空洞。这些蹄坑和空洞，在降雨或灌水后充满了水，土壤因此变得松软。马匹奔跑时，马蹄就会很容易地将草皮踢拉出来。此外，赛马场局地坪床会发生沉降，形成洼地。因此，长期使用的赛马场，如果养护不及时，平整度会变得越来越差，场地表面多余的水无法顺利排出，跑道变得泥泞，加上马匹践踏，将严重破坏土壤结构，影响草坪草生长，降低跑道质量。

整平可在平整仪监测下分段进行。一般每隔5 m进行一次整平。而在那些使用率高、与护栏移动相邻的地区，每隔1 m或0.5 m进行一次整平。整平所用的材料应与跑道上的原有材料相一致，一般多为砂壤土。如果洼地太深，则不能一次性填平，因为当所填的土壤超过2 cm时，就有可能引起草坪草窒息而死，因而需要进行多次处理。需要注意的是，在第一次处理草长出地表后，才能进行第二次处理，否则会影响草坪草的成活。与跑道地表排水不良有关的另一个原因是坡度太小，这一般不是因设计引起的，而是因为跑道年久失修造成的。一般来说，这些问题可以通过逐渐加固或增加坡度，使地表水流速度加快得到显著改善。如果因为各种原因而无法使地表坡度变大时，则要考虑地下排水，在排水不畅地段建造砾石排水层及盲沟盲管排水设施。

在老跑道上存在的另一个普遍问题是，下暴雨时，地表水从别的地方流过来，一旦发现这种情况，应该马上设置一条阻断该水流的截留式盲沟，不要让其流经跑道。

(2)破除板结

跑道地面土壤板结会引发一系列不可忽视的问题。土壤如果板结，微小的土壤颗粒固结在一起，会增加土壤的密度，降低水的下渗。大多数的土壤板结都是由于在泥泞的土壤上比赛、滚压或践踏等造成。有时，在泥泞的土壤上赛马是难以避免的，但不要在土壤泥泞时滚压，否则会引起土壤上层2~3 cm处板结。

减少土壤板结有效的管理方法是尽可能避免或减少在土壤湿度较大时进行比赛，另外，管理人员要保证不到万不得已的时候不对湿跑道进行滚压。滚压时滚压器的重量需在3t以下。打破土壤板结的常用方法是划破草皮、空心打孔、垂直切割等，使得土壤表面疏松，以利于水分和肥料的吸收。打破土壤板结的作业在夏季或春末至少要进行2次，在土壤较干时进行，否则效果不理想。

(3)草坪复壮

草坪经多年使用后，枯草层积累较多、土壤变得紧实，都会使草坪活力下降。要使草皮最大限度地恢复活力，应进行草坪复壮作业。冷季型草坪草复壮作业可以在秋季进行，暖季型草坪草则在生长阶段的任意时间均可进行。对于枯草层较厚的草皮应进行深度的垂直切割，以刺破枯草层。当土壤板结严重或场地严重不均一时，应该进行高强度的空心打孔，取出的芯土可以收集在机械后面的刮板上，运出后清理其中的杂物、垃圾等，堆积干燥后，将其破碎作为覆土材料再表施到草坪中。

(4)草坪更新

赛马场跑动由于赛马过度践踏或者利用不合理，经常会出现大面积斑秃和杂草丛生现象，草坪严重退化，此时草坪就需要更新了。更新措施包括补播和铺草皮法两种方式。在对退化草坪进行更新前，要先制订正确、切实可行的计划，选择适宜的草种和播种时间。

①补播草坪　如果草坪只是稀疏，先用梳草机给草坪进行梳草，然后再撒播草种。若草坪退化严重，首先要铲掉已退化的草皮，翻松表土，然后均匀地撒播种子，轻轻耙平，使种子与表土均匀混合，并轻微滚压，使种子与土壤接触良好。在有条件情况下，可以加覆盖物，并保证水分供应，使地表保持湿润直至草坪草萌发。在多年生杂草生长过盛的地方，应在补播之前用除草剂将杂草除掉，处理后大约两周可以重新种草。

②补植草皮　重铺草皮可快速修补草坪，但耗资大。将破坏严重的草皮铲掉；翻土、施肥；滚压坪床，使其紧实；耙平土壤后铺装健康草皮，草皮应高出坪面3~5 cm；在草皮块间隙中填入堆肥、沙土和种子等，以免草皮干裂；进行滚压，使草皮与坪床土壤紧密接触，铺后2~3周内及时浇水，确保草皮不干燥。

本章小结

本章对赛马运动的发展历史、比赛规则、场地规格和质量要求等方面进行了概述。通过本章的学习，可了解赛马的类型，掌握赛马运动的特点及其对草坪影响的特殊性和质量要求。赛马主要分马术比赛和速度赛马，以速度赛马影响最大，二者的比赛规则不尽相同。由于赛马时马匹重且速度很快，蹄形特殊，对草坪的践踏和冲击比其他运动场草坪严重很多，因而赛马场的坪床结构、坪床材料、草坪质量及养护管理技术与其他运动场草坪差别很大。要求重点掌握赛马场具有坪床厚度大、混合加固材料、稳定性好，草坪修剪高度较高、厚实、弹性好、恢复性强等质量要求。

思考题

1. 简述赛马比赛的主要类型及速度赛马的场地规格。
2. 简述赛马场草坪的质量特点，与一般的运动场草坪质量有什么不同？
3. 赛马场草坪的坪床结构与一般的运动场草坪有哪些不同？
4. 赛马场坪床的加固材料有哪些种类？它们起什么作用？
5. 哪些草坪草适合赛马场种植？为什么？
6. 赛马场草坪养护与一般运动场草坪有什么不同？
7. 赛马场草坪赛前、赛后养护需注意哪些方面？
8. 试述如何在中国开展赛马运动。

第6章

滑 草 场

滑草(grass skiing)是使用履带用具在倾斜的草地上滑行的运动，即利用滑鞋、滑橇在专门种植的草坪上滑行的一项体育竞技项目。滑草运动起源于20世纪60年代的北欧，当地的人们酷爱滑雪，但因为夏天无雪可滑，于是人们就尝试着开始滑草，期望在草上能体验滑雪的愉悦和乐趣。当挺立在蓝天下的坡顶，远望无尽群山，然后助滑竿一点，身体向前一倾，转眼间已翻飞在绿野丛中，大地迎面扑来，心跳加速，此时的身心是何等的快意。因此，滑草运动一经推广便受到了欧洲白领阶层的欢迎，风靡一时，并逐步成为一种流行全世界的绿色休闲运动项目，深受人们喜爱。

6.1 概述

6.1.1 发展简史

滑草运动起源于欧洲，1960年由德国人约瑟夫·凯瑟始创。滑草最初是为了滑雪运动员在无雪的夏季能够接受训练被采用，并推广到欧洲各国。而后逐渐发展成为世界规模的运动项目。20世纪70年代，欧美各国先后成立了滑草联盟，并相继在世界各地举办了滑草比赛。1975年，世界滑草联盟(IGSU)成立，先后举办了欧洲大赛、全美大赛等多个赛事，并于1979年在美国弗吉尼亚州举办了第一届世界杯锦标赛，从而确定了滑草运动作为世界大型体育运动的地位。1986年9月，世界滑草联盟加入国际滑草滑雪联盟(FIS)，成立了国际滑雪联盟滑草委员会，并且每两年举办一次国际性专业比赛。

由于滑草运动是由滑雪运动延伸而来，因此，现在的滑雪场往往与滑草场为同一个场地建设、经营，一般冬天进行滑雪运动，夏天进行滑草运动。只有在缺少降雪的地区或者人工制雪成本较大的地区才会建设与经营专门的滑草场。

滑草和滑雪一样都能给运动者带来动感和刺激。特别对于少雪地区或身处夏季的人们来说，滑草运动同滑雪一样，使人们在感受风一般速度的同时，又能领略到大自然的美好。并且，因为滑草比滑雪更具有娱乐性，更能体验人与大自然的和谐。因此，滑草运动符合新时代环保理念，具有不限季节和年龄的广泛性和亲和大自然的健康性。

由于滑草运动具有各种新奇的特点，越来越受到世界各地人们的喜爱，并逐渐成为世界规模的大型运动。据推测，全世界的滑草爱好者已超过1 000万人，滑草运动员达到25 000人左右。目前，滑草运动在欧洲的意大利、奥地利、瑞士、法国、英国、德国、比利时、匈牙利、捷克、斯洛伐克、土耳其，亚洲的日本、中国、韩国、伊朗、黎巴嫩，以及美国、加拿大、澳大利亚、巴西、南非等国较为盛行。如在日本甚至已有了全国性的比赛。比赛不仅促进了这一运动的发展，也为各个滑草场提供了大批的专业指导人才。

滑草运动20世纪90年代初引入我国。第一次参加世界滑草比赛是2000年7月在日本举行的世界青年滑草锦标赛。近年来，滑草运动发展速度较快，滑草场数量不断增长，北京、上海、广东、福建、四川、云南等地都先后建成专用或休闲用滑草场，滑草运动正受到越来越多的体育爱好者和休闲人士的青睐。

6.1.2　比赛规则

6.1.2.1　滑草装备

滑草所用的装备主要包括滑草器、滑草鞋、滑草杖、护具和润滑油(图6-1)。

①滑草器　滑草器也称草雪橇。滑草器是一种鞋底带有履带的专用鞋，由滑草专用靴与履带滑行鞋组成，靴外硬内软，固定了踝关节和半个小腿，使踝关节和小腿免于扭伤摔伤。滑草器长约80 cm，竞赛用的滑草器最长可至95 cm。促使滑动的主要零件是滑草器内的滚珠，整个滑草器就像是一个坦克车履带，在高速滑行时可以做出类似滑雪的动作。

图6-1　滑草装备

②固定器与滑草鞋　滑草固定器不如滑雪固定器有那么多的机关设计，主要是以穿脱方便为主要设计重点，所以都很简单，只要能把滑草鞋固定于滑草器内部即可。滑草鞋与滑雪使用的鞋子完全相同，同样都是为了有效保护踝关节，所以无法使用替代品。

③滑草杖　滑草杖也称滑(草)杆。滑草杖也与滑雪所使用的雪杖完全相同。不过由于滑草器较滑雪板高，所以选择滑草杖时，高度较滑雪杖长5 cm以上。主要作用是帮助平衡，对于滑草初学者可用于帮助前进。

④护具　护具主要包括头盔(类似摩托车头盔)、加厚的护膝和护肘，用于保护头部、肘部、膝部等几个易摔伤的重要部位。

⑤润滑油　在滑草器的滚珠和轴承上滴些润滑油，可以使滑草器滑得更顺，这对滑草者很重要。为了环保，润滑油必须以植物油为主。滑草器在使用后一定要进行清洗，否则在使用一段时间后会越滑越慢。

6.1.2.2　滑草技巧

滑草运动的基本动作包括步行、跌倒、方向变换、登行、平地滑行、直滑降和并腿转弯。

①步行　穿上滑草器最初的动作就是步行。“走”的关键是保持重心，利用滑草杖维持平衡。其动作与一般的走路并没两样，开始时也许不习惯，可先穿上一只滑草器来回走两趟，而后再一起穿上两只滑草器，一步一杖地适应平衡。

②跌倒　与学习滑雪一样，学习滑草时首先要学会跌倒，只有正确地跌倒才能避免滑草伤害。一般跌倒都是因为滑草时重心太靠后，只要大胆把身体前倾，膝盖微曲，跌倒的可能性就会大大减少。跌倒时应以侧身着地最为安全，亦即以臀部和腿部外侧接触地面，同时举起双杖并用力地将两脚伸直，以防不必要地受伤。在滑草场上发生意外伤害往往皆因跌倒方

法不正确，如用手腕去撑地或膝盖先着地，或臀部往后坐在滑草器上，或头、肩向前翻筋斗等，故滑草初学者应特别注意重心的平衡。跌倒后起身时也有一定技巧。先将两滑草器平行，然后利用两个草杖把身体撑起。注意两滑草器务必与斜面成直角平行放好后再起来，否则起身后仍会往前或往后滑动。

③方向变换　滑草要进行方向变换时应以滑草器之前端或尾端做圆心，将欲转变方向内侧之草器，向欲转方向分开成“V”字形，再将外侧草器靠拢过来。本方向变换仅适合于平坦的草坪上进行，若是于斜坡草坪上则不适用。

④登行　登行最简单的方法就是坐缆车上山。滑草场通常设置有缆车，此时方便的做法就是把滑草器脱掉，扛着滑草器走上去。若是再懒惰一点，也可以穿着滑草器往山上走，要领就是把持滑草器与斜坡成90°，以防止滑草器自动滑下山去。

⑤平地滑行　滑草平地滑行的要领为两脚平行站立，膝盖向内侧靠拢，成“X”状。利用手腕力量将两草杖向后推动，使身体和两滑草器同时向前滑行。身体重心不可置后，否则会有身体后倾的情况发生，可能会导致后坐跌倒。

⑥直滑降　滑草直滑降的要领为使滑草器与肩同宽，上身不要前后左右晃动，略为前倾并保持轻松。小腿紧贴滑草器，此时滑草器在斜坡上会自动向下滑行；上半身切不可后坐，保持重心不变，滑草器就会平顺地于斜坡上前进。

⑦并腿转弯　滑草要能做出优美的转向，通常可采用并腿转弯动作。其动作要领为滑草器要先有一定的速度，主要的身体动作放在脚上，上半身切不可随意移动。保持和直滑降相同的姿势，利用膝盖、踝关节来控制转变方向，向右转则加大左脚膝盖、踝关节的力量；往左转亦做相应的动作。和滑雪动作相同，利用膝盖的上下动作变换转弯方向。

6.1.2.3　滑草的类型

滑草运动依据滑行方式不同，可分为两种类型。

(1)滑草器滑行

滑草器滑行指使用滑草器和双滑草杖在草坡上撑滑的滑行方式。与滑雪技术要领基本相同，一旦技巧掌握熟练之后，就可像滑雪一样滑出许多花样来。它的主要器具就是履带鞋和双滑杖。

(2)滑草车滑行

滑草车滑行指使用滑草车在草坡上滑行的滑行方式。所用的器材就是滑草车，又称滑橇，如一个大的滑板，没有动力装置，完全靠自重滑行。滑行时，将车置于坡头，人坐到车上，双手抓好扶插，身体尽量靠后一点，掌握好身体平衡。使用滑草车滑行比用滑草器滑草简单，易操作。其滑行速度主要由坡度决定。该种滑草场地在坡底设有一条十几米至几十米不等的缓冲带，从而保证了滑草安全。

6.1.2.4　比赛

业余休闲滑草比赛基本上都是滑(速)降比赛，没有严格的比赛规则，通常以最短最先到达者为胜。然而，正式的滑草比赛分为滑(速)降比赛、回转比赛、大回转比赛、双人对抗赛和混合赛等类型，其比赛规则简述如下。

(1)运动员的装备

出发时，运动员必须身穿经正式铅封标志的运动服(即经裁判员检查并认可的服装)，佩戴出发号码布，头戴护盔，脚穿滑草鞋，手持滑草杖，同时必须使用脱离式固定器。

（2）出发顺序

在比赛中，运动员的出发顺序由他们的国际滑雪滑草联盟积分（滑降、回转、大回转、超级大回转）决定。在有两次滑行比赛的项目中，第二次滑行的出发顺序根据第一次滑行的比赛成绩决定。在滑降、大回转和超级大回转比赛中，正常出发间隔为60 s，仲裁委员会可以确定间隔时间。出发时运动员进入起点坡道，应能够放松地站立在起点线上，出发后能达到一定速度。在出发前的10 s时，发令员将对即将出发的运动员说“10 s”，在出发前的5 s时，他将数“5、4、3、2、1”，然后发出出发命令“出发”。

（3）比赛

出发后，运动员须滑行通过场地中设置的一个个旗门。旗门须自线路顶端至底端用数字标号，号码标签置于旗门外侧。比赛线路在滑降和超级大回转中，在由仲裁委员会确定的线路各段上，旗门前后线路内侧的雪中可以插上细枝。线路长负责准备充足的备用旗门杆并放在指定的位置，应保证运动员不被其误导。运动员两滑草器的前端和其双脚都通过旗门则被视为正确通过旗门。如果运动员一只滑草器脱落（没有产生失误，如没骑跨旗门杆），那么另一只滑草器和双脚需通过旗门线。终点线应由两个标杆或竖起的旗杆，中间有一条上写“终点”的横幅连接，须用彩色涂料清楚地标明。在滑降和超级大回转比赛中，终点门不得少于15 m；在回转和大回转比赛中，终点门宽应不少于10 m。终点线须以运动员双板或在终点线前摔倒时应双脚通过。在这种情况下，运动员身体或随身器材的任何一部分使计时系统停止工作为比赛时间。

（4）比赛结果

滑（速）降比赛成绩排名由两次滑行之和决定。回转比赛和大回转比赛成绩以两轮比赛的总和计算。运动员沿着规定的比赛线路完成滑行，滑行时间最短者为胜。超级大回转比赛只进行一次滑行，以获得的点数决定胜负。

6.1.3　场地规格

滑草运动需要的场地较大，甚至占据整个山坡，在感受风一般速度的同时又能领略到大自然的美景。滑草运动的难易直接由滑草场地的坡度大小决定，而宽度是影响滑草运动容量的因素。根据坡度的不同，分为初级场地、中级场地、高级场地和休闲场地。滑草运动爱好者可以从比较缓和的初级场地开始练习，逐渐向难度较高的中、高级场地过渡。

初级场地：初学者一般适于在坡度较小的滑草场地上进行，初级场地坡度一般为5°～10°，同时要求场地长度不要太长，一般长度在40～60 m。初学者在学习及训练过程中，经常会中途跌倒或与其他人相撞，场地小而且坡度小，有利于初学者克服紧张恐惧心理，尽快掌握运动技巧，同时也避免意外伤害。

中级场地：坡长及坡度位于初级和高级之间。适于初级学者向高级或职业过渡时选用。

高级场地：在通常情况下，高级区滑草场地与滑草运动比赛场地相似，场地全长200～400 m，最大坡度为26°，平均坡度为16°。滑行时，沿途可以设置障碍。正式比赛的场地沿途设有15个旗门，运动规则与滑雪运动大致一样。如果熟练地掌握了滑草技术，时速也可达到50 km以上。

休闲场地：休闲区滑草场场地坡度一般较小，长度在120～300 m之间，宽度在30～80 m之间。滑草场一般会根据游客的熟练程度划分不同难度的坡度区域，使游客由浅入深地掌握各种技巧，适应从孩童至老人所有年龄段的游客。滑草车(滑橇)专用场地坡度多在10°左右，从顶部向下延伸60 m，加上一段20 m的平地及8~10 m的缓冲带，其总长度约为80 m。游客可根据不同的技术水平选取相应的坡度，穿戴专门的滑草器、头盔、护肘和护膝。

专业的滑草场除了对场地的长度、宽度及面积有要求外，根据比赛的性质、性别和年龄组对场地的垂直高差也有不同的要求。如滑(速)降比赛场地，线路长至少500 m，坡度为25°~40°，垂直高度差男子线路为200~300 m，女子线路为180~250 m；回转比赛场地，垂直高度差男子线路为90~140 m，女子线路为80~140 m；大回转比赛场地，垂直高度差男子线路为80~180 m，女子线路为80~150 m，儿童线路1组为60~100 m，2组为60~130 m；超大回转比赛场地，垂直高度差男子线路为120~180 m，女子线路为110~150 m，儿童线路1组为80~120 m，2组为80~120 m；双人对抗赛场地，垂直高度差须在50~100 m之间，儿童1组和2组场地高度差最大为40 m。

6.1.4 场地质量要求

滑草运动作为一种休闲娱乐和体育健身运动，不仅要满足运动本身的质量要求，同时还应具有优美的坪观质量和景观效果。

滑草场草坪的质量标准主要表现为以下几个方面：密度、均一性、光滑性和平整度等。滑草场草坪与其他运动场草坪主要区别表现在均一性、光滑性和平整性等。

密度大可以使草坪形成致密均一的表面，滑草器在上面滑动时，滑动自如流畅，技术可以得到很好地发挥，如果草坪达不到理想的密度，容易产生滑动阻力，导致运动员意外跌倒受伤。滑动场草坪对均一性的要求也较高，因为如果有杂草或裸地出现，不仅影响草坪的景观效果，更严重的是改变了草坪的滑动摩擦系数。

为达到滑草场草坪所要求的密度、平整性、均一性和光滑性，通常需要较低的修剪方可实现。因此，草种选择是十分重要的，耐低修剪是关系到草坪质量的最关键因素。最为理想的修剪高度不要超过3.0 cm，一般保持在1.5~2.5 cm为宜。

6.2 草坪建植

6.2.1 坪床建造

6.2.1.1 场地清理

场地清理是指在滑草场建坪场地内有计划地消除和减少影响草坪顺利建植的障碍物。如在长满树木的地方，要有选择地移走乔木和灌木；清除利于操作和草坪草生长的石块、树桩、碎砖、瓦砾；清除和杀灭杂草；进行必要的挖方和填方等。

①*木本植物的清理*　木本植物包括树木、灌丛、倒木、树桩及埋藏的根。对于木本的地上部分，清理前应准备适当的收获和运输机械，树桩及树根则应用推土机或其他的方法挖除，以避免残体腐烂后形成洼地，破坏草坪的一致性，也可防止蘑菇圈病的发生。

②*岩石、石砾和建筑垃圾的清理*　清除裸露的岩石是必要的场地清理工作，通常应在坪床面以下不少于60 cm处将岩石除去，并用土填平，否则将形成水分供给不均匀的现象。在地表20 cm层内的岩石、石砾和建筑垃圾，通常影响操作，阻碍草根的生长，利于杂草的入

侵，因此在播种前应彻底地清除。

③杂草清除　在草坪的建植场地常有许多杂草，特别是多年生草类，对新建植的草坪危害严重，即使进行表面清除，残留在土壤中的营养繁殖体(根茎、匍匐茎、块茎等)以后仍将再次蔓延。杂草防除工作应在坪床准备时进行。方法有物理方法和化学方法两种。具体的防除方法随建坪场地、作业规模和存在的杂草种类不同而异。

6.2.1.2　排水系统

滑草场通常建在山地上，以天然土壤为坪床，排水设计应充分处理好地形与排水的关系，以地表排水为主，地下排水系统设置的主要目的就是将场地表面过多的水分汇集后通过地下管网尽快排出，减少冲刷，为草坪草生长发育和场地使用创造良好的条件。

(1)地表排水

地表排水主要是通过地表自然坡度，将降雨形成的地表径流汇集到地下排水系统的进水口或直接排到低处的水湖或蓄水池中，以及通过土壤改良，将降雨或喷灌引起的土壤中过多的水分渗排到地下排水管中。

常见地表排水的形式有以下几种：

①造型地表排水　通过造型工程使场地地表光滑、顺畅，造型后的地表排水坡度一般不应小于10°，该项工作在场地粗造型时进行。

②草沟引导排水　将场地中一些低洼地、汇水区等通过修建草沟连接起来，将雨水排走。修建的草沟坡度要适当，应与周边的地形结合。

③分水沟排水　在山坡的坡角或山腰建造排水沟，将山上的雨水拦截，改变水流方向，以缩短地表径流线路减小冲刷，以防止形成大的径流冲击山坡底部区域。建造分水沟时，也要与山坡周围造型相互结合进行，使分水沟与周边造型融为一体。分水沟排水是滑草场草坪最主要的排水方式，特别适用于坡度大、距离长的场地。

④渗透排水　通过改善土壤物理组成结构，降低土壤黏重性，增加土壤的排水性能。渗透排水主要是根系层的良好排水性能，将局部无法通过地表造型排走的积水，以及因降雨或喷灌等引起的过多的表层土壤水分排除。

(2)地下排水

滑草场草坪地下排水形式主要包括拦截式排水和渗水井(沟)排水两种。

①拦截式排水　拦截式排水主要用于较长坡面的渗水拦截。在坡面较长的区域，为了防止坡顶过多的土壤水分向下渗流而形成冲击力较大的径流，并导致坡脚长时间积水，需要在山坡的一定区域设置拦截式排水，使降雨或喷灌过量引起的地表径流，通过拦截式地下排水管排走(图6-2)。

②渗水井(沟)排水　渗水井(沟)排水适用于坡度较缓或降水量不大的地区，由于地表径流较缓或径流量不大，没有必要建造地下管道排水系统，可以直接在山坡上相隔一定距离深挖一些充沙的沟井，以排除表面的积水(图6-3)。

渗水井(沟)的建造方法：在山坡的一些低平处或相隔一定的距离，挖掘深沟，深度可根据当地的降水量及现场的土壤剖面结构确定。在底部铺设一定厚度的砾石层，上面为20~30 cm的沙层。地表的积水可通过上层的沙层和下层的碎石层，快速地渗入到底部，然后通过底层土壤的水分移动排走。

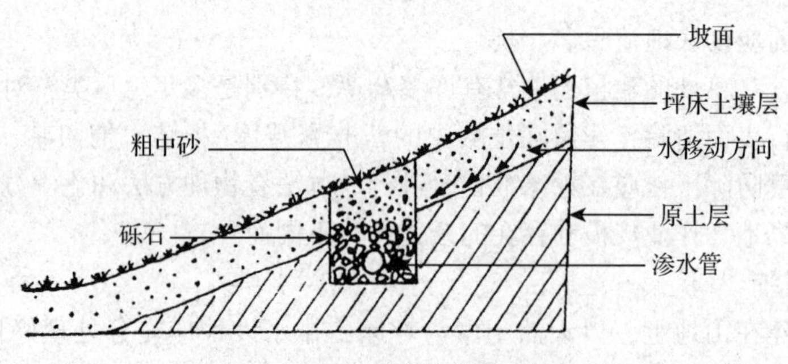

图 6-2 拦截式地下排水剖面图
（引自梁树友，1999）

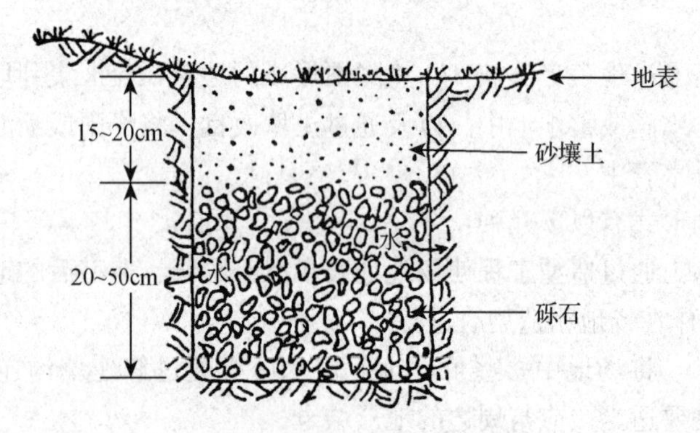

图 6-3 渗水井(沟)纵剖面图
（引自梁树友，1999）

6.2.1.3 灌溉系统

滑草场草坪面积大，坡度大，所以，其灌溉方式主要为喷灌，其中地埋式自动升降喷灌系统和固定式地上喷灌系统最为常用。

地埋式自动升降喷灌方式将喷头和各级管道均埋于地下，喷灌时喷头自动弹出，喷完后自动缩回。此种喷灌系统方便快捷，喷水均匀，而且对运动本身影响小，滑草场草坪由于面积较大，所以，在选择喷头时，应选择射程远的大半径喷头，以节省管道连接及喷头数目。

固定式地上喷灌方式是通过快速出水口连接上摇臂式喷头或水管进行灌溉。不需要灌溉时，将喷头或水管卸下，用橡胶盖将快速出水口封盖住。此种喷灌方式所选喷头一般射程较远，雾化程度低，对于幼坪不太适合。

需要注意的是，不管采用何种方式的喷灌系统，喷头一定要布设在滑草区域以外，确保滑草的安全。

6.2.1.4 坪床准备

因滑草场极其讲究坡度和景观效果，为避免沉降产生坑洼和高低不平，必须将场地内大片坡度根据造型等高线图再进行挖填修整，用造型机往返填铺形成地表层，形成滑草场的粗略轮廓，起伏坡度达到设计要求。在粗造型后，形成的范围地表起伏，在此基础上利用专用造型机对地表微起伏进行细造型处理。细造型要遵循自然起伏、平滑流畅、与周围景观相互协调的原则，对造型后的地形表面要精细修整，严格按照设计标高，准确地展现设计师的构想；细造型过程中要特别注意地表雨水走向，使整体面积的排水能通过集水井排向人工湖或河流；施工过程中，注意及时清除施工过程中翻出的树根、杂物、碎石等。对于杂草较多的山坡，可使用非选择性的灭杀性除草剂进行彻底防治。病虫害较为严重的地方，还应进行土壤消毒，杀灭土壤中的病原体及虫卵等。

滑草场坪床一般为原土壤，在细造型完成后采用拖、耙、耱等方法对坪床进行细平整，使坪床表面光滑平整、起伏自然、流畅，同时还要使坪床土壤颗粒细小均匀。坡面起伏自然流畅是评价滑草场草坪坪床处理的主要指标，它既会影响到草坪的养护管理操作，同时还会影响到滑草运动的技术发挥。

场地在播种前要施入一定量的有机肥或复合肥作为底肥，施入量多根据土壤的具体情况而定，施入深度一般为5 cm，和表层土壤混匀。如果土壤测试结果表明土壤中缺乏微量元素，则要有针对性地施入一些微量元素肥料。

坪床处理完成后，需要在种植前留充分的时间使坪床土壤进行沉降，以免在种植后发生不均匀沉降现象，碾压与喷灌有助于坪床土壤快速沉降。

6.2.2 草种选择

首先，选择草坪草应考虑气候条件。在北方地区，由于滑草场草坪通常是滑雪与滑草兼用，所处位置海拔较高，气候较冷凉，因此，草种以冷季型草种为主，如高羊茅、草地早熟禾、草坪型黑麦草等。在南方地区，主要选用暖季型草种，如狗牙根、结缕草、雀稗、假俭草等。在过渡地带，既可选用较为耐热的冷季型草种，如高羊茅等，也可用耐寒性强的暖季型草种，如狗牙根、结缕草等，还有就是利用当地野生的适宜草种。总之，要选择适合本地区气候条件的草坪草品种，或者最佳混配方案。

其次，草种选择的要求与运动场草坪草种选择要求相似：①耐磨性强。具有较强的忍受外来冲击、拉张、践踏的能力；草坪草的机械组织发达，抗压耐磨的能力良好。②具有良好的弹性和回弹性。草坪表面具有一定的光滑度，草坪致密、均匀一致。③自我修复能力强，抗病性强。总之，滑草场草坪草应具有很强的生活力，耐修剪，再生性好，扩展性覆盖性强。

最后，适当的草坪草种组合混播或混配，有利于提高滑草草坪的整体运动效能。近年随着我国滑草运动的广泛开展，也获得了一些适合不同区域的滑草场草种，和最佳组合及最佳混配方案。例如，云南昆明市康苑滑草场选用了草坪型多年生黑麦草、草地早熟禾和高羊茅3个冷季型草种，每一个草种再选择1~3个品种进行混播建坪。组合时，以草地早熟禾的‘橄榄2号’(Rugby2)、‘新哥来德’(Nuglade)和‘纳苏’(Nassu)为建群种，比例为75%，以‘凌志’高羊茅和草坪型多年生黑麦草为伴生种，比例为25%。

总之，进行滑草场草坪品种选择时，应根据不同品种特性，如耐热、耐旱、耐践踏性强、抗病性强、恢复能力强、再生性好的品种分别进行组合，达到优势互补，以提高草坪的整体使用功能。

6.2.3 草坪建植

不同类型的草坪草适宜的生长温度有所不同，因而播种时间的选择也有所不同。应根据建植地温度、水分状况，选择有利种子萌发和幼苗生长的最佳时期播种较好，同时避开杂草危害的高峰期。一般冷季型草适宜生长温度为15~25℃，播种时间多选择早春和秋季，其中以秋播最好；暖季型草适宜生长温度为25~35℃，播种时间主要以春末夏初为主。

滑草场草坪建植方法既可以采用种子直播，如小型撒播机播种、液压喷播；也可以用营养体繁殖，如铺草皮、撒植草茎。无论采用何种直播方法，都需播种均匀，并用齿耙轻耙表土，使种子与表土混匀或播种后覆沙，以刚好盖住种子为宜，有利于种子萌发。铺草皮或撒播草茎后需覆土并多次镇压，使种茎与土壤紧密结合，有利于生长新的根系。

滑草场草坪具有较大的坡度，加上我国北方秋季风大、南方夏季炎热，降雨多，晴天水分蒸发快，播种完毕后用稻草帘子、无纺布等覆盖物覆盖坪床非常重要，能对种子和坪床表面起到很好的保护，防止被雨水或灌溉水冲刷，而且保水、保温，可以起到促进种子萌发和幼苗生长整齐的作用。出齐苗后应及时除去覆盖物，以免影响幼苗生长。

6.2.4 幼坪养护

①浇水 播种后到完全成坪期间主要进行水分管理。由于滑草场具有一定的坡度，灌溉的水分由于地球引力的影响会往低处流，从而造成草坪上方位置的水分不足，所以灌溉的原则是少量多次，保证坪床湿润以促进种子萌发。播种后应及时浇水，从播种到出苗期间若无下雨，每天至少浇水一次，每次湿润表土即可，水滴要细，避免水柱直冲，冲散种子和表土。出齐苗后可适当减少浇水次数，增加每次浇水量。

②追肥 种子直播的幼坪，苗出齐后可适当进行叶面追肥，也可以直接施氮肥，施量为2.5 g/m^2。对于以营养枝建植的草坪，栽植2~3周后即可施肥，施量同上。间隔2~3周施肥一次。以后随着草坪的旺盛生长逐渐加大施肥量，施肥量可达4.5 g/m^2，直至成坪。对于幼坪来讲，一般钾肥和磷肥不缺乏，施肥应以氮肥为主。每次施肥后要立即进行灌溉，以防肥料烧苗。

③修剪 草层高度达到8 cm时可进行第一次修剪，留茬高度5 cm左右。按“1/3”原则，使用刀片锋利的剪草机，在天气晴朗且草叶干爽的时候剪草。

④除杂草 由于幼苗对除草剂较敏感，苗期除草常常采用手工拔除的方法除杂。要根据“除早、除小、除了”的原则拔除杂草，要避免带出草苗和伤苗。

⑤病虫害防治 苗期应密切关注草坪有无病虫危害，一旦发现应及时防治，要注意施药量，以免发生药害。

⑥补种 局部区域出苗差或由于杂草、病虫危害生长不良时，应及时补播或补种与原来相同的种子或草茎，补种后同样应覆盖并加强水分管理。

6.3 草坪养护

6.3.1 修剪

滑草场对草坪滑动性的要求较高，将草坪修剪高度维持在3~5 cm，保持良好的运动性能。应根据草坪草生长速度和要求的留茬高度确定剪草时间和频率。在草坪草生长缓慢的冬季和早春，一般每2~3周修剪1次；在春、夏生长高峰期，每周修剪1次。夏季是冷季型草发病的高峰季节，在修剪完后及时喷施代森锰锌、百菌灵等杀菌剂可以有效防止病害发生。剪草时可用旋刀式剪草机，也可用手持背负式割草机。修剪时需要保证刀片的锋利，以减少剪草对草坪造成的伤害。坡地剪草要特别注意剪草前坪床面的检查，清除杂物，在坡面稳固、无障碍物时，按一定方向平稳推行剪草机。

6.3.2 灌溉

根据天气状况和草坪草生长速度进行浇水。当草坪草出现明显缺水症状时，开启喷灌系统进行浇水，浇水量以湿润根部达 10~15 cm 为宜，夏季最好在早上或傍晚进行灌溉，不能在烈日当空的中午进行，以避免水温过高灼伤草坪根系。草坪每次施肥后要及时灌水，以促进养分分解，有利于草根吸收。在干旱季节要经常灌水，避免草坪因干旱发黄枯死。在春季草坪草返青前必须浇一次水，以促进草坪草早日返青；在秋末冬初必须浇一次水，以保证草根吸足水分，有利于越冬和次年生长。由于滑草场草坪常用的是土质坪床，加上具有坡度，因此，更适合于少量多次的浇水方式。采用如下措施可以节约用水：①草坪建植时选择耐旱的草种或品种；②在干旱季节，可提高草坪的修剪高度 2~3 cm；③在干旱季节应控制氮肥用量，施用富含磷、钾的肥料；④定期清除枯草层和改善土壤通透性；⑤减少修剪次数并用锋利的刀片剪草，可减少因剪伤口而造成的水分损失；⑥少用除草剂，避免对草坪草根系的伤害；⑦在坪床准备时，增施有机质和土壤改良剂，可提高床土的持水能力；⑧浇水前注意天气预报，避免在降雨前浇水。

6.3.3 施肥

肥料的施用频率和用量受诸多因素影响，如人们对草坪质量的要求、天气状况、生长季的长短、土壤质地、灌溉数量、草屑的去留、草坪周围的环境条件等都可影响施肥计划。一般情况下，低养护水平的滑草场年应补给 5 g/m^2 氮素；而高养护水平的草坪，氮素的年补给量可达到 5.5~7.5 g/m^2。根据草坪草对磷的需求及磷的有效性，磷肥施量为氮的 1/2~2/3较为恰当。春施 2/3，秋施 1/3 效果较好。磷的有效性取决于土壤的酸碱性，当土壤 pH 值低于 6.0 或高于 7.0 时，磷的有效性降低，因此，调节土壤 pH 值可提高磷的有效性。钾的吸收率较磷高，一般施量为氮的 1/3~1/2。

施肥在 4~10 月的生长季节进行。由于冷季型草坪草和暖季型草坪草生活周期不同，它们对肥料的需求在不同时期也有所不同。冷季型草坪草最重要的施肥时间是晚夏，10 月的晚秋施肥也是有利的，它能促进根系生长和春季的早期返青。而暖季型草坪草最重要的施肥时间是秋季，它可以使匍匐茎或根茎，在健壮、有充分养分贮备时越冬。另一重要的时间是春末，由于暖季型草坪草在夏季高温条件下生长旺盛，在此时施肥能更好地满足其生长的营养需要，有利于与夏季杂草竞争。当出现不利草坪草生长的环境条件和病害时不宜施肥，如夏季给冷季型草坪草施速效肥，将使其对热、旱和病的耐受性降低。

6.3.4 有害生物防治

由于滑草场草坪面积较大，杂草防除是件十分棘手的事情。与其他绿地草坪一样，滑草场草坪杂草的防治也是以预防为主，通过合理的管护措施，增加目的草坪草的生长势，控制杂草的侵入。如果有少量杂草出现时，可采用人工拔除方法尽早防治，一旦杂草大面积出现，人工拔除已无法控制时，可采用化学方法进行防治。在进行化学防治时，除草剂的选择与施用时间对防治效果十分关键。对于冷季型草坪中的阔叶型杂草，一般在春季或秋季使用2-甲-4-氯丙酸可取得较好效果。对于暖季型草坪中的阔叶型杂草，宜在生长季前期进行防治。无论冷季型还是暖季型草坪，大部分一年生杂草都可以在春季使用芽前除草剂防除。多年生恶性杂草，生产中多采用草甘膦、茅草枯等非选择性除草剂，采用择株喷施的方法进行个体杀灭。莎草科的香附子，可以用有机砷除草剂和苯达松防除。

病害的防治也应采取预防为主、治理为辅的原则。通过合理有效的管护措施促进草坪草的健康生长，增强草坪的抗病能力，改善草坪的生长环境，减少病菌入侵的概率。日常管护中，应尽量避免枯草层过厚、过频地灌溉等。一旦发生病害，应及时诊断病菌种类，施用相应的杀菌剂。杀菌剂分为保护性杀菌剂和治疗性杀菌剂。常用的保护性杀菌剂有石硫合剂、波尔多液、福美双、代森锰和代森锌等，在有利于病害发生的季节喷洒。常见的治疗性杀菌剂有乙磷铝、萎锈灵、托布津、敌锈钠、粉锈宁、苯来特及氟硅酸等，根据病害种类对症下药。应将内吸性杀菌剂和非内吸性杀菌剂交替使用，以免病原体产生抗药性。

虫害一般出现在老草坪上，枯草层过厚是滋生虫害的不利环境之一。所以，对于已建多年的草坪，应进行打孔、垂直刈割等通气措施，为草坪生长创造一个良好的环境。如果虫害严重时，要进行化学防治。滑草场草坪虫害包括地下害虫和地上害虫两大类。地下害虫主要有蛴螬、金针虫、蝼蛄、草地螟、地老虎等，用50%辛硫磷乳油1000倍液、2.5%溴氰菊酯1000倍液、90%的敌百虫0.5 kg，加水250~380 kg，有很好的防治效果；地上害虫主要有黏虫、蝗虫等，常用杀黏虫药剂有50%辛硫磷乳油5000~7000倍液，90%敌百虫1000~1500倍液，50%西维因可湿性粉剂300~400倍液。

6.3.5 覆沙

滑草场草坪覆沙的作用主要有：保护草的越冬芽，填补草坪表面的高低不平，提高场地表面的弹性，改良土壤结构，增加土壤的透气性和透水性，控制枯草层。沙粒直径以0.25~0.5 mm为宜。直径小于0.125 mm的细沙不应超过总量的15%，否则会影响通透性。pH值以6.0~7.0为最适。覆沙时间在草坪草生长季较为适宜。一年可覆沙3~4次。覆沙每次5 mm左右为宜。覆沙由覆沙机完成。在覆沙前若坪床板结，应进行打孔或划破作业，覆沙前进行修剪，覆沙后用铁拖垫将表面拖顺，这样可获得较好的效果。

6.3.6 滚压

滑草场草坪在比赛前后或覆沙后可用滚压器轻压坪床表面，使其平整、光滑，为滑草者提供顺畅的滑道。此外，在冬季解冻后，由于冻融而导致的坪床面不平整也可以通过适度滚压得到修复。

6.3.7 杂物清理

在春季和秋季定期清理落叶等杂物是滑草场草坪一项必不可少的管理措施，以保证滑草场的顺滑和安全。在每年早春季节，清理冬眠期间积累的落叶、枯枝及其他杂物，以便于春季开始滑草；秋季在有落叶开始出现时，也应及时清理，以免影响滑草。清理落叶等杂物常用的方法有：使用清洁机将落叶收集起来，清洁机上装有吸尘管和垃圾箱，通过吸尘管可以将成堆的落叶吸入到垃圾箱中，然后运送到适宜的地方进行处理；使用吹风机将落叶吹到山坡下，再集中收集起来；当落叶等杂物不多时，可以人工使用扫帚、细齿耙等工具进行清理。

本章小结

滑草是一项绿色休闲运动项目。本章对滑草运动的发展历史、比赛规则、场地规格和质量要求进行了概述，系统介绍了滑草场草坪的建植和养护管理技术。通过本章的学习，可了解滑草运动的基本概况，熟悉滑草场的各种类型、规格及质量要求，掌握滑草场排水处理、坪床工程、草种选择、场地顺滑处理等关键技术。学习过程中注意与其他运动场草坪比较，总结滑草场草坪建造和养护管理技术特色。

思考题

1. 简述滑草运动的主要特点。
2. 简述滑草场的类型及场地规格。
3. 滑草运动对场地质量有何要求？
4. 如何处理好滑草场的排水问题？
5. 滑草场坪床与一般运动场草坪有什么不同？
6. 哪些种类的草坪草适合滑草场种植？为什么？
7. 滑草场草坪养护的特色体现在哪些方面？

下　篇

高尔夫球场草坪

第7章

高尔夫球场概论

高尔夫运动(golf)是指球手站在平坦宽阔、绿茵如织的草坪上，利用长短不一的球杆，从一系列发球台上把高尔夫小球依次击打入洞的一种富有挑战性的户外运动。开展高尔夫运动的场所称为高尔夫球场(golf course)，主要由大面积的绿色草坪组成，还包含园林景观植物、水域、沙坑、球车道等区域。高尔夫一词的英文，正好是由绿色(green)、氧气(oxygen)、阳光(light)、步履(foot)4个英文单词的第一个字母所组成，因此，人们将高尔夫解释为绿地、空气、阳光和步履于一体的运动，这正好反映了高尔夫运动的真谛，即踏着青翠绿色的草坪，呼吸着清新沁人的空气，沐浴着和煦温暖的阳光，迈着矫健有力的步履，挥杆击球，享受自然。由此可见，高尔夫运动是一项非常悠闲、高雅、有益身心的运动，被越来越多的人喜爱并乐此不疲。这也使得高尔夫运动成为一项极富魅力、当今世界最受欢迎、发展最快的运动项目之一。

7.1 高尔夫运动

7.1.1 高尔夫运动的起源与发展

高尔夫运动是一项古老的运动，迄今已有500多年的历史。有关其起源也是众说纷纭，根据历史记载和资料，概括起来主要有以下3种说法：

7.1.1.1 高尔夫运动的起源

(1)起源于荷兰

高尔夫为荷兰文KOLF音译。据说1 000多年以前，放羊的牧童们闲暇无事，常常用手里的牧羊棍打击小的石头，久而久之就产生了技术、力量因素和比胜争强的意识。有时比击得远，有时比击得准，有时既比远又比准，二者兼而有之。这就是高尔夫球的原始形态和雏形。据说，有一幅14世纪的荷兰古画，画面上有三人都手执小球，另一个人持棒击球，有人认为这就是最早的荷兰高尔夫球运动。

(2)起源于中国

据历史记载，中国早在唐朝就出现了一种叫作“步打球”的游戏。是一种击球入洞，一般分队或单人对抗的比赛，场地不拘，后发展为宋代“捶丸”。顾名思义，捶者击也，丸者球也，并且还是击球入窝。宋元之际，“捶丸”游戏流行于我国北方民间。元朝时期，有人著有《丸经》一书，书中对“捶丸”的游戏规则、比赛场地、技术、战术、用具等均有详细记载。据记载，“捶丸”最早出现在宋徽宗时期，流行于宋、元、明时期。明代时期，不仅流行于民间，而且更是宫廷王公贵胄的高雅运动项目。山西洪洞县广胜寺水神庙壁画中的元代捶丸图(图 7-1)和现存于故宫博物院的《明宣宗行乐图》(图 7-2)，证明中国“捶丸”作为一个完整的体育活动项目，与西方现代高尔夫运动有着很大的类似之处。中国史学家因此推断高尔夫运动起源于中国，由元朝蒙古人入侵欧洲时带入欧洲而流行开来。

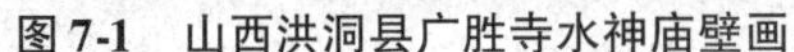

图 7-1　山西洪洞县广胜寺水神庙壁画

图 7-2　明宣宗行乐图

(3)起源于苏格兰

到目前为止，大多数人认为英国苏格兰是高尔夫运动的发源地，而且英国人已把这一观点写入了《大不列颠百科全书》。

高尔夫球源于英国也有两种说法：一种说法认为，早在西方工业文明之前，苏格兰有着连绵不断的牧场。无论是在东部的山峦还是西部的海湾和中部的盆地，土地肥沃、牧草茂盛，随处可见“风吹草低见牛羊”的景象。一个苏格兰的牧羊人在放羊时，用牧羊棍击石子取乐。一次偶然把石子击入远方的兔子窝里，顿时他觉得这种“击石入窝”的游戏非常吸引人，妙趣横生，趣味盎然。以后，他就经常约伙伴一同玩嬉，并得到了人们的喜爱和欢迎。这种活动逐渐流行了起来。据说，这就是高尔夫球运动的雏形(图 7-3)。还有一种说法认为，苏格兰东海岸的渔民发明了这项运动，他们在下船回家的路上打球消遣。年轻的渔民在沙坑之间起伏的草地上行走，捡起一根弯曲的木棍，对着小圆石一击，这是很自然的行为。如果向前击石，人的竞争本能会令其再击一次，看能否击得更远。如果小圆石滚入绵羊御寒避风的沙坑，他就会从这个沙坑击打。这样从下船开始击打直到进入村子，每次都在同一地方结束。

图 7-3　1682 年苏格兰人在海滨打高尔夫球的情景

(引自胡延凯等，2012)

以上三种说法，皆有据可依。但是，作为被世界上多数国家所承认的世界体育项目，的确具有浓浓的苏格兰味。“GOLF”这个词最早出现在1457年苏格兰议会文件中。由于士兵狂热的迷恋高尔夫运动而影响训练，当时苏格兰国王詹姆斯二世便让议会颁布法令严禁高尔夫运动。其次，高尔夫运动的名称也是来源于苏格兰的方言 Gouf，为“击、打”之意。而且现今建造高尔夫球场的坪床结构也仿照苏格兰特有的海滨沙地，既要求排水良好、能生长优质的草坪，又要求有一定的起伏造型。此外，最早的高尔夫运动规则也是由世界最早成立的俱乐部——1744年在苏格兰成立的“绅士高尔夫球社”(现名爱丁堡高尔夫俱乐部)制定的。综合来看，基本上可认为高尔夫运动起源于苏格兰。

7.1.1.2 高尔夫运动的发展

500多年前高尔夫运动在苏格兰风行之后，持续不断地发展，并最终在英国广泛传播。

1754年，苏格兰圣·安德鲁斯(St. Andrews)高尔夫球会成立，并制定了打球规则。威廉四世期间，命名该球会为“圣·安德鲁斯皇家古老高尔夫俱乐部”(R&A)，由于皇室的参与，这个俱乐部渐渐在高尔夫界取得了领导地位，由其制定的打球规则也成为高尔夫比赛的规则沿用至今。

17世纪高尔夫被欧洲移民带到了美洲大陆。1894年美国高尔夫球协会(USGA)成立，它和圣·安德鲁斯高尔夫俱乐部一道成为现代高尔夫运动发展的领导者。

随着英国的扩张，高尔夫运动也传播到了其他洲和国家，包括大洋洲、印度等。

在旧中国，高尔夫运动曾有短暂的历史。1890年，中国上海高尔夫俱乐部成立。但是中国现代高尔夫运动却始于1984年中山温泉高尔夫俱乐部的成立。短短20多年间，我国高尔夫球场发展迅速。1985年，中国高尔夫球协会成立，掀开了我国高尔夫运动的新篇章。据统计截至2015年已有600多家18洞球场开业。随着亚洲和中国经济的发展，全球高尔夫运动发展的重点已移向亚洲，中国将成为重中之重。

自第二次世界大战后高尔夫运动得到了迅速发展，与足球、网球运动一样已成为世界性体育运动，估计全球现有30 000多个球场，其中美国最多，有近20 000个，英国约2500个，日本近2 000个。随着科技的发展和新材料的不断涌现，以及人类思维的进步，高尔夫运动的发展会更快，高尔夫球场上的竞争也会越来越精彩激烈。

7.1.2 高尔夫运动的特征

(1)高尔夫运动根植于大自然

高尔夫有一个所有球类都无法和它相比的最大球场。高尔夫球场几乎就是大自然的本来面貌，它不仅为球手提供了一个广阔的活动空间，也使球手获得了宁静，获得日光浴与空气浴之利，从而可以舒缓心理压力，松弛精神，消除身体疲劳。从这个意义上说，高尔夫球场是回归自然的最佳去处，是最大的“氧吧”，最大的“太阳康复中心”。人在球场上面对一片绿色原野，有一望无际的感觉，令人神往。同时，在高尔夫礼仪与规则中，无论是着装还是击球，处处都要求球手在运动中关注环境和维护草坪。高尔夫是一项充分体现人与自然和谐相处的运动。

(2)高尔夫运动适合性广泛

高尔夫运动并不剧烈，是一项文质彬彬、调养身心、有利健康、男女老少皆宜的有氧运动，无论男女老少，都可以享受高尔夫运动乐趣。高尔夫球运动十分强调全身的协调性，但其运动的对抗性并不特别显著，也不产生身体的接触和冲撞，除非球手自身用力不当，否则一般不会产生运动创伤。

(3)高尔夫运动注重自身修养和社交礼仪

高尔夫运动经过500多年的发展，形成"自律、自尊、礼让、宽容"的绅士文化。它是一项最讲文明、高雅的运动，有着十分深刻的内涵。高尔夫运动倡导礼让为先，在许多方面，礼让成为打高尔夫球时必须遵守的行为准则。除此之外，球员还要做到爱护场地、穿着得体、保持肃静。比赛时，选手之间相互担任记分员和裁判员，运动规则的执行很大程度上依赖球手的自身素质与自律性。由于高尔夫球运动已逐步向全球化发展，特别是在欧美发达国家，全民化参与程度较高，因而成为一种有效的国际化沟通工具和渠道。因此，高尔夫运动不仅是高品位的运动项目，也是一种现代文明的社交途径。

(4)高尔夫运动锻炼意志

高尔夫比赛是一场斗智斗勇的竞争，需要勇气、技巧、策略和自我控制。打高尔夫的过程就是不断迎接考验和挑战的过程，不仅是对身体的挑战，而且还是一种精神上的自我挑战、自我征服。

7.1.3　高尔夫运动器材

7.1.3.1　高尔夫球

高尔夫球是用橡胶制成的实心球，表面包一层胶皮线，涂上一层漆。球质地坚硬、富有弹性，且多数为白色。高尔夫球从结构上可以分为单层球、双层球、三层球、多壳球；从硬度上可以分为硬度90~105、硬度80~90、硬度703种。球的最大重量为45.93 g，标准球速为75 m/s。美国高尔夫球协会规定球的直径为4.27 cm，英国高尔夫球协会规定为4.11 cm(图7-4)。

7.1.3.2　球座

高尔夫球座一般为木质或塑料锥状的，是用来在发球台上发球时托架球用的。打一场高尔夫球需准备若干个球座(图7-5)。

图7-4　高尔夫球

图7-5　高尔夫球座

7.1.3.3　球杆

高尔夫球杆一般分为：木杆、铁杆和推杆。球杆由杆头、杆身和杆把三部分组成，其长度约0.91~1.29 m之间。球杆分成不同的号码，号码越大杆身越短，杆面倾斜角度越大，打出的距离相对较短。球杆的硬度，一般可分为特硬型、硬型、普通型、软型、特软型5

种。近年来，随着现代科技的发展和社会的进步，球杆也在不断地改变和发展(图 7-6)。

图 7-6 高尔夫球杆

木杆：一般多以柿木制成，杆头斜度较细，1 号木杆最长，杆面与地面垂线的夹角最小，击球距离最远，木杆多在发球区使用，最常用的有 1、3、4、5 号杆，对初学者而言，3 号木杆较为适用。

铁杆：铁杆可分锻造及铸造两大类。传统的手工锻造杆头击球时较有感觉；而杆头周边加重的铸造铁杆则有较大甜蜜(杆头触球的最佳位置)点。铁杆可使球落点准确，2、3、4 号铁杆为长铁杆，杆长且重，击球距离远，但不易掌握。5、6、7 号铁杆称为中铁杆，击球较高，球落地后尚能滚动一段距离。8、9 号铁杆为短铁杆，常在近距离和不易击球的球位上及深草中使用。

推杆：杆头是由软铁制成，主要用来推球入洞。推杆可分为 T 型、L 型和 D 型，杆面平直是它们共有的特色。当球打上果岭后或离球洞较近、地面较平整时，用推杆击球入洞。

根据击球远近不同的需要，需备有不超过 14 根的一套球杆，一般 3~4 根木杆，5~9 根铁杆和推杆。对初学者而言，只要取其中的奇数杆就足够了。

7.1.3.4 球车

球场上用来拉运动员和球童及球杆袋的车，可以由运动员自己驾车，也可以由球童驾驶(图 7-7)。

图 7-7 高尔夫球车

图 7-8 高尔夫手套

7.1.3.5 手套

高尔夫手套的材质基本上分三类：真皮、PU 料、布类。为了使手掌握杆时填满手与握杆间的空隙，使手与球杆轻松而牢固地联成一体，同时能够更舒适地握紧杆柄，避免磨手，更好地挥杆击球，为了防滑和防寒，在打高尔夫球时一定要戴手套。在高尔夫球运动中，为改善握把效果，通常右手型选手戴在左手上，左手型选手戴在右手上的手套，而女球手一般左右手都戴(图 7-8)。

7.1.3.6　球服

高尔夫对礼仪有严格要求，表现在服装上，就是要求服装款式端庄大方，舒适而适宜身体动作。服饰都是从运动本身的需要出发，注重的是服装的舒适以及防风、排汗的功能(图7-9)。

图7-9　高尔夫球服

7.1.3.7　鞋

高尔夫鞋底的形状、材质、结构和配件都有别于普通鞋。高尔夫鞋选择的出发点是合脚，不要过大或过小，脚在鞋内应没有挤压的感觉。高尔夫球鞋是用皮革制成，鞋底上带有粗短钉或摩擦力较大的平底鞋。打高尔夫球时穿专用鞋有以下作用：

鞋底有钉子或摩擦力大，可以增强站位的稳定性，利于更合理地完成每一次击球动作。非传统整片鞋底的设计，分开前后掌，有助脚力侧面运动时的灵活性，特别在挥杆完成动作，当整只左脚完全压在脚外侧时，脚刀不会仆滑而完全着地，令左边身体外移而不能扎实地站好挥杆完成动作。皮革面可以防雨防露水，在地面上有积水时，可以起到防滑的作用。同时在行进和打高尔夫球时，高尔夫球鞋鞋底钉子扎出的洞，有利于草根部通过洞穴呼吸空气，能起到保护草皮的作用(图7-10)。

图7-10　高尔夫球鞋

7.1.3.8　其他器材

包括标记、修复叉等。标记是一种类似图钉的标记物，有不同的颜色，高尔夫球规则规定，当球打上果岭后，可以把球拿起来擦拭。为了记住球的位置，在拿起球前，需要在球的后面做上标记。轮到打球时，把球放回原处再把标记拿起。修复叉是球员随时带的一种用于修复果岭球疤的小工具。球员的球在攻上果岭时，如果下落后由于冲击造成下陷，可使用修复叉修整果岭使之平整。

7.1.4　高尔夫比赛

7.1.4.1　高尔夫赛中的基本规则

高尔夫是一项需要集中精神和技术控制能力的户外运动，选手以14个高尔夫球杆击球入洞，18洞为一轮，杆数最少者为胜，选手的得分要点主要是在于完成所有的进程所需的击球次数。每个球洞的级别取决于它的距离。比赛的标准杆数往往是72杆，这也是我们所说的一轮比赛。正式比赛是经过4天4轮的比赛来决出胜者。高尔夫球比赛是指参赛运动员从1号发球台依次开球(球上编号或者颜色不同)，走到球的落点处再继续击球，直至将球击上果岭并推入洞中，再开始下一洞比赛，直到完成比赛所规定的洞数后比赛结束。高尔夫运动注重绅士风度，对球施加影响除按规则行动以外，球员或球童不得有影响球的位置或运动的任何行为，球员不得商议排除任何规则的应用或免除已被判决的处罚。

7.1.4.2 高尔夫比赛中的基本概念

(1)球洞

是完成高尔夫球一个洞的击打所涵盖的一个单元区域。每一球洞由发球台(tee)、球道(fairway)、长草区或障碍区(rough)和果岭(green)四大部分组成(图 7-11)。球洞按击打距离分长、中、短 3 种类型。一个标准高尔夫球场共有 18 个球洞，其中短洞有 4 个，中洞有 10 个，长洞有 4 个。

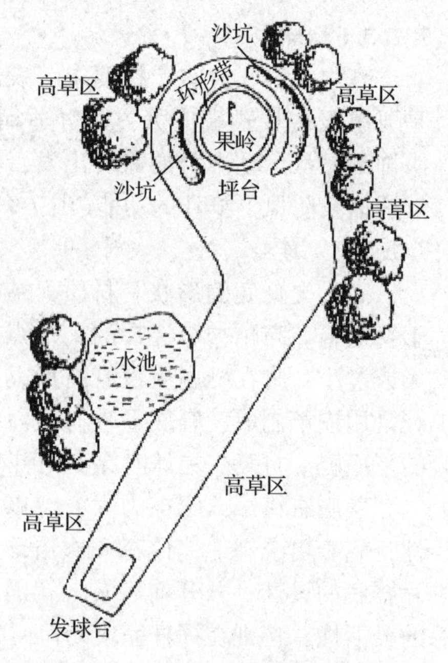

图 7-11 一个高尔夫球洞的基本结构

(2)标准杆

所谓标准杆(par)是指每一洞在零误差的情况下所需的基本杆数，或者是一个职业高尔夫球选手完成每一洞的基本击打杆数。短洞设置 3 杆入洞，中洞为 4 杆，长洞为 5 杆。

7.1.4.3 高尔夫球比赛的一般形式

高尔夫球比赛通常分为个人赛和团体赛(2~4 人为一组)两种。比赛形式有两种。

(1)比杆赛

打完规定一轮或数轮后，以最少杆数来决定比赛胜负的比赛叫比杆赛。大多数职业比赛，都会采用这种形式。比杆赛通常会进行 4 天，分四轮比赛，每一轮打满 18 洞。比杆赛中允许使用差点，所以净杆数最低的选手获胜。但是，在职业赛事中却从来不用差点。

(2)比洞赛

比洞赛是以每洞决定胜负。除规则另有规定外，以较少的杆数打完一洞的一方为该洞的胜者；打完一定的洞数后，胜洞数多于待打洞数的一方为最后的胜者。在有差点的比赛中，净杆数较少者为一洞的胜者。

7.2 高尔夫球场规划与设计

7.2.1 高尔夫球场规划

7.2.1.1 高尔夫球场的种类

由于土地开发资金的限制或开发目标的要求，并非每块用地都能开发成 18 洞的标准球场。在这种情况下，某些替代型的球场便成为选择。在中小城镇或社区内也可建造 6 洞、9 洞等非标准型实用球场和高尔夫球练习场，这类球场以初学者或高尔夫爱好者为消费对象。迷你高尔夫球目前很风行，这是一种在人造草皮或地毯上练习推杆的小型模拟球场，占地面积很小，约 1 000 m^2，多布置在大型游乐场内。

(1)18 洞标准杆球场

标准的高尔夫球场击球距离长 5 943.6~6 400.8 m，面积 60 hm^2，设 18 个洞。标准杆为 72 杆。除 18 洞外，还有更大型的 27 洞、36 洞等标准型高尔夫球场。

(2)9洞标准杆球场

9洞球场只比18洞球场在长度上少了一半。标准的9洞球场大约2 600～3 500码①长，标准杆数为35杆或36杆。加上练习场，一座9洞球场需要30～36 hm^2 的土地。9洞球场所需要的初期资本比18洞球场少了许多，而且9洞球场建好之后，在时机成熟时再扩建成18洞，这已成为许多开发商的开发策略。正因为如此，9洞球场在市场上广受欢迎。

(3)非标准实用型球场

9洞或18洞的实用型球场最开始风行于50年代末，它除了节省土地外，还可以节省球员的时间，打完一场球大约是正式球场的一半时间。一座18洞的实用型球场通常有4～6个洞为标准杆4杆，有时可能还有1个洞为5杆，其余的洞均为3杆的短洞，合计标准杆数为58～60杆。这类球场大约需要18～24 hm^2 的土地。

(4)3杆球场

这是一种只有3杆标准杆的非正式球场，每一洞的距离从70～250码不等，这种长短距离的配置方式可使球员有更多选择不同球杆的机会，减轻打球时的枯燥程度。在所有18洞的球场当中，3杆标准杆球场是最节省土地的一种，全场距离大概只有2 000～2 500码，占地14～18 hm^2。

(5)凯门(Cayman)高尔夫球场

这种球场最早在美国的凯门岛上开发出，使用的球是一种飞行距离只有一般球一半的高尔夫球。这种球场同时还可以充当3杆标准杆球场和实用型球场。一座凯门高尔夫球场所需的土地只有一般正式球场的1/3，但这种球场仍然十分少见。

7.2.1.2 选址

高尔夫球一般选在自然景观优美，交通方便的地方，具体说，需考虑以下因素。

(1)环境

选择在空气清新，周围环境植被良好，地下水位不高的地方建球场为好。若周围有空气污染源，球场应选在上风处。地质结构也要考虑，应符合建筑及安全要求。

(2)地貌

海滩、湖滨处可建成漂亮的滨海或滨湖型球场；丘陵地区可建成富有起伏变化的球场；山地中可建成惊险的山地型场。高尔夫球场一般不宜选在一马平川的平原地区，在这种地方建成的球场，显得呆板单调，缺乏变化的乐趣。一般球场地形高差以10～20 m为宜，但在山地球场，高差在50～150 m仍属正常范围。

(3)水源

高尔夫球场灌溉需要大量的水，尤其是干旱地区灌溉需水更多，即使是在雨量充沛的湿润地区，在旱季也需要水，而且高尔夫球场生活用水量也很大，因此，高尔夫球场必须有充足的水源供应。水质要求清净，矿化度低，至少符合灌溉要求。

(4)土壤

在发育良好的自然土壤或耕作土壤建球场当然最好。但由于我国人口众多，耕地严重不足，不可能占用大量耕地建设高尔夫球场，应尽量利用废耕地、荒地和山地等非耕地类土地，在植草前进行土壤改良。

---

① 1码＝0.9144 m。

(5)交通与能源

交通要求方便，最好能利用现有交通网络以节省投资。电力和通信设施也尽量靠近球场，若距离过远需架设专用线路，这项投资很大，将影响到球场的效益。

(6)市场

高尔夫球场投资很大，达数亿元之巨，投资回收慢，风险大，选地时必须考虑市场因素，而市场是由经济发展水平决定的，因此，高尔夫球场多选在经济发达城市的附近，离市中心 50 km 以内，不超过 1 h 车程为宜，或选在风景旅游区附近，人们在旅游观光的同时享受挥杆的乐趣。

7.2.1.3 规划设施

高尔夫球场面积大，且大多位于郊区，规划必须能满足运动、休闲、餐饮、娱乐、住宿及维护管理等功能，对球场与设施应进行合理的布局，并考虑其发展扩充的可能，一个高尔夫球场一般设置以下设施。

(1)停车场

停车场大小根据球场大小、预计客流量来决定，并要考虑相关的服务管理设施，如加油站、车辆冲洗维护设施以及司机休息室等。

(2)会馆

高尔夫球场多为会员制，为使会员及一般球友获得舒适的服务和社交环境，会馆是非常重要的建筑之一。会馆位置、设计及装修十分重要。会馆建造在地势较高的位置较为理想，可以透过窗户远眺，视野极为广阔，美不胜收的景观一目了然。以往返 9 洞型的球场为例，从会馆望出去，应该能观赏到 4 个球洞及练习场。会馆内通常设有更衣室、浴室、休息室、餐厅、酒吧、商场、会议室、卫生间及室内运动设施，如乒乓球室、台球室、棋牌室等。

(3)球场

正规球场为 18 洞，占地 $60\times10^4 \sim 90\times10^4\ m^2$，每一洞包括发球台、球道、果岭和障碍区四部分，18 个球洞中，前 9 洞组成一循环回到原出发点会馆附近，后 9 洞亦成一循环回到会馆附近，这样便于球赛有节奏地进行。

(4)练习场

练习场多设于靠近出入口或会馆，作为初学者和球手练习及热身的场所，草坪区面积至少长 300 码、宽 150 码，相当于两个一般球洞。在方位设计上应避免东西走向，在 50、100、150、200、250 码处可设置目标位置或果岭。

(5)球童休息室

球童是为球手打球服务的，为球手背球杆、递杆、擦杆、盯球、捡球、擦球，并顺带补草、覆沙。为便于球童休息及等待安排，多将球童休息室设于会馆附近，并提供球童更衣室、盥洗室、卫生间等。

(6)苗圃

球场内被损坏的草坪需要及时修补，生长不良的树木和应时花卉需要立即替换。球场内必须设有苗圃，培育繁殖草皮、苗木和花卉以备用。苗圃一般设置在球场的边缘角落处。

(7)机具库

高尔夫球场维护管理设备很多，需要一定面积的机具库存放、保养和维修。机具库往往设置在球场的隐蔽处。

(8)其他运动设施

为使高尔夫球场能提供多元化的休闲设施，也要考虑其他户外运动设施，例如，网球场、草地保龄球场、游泳池等。

7.2.2　高尔夫球场设计

7.2.2.1　设计参数

(1)球洞长度与击球杆数

高尔夫球场设计的基本单元是球洞。每一球洞由发球台开始至果岭结束，中间为球道，球道两侧为长草区，并设置沙坑、水池等障碍物。高尔夫球每玩一个洞是球手从发球区将球开出，经球道击入果岭上的球洞为止。高尔夫运动员完成一洞通常要求用1~3杆打上果岭，再在果岭上推杆2次使球入洞。设计规定短洞需要标准杆3杆入洞，中洞需要4杆，长洞需要5杆。美国高尔夫球协会(USGA)制定的击球杆数与球洞长度见表7-1。

表7-1　高尔夫球场球洞类型

球洞类型	标准杆数(par)	男		女	
		球洞长度		球洞长度	
		码(yard)	m	码(yard)	m
短洞	3	<250	<229	<210	<192
中洞	4	251~470	230~430	211~400	193~366
长洞	5	>470	>430	401~575	367~526

(2)球场标准杆数和分配

一般18洞高尔夫球场击球，标准杆大多在69~73杆之间，其中72杆是较典型的一种，其标准的长度从球座的中心算起平均在6300~6700码之间。假如有三个发球座，那么一个标准的正式球场的有效打击距离大约是5200~7200码。

场地条件和计划策略是决定球洞组合方式和总标准杆的两大要素。标准杆或总码数并非是每一座球场品质或困难度的指标。在标准总杆数的控制下，为平衡球员体力分配和控制比赛节奏，每个球洞的击球杆数在3~5杆间交替出现。例如，一个18洞72杆标准高尔夫球场的球洞长度与杆数分配见表7-2。

表7-2　高尔夫球场长度与标准杆数分配

洞号(hole)	距离(m)	标准杆(par)	洞号(hole)	距离(m)	标准杆(par)
1	382	4	11	183	3
2	172	3	12	432	5
3	398	4	13	149	3
4	506	5	14	466	5
5	318	4	15	341	4
6	492	5	16	334	4
7	315	4	17	136	3
8	176	3	18	466	5
9	361	4	小计	5991	72
10	364	4			

需要指出的是，高尔夫球场的设计包容性很强，其设计参数不是唯一的，在一定的范围内即可。因此，世界上没有两个完全形同的高尔夫球场。

7.2.2.2 基本设计原则

高尔夫球场设计是一个集运动、艺术与科学于一体的综合性规划设计，其设计需要遵循以下三大基本原则。

(1)可打性原则

高尔夫球场的基本功能是进行高尔夫球运动。但是，与其他体育运动设施不同，首先，高尔夫球场为人们提供了一个在阳光明媚、空气新鲜、绿茵遍野的场地上进行运动健身与娱乐，没有其他任何运动场地可与之相媲美。其次，虽然打高尔夫球有规则，但高尔夫球场却不像其他运动场地那样有严格的尺寸和设计建造标准，只有一些基本的范围尺寸和标准。第三，高尔夫球运动是一项适合各种年龄和性别的运动，同一个球场上既能接待身手不凡的专业球手，也能为球技较差的业余爱好者提供娱乐的舞台。因此，在这种条件下球场的规划设计完全取决于设计师对球场地形条件的运用和自己的创作灵感。无论怎样理解地形和规划创作，高尔夫球场是为体育运动准备的这一点永远不会改变。因此，将球场的可打性置于球场设计理念的第一考虑要素是重要的。

可打性的内容包括很多，其中球道的长度、宽度、方向、障碍设置、落球点或落点的选择、球道及果岭的起伏、球道景观树木的选择、栽植位置、光线与阴影的变化等都会影响球员技能的发挥。检验一个球场是否具有较好的可打性，就是看该球场能否令不同水平的球手都感到满意，既不能让高水平的球手轻而易举地达到自己的目标，也不能让球技较低的球手因难度过大而失望。当然也不排除专门为高尔夫球竞赛而设计的球场。

(2)美学原则

美国著名的高尔夫球场设计师 Robert T. Jones 说过，高尔夫球场设计师就是用一块广阔而巨大的画布来创作一种艺术形式。这块画布由 18 个部分组成，其上描绘出 18 个球洞。球场设计师在这一艺术形式的创作过程中，考虑天空、地平线为大背景，考虑日照与光线阴影的变化，运用土、沙子、水、草、树木来装点他的杰作。这说明高尔夫球场的设计在满足作为球场功能的条件下，追求球场的景观艺术美学也是球场设计的重要理念之一。高尔夫球场的美是一种大地视觉效果，有的人喜欢粗犷原始的自然之美，有的人注重精雕细刻的玲珑之美。总之，球场的美学没有绝对的评价标准，仁者见仁，智者见智。但是经验丰富、功底深厚的大师规划设计杰出球场的可能性会多一些，当然也不乏名不见经传的新秀设计出一流的球场。但是，高尔夫球场的美学设计仅仅是一方面，而设计效果的最后体现还要有杰出的球场建设和管理专家的配合。

球场美学或艺术性设计的内容很多，包括球场与环境的和谐统一、球场各部分之间的平衡与比例、球道的近景与远景、球道的线条与构图、球道的色彩与画面等。

(3)实用性原则

虽然高尔夫球场的设计要考虑打球和美学两方面，但重要的是球场要实用，要便于维护管理，否则球场的可打性和艺术性只是纸上谈兵或昙花一现。只有便于维护管理的球场才能真正体现设计师的可打性和美学设计理念。

球场的实用性设计首先体现在球场的内部，例如，球道造型要坡度适当，地面要流畅光滑，以方便排水、不产生水土流失，便于草坪维护机械作业；景观树木要疏密适度，考虑未来的生长，以利透气透光，减少病虫害，减小树木根系对球道草坪的影响。其次，球场的实用性设计还体现在对球场生态环境的保护方面。不要因建造球场而导致土壤侵蚀，地下水位下降，生物多样性消失，不要轻易破坏自然水域或湿地，尽量减少土石方移动数量。

7.2.2.3　设计策略

高尔夫球场与其他大部分竞赛或运动场截然不同的一点是，它没有标准的场地规格。事实上，很多高尔夫球场之所以吸引人，也正是因为它有这样的特性。每座球场都完全不同，分别综合了当地的场地状况、气候类型、植被类型、地方风俗以及比赛的类型等，这是其他球场所无法完全仿造的。

对一球洞来说，可以用基本形态加以描述或评估。最典型的球洞设计策略有3种：罚杆式、策略式及冒险式。

(1)罚杆式

这类球洞要求打击时需直接经过障碍区：沙坑、水池、长草区、丛林或其他可能构成障碍的地区(图7-12)。罚杆式球洞对一般打高尔夫球的人来说，难度较大而且经常有挫折感，击球距离必须长而准确，巧妙地越过障碍区到达一个相当小的落球区。这类球洞所在果岭通常是那种周围有水域阻隔或隐藏在视野以外的小岛，几乎每一次失误都要受到处罚(即罚杆)。除了专业高尔夫球选手不受影响外，其他球手都会因此而增加杆数，整个球场的使用效率因此而下降。

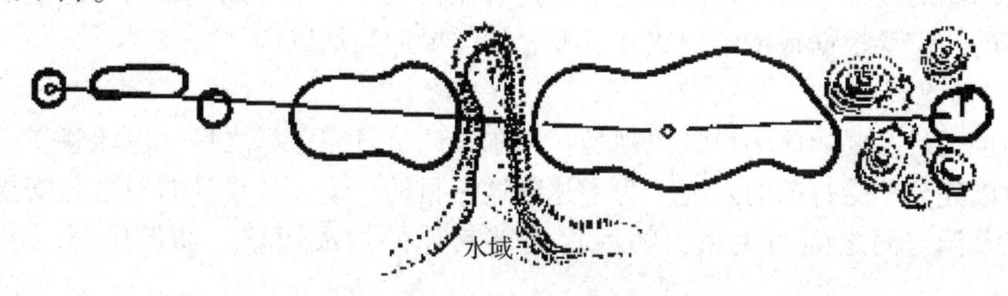

图7-12　罚杆式球洞

(2)策略式

有多种击球路径可到达果岭，每条路线的得分和风险都差不多(图7-13)。较安全的路径一般需要击打一杆或两杆，出杆失误也不会受到严重的处罚。这类球洞同时可以兼顾技术纯熟的高尔夫球选手，设置种种障碍区向这类使用者挑战。因此，策略式球洞的高尔夫球场受到各类高尔夫球手的普遍喜爱。

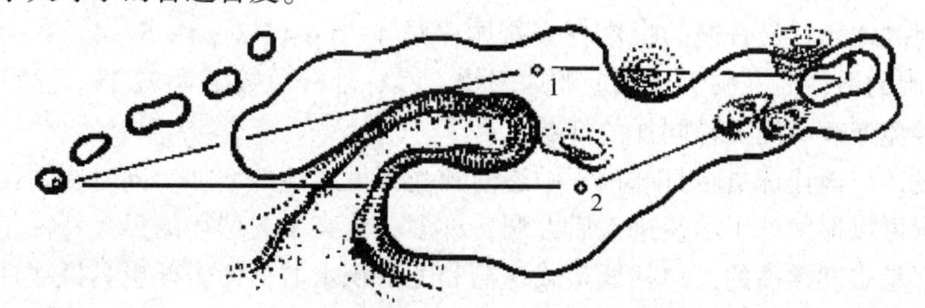

图7-13　策略式球洞

(3)冒险式

也称英雄式，这类球洞融合了罚杆式和策略式球洞的特征，大多为长距离的打击者而设计，并且有不同路径供高尔夫球员选择（图7-14）。然而，与策略式球洞不同的是，它的失误代价很高。冒险式球洞的水域障碍大都设计在落球区域果岭的附近。真正的冒险式策略如果成功的话，将取得小鸟（birdie，比标准杆少1杆）或老鹰（eagle，比标准杆少2杆）的机会。但如果不成功，则可能比标准杆多1杆（bogey）或2杆（double bogey）。

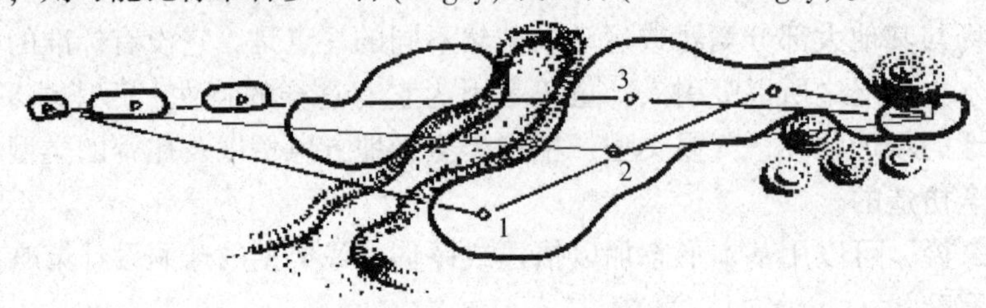

图7-14 冒险式球洞

目前，大部分的球场都设计成策略式的球洞，外加少部分的冒险式球洞，并且通常都是环绕着水而建造。高尔夫球场设计师希望他所设计的球场具有十足的挑战性，但同时不会使人感到泄气或枯燥无趣。设计出的球洞组合形态，应该同时具有变通性与公平性，让不同球技的使用者都可以享受到舒适的挑战性。

7.2.2.4 具体设计原则

高尔夫球场的设计并无硬性的规定，但仍有流传至今的基本设计原则。这些设计原则是有一定弹性的，需要根据特定场地或开发概念的需要适当加以调整。

（1）路径的规划

第一项也是最主要的球场设计原则是：高尔夫球员打完一场之后，应该感受到该球场十分舒畅，可以充分享受打球的乐趣。为了达到这一目的，设计师设计时通常先安排基本球洞的顺序，以及洞与洞之间的关系，随后再处理其他的构成因素，如俱乐部、水面、别墅区等。

通常俱乐部及其沿着第一、第十、第十八洞而建的附属设施要率先确定位置。每一座九洞往返型的球场均始于第一及第十洞，因此，这两个洞的设置格外重要。开球洞的一项设计目标是：避免发球区的球太慢打上果岭。

其余球洞可随自然的地形布置发球区和果岭。发球区通常设置在那些地势较高较平坦的部分，果岭则经常设在自成天然景观的山坡底，其附近常配置有水池、小溪或其他特殊的景色。

九洞系列的球场，最普遍的标准杆安排顺序是4—5—4—3—4—5—4—3—4，共36杆，而如果是18洞的话，后九洞仍按以上顺序安排，其标准杆总数则为72杆。这种安排顺序最主要优点是避免连续两洞都是同样的杆数。

球场的设计应该让球员在打球过程中逐渐感受到挑战性的增加。同时要强调是，困难度较低的第十洞可以促使球手尽快进入后九洞。许多一流高尔夫球场的最大特征是，最后快结束时的几洞都是难度颇高的，包括冒险式球洞和大面积水城，使击球更具挑战性。

（2）发球区

作为每个球洞的控制点，发球区无疑是十分重要的规划重点，它可以向高尔夫运动员指示所要打击的球洞之性质。

发球区的球座位置须根据不同球技的平均打击距离而定。一般设计三个发球台，靠近球道的是女士发球台(球座红色)，中间是男士发球台(球座为白色)，远离球道的是专业发球台(球座为蓝色)。三个发球台呈阶梯式或平台式，表面要有1%~2%的坡度，以利排水。有些球场增设有锦标赛球座(球座为金黄色)。职业高尔夫选手发球差不多都在270码以上，而一般球员大部分可以打180码左右，年轻的新手和多数女性球员的打击距离则大约是120~150码(表7-3)。

表7-3　发球座设计准则

发球座	发球距离(码)	每秒最大的打击距离(码)
金色	250	225
蓝色	225	200
白色	175	150
红色	150	125

发球区的面积大小与球场的使用率有关，使用量大的球场就需要面积较大的发球区，以避免坪床及草坪因过度使用而遭破坏。通常高尔夫球场设计师是按以下规则来确定发球区的大小，即每1000使用场次规划10~20m²的发球区。但这些面积并不是平均分配到每一个洞的，某些洞发球区面积需要大一些，18洞的球场当中，第一与第十洞的使用频率最高，三杆洞在发球时较多地用铁杆，容易受损，因此，这些洞的发球区应该按比例适当加。而在一个球洞中，一般男士发球台面积最大，而专业发球台面积最小。

(3)球道

球道是发球区到果岭之间除了障碍区以外的可打击区，其两侧都是长草区。球道是高尔夫球场击球最富有变化的区域，最能体现设计人员的艺术才能，其设计应充分利用原有地形合理布局，将自然景观加以充分利用。球道的布局和设计在很大程度上决定了球场的风格。

球道的形状有狭长形、左狗腿、右狗腿或扭曲形。在造型上起伏不定，追求自然，以融入原有地形，不留人工雕琢痕迹为最高境界。

球道上的标准击球点(IP)以标准击球距离为准，这是球场设计标准杆数的依据。一般第一个标准击球点是在距离发球台250码的位置，第二个击球点是在450码的位置。位于标准击球点附近的区域被称为落球区。

落球区应该平坦、宽敞，才能预期一次良好的出击。一个标准杆4杆，专为程度较好的高尔夫球员设计的球洞，通常会将落球区设在离蓝色发球座225码以外的地点。而若是标准杆5杆的话，则要再加上一个落球区，离球座大约相距425码。大部分情况下，这些落球区的宽度均在40~50 m之间。当球场都是些没有经验的使用者，或者球场的运作速度有问题时，球道落球区可宽达60 m。锦标赛用球场，落球区的宽度可能窄到只有30 m左右。不过，其中有些球洞的球道可以宽一些，如离球座约150~200码处加宽球道，以满足某些短打的球员，而顺着球道方向离球座250~300码的狭窄落球区，则专供技术熟练的球员使用。

球道的左右曲折、宽窄的变化不仅是利用原有地形，而更多的是一种富有战略性的设计思路，是一种障碍，可以考验击球者的挥杆技术。只要球落在正确地点，挥杆把球打上果岭就十分容易；若球落点不佳，会增加挥杆难度，甚至受到惩罚。

(4)果岭

果岭由推球面(putting area)、果岭环(collar)组成，其周围布有沙坑和草坑，与球道连

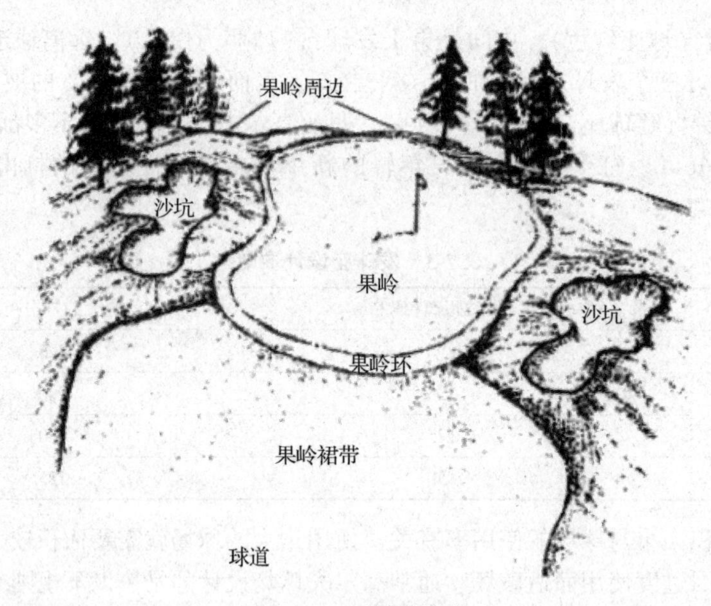

图 7-15 果岭的组成

接的过渡区称之为果岭裙(apron)(图 7-15)。

果岭是衡量球场品质的最主要区域。果岭的设计根据每个球洞的特性、球场的类型以及其他因素而定。果岭可以平坦而窄小，也可以起伏明显，果岭大多低于发球台，以确保适当的能见度。通常情况下，果岭比周围区域高约 0.3~1.0 m，远看像一块凸起的台地或小坡地。果岭背景当中最受欢迎的莫过于山坡、丘陵、丛林、河(湖、海)滨等天然景观。

果岭面积大约在 500~800 m^2之间，呈椭圆形，或不规则椭圆形或圆形，应该足够容纳 4~6 个球洞的位置。一般而言，距离较长或困难度大的打击，往往需要面积较大的果岭。反之，如果是短距离打击的话，则目标小一些会比较具有挑战性。

果岭的坡度从远离发球区的一端(后侧)到另一端(前侧)，至少有 2% 的倾斜度，通常为 2%~4%，除非是小型果岭可高达 20%，这种坡度和坡向不仅能增加球座到果岭之间的可见度，同时有助于高尔夫球员顺利把球打上果岭。短距离的 3 杆洞和困难度较低的 4 杆洞，其果岭表面起伏较大，一般不易于推杆，这种设计使打球的难易得到平衡。

果岭环的宽度 0.9~1.5 m，其修剪高度保持在 1~1.8 cm，以区别于推球面和球道。

果岭裙位于果岭前的迎球面，它可以是球道伸向果岭的上行缓斜坡或下行缓斜坡，这取决于球道和果岭的相对位置高差，果岭裙力求自然顺畅。

(5)障碍区

沙坑、水池、树木及长草等都是基本的障碍要素，利用这些障碍可以界定球洞设计的各项策略。

沙坑除了实质上的障碍功能，还可作为视角上的景观，其白色的质感与周围的绿色形成鲜明的对比，对球员而言，击球时可以起到参考定位的作用。由于球落在沙坑里通常会马上停止，因此沙坑设置常能保护落入附近地区的球，使其不至于乱滚。

果岭附近的沙坑，其面积大多是 100~300 m^2，而如果位于球道上，则要增大至 400 m^2。

水池、湖泊及河流等水域已成为现代球场环境的一个重要构成部分。其原因除了作为球场灌溉的天然蓄水池之外，它在球场景观上作用可能比其他任何因素都要大一些。

水域在策略式球洞上的设计是个十分有用的障碍区，不过其规划非常严格，因为凡是球打入积水区时都要计算罚杆。平常当球落入沙坑或长草区，则只会降低整个球场的比赛速度，而当球落入水域，则表示打击的结束，反而可加速比赛的速度，而且水域也不用剪草或耙平表面，比其他障碍区维护简单得多。

树林是球场设计中唯一的垂直障碍，利用树林可创造出各式各样的封闭性空间和开放空间，起隔离、缓冲、指示的作用，对整个球场的空间配置特有益，使球场在景观上更加漂亮。

风也可以作为障碍物，如果该地区的风力够强，并且颇能预期的话。在海滨球场上，海风在球洞顺序配置上是个关键性的因素。设计时应尽量避免连续几个洞位于风力强劲的地区。在风作为障碍当中，连续的顺风、逆风和横风可能是最受欢迎的设计条件。

根据以上原则进行具体设计。一个高尔夫球场的完整设计应包括以下图纸内容：总平面布置图、球场造型图、场地清理图、土方移动平衡图、排水系统图、喷灌系统图、果岭造型图、发球台造型图、植草及园林景观配置图和沙坑结构图等10多份图纸。

7.3　高尔夫球场建造

高尔夫球场建造成功的关键是，按照工程合同和设计说明忠实地执行设计师的设计。高尔夫球场建造最初的3个阶段是：测量定位、清场和粗造型。其余工程包括：①排水工程安装；②喷灌系统安装；③果岭、发球台和沙坑基层工程；④细造型和坪床工程；⑤植草及苗期养护；⑥园林配置工程。

一般而言，在投资得到保证前提下，建一个18洞高尔夫球场至少需一年半时间，其中建设期一年，草坪养护期半年。高尔夫球场的建造程序及内容如下。

7.3.1　测量定位

测量定位是整个高尔夫球场开始施工的第一项工程，也是高尔夫球场建造过程中的主要环节，具有十分重要的地位。施工测量就是将球场施工图纸中设计好的，球场中各个特殊区域和部位的平面位置及标高正确地标示到施工现场，以便指导球场的准确施工，从而保证球场中所包括的各个特征区域和部位按图纸准确定位，以及保证造型起伏的高程、坡度等能按图纸要求准确地控制。

测量定位一般由业主聘请专业测量师进行，或由设计师自己进行测量定位。定位路线从专业球手发球台开始，经过球道中心线到果岭中心。每隔30 m打桩。除发球台、球道中心线和果岭中心外，还应标识出拐点或狗腿洞拐点。另外，在场地应设立一个永久性高程控制，便于施工进行高程控制。同时，在球道中心线两侧设立若干个永久性控制桩。

7.3.2　清场

清场是将球场清场图所指定范围内的树木、树桩、地上及地下建筑物和构筑物等有碍球场施工的物体清除出场，为球场的下一步施工做好准备；同时保留那些对球场景观有价值、能组成球道打球战略的树木和珍贵树木，以及有保留价值的其他自然景物。清场工作须在设计师亲临现场指导下分阶段进行。

第一阶段：清除靠近球道中心线的所有树木。从最远端发球台起，清除沿中心线两边各6 m，共90 m长的区域，这一区域属发球台区，从这儿沿球洞中心线两侧清场各12 m，直到果岭中心。

第二阶段：根据击球策略和景观价值，在前一阶段清场基础上，设计师经过平衡标出进一步清场的区域，包括果岭和发球台周围、球道两侧，还有湖面位置。这一阶段的清场界限呈不规则弯曲状。经过这一清场阶段，球洞进一步加宽，球洞的击打特点已显示出来。

第三阶段：这一阶段是对第二阶段清场工作的进一步完善，由设计师在特定地段标志后进行。

长草区清场：在近长草区要保留的树木在清场第二和第三阶段由设计师标记。长草区清场是有选择性的，主要清场的是次生林和矮灌木，因为这些植被会影响到找球，并且影响大型滚刀剪草机作业。清场范围通常是球道两侧6~10 m的区域。

树桩、根等有机物的处理：树桩、根等有机物必须清除并加以处理，一个重要的原因是这些有机物腐烂后会引起地表沉降，影响球场的平整度。在允许火烧的地方，最廉价的处理方式是集中起来火烧，或挖坑掩埋。

7.3.3　土石方工程与粗造型

7.3.3.1　表土堆积

在大规模开挖回填土石方之前，表土堆积是将地面表层20~30 cm深的种植土壤堆积到球场暂不施工的区域存放，用于以后的草坪坪床建造时进行坪床改良。表土进行堆积前，要将没有清理干净的地面杂物如植物秸秆、植物根系等先清理掉，以免表土中带有过多的杂物，影响以后的坪床处理工程。表土堆积时，最好选择在表层土壤较干燥的时间进行，以免土壤结块，再次回铺时难以打碎、耱平，为坪床建造带来麻烦。

表土堆积并不是每个球场在建造过程中都需要进行的工程，要根据球场场址表层土壤的状况而定，对于球场场址原生植被茂密、杂草根系较多的表层土壤和表土土质较差的土壤，如盐碱土、重黏土等，无需进行表土堆积。

7.3.3.2　土石方开挖与回填

高尔夫球场的土石方工程是按照土方移动平衡图和球道造型等高线图，在场址内进行大范围的土方挖填与调运和从场外调入大量客土的工程，目的是在原有地形、地貌的基础上，通过土方的重新挖填和分配，大体上形成球场造型图所要求的起伏和造型。土石方工程也是高尔夫球场建造中所占比重较大的一项工程，需要投入大量的人力、物力和资金。

7.3.3.3　粗造型

土石方工程在进行挖、填过程中已大体上形成了球场的造型和起伏的形状，粗造型工程中不存在大范围的土方挖填和搬运，没有大型挖填和运输的机械作业，只是使用推土机和造形机对造型的局部进行推、挖、填的修理和完善，使之更符合高尔夫球场造型的要求。粗造型工程主要包括球道、长草区的粗造型、人工湖面等水域周围的粗造型和杂物清理等工作。

7.3.4　细造型工程

高尔夫球场的细造型工程主要包括球道、长草区、隔离带的微地形建造和局部造型细修整工程，以及一些特殊区域如果岭、发球台、沙坑的建造工程。在球道和高草区的排水系统和喷灌系统的管道铺设完成后，着手实施球道细造型工程。球道和长草区的细造型工程是一项比较特殊的工程，通常根据球场造型等高线图无法充分实施，这项工程需要根据球道造型局部详图和设计师现场指导实施。设计师依据球场的设计风格和球场的整体理念与构思，结合高尔夫球的运动规律以及地表排水、管理可行性等多方面的因素，针对每个球道的局部区域，确定微地形起伏建造形式。

球道与高草区的细造型方案确定后，按照设计师的意图修建微地形如草坑、草沟、草丘等，对造型不适的局部区域进行细修整和微调，对粗造型工程中形成的所有造型区域进行精雕细刻，使整个球场的造型变化自然、流畅，无局部积水现象，利于剪草机械和其他管理机械的运行。细造型后形成的局部排水坡度一般不小于2%，最终的造型标高需符合造形图的要求，误差控制在5 cm以内。

细造型工程应与坪床建造工程结合实施，在细造型进行到一定程度后，将堆积起来的表土重新铺回球道与长草区中，在表土铺设后，对造型进行细致修整。根据表土的堆积量和需要铺设的面积确定回铺厚度，一般不小于10 cm，球道上最好能达到15 cm。在表土量不足时，应首先满足球道的要求，高草区回铺的表土层一般也不能太薄，因为长草区草坪在成坪后的管理中，施肥一般较少，应使原土壤具有较高的肥力。

7.3.5 园林配置

高尔夫球场还需要栽植多种乔木、灌木、花卉、地被植物，它们与占主体的草坪和谐配置，球场景观才能更趋完善、优美。园林配置工程贯穿于高尔夫球场建造的全过程中。

7.3.5.1 果岭周围的配置

果岭周围的乔木、灌木配置以不影响草坪生长为前提，所栽植的树木应是深根、常绿、树荫小，且不会有杂物飘落于果岭，不生害虫。此外，其枝干外延须距果岭环10 m之外。为保证果岭草坪的光照，果岭的南侧应避免种高大的乔木。果岭到下一个发球台的沿线配置灌木、花卉，它们可为球员指示方向，并丰富场景。

7.3.5.2 发球台周围的配置

发球台附近的乔木、灌木配置仍以不妨碍草坪接受阳光及空气流畅为前提，同时要考虑为等待发球的球员提供避晒场所，还要顾及防止出现有碍球员观览球道的情况。在发球台周边适量地配置花卉，既能增添色彩和芳香，又能控制交通。

7.3.5.3 球道边的配置

球道边配置树木要体现造景的多种功能。例如，表现在竞赛功能上，可明显地分隔相邻球道，指示打球的方向和界限；表现在美学功能上，则高乔低草，植被高低错落有致，植物种类丰富多样；表现在工程功能上，球道边的乔木根深、株高、树荫稀、树形美，可有效保持水土，并有良好的遮阳、防风、防球击和安全等效果。另外，以树衬景能提高飞行中球的能见度。

7.3.5.4 障碍区的配置

障碍区是集中种植乔木、灌木的地区，要选择透光、病虫害少、深根性的树种。灌木丛可起到指引打球路线、防止球出界等作用，还可用于遮掩球场中不雅观的区域。行车道边可栽植绿篱，陡峭的山坡障碍区可栽植地被植物，既护坡又降低养护费用。

7.3.5.5 水景边的配置

球场的池塘、溪、渠边应选择耐水湿、生长快、枝干矮、不易摇动、固结土壤能力强的树种，既保护堤岸，又陪衬水景，相映成趣。

7.3.5.6 会馆周边的配置

会馆是一座建筑或一组建筑群，在其周围应配置乔木、灌木、花卉等，其设计原理与宾馆、别墅有相似之处。树种的选择以树形优美、常绿、有季相变化为原则，还要顾及开花、色香、结果等欣赏效果。另外，四季中至少有三季不可缺少花卉。

7.3.5.7 其他地点的配置

除上述地区外，球场还设有进口处、小商店、避雨点、网球场等场所。需根据它们的功能要求，配置乔木、灌木、花卉等。总之，要尽量营造一个清新怡人、步移景异的好环境，以吸引更多的客人，促进高尔夫球运动的发展。

高尔夫球场果岭、发球台、球道、长草区等各部分坪床、给排水及植草工程具体施工参见后面各章。

7.4 高尔夫球场草坪养护设备

对于一个占地数千亩的高尔夫球场来说，配套完备的草坪机械通常是保证获得高质量草坪的重要条件。如果说高尔夫草坪代表草坪养护的最高水平，那么高尔夫草坪机械则代表草坪机械领域的最高水平。用于高尔夫球场建坪、草坪管理的机械种类最为齐全，多达几十种，对功能、质量的要求也最高。

常用的高尔夫球场草坪机械设备与运动场草坪基本相同，具体参见1.3章节。以下只介绍一些高尔夫球场专用的养护管理机械设备。

7.4.1 果岭剪草机

有手推式(图7-16)和三联坐骑式(图7-17)，均为滚刀剪草机。剪草高度很低，可剪至3 mm以下。手推式剪草精细，修剪质量高，而坐骑式剪草效率高。

图7-16 手推式果岭剪草机

图 7-17　三联坐骑式果岭剪草机

7.4.2　大型剪草机

(1)滚刀式剪草机

大型滚刀式主要用于大面积的草坪修剪，有五联和七联规格。五联一般为坐骑式，用于修剪球道草坪(图 7-18)。七联为牵引式，主要用于面积很大的半长草地带剪草(图 7-19)。

图 7-18　五联坐骑滚刀式剪草机

图 7-19　七联牵引式滚刀剪草机

(2)旋刀式剪草机

大型旋刀式剪草机主要用于大面积的长草区修剪，有三联、五联和七联规格，均为坐骑式。剪草高度较高，但速度快，效率高(图 7-20)。可根据剪草面积、地形、质量要求及工作效率选择型号。

7.4.3　草坪切边机

高尔夫球场需要修整的草皮边缘甚多，如果岭、发球台、沙坑等边缘，这些边缘如果人工修整，工作量很大。草坪切草机是完成这项工作不可缺少的工具。

草坪切割机由机架、发动机、刀片、轴承、皮带等元件构成(图 7-21)。其垂直高速旋转的圆盘刀片可将草坪边缘切割整齐。

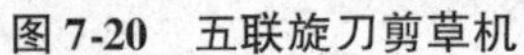

图 7-20　五联旋刀剪草机

图 7-21　草坪切边机

7.4.4　耙沙机

该类机械主要用于扒平高尔夫球场沙坑表面零乱的沙子，使其恢复顺滑美观。本机采用油压驱动三轮驱动式，灵活机动，功效高(图 7-22)。

本机由机架、发动机、耙沙刀耙等附件构成。

7.4.5　拖平网

覆沙或空心打孔作业之后，后继作业即为铺平。所谓拖平即一个金属拉网或相似的设备拉过草坪的过程。所谓的拖平机实际上是用另外一个牵引动力附加一个金属拉网(图 7-23)。果岭覆沙之后，也可以用拖平网进行拖平。

该机器还可与草坪补播相结合，以便于种子与土粒的紧密结合，有助于提高种子的发芽率和成活率。

图 7-22　耙沙机

图 7-23　拖平网

7.4.6　果岭滚压机

通过滚压果岭可提高场地的硬度和平整度、控制草坪草的生长、促进草坪草的分蘖和扩展，提高球速。草坪滚压的另一个重要作用就是在草坪表面形成漂亮的花纹，增强草坪的视觉效果。

果岭滚压机通常为平移式，坐骑下有两个滚筒，可前后左右方向行驶，完全避免了传统滚压机转弯时对场地表面的破坏。重量 300～400 kg，对果岭土壤结构的影响很小(图 7-24)。

7.4.7　磨刀机

剪草是高尔夫球场主要的养护作业之一，在夏季草坪草生长高峰期几乎是天天修剪，而且主要使用滚刀剪草机，刀具磨损很快。锋利的刀具不仅使草坪草叶片受伤害最小，还增强草坪对各种不利环境的抵抗性，而且大大提高了草坪质量。因此，研磨刀具几乎是高尔夫球场草坪管理人员每天要进行的工作。

图 7-24　果岭滚压机

图 7-25　滚刀倒磨机

图 7-26　大型底刀磨刀机

图 7-27　大型滚刀磨刀机

滚刀磨刀机分小型磨刀机和大型磨刀机，磨刀时还需要研磨辅料。小型磨刀机也称倒磨机，与滚刀连接后使其倒转，在滚刀上涂抹研磨辅料，并调整滚刀与底刀间隙，从而实现磨刀功能(图 7-25)。大型磨刀机分为底刀磨刀机和滚刀磨刀机，由机架、电机、送进装置、磨石和砂轮构成(图 7-26、图 7-27)。

本章小结

本章对高尔夫运动、高尔夫球场、高尔夫球场建造、高尔夫球场养护设备等高尔夫球场基本知识进行了系统概述。通过本章的学习，可全面了解高尔夫运动的发展历史、特征和比赛等基本常识，熟悉高尔夫球场规划、设计内容和基本过程，掌握高尔夫球场的基本类型、设计原则和场地各部分的基本结构，熟悉高尔夫球场的建造过程和养护设备种类，为进一步学习后续高尔夫球场各章节打下基础。

思考题

1. 简述高尔夫运动的起源。
2. 高尔夫运动有哪些特征？
3. 一套高尔夫球杆包括哪些种类？数量多少？
4. 什么是高尔夫球洞？一个标准高尔夫球场包含多少个洞？
5. 简述高尔夫球比赛类型。
6. 简述高尔夫球场的种类。
7. 一个高尔夫球场需要规划哪些设施？
8. 什么是标准杆？标准杆跟球洞类型有什么关系？
9. 试论述高尔夫球场设计要遵循的基本原则。
10. 典型的球洞设计策略有几种？请简要说明。
11. 发球台有几种类型？请简要说明。
12. 简述果岭的组成。
13. 障碍区的障碍类型有哪些？
14. 一个完整的高尔夫球场设计包括哪些图纸？
15. 什么是粗造型和细造型？其包括哪些工作内容？
16. 果岭剪草机有什么特点？
17. 简述高尔夫球场大型剪草机的种类及用途。

第 8 章

高尔夫球场果岭

果岭(green)，是高尔夫球场中球洞所在的区域，是高尔夫球员推球完成一个洞的最后一个攻击目标。高尔夫球场每一洞的标准杆设计有两杆要在果岭上完成，即一个 18 洞的球场所用 72 杆(标准杆)的 50% 分配在果岭上。事实上，虽然果岭面积仅占高尔夫球场总面积的 2%，但在一轮比赛中，75% 的击球都与果岭有关。高尔夫比赛最扣人心弦的时刻都发生在果岭。因此，果岭是高尔夫球场最重要的组成部分，对草坪质量的要求最高，其质量决定了整个球场的质量水平。纵观所有类型的草坪，可以说果岭草坪代表了草坪建植与养护管理综合技术的最高水平。

8.1 果岭概述

果岭是位于球洞周围的一片管理精细的草坪，是推杆击球入洞的地方，形状为不规则的近圆形或椭圆形，面积 500~850 m^2。好的果岭设计、建造和养护能使球场的每个果岭在大小、造型、起伏、轮廓以及周边沙坑配置都各具特色，给球员创造丰富的挑战性和趣味性，同时也保证公平竞争和养护的经济性。

果岭质量在很大程度上取决于果岭的坪床结构。坪床结构对果岭质量的影响深刻而长远，其中以种植层土壤材料影响最大。种植层土壤除了要满足草坪草的基本需求外，还需要有既抗紧实又透气良好，既保水又排水迅速的特殊功能。果岭种植层土壤研究经历了由简单到复杂的过程，从最初研究原土到部分改良再到完全改良三个阶段，完全改良又可分为沙 + 土 + 有机质、沙 + 有机质、不同粒径沙 + 有机质三个阶段。研究表明，不同的基质配方、同一配方不同厚度的基质物理性质，如水分特征曲线、导水率、保水率、孔隙率等差异明显，并进一步影响草坪质量。

美国高尔夫协会(USGA)在大量研究与实践的基础上于 1960 年首次提出果岭建造推荐标准，并分别于 1973 年、1993 年和 2004 年进行了三次修订。其中最重要的是种植层土壤的建造规范。目前大多数高尔夫球场果岭基本上按照美国高尔夫协会推荐标准建造。

8.1.1 果岭结构与种类

8.1.1.1 果岭结构

果岭是由几部分所组成，除其主体推杆面外，还包括与果岭推杆面相连的果岭环、果岭裙和果岭周边三部分。这些区域对球员的成绩影响很大，对养护管理要求虽然不同，但也十分精细。果岭周围一圈窄的草坪带称为果岭环，其修剪高度介于球道和果岭之间；果岭前面与果岭环相连的部分是球道的延伸，称为果岭裙；果岭两侧或背后，就在果岭环外围的剩余草坪区，其养护与初级长草区相似，称为果岭周边。果岭周边可看作长草区的一部分(图8-1)。

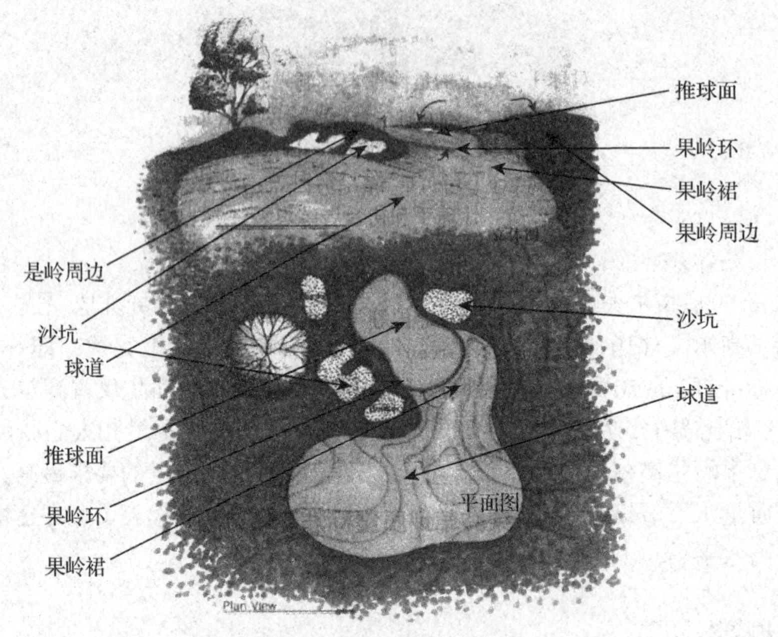

图8-1　果岭的组成结构

(引自韩烈保，2004)

8.1.1.2　果岭种类

根据用途我们可把果岭分为标准果岭、练习果岭、双果岭、双洞果岭和备用果岭。

(1)标准果岭

标准18洞球场上每洞唯一的果岭，供球员打球、比赛用。

(2)练习果岭

供球员练习推杆而设立的果岭称练习果岭。一般靠近会所、出发区，有些设置在联系场内。其面积、造型起伏、草坪草种、养护管理、质量与标准果岭要求相同。

(3)双果岭

每个球洞上建造设置两个长期使用的分离的果岭，每个果岭有各自的落球区、沙坑和周边区域。两个果岭分别种植不同的草种，它可在不影响打球的同时保证养护的顺利进行。这种双果岭体系对使用强度高的球场是非常重要的。双果岭常应用于暖湿气候带的某些地区。在过渡地带现多采用冷暖季双果岭，一个狗牙根果岭夏季使用，另一个蓟股颖果岭冬季使用。冬季寒冷时期，狗牙根果岭可用覆盖保护供来年夏季使用。保证两个果岭在不干扰打球的情况下顺利实施养护工作，并顺利交接，对利用强度高的高尔夫球场非常重要。

(4)双洞果岭

一种面积很大的果岭，每个果岭可提供两个不同的球洞使用，每个双洞果岭左右两个球洞和旗杆。安德鲁斯高尔夫老球场就是双洞果岭，面积达3 906 m^2，推杆距离可达46 m以上。在这些果岭上，两个洞杯的距离相对较远，分别位于果岭的两端，其中一端的球洞作为球场的前九洞，另一端的球洞作为后九洞。由于建造和养护比较困难，同时打球时对球员有很大的危险性，双洞果岭现在很少使用。

(5)备用果岭

位于夏季果岭前面或一侧球道上的面积较小的临时性果岭，当冬季打球很少时替代常规果岭，这样即可保护常规果岭在解冻和土壤湿润时避免形成车辙和土壤紧实。备用果岭最初应用于美国冷湿地区的南半部，包括过渡地带，那里的冬季气候温和，可全年不间断性地打球。备用果岭常因其较常规果岭击球面粗糙而引起争论，但它在保护常规减少果岭损伤方面有重要的作用。为尽可能提高备用果岭的质量，需要制订完善的养护计划和秋季更新措施。表施土壤、施肥以及补播都能提高其表面质量。

8.1.2　果岭质量要求

果岭草坪质量标准包括：均一性、光滑性、球速、韧性、弹性、耐低剪性及草丛形成的难易。果岭草坪要保证高尔夫球在其表面平滑自然地滚动。有经验的球员可根据果岭草的颜色、长势和脚感来决定自己推球力度的大小。果岭的球速测定需采用特殊的工具和规范的方法来完成。

8.1.2.1　质量标准

(1)均一性

均一性指果岭草坪坪面高度一致、草种纯净无杂草、密集无裸露地、健康无病虫害斑块、施肥均匀无烧伤块、无剃剪或漏剪、色泽一致。草坪均一性受草坪的质地、密度、种类、颜色、修剪高度、养护措施等因素影响较大。

(2)光滑性

光滑性是指果岭表面的顺滑程度。对光滑性影响较大的因素有草坪草的质地、均一性、修剪高度、修剪频率、紧实程度和肥力水平。

(3)韧性

指果岭草坪抵抗球员践踏和球的冲击能力。果岭每天承受有数百人打球，数百个球冲击上果岭，造成果岭表面的凹陷和草坪受损。穿插在土壤中的匍匐茎、根状茎、根系与表层土壤、草坪的枯草层一起形成了一个混合层，它是草坪的耐践踏和缓冲球的冲击所需的垫层。韧性强的果岭能有效地降低对草坪的损坏。

(4)弹性

果岭表面应具有一定的弹性，使打向果岭的球有相应的反弹。球的反弹力与果岭修剪高度、枯草层厚度、土壤硬度有关。果岭修剪得越低，枯草层越少，土壤越紧实，球的反弹力就越强，球员对球的方向变化就越难把握。果岭土壤过软，球对果岭的打击点易形成凹陷，人在果岭上走动易留下脚印，使果岭的光滑性降低，对球在果岭上滚动的方向和控制力无法把握。所以，果岭不能过硬也不能过软。

(5)耐低剪性

低而频繁的修剪能使草茎密集和叶片直立，使果岭草坪质感提高，球员能快速地确定球路和球速。果岭草坪一般修剪高度为 3～6 mm，有时甚至低于 3 mm，每天修剪 1 次或 2 次。尤其是大型的国际比赛，要求相对较快的球速，这就要求果岭草坪能耐低修剪。

(6)不易形成草丛

果岭如果出现丛状的草坪斑块，就会影响果岭的光滑性，影响推杆的准确性。因此，要求果岭草坪草匍匐性强，根状茎扩展势强，茎节短小，不易形成草丛。

(7)球速

高尔夫球在果岭上被推击后滚动距离的长短称为球速。果岭速度或滚动距离主要取决于果岭平滑程度。球速是一个综合指标，跟以上因素都有关系，但主要受剪草高度、光滑性的影响。果岭越低矮、光滑、平顺，球速越快，但要求的养护水平越高。

8.1.2.2 球速测定

果岭球速是指高尔夫球在果岭上滚动的速度。可用果岭测速器(Stimpmeter)测定果岭球速。果岭测速器是一个长91.43 cm（即3 英尺)，压成“V”形槽状的铝板条(图8-2)。它有一个精确磨制的释放球的凹槽，长76 cm，延伸到测速器放在地表的一端，该端的背面底部被磨平，以减少滚下球的反弹。V形槽的内角145°，相距1.3 cm的两点支撑球。球沿槽滚下时会产生轻微的回旋，但这是恒定的，对以后的测定无不利影响。释放球的凹槽的设计使得当测速器的一端从地面抬高上升到与水平方向成20°角时，球即开始滚下。这就保证球到达低端的速度总是相同的。果岭测速器不用时应放在塑料管或箱中。对释放槽或凹槽哪怕是轻微的损伤，也会降低测量的准确性。

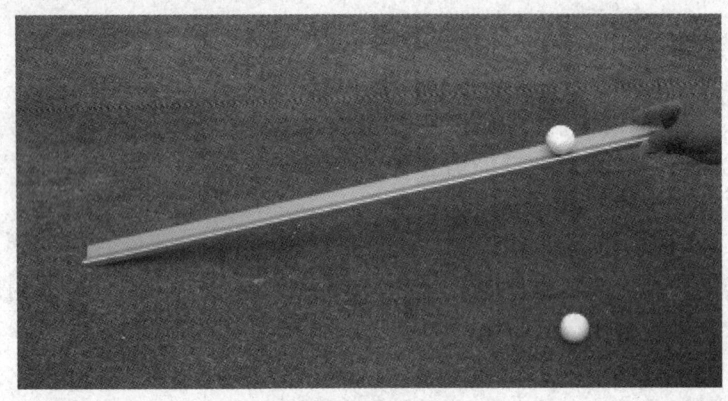

图8-2 果岭测速器

测定果岭球速所用器材包括：一个果岭测速器、3个高尔夫球、3个球座或小计分钉、一张记录纸和长度5 m的测量尺。可参照如下步骤进行测定：

①果岭上选择一个3 m×3 m，较平坦的地方(检查场地水平与否的简单方法是把测速器放在果岭上，把球放在V形槽中，如果球不滚动则说明该处是水平的)。

②将一个球座插入选定区域的边缘，作为一个出发点。测速器的底端放在球座旁，并将它对准球要滚动的方向。将球放在测速器上端的V形槽中，测速器的底端固定不动，慢慢地抬升测速器上端，直到球开始往下、朝前滚动，停止，在该点插上球座作标记。

③拿尺量其长度，记录数据。

④如此连续重复3次，得3个数据，取其距离的平均值为A。3次中，球的间距不超过20 cm，即数值较准确。如超出，则重新做。

⑤在相反的方向重复②、③、④做法，得另一组平均值为B。

⑥A和B的平均值即为果岭的球速。A和B的值差距大于45 cm时，则测定的果岭球速准确性不可靠，应重新选择另一地方重做。

⑦测定中选择平坦的果岭表面非常重要，但当果岭上很难找到平坦的地方或要测定有一

定坡度的果岭的球速时，可采用如下方法：选择坡度均一的斜面，不能有凹凸；用果岭测速器分别沿下坡和上坡两个方向滚动高尔夫球 3 次，测量记录滚动的长度；用下列公式计算：GS(斜坡矫正的果岭速度) $=2(Su \times Sd)/(Su+Sd)$。其中，Su 是上坡向的球滚动距离；Sd 是下坡向的球滚动距离。

根据测定距离，果岭球速按(表 8-1)标准划分：

表 8-1　果岭球速标准

果岭等级	一般		比赛	
	ft	cm	ft	cm
快	>9	>274	>10	>305
中	7.5~9	229~274	8.5~10	259~305
慢	<7.5	<229	<8.5	<259

果岭球速影响球员的推杆稳定性。速度过快的果岭会降低推杆的准确性，同时一些草种会由于过低的修剪生长变弱，造成苔藓、藻类及杂草的入侵生长，影响果岭的一致性，降低球速。从球场的运营来看，果岭球速过快会增加球员在果岭上的推杆时间，从而影响球场整体打球速度。由于气候、土壤和其他条件的影响，很少有球场具备较长期维持大型比赛所要求的果岭质量的能力，3~4 周高强度的比赛和养护管理会导致草坪的严重损害。分析果岭球速测定结果，可为球场提供果岭的基本信息，并及时发现各个果岭的速度差异，以便采取养护管理措施减少差异，为球员提供球速一致的推杆果岭。

8.2　果岭建造

果岭的建造是高尔夫球场中建造工序繁多、成本最昂贵、最耗时的部分。它一般包括地下排水系统的安装，特殊种植层的改良和精细的表面造型等，要求按规范建造，如果为了节约费用或不合理的建造只会给果岭长期的养护和维持带来各种麻烦，造成果岭品质的低下和不稳定性。

8.2.1　坪床结构

高尔夫球场果岭为人工型坪床结构，即完全根据设计而建造，其所有的建造材料均来自于场外。目前，世界上使用最广泛的果岭建造方法为美国高尔夫球协会(USGA)果岭推荐标准(图 8-3)。

图 8-3 左侧为经典的 USGA 果岭结构图。高尔夫果岭构造从基层往上依次是砾石层、过渡层(也称粗砂层)、根际层(种植层)。砾石层的厚度为 10 cm，粗砂层为 5~10 cm，根际层为 30 cm，整个果岭的厚度约为 45~50 cm。

根际层下面的过渡层的作用是防止根际层的沙子渗流到砾石层，阻塞排水管。此外，过渡层使水分从根际层到砾石中有一个缓解过程，故可起到稳定果岭结构的作用。砾石层一般应使用用水冲洗过的砾石，目的是减少石粉、杂物对石子间隙的堵塞，以便将来根际区多余的水能迅速排入排水管道内。

USGA 推荐标准要求果岭种植层由沙和有机改良剂(一般是泥炭)混合物构成，主体材料

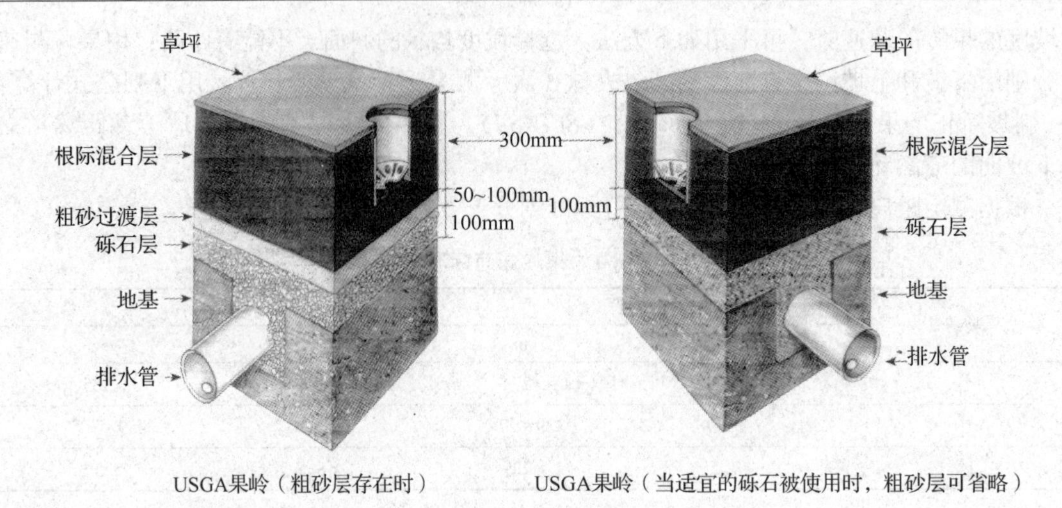

图 8-3 USGA 的果岭构造示意

为沙。对沙子的粒径和混合物的理化性质有严格的要求。

用 USGA 标准建造的果岭主要优点有：①抗紧实；②利于种植层的水分渗入和水分过多时快速排水，避免表层积水；③减少表层径流而增加有效降水；④根际层有良好的通气性，可为根系的健康生长提供充足的养分。

USGA 推荐标准在实际应用中要具体情况具体对待，根据不同地区的降水量及水源条件的实际，结合当地沙源的具体性质，对 USGA 推荐标准做适当调整，设计既保水又排水透气、容易实施的坪床结构和土壤配方。

8.2.2 建造过程

果岭建造是高尔夫球场建造成本最高、耗时最多的一项工程。其排水系统、坪床、坪床结构、表面造型都非常重要。若建造有问题将会增加草坪养护成本，并使草坪质量下降，直接影响比赛。果岭建造需严格按规范进行。

果岭的建造程序如图 8-4 所示。具体建造过程介绍如下。

8.2.2.1 测量和定桩

果岭建造将严格按果岭设计详图进行定桩和造型。定桩时要从已确定的球道中心线开始标桩，以果岭中心点为圆心，按 22.5°角、4.6~7.6 m 的间距定桩，勾画出果岭边线，并在每个桩上编有桩号和设计高程，施工时按桩上标记开挖或填方并用永久水准点控制高程。在果岭面上通常用 2 m×2 m 的密度布设高程桩进行检测，便可构造出设计师所要求的果岭形状。

8.2.2.2 基础及周边造型

基础造型工程开始前，首先应对场地进行彻底的挖掘和清理，所有的树桩、树根、石块和杂物必须清除。第一步是剥去场地中所有的可利用的表土。如果这些土比较多，就应将它们堆积起来，以备将来用于球道和初级长草区上。

果岭基础的粗造型一般是造型师按照果岭的设计图纸，操作推土机等造型机械，挖出多余或填埋所需的土方，以达到设计要求的高度和推出果岭大致的轮廓(图 8-5)。将果岭建于

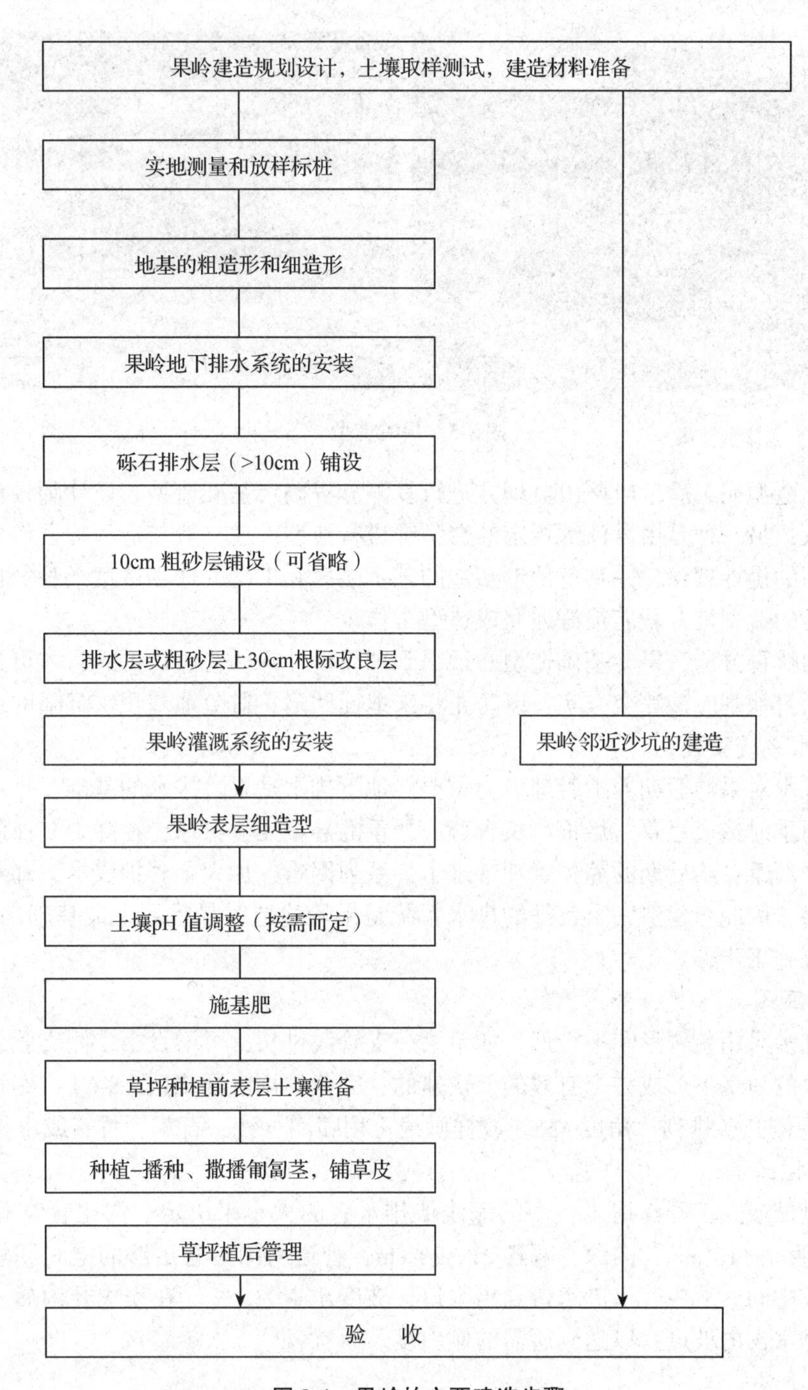

图 8-4　果岭的主要建造步骤

坡地上或土丘上，或进行果岭的特色造型时，应准备足够的土方材料用于造型。如果土方不够，可从外面调运土方材料。设计师会规定每个果岭基础建造所需的造型土方的数量和搬运路线。依据果岭场地的距离，填充材料可用卡车或推土机搬到工地。

基础造型应当与设计的最终造型面一致，基准面要比果岭造型面低约 40 cm，如果需要铺设粗砂过渡层时，地基应低于果岭造型面 45 ~ 50 cm。造型工程一种是外包给有相关业绩

图 8-5 果岭造型

的公司，基础造型完工后，应该由监理方进行复测，以确定基础造型与设计师设计的果岭轮廓与曲面一致；另一种是由设计师指定的造型师进行造型，他一般与造型师合作多年，能完全领会设计师的设计理念，并具有地形塑造的艺术能力和丰富的球场造型经验，根据果岭详图和果岭现场的造型桩，就能很好地完成造型工作。

无论采用哪种方法，果岭基础造型必须得到球场设计师的验收认可后，才可进行果岭下一步建造。而且地基应该完全夯实，以防止将来地面凹陷，避免地基积水沉降的现象发生。

8.2.2.3 排水系统安装

果岭的排水对果岭后期养护管理极为重要。地下排水是果岭排水的基础，排水不畅，果岭很容易在雨季时造成烂草、烂根、长青苔，严重的甚至无法打球，在降雨充沛的南方球场这一问题更加严重，给后期的养护管理带来了一系列困难，加大了养护成本，却难以达到良好的养护效果。因此，建造一个良好的排水系统是果岭建造时最重要、最基础的工作之一。果岭排水系统施工步骤：

(1)放样画线

排水系统多采用鱼脊形和平行形，如果第一支管线过长，可增设第二侧支管线，最终的目的是在果岭的地基下形成一个有效的、快速的、完善的排水网络(图 8-6)。支管之间的间距 4~6 m，两侧交替排列，角度 45°。放样画线可用喷漆、沙、石灰、竹签或木桩定桩。

(2)开沟挖土

不论是机械或人工开沟挖土，沟的深浅依排水管的大小来决定，沟比管宽和深各 10~15 cm，如支管是 110 mm，沟深、宽各 21~26 cm，管道周围留有足够的空间回填砾石，将排水管包围在中间。从主管道进水口到出水口，坡度至少为 1%。在完成开沟后，有必要重新测量一下排水沟的坡度，以达到所需的倾斜度。

(3)夯实平整

排水沟开好后，用工具清理、夯实沟的三面，使管沟的轮廓顺畅。

(4)沟底铺放砾石

排水沟底放入 5~10 cm 厚、直径 4~10 mm 经水冲洗过的砾石。南方地区雨水较多，砾石可稍大些，为 5~15 mm。

(5)安置排水管

排水主管直径 200 mm，侧排水管直径 110 mm。一般选用有孔波纹塑料管，其优点是管

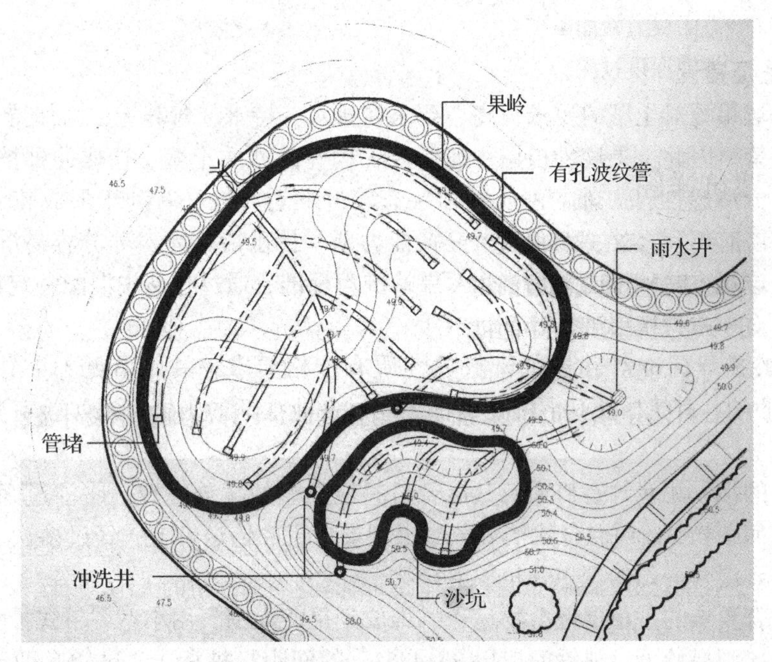

图 8-6　高尔夫球场果岭排水平面图
（引自梁树友，2009）

凹壁有孔，有利排水和透气；管凸壁和管凹壁的连接使管子具有一定的伸缩和弯曲性，便于现场随地形放管；因其伸缩和弯曲性，不会受地陷影响而裂管或折断。主管和支管的进水口用塑料纱网封口，防止沙、石冲入管内。主管和支管的连接处用三通连接。

（6）*回填砾石*

排水管安置在沟的中间，在管的左右和上面都填放经水冲洗过的 4～10 mm 砾石，砾石面比地基面略高，成龟背形。

（7）*覆盖防沙网*

在排水管砾石上面，铺盖一层防沙网，以铁线钉将防沙网固定，防止种植层的沙土渗漏到砾石的间隙，造成排水管堵塞，降低透气和排水。防沙网多用塑料纱网或尼龙网。

8.2.2.4　砾石层铺设

在排水层的基础上，铺上一层厚约 10 cm 经水冲洗过的粒径 4～10 mm 的砾石，将整个果岭基层铺满。使用水冲洗过的砾石是为了减少石粉、杂物对排水层砾石间隙的堵塞，以便将来种植层多余的水迅速地排入排水管道内。

在铺设砾石层前，将准备的一些竹桩或木桩，划上砾石层的厚度，以确保砾石层铺放时均匀，厚度符合要求。竹桩的间距 2 m 左右。密度越大，铺放石、沙越均一。

8.2.2.5　粗砂层铺设

在砾石层之上铺设一层厚度为 5 cm、颗粒直径约 1～4 mm 的粗砂层。它能防止根际层的沙子渗流到砾石层，阻塞排水管。沙的流失会造成果岭表面变形，破坏原来的造形。粗砂层使水从根际区渗到砾石中有一个缓解过程，起到稳定果岭结构的效果并对种植层的沙有阻挡作用。

粗砂层一般采用人工铺设，增加了果岭建造的成本和难度，在一定条件下，可省略粗砂层。

8.2.2.6 种植层铺设

高尔夫球场果岭对土壤的要求很高，要求在排水与持水、营养流失与保持、紧实与疏松等方面达到平衡。因此，果岭种植层一般是人工构建的沙质土壤。这样的种植层不易紧实，有相对高的水分渗透性；另外，沙质种植层有较好的透气性，有利于形成较深的根系。但是，沙质种植层有不利之处，如阳离子交换能力差、持水能力差、养分容易淋失等。因此，大多数高尔夫球场果岭种植层采用USGA果岭推荐标准，通过在沙中混配一定比例的有机改良剂如泥炭，对沙质种植层进行改良。

USGA果岭推荐标准对种植层材料的性质有严格要求，具体参见1.2.1.4(坪床的建造)。所使用的沙、有机质及其混配比例都要经过专业认证的土壤测试实验室测试后才能最终确定。

符合标准的沙、泥炭等有机质及其混合材料应在果岭场外完成。将沙过筛，泥炭破碎、过筛，除去任何杂物，按照混合比例装载到大型卷扬机的传送带上，经过多次卷扬、落下混合过程，以得到混合均匀的理想种植层混合物。

最后将符合要求的种植层混合物运送、堆放到果岭周围。用小型履带式推土机将土壤混合物推送、平摊到果岭上。摊铺时应以3~4.5 m的间距打桩标志，这样有助于控制种植层厚度，小心地从果岭周边向果岭中心推送，达到设计的最终造型。应注意，推土机要始终保持前后行驶方向，尽量减少对下面粗砂层和砾石层的破坏。如果机械摊铺没有把握，可用人工铲、推、耙、拖、压等工序，分两层各15 cm来完成。

8.2.2.7 灌溉系统安装

果岭喷灌要求覆盖到整个果岭区域，喷头尽可能以等边三角形或正方形分布(图8-7)。每只喷头喷水的最远点达到相邻的喷头出水口，即相邻的喷头喷水能相互100%重叠，并提供最大的整体覆盖；每个果岭4~6个喷头，有些大果岭会超过6个；每个果岭设1~2个电磁阀门；每个电磁阀门控制1~4个喷头；喷头最大射程一般控制在20 m；多选择出水量小、雾化效果好的喷头，使果岭表层能有效地吸收。出水量过大的喷灌，大部分水从果岭表面流失，仅湿润表面，深层并没有得到充分的吸收，容易形成浅根草坪，给草坪生长带来一系列问题。喷灌量小的系统除能有效灌溉外，在地下病虫害防治、除露水、去霜冻等方面也有很大的帮助。

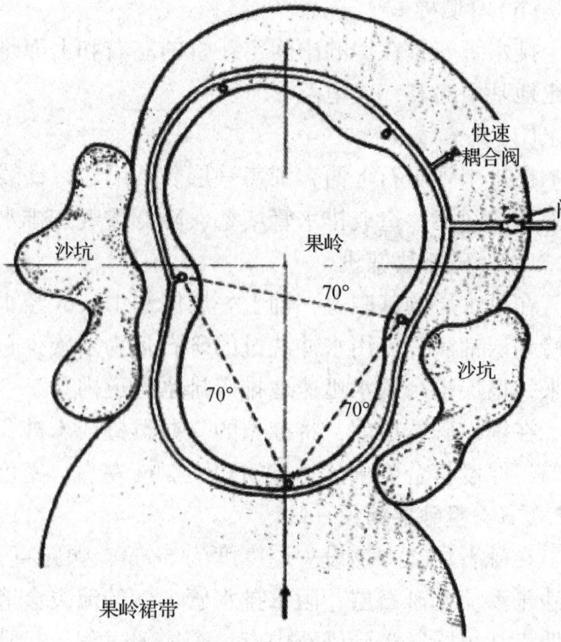

图8-7 果岭灌溉示意
(引自梁树友，2009)

由于果岭和周边的草坪养护不同，在做果岭喷灌时，应将果岭喷灌与周边的沙坑、果岭裙的喷灌分开。即设计果岭喷头时，安置2种喷头，一种向内负责果岭，一种向外负责果岭周边。这样做能按需供水，在养护上有很大的便利，不至于使不需水的地方被迫接受灌水。例如，果岭边的果岭裙区域打孔施肥后，需浇水，只需打开果岭向外的喷头即可满足果岭沙坑、果岭裙对水的要求，而果岭则避免接受不必要的灌溉。

为果岭应急灌水或局部补水，果岭边应设计快速补水插口，一般安装在果岭边两侧，最好是在果岭后坡下不显眼的地方。

具体施工过程详见1.2.2.3。

8.2.2.8　表面细造型

造型师在完成种植层混合物铺放后，会用两种机械进行最后的表面细造型。最先用的是带推土板的小型履带推土机，如小型D4推土机，由于其推土板能多方向操作，多用于球场细部造型。造型师操作造型机，按果岭的地形变化、标高，整型出一个与设计图案接近的果岭表层。最后用耙沙机(前带小推板后带齿耙的一种机械)反复多次耙平果岭。为了使果岭的造型面更为光滑，造型师还会用耙沙机牵引着一种钢制拖网，连同果岭周围一起拖平，一直达到理想的光滑造型曲面。此时，果岭的造型最终完成，可进入草坪建植阶段。

8.3　果岭草坪建植

8.3.1　草种选择

果岭是高尔夫球场的精华所在，果岭草坪是所有草坪类型中质量最高的一类。因此，对果岭草坪草的要求标准极高。一般来说，它必须符合以下条件：果岭草种必须具备以下特性：低矮，匍匐生长，叶片直立；耐低剪至5 mm以下，重要比赛时要剪到3 mm；密度大；叶片纤细，生长均一；结籽和枯草层少；恢复性好。符合以上条件的草坪草不多，下面作简单介绍。

8.3.1.1　冷季型草坪草

①匍匐翦股颖　匍匐翦股颖耐低剪，可低剪至3.5 mm，这一特性是作果岭草坪最重要的条件。因此，它是最多被选用的草种，如Penn A-4、A-1、L-93、Putter等品种。

②欧翦股颖　该草种具匍匐茎，剪草高度为5~10 mm。欧美及国内个别球场亦用之做果岭草种。

③其他草坪草　国外一些球场将某些冷季型草种如多年生黑麦草、一年生黑麦草、一年生早熟禾、细羊茅等作为果岭冬季盖播材料。

8.3.1.2　暖季型草坪草

①杂交狗牙根　包括矮生天堂草(Tifdwarf)和天堂草328(Tifgreen)，叶片纤细，可低剪至5 mm，最好的品种为老鹰草(Tifeagle)，可低剪至3 mm以下。

②结缕草　结缕草属的部分草种，如沟叶结缕草、细叶结缕草也可作果岭草坪草，它们的特性是植株低矮、质地纤细、耐低剪，但质地较硬，球速慢。

此外，最新育成的海滨雀稗的一些品种，如Platinum、SeaIsle2000、SeaStar、SeaDwarf也可作为果岭草使用。

8.3.2 草坪建植

(1)种植时间

恰当的种植时间对于确保迅速、均一的草坪建植至关重要，不适当的种植时间会极大影响果岭草坪的成坪速度，甚至造成草坪建植的失败。因为果岭有灌溉系统，水分条件不是影响果岭草坪建植的主要因素，所以土壤温度成为影响最佳种植时间的重要因素。冷季型草坪草的种子在16~30℃的范围内即可萌发，而暖季型草坪草种子的最佳萌发温度范围为21~35℃，萌发后最佳的生长温度为27~35℃。因此，春末夏初最适于暖季型草的种植，而冷季型草坪草在夏末秋初种植最好。

在果岭的种植层混合物铺设到场地之前，应将土样送到专业的土壤测试实验室进行分析。测试结果为种植前土壤 pH 值的调整和 N、P、K 的施入量提供依据。如果需要，也可能要求分析微量元素的含量、盐含量、钠水平或硼含量。

(2)土壤 pH 值的调整

pH 值调整的大部分工作应在果岭细造型之前完成。调整材料至少应混合在 10~15 cm 深的种植层中。石灰石(主要成分碳酸钙)最常用于酸性土壤的调整，尽量采用颗粒细的材料，利于其迅速反应。白云石石灰用于缺镁的酸性土壤中，硫一般用于调整碱性很强的土壤，材料的施用量依据土壤测试的结果。

土壤 pH 值的调整材料可在种植层混合物放入场地后混合施用，也可在种植层混合物混合时加入。后一种方法能保证整个材料在种植层彻底混合，但材料的用量会加大。

(3)施肥

种植层施基肥对大多数新建造的果岭是必要的。肥料的施用量和比例应根据土壤测试的结果确定。一般而言，纯氮的施用量为3~5 g/m^2，以 N:P:K 比例为 1:1:1 的全价肥形式施入，而磷和钾的用量可视土样化验结果而定。所施用的氮肥中应有50%~75%为缓释肥，钾肥也最好使用缓释剂型。微量元素亏缺在以沙为主的根际层中非常容易发生。如果土壤测试表明缺少或根据以往的经验判断需要某种微量元素，选用的微量元素必须与全价肥同时施用。

肥料通常在种植前施入到种植层 7.5~10 cm 的土壤中。一般用施肥机械撒施在种植层表面，然后再用速度较慢的旋耕机将肥料均匀地搅拌到理想深度。有时也可辅助人工施肥。

(4)种植前土壤准备

果岭的种植层表面在种植前应进行轻耙，然后拖平，创造一个湿润、疏松、平滑的坪床。作业时要十分小心，以保护果岭的造型。如果不投入足够的时间精细平整表面，在草坪建植时会消耗大量时间覆沙，甚至会影响球场开业。

(5)种植方法

新建果岭草坪的种植一般有 3 种方法：种子直播法，根茎种植法和草皮全铺法。匍匐翦股颖果岭通常用种子直播建坪，种子直播建坪的成本较低，并且比较简易。杂交狗牙根因没有种子，故只能用根茎建坪。全铺草皮法建坪速度快，但对草皮质量要求很高。

①种子直播　购买建坪所用的种子时，一定要注意检查种子的质量标签，同时检查种子的纯净度，尽量避免混入杂草种子。匍匐翦股颖种子中往往混杂一年生早熟禾和粗茎早熟禾的种子，购买种子时应注意取样分析，以避免增加建坪时清除杂草的难度。

常规的种子直播方法是用撒播机把种子按一定播量均匀撒播在坪床表面，播种深度为6 mm左右。播种后立即轻度镇压，使种子与土壤紧密接触。为确保播种完全、均匀，可将种子分成多份，从不同的方向少量多次撒播。由于匍匐翦股颖的种子非常细小，可把种子与细沙混合后撒播。播种尽量避免在有风的天气进行，并采取遮挡措施防止种子逸出。另外，播种时，果岭坪床土壤应保持干燥，尽量减少播种者走过果岭时在土壤表面留下明显脚印。

使用喷播机播种可避免在果岭表面留下脚印。尽管喷播机仅能把种子撒在土壤表面，但果岭有灌溉系统，可根据需要随时补水，保持土表湿润。喷播时要特别小心，采取遮挡措施，不要把种子喷到果岭环外。肥料最好在最后表面细造型之前施入土壤，而不要混合到喷播混合物中。喷播后用无纺布进行覆盖，对于保持土壤湿润和温度是一种非常重要的辅助措施。

②根茎撒植　将种茎充分地撕散开，加工成含2~3个茎节的小段，均匀撒在果岭表面，密度以少露出沙为宜。用覆沙机覆沙。覆沙厚度以不露根茎为宜，一般厚度为0.5~1.0 cm。

另外，也可用喷播机播种草茎，这种方法可避免对果岭光滑表面的破坏，同时种植的速度较快，比较适用于新建的18洞球场的快速建植。

③铺草皮　在草皮质量符合要求，草源充足，要求新建果岭在短时间内能投入使用时多采用此法。切出的草皮厚度要均一，有序铺设在果岭上。草块或草卷之间紧密相连。铺草后进行镇压、覆沙等措施。需要注意的是，生产草皮的坪床成分应与果岭的相同，否则将来会影响果岭的排水性能。

④覆盖　水源充足的情况下，果岭草坪建植时一般不覆盖，但是对于播种建坪的匍匐翦股颖果岭而言，覆盖是实现快速均一建坪的最好保护措施之一。尤其播种在土壤水分蒸发较大的沙质土壤上，覆盖显得更为重要。目前用无纺布作为覆盖材料，无纺布透气、透水、透光，且可多次使用。

8.3.3 幼坪养护

果岭草坪开始分蘖时即开始修剪、镇压、覆沙，以刺激草坪草匍匐茎的快速扩延，尽早形成致密光滑的表面。按果岭正常养护措施管理一个时期，草坪即可达到果岭使用效果。

(1) 浇水

果岭植草后浇水管理原则以少量多次、湿润种植层为宜。尤其是在炎热的夏季或干燥的秋季，注意保持表层沙子、根茎或种子的湿润，每天浇水3~6次不等。每次时间限制在湿润表层不形成水流即可。喷头调整成细雨雾状为宜，避免水滴过大对沙子或种子造成冲击。

(2) 施肥

在草坪草新根长至2 cm，新芽萌发1~2 cm时，为了加快成坪速度，定期10~15 d施肥一次，以高氮、高磷、低钾的速效肥为主。但施量要少，每次施肥后注意浇水。

(3) 滚压

滚压的目的是压实果岭，使果岭的表面平滑，并有助于茎枝压入土壤中。滚压前浇水，滚压的效果会更好。滚压的次数视果岭松实度和光滑度而定。每周一次较为适宜。滚压机使用动力滚压单联或三联机，能保证压力均匀。手推人工滚筒，因靠人发力推动而滚动，反而会在果岭上留下很多脚印，不宜采用。

(4)覆沙

由于建植时的人为因素、养护管理时的浇水不均等形成的冲刷、水滴过大对土壤表面的撞击造成小窝点等原因，使果岭表面粗糙、不平滑。覆沙是解决光滑问题的主要措施之一。如果草长到可修剪的高度，覆沙前修剪更有助于沙子的沉落和拖沙时沙的均匀再分配。初期覆沙的厚度稍厚，以覆盖根茎、露出叶片为适度。后期随着果岭光滑度加大，覆沙厚度减少，量少次数加多。覆沙由覆沙机完成，随后用铁拖网或棱形塑料制网或人造地毯将表面拖平。

(5) 补苗

因为撒种时造成的局部草苗空缺或因浇水不足等造成种苗死亡，需要在缺草的裸露处进行补播或补种。补植应尽早进行，能使果岭的草坪草覆盖加快，成坪一致。补植时最关键的还是注意水分的补充。

(6) 修剪

初期修剪应在草坪的覆盖率达90%以上、苗高有10~15 mm时进行。无论何时，修剪应在草坪上无露水时进行。修剪高度初期控制在8~12 mm，以后逐步降低至需要的理想高度。修剪次数初期每周1~2次，随着果岭草坪的形成加密到每日一次。剪下的草屑随机带走，不宜留在果岭上。剪草机采用手推式滚刀型9~11刀片剪草机或三联式剪草机，这有利于保证果岭表面平滑整齐。

(7) 杂草和病虫害防治

初建的草坪极少发生病害。防治方面主要针对杂草和害虫。果岭成坪初期，杂草量不会很大，发生时以人工拔除为主。采用除草剂时应谨慎选择。根据杂草类型有针对性选用选择性除草剂。使用前，最好先试验一下，将除草剂种类、浓度、用量、时间等掌握好。虫害有黏虫、介壳虫、叶虱、叶蝉、草地螟、蝼蛄等。触杀型和传导型杀虫剂对黏虫、叶虱、叶蝉等都很有效。草地螟一般在5~8 mm表层土危害茎、叶，喷药后薄薄地浇水，让药剂渗入沙层，即能达到防治效果。蝼蛄采用灌药法或诱饵法。虫害防治最好是发生初期即采取措施至清除为止。

8.4 果岭草坪养护

8.4.1 修剪

果岭草坪的高度要求极低。低修剪对草坪草的扎根深度、碳水化合物供给、再生潜力和抵御不良环境的能力等将造成严重的生理胁迫，从而使草坪草受到不利的影响。因此，正确掌握果岭的修剪技术对保证果岭草坪的健康生长和比赛质量非常重要。

8.4.1.1 修剪高度

果岭修剪高度都应遵循“1/3”原则，即每次修剪下的草叶量不能超过草坪草总叶量的1/3。果岭剪草高度为3~7.6 mm。为取得良好的击球面和果岭速度，果岭要求修剪到3 mm。草剪得越低，滚球速度越快，用相同力量击球时，滚动距离愈远。但过低的修剪高度对草坪草的伤害很大，对于翦股颖果岭，提高剪草高度0.8~1.6 mm，可大大减少热胁迫、剃剪和其他与高温胁迫有关的病害、根系生长不良等问题。而狗牙根果岭冬季盖播前后的1~2周应提高剪草高度1.6~3.2 mm。

8.4.1.2　修剪频率

在正常生长季节果岭应每天修剪，方能创造出极佳的推杆质量。有时果岭每天要剪两次，如在重要的比赛前或比赛中采用，以提高果岭速度。但这样的高频率不能经常使用，否则对草坪草伤害严重。然而，低频率的修剪也不好，将减低果岭的茎密度，使叶质变粗糙，造成球滚动不规则，降低球速，这样的果岭就是慢果岭，不利于推杆。但有时候停止修剪对果岭是有利的，如在使用强度过大的果岭，每周停止修剪一次会提高整个草坪的活力；有时在表施土壤、打孔和施肥后，应停止修剪 1 d，让草坪草有一定的时间得以恢复。

8.4.1.3　剪草机类型

维持一个高质量、理想的果岭表面，使用带9~11个刀片的滚筒式剪草机是必要的。果岭剪草机有2种类型：一种是手推式果岭剪草机，修剪宽度0.5~0.6 m；另一种是三联式果岭剪草机，修剪宽度1.5~1.6 m。前者剪草效率低，但修剪后的果岭顺滑、质量高，且对果岭土壤的践踏程度较轻；后者剪草速度快，节省劳力，但不利之处是增加了土壤坚实、草坪草磨损、枯草层、形成草丛和液压机油溢出等问题产生的可能性。

8.4.1.4　修剪技术

每次修剪之前，应检查果岭是否有杂物，如枝条、石头、金属和其他硬质物体等，必须拣出这些东西，使其不要埋入果岭或卷入旋转的剪草机以免损害旋转刀片和底刀。

果岭修剪应该在无露水时进行，最好是在清晨通过喷灌或软管拖拉清除露水后再开始剪草，以避免对草的伤害和病害的侵染。

剪草机应沿直线行进，并尽可能减少重叠。要达到这样的水准，经验和专注都很重要，需两手平稳操作，调整行走步速。剪草机应小心地在果岭外转向，不能在果岭或果岭环转向，应以宽弧形转弯，而不能旋转，那样会严重擦伤草坪。三联坐式剪草机比步行式剪草机要求较大的转弯半径。切割部件还在工作时不能将剪草机停在草坪上，这样也会严重擦伤草皮。

每次修剪的方向应从4个方向轮流循环，即按钟表时针方向，12:00至6:00方向，3:00至9:00方向，4:30至10:30方向，1:30至7:30方向，每天变换一次，可避免形成草丛和纹理(图8-8)。这样修剪的果岭还会形成一个方格状或条纹状的阴阳条纹，非常漂亮。完成果岭内部修剪后，最好沿果岭边缘将其外环修剪一遍(图8-9)。

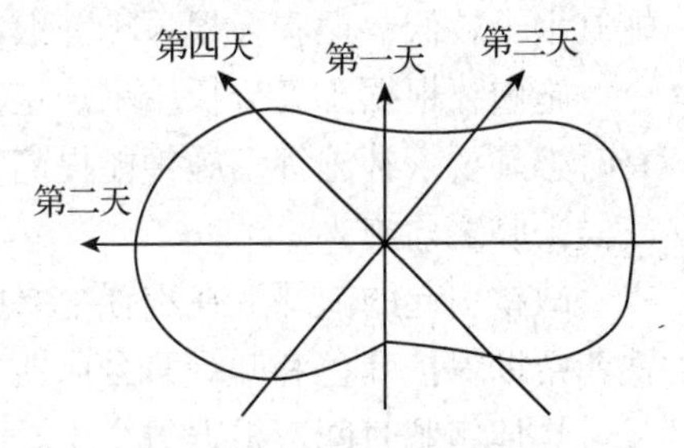

图8-8　果岭修剪方向循环模式

(引自胡林等，2001)

长期剪草会使果岭周边草坪磨损甚至变矮，尤其在使用三联式剪草机的果岭上。周期性的有意省去边缘修剪，可解决草坪磨损问题。每天移进或移出一轮胎的宽度，即25 cm，可减少三联式剪草机碾压造成的土壤紧实。最后在果岭外围修剪时，降低三联式剪草机的速度，也有助于减少草皮损伤。

每台剪草机应定期检修，以防漏气、漏油和油垢的积累，这些有可能在草坪上造成死斑。另外，滚筒应保持光洁、无泥，否则剪下的草屑黏结堆积，会影响修剪质量。剪下的草屑要收走。否则，草屑在果岭上逐渐积累，使枯草层加厚，影响果岭的推杆质量，降低果岭的通透性，增加草坪草感染病害的概率。

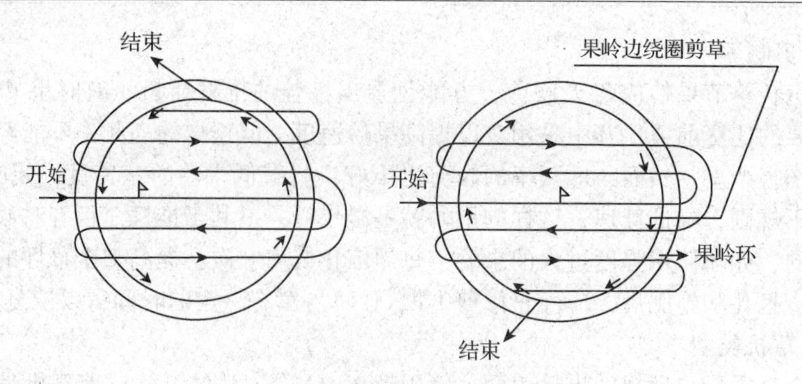

图 8-9　果岭修剪路线示意
（引自胡林等，2001）

8.4.2　施肥

果岭所要求的养分因灌水量、土壤保持营养的能力、气候和草坪草种或品种的不同而不同。为了全面掌握果岭草坪的营养状况，应每年对果岭草坪种植层土壤进行两次全价营养分析，可在春季和夏末至早秋时进行，若一年只进行一次全价营养分析，最好在夏末至早秋时进行。根据果岭的土壤营养测试结果，再结合土壤、气候等因素，制订具体的施肥计划，提出符合球场要求的最佳的肥料、肥量和施肥时间，避免肥料的浪费及对环境的污染。

8.4.2.1　施肥时间

全价肥通常在春天和夏末秋初施入。如果每年只施 1 次全价肥料，最好在夏末秋初施。在其他生长季节，周期性分期施氮肥，同时根据需要可施磷肥、钾肥和铁。

氮肥施用的间隔时间，根据使用的肥料、用量、养分在土壤中的移动速度和理想的草坪草颜色或生长率而定。尽量避免在夏季高温期施氮肥，尤其对翦股颖在受夏季高温热胁迫时施氮水平较低；但狗牙根果岭一般在整个生长季节都应定期施氮肥。

施磷要根据土壤分析结果确定。如果要施，春季或秋季施最好，通常用含磷的复合肥。有时必须要求补施钾。施钾能提高草坪草耐磨力和对热、冷及干旱胁迫的抗性，一般在不良气候来临之前施入。

缺铁引起的缺绿症在狗牙根果岭上可能也是一个问题，特别是在春季返青和扎根时，施铁能帮助保护叶色和叶绿素合成能力。

具体施肥时间应根据每个生长月相应的因素来确定。在生长季节，通常每隔 2～4 周施肥一次，如施用缓释肥可以间隔 4～8 周时间。

8.4.2.2　施肥量

果岭草坪需要经常补充的肥料主要有氮、磷、钾和铁等。果岭常见的 N∶P∶K 比率以 5∶3∶2为好。科学的果岭施肥方法应是少量多次。一般情况下，果岭草坪在生长季每月施氮 2.5～3.5 g/m^2。对于速效氮每 10～15 d 施 0.5～1.5 g/m^2，对于缓释氮每 20～30 d 施 1.5～3.5 g/m^2。总体上，翦股颖果岭每年施氮肥 13～26 g/m^2，而狗牙根果岭每年施氮肥 26～36 g/m^2，狗牙根要求的氮水平比匍匐翦股颖要高。受热胁迫时，翦股颖果岭仅需施极少的氮肥甚至干脆不施。正常生长时期，一般每 2～3 周施氮肥 1 次。具体的施氮肥的周期要根据氮肥的种类而定。果岭上过量施氮比缺氮更成问题，会导致枯枝层积累、病害增加、耐磨性下降、恢复能力差等许多问题，果岭质量下降。

果岭的需磷量远小于氮和钾，施磷量应依据土壤测试结果而定。磷一般作为全价肥料的成分施入，每年只施 1～2 次。如果要单独施磷，最好在打孔后施入，以使这种相对不扩散的养分渗入深层土壤。钾易于从土壤中流失，尤其在沙质种植层。钾肥施入计划应根据土壤测试结果决定，尽管高水平的钾是有利的，需钾量一般为需氮量的 50%～75%。质地较粗土壤每年需 K_2O 15～25 g/m²，在生长季节分 4～6 次施入。

铁是果岭最常缺乏的微量元素。缺铁失绿症出现时，在叶面喷施硫酸亚铁或亚铁硫酸铵，1～2 h 内症状即消失。如果存在严重缺铁，施铁量 0.3～0.6 g/m²，在叶片干燥时喷施。狗牙根所需用剂量比翦股颖要高。

氮、钾和铁的缺乏是果岭最常见的营养缺乏，但是，偶尔也有缺硫、缺钙和缺镁的情况发生。缺硫常用全价肥料，如硫酸铵和硫酸钾补充，缺钙可用施加农用石灰石调节，缺镁则施白云灰岩补充。

8.4.2.3　施肥方式

传统的果岭施肥方式主要以表施追肥为主。对于有机肥料，施用前需用 2 mm 网孔的筛子过筛。具体的施肥方法有 3 种：①将加工好的有机肥料与沙子按 4∶1 的比例直接用覆沙机铺到果岭；②用撒肥机先将肥料均匀地撒到果岭上，然后铺 1～2 mm 厚的沙，沙粒直径在 0.5～2 mm 之间；③先打孔，然后覆沙，如进行空心打孔，施肥效果更佳。

化学肥料在果岭上常以追肥的形式进行，是目前主要的施肥方法之一。包括表施灌水和灌溉施肥两种。表施灌水是将肥料直接撒入草坪地表，然后进行灌水。水溶性肥料还可作为一种叶面肥，或一种土壤溶液、用大容量喷雾器或灌溉施肥喷射系统实施，这个过程称为肥料灌溉。少量的肥料如铁，还可与杀虫剂一同喷施，但有必要检查混合物质的溶性。通常在叶片干燥时施，随后喷水，将肥料溶入土壤，避免灼伤片叶。

8.4.3　灌溉

在果岭养护中，灌溉是最严格最困难的管理措施之一，果岭一般设有自动喷灌系统，而且应该覆盖果岭、果岭环及其周围地区。有条件的球场一般采用全自动喷灌，草坪管理人员应根据当地的气候条件、果岭种植层的组成、草坪草种类、地形、使用强度等因素，为每个果岭定制详细的喷灌制度，并在具体操作中加以调整实施。每个果岭的灌溉应根据具体需要进行。它受地势、土壤质地、草坪草种、践踏强度、种植层深度和蒸腾速度等的影响。

8.4.3.1　灌溉频率和灌溉量

果岭草坪极低的剪草高度大大降低了草坪草根系的深度和扩展，这就造成吸水能力受到限制。因此，与一般草坪相比，果岭草坪灌水频率较高，但每次的灌水量较少。

灌溉频率主要受到地域、季节的影响。如在北方炎热、干旱的生长季节，果岭每天要浇水 3～4 次，每次 10～20 min；而在多雨、凉爽的季节，可以每天浇水 1～2 次，甚至每周浇水 2～4 次；在南方高温高湿的季节，可适当减少灌溉次数。成坪后的果岭草坪，喷灌应遵循“大量、少次”的原则，即尽可能减少浇水次数，但每次浇水要足量、浇透，要求湿润整个根层土壤。在生长季节，每周正常的灌水量为 25～50 mm，相当于 3.5～7.5 mm/d。但每天的灌水量因当地气候条件、草坪草种或品种、管理措施、土壤类型、土壤持水性、渗透和土壤有效水分等的不同而变化。

8.4.3.2 灌溉时间

土壤含水量高时，易造成践踏板结、球疤以及病害等，因此，在球场使用前，最好在清晨就应完成灌水，使土壤上层水分有足够时间下渗，为早晨打球创造了良好的条件，并且清晨灌水有除去露水的作用，不利于真菌的活动和浸染。一般来说，应避免在炎热的中午对果岭进行大量浇水，以免引起草坪灼烧，但可根据需要在夏季中午进行间歇性短时间的冲洗喷灌，即喷极少量的水，仅湿润草坪的叶片，以降低草温，防止叶片萎蔫，减轻炎热胁迫。在热胁迫期间，土温超过了24℃时，翦股颖的根生长常常减缓，因而降低了吸水能力。在阳光充足、高温、低相对湿度和有风时，蒸发加剧，午间有明显萎蔫时有发生。当有明显的萎蔫症状时，如不立即灌水，草皮就有可能发生永久萎蔫而死。午间不应经常灌水，仅用来恢复萎蔫和减轻午间的炎热胁迫。假设空气湿度很低，以降温为目的的喷水，一般在11:00、14:00进行，这有助于蒸发。为获得最佳的降温效果，最好早一点喷水。但是，当出现水分胁迫症状就必须喷水以恢复萎蔫。在严酷的条件下，一天中10:00~17:00时，可能需要喷水2~4次，喷水的量只要使叶片湿润即可，不必浇透土壤。

8.4.3.3 喷灌注意事项

喷灌最关键的是要保证喷灌均匀，避免漏灌浇或过度灌溉。由于风向、水压等的影响，果岭周边的某些区域可能出现漏灌，此时需要对这些区域通过快速取水口引水进行人工补浇。

果岭种植层因含沙量高，易于发生土壤疏水的问题，施入一些有效的湿润剂，即可很好的缓解，如果疏水严重产生干斑，最有效的修复措施是人工强度灌水，结合穿刺和空心打孔等深层改良措施，并使用保湿剂。

8.4.4 覆沙与滚压

覆沙和滚压是果岭草坪的日常养护内容。覆沙又称表施土壤，草坪覆沙是将沙和有机质适当混合，与原果岭基质的配方保持一致，均一的施入草坪床土表面的作业。覆沙的作用是，使草坪表面平整光滑，增加土壤通透性，补充土壤养分，为草坪草的再生提供土壤空间，促进不定芽的再生和伸长，加速草坪表面枯枝落叶的分解。

覆沙材料应与果岭种植层土壤构成一致，否则产生分层现象，从而影响水、肥及农药下渗。覆沙材料应相对干燥，不含有杂草种子、病菌、害虫等有害物质。覆沙在草坪草的萌芽期及生长期进行最好，在果岭干燥时进行，并尽量减少践踏。覆沙的次数依草坪利用目的和草坪草的生育特点的不同而异。覆沙频率应与草坪生长速度相协调，草坪生长速度越快，覆沙频率加大；反之，覆沙频率减小。通常暖季型草在4~7月和9月，冷季型草在3~6月和10~11月进行。

一般情况下，果岭草坪生长速度快时，可每2周进行一次覆沙，草坪生长速度慢时，可降低到4周一次。果岭每次的覆沙量受覆沙频率的影响。匍匐翦股颖果岭最大的覆沙厚度一般为每月1.5~3.0 mm，狗牙根果岭在枯草层较多时，一次最大覆沙量可达1.5~3.0 mm，在枯草层较少的情况下，可减小为0.35~0.7 mm。

果岭覆沙一般采用容量较小的手扶自走式覆沙机，以减轻对果岭的践踏。覆沙之后进行拖平、喷灌，使沙子深入到草坪中。

滚压的目的在于促进草坪草的分蘖和横向生长，使草坪紧实、平顺、光滑，提高果岭的球速；草坪滚压的另一个重要作用就是在草坪表面形成漂亮的花纹，增强草坪的视觉效果。在北方寒冷的冬季，由于冻融作用反复交替进行，果岭表面会产生起伏，在早春草坪返青时，滚压可使果岭变得平整；修剪、覆沙等果岭养护机械的使用，会使果岭受到碾压，平整度变差，通过不定期滚压可改善平整度；在球场进行比赛之前，剪草配合滚压可增加果岭的球速，提高比赛质量。

果岭滚压不能使用一般的压路机，也不宜太重，要使用专用的平移式果岭滚压机，重量为300~400 kg，能完全避免传统滚压机转弯时对果岭表面的破坏，这样对果岭土壤结构的影响很小。在生长季节，果岭每10 d进行一次滚压。同修剪一样，不能每次都在同一起点，不能按同一方向、同一路线进行，否则会出现纹理。值得注意的是，在潮湿的土壤上，应避免高强度的滚压，以免土壤板结，影响草坪草生长。在十分干燥的土壤上，也要避免重压，防止草坪地上部受伤。因此，为减轻滚压的副作用，果岭应定期进行打孔通气、梳耙、施肥和覆沙等措施。

8.4.5　有害生物防治

果岭的病虫害防治是一项很重要的工作，因为连续的践踏和强低修剪，会使草坪草长势变弱而易受病菌侵害。减少草坪染病的最佳预防措施是通过高水平管理培育健壮草坪。包括协调好修剪、施肥、浇水等常规管理与打孔、垂直修剪等辅助管理之间的关系，避免过多枯草层积累来保持一个健康的草坪状况。在病害易发的季节，通过预防措施或当出现症状时用适合的杀菌剂，至少要每周或每两周喷杀菌剂一次。

虫害的发生与管理质量、气候有关。治虫的关键是及早发现、及早施药。特别是地下害虫大量发生时，很具隐蔽性，会给人以错觉，以为是病菌为害而错过治虫最佳时期。所以，当果岭出现原因不明的变黄、干枯、死亡时，应及时检查地下情况。一旦发现害虫，应立即施用杀虫剂杀虫。否则，可能会给果岭造成毁灭性的损坏。有些地区的果岭，蚯蚓和蚂蚁的活动猖獗，破坏果岭的表面，必须进行预防控制。随着沙质果岭的普遍应用，近年来线虫问题变得越来越突出，因其危害症状与一般病虫害容易混淆，需要特别注意诊断，使用适当的杀线虫剂进行防治。

杀菌剂、杀虫剂结合使用并定期喷洒是可取的防治措施。需注意的是，不能连续使用同一种农药，以免产生抗药性。

鼹鼠对果岭的危害也时常发生，对付鼹鼠目前还没有特别有效的方法。一般采用投放毒饵和人工捕杀的方法。

果岭的杂草危害一般不严重，因为一般的杂草都因难以适应强低修剪而自然消除。偶有少量杂草发生时，可用人工拔除。一年生早熟禾十分耐低修剪，在过渡地带果岭上容易发生，一定要特别注意防早防好。

8.4.6　损伤修复

8.4.6.1　补植草坪

果岭草坪常常由于病虫害、局部干旱、施肥烧草、机械漏油烧草等原因出现斑块，需要及时修补。一般用换草器置换草皮的方式修补。换草器是一种取草的工具。取出的草块为正方形，垂直根部为梯形，上宽下窄。修复果岭时应将斑秃、损毁部分用换草器整块切除，露出沙床，然后从备用果岭草坪区用换草器取生长状态一致、同等面积的草皮植入，完成铺沙、浇水、滚压等管护，能很快恢复果岭原状，对果岭推杆没有太大的影响。

8.4.6.2 修补球疤

当球落上果岭时，会对草坪向下撞击，形成一个小的凹坑，即球疤。在雨季、地面潮湿、土壤松软时，容易造成球疤。果岭养护者要及时修补球击痕。因为它不仅会影响果岭的推球效果，也会影响果岭的美观。虽然球疤的修补是球童和球员上果岭时首先要做的事情，但也是球场草坪养护工作之一。球疤修补一要及时，二是方法要正确。专用修补球疤工具像U字形，尖而硬，用塑料、木制、铁、不锈钢等材料制作。球疤的修复方法是：用刀或专用修复工具插入凹痕的边缘，首先将周围的草皮拉入凹陷区，再向上托动土壤，使凹痕表面高于推球面，再甩手或脚压平即可(图8-10)。

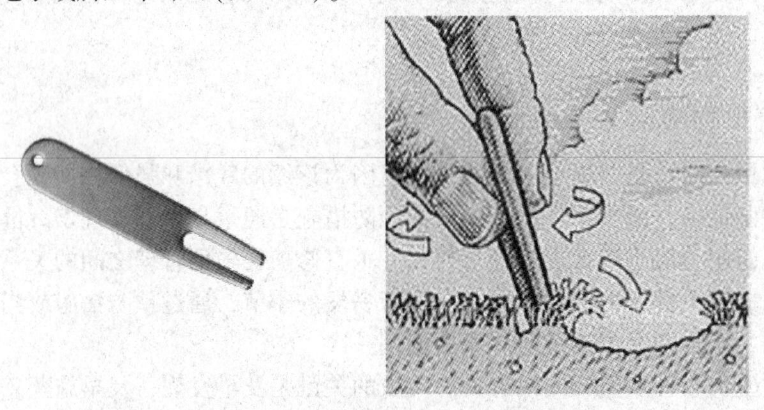

图8-10 果岭球疤修复示意(左为U形叉，右为修补方法)

8.4.7 更新作业

当果岭积累有机质层过多，就会形成枯草层。如果枯草层不超过7.6 mm，枯草层是很有益的，它能提供草坪的弹性，减少杂草的侵入，能使地下土壤避免遭受极端温度的伤害。但枯草层积累过多易使草坪质量变差，减少了水分的渗透与气体的交换、易在草坪中形成秃斑；增加病虫害控制的难度；大量的水、肥、农药被枯草层吸附，使浇水、施肥和所施农药的效率大大降低。在盖播过程中，暖季型草坪的枯草层积累过多会降低冷季型草坪草的出苗率。另外，过厚的枯草层还使果岭变得蓬松，也易导致剃剪，形成斑秃。

果岭不断使用践踏的另一个问题是，表层3~5 cm土壤会严重板结。

当果岭出现枯草层较厚与表层土壤板结状况时，就表明果岭草坪开始退化。应该针对问题，制定正确、切实可行的更新措施，恢复草坪生机。

8.4.7.1 打孔

打孔是破除板结、改善土壤通气性的一项有效作业，常通过打孔机完成。打孔有两种，即空心打孔和实心打孔。空心打孔有土柱打出，打孔后需清除土柱和进行覆沙或表施土壤作业。实心打孔机的孔针为实心的多头金属，没有土柱打出。一次空心打孔作业的效果相当于四次实心打孔作业，但实心打孔对草坪表面的破坏性较空心打孔小。空心打孔是利用打孔机从草坪土壤挖出土芯的操作过程。采用的机械是手扶空心钢管式垂直打孔机，孔的直径在

6~10 mm之间，孔深8~11 cm，间距一般为3、5、10 cm，根据打孔季节和打孔目的进行选择。一种情况是针对紧实的草坪，由于打球频繁，不允许取芯土或切割，打孔只对表层1.3~2.5 cm的土壤有作用，暂时缓解土壤表面的板结。另外一种情况，也是打孔较为重要的一个作用，是切断根茎和匍匐茎，这将刺激新的根和茎的生长。

水压打孔是一种新型的草坪打孔通气措施，利用压缩机产生的高压将水以细小的高压水柱形式穿透土壤，从而实现给土壤打孔通气的目的。水压打孔最主要的优点是不破坏果岭表面，操作时间短，可在果岭正常使用期间进行。

在土壤过干或过湿时均不宜打孔。过干，土壤紧实，孔针难以插入；过湿，草坪受损严重。如草坪土壤紧实程度严重，打孔作业可在草坪上沿数个方向交叉进行，以产生较多的孔洞，最大程度地改善通气效果。

8.4.7.2　划破

划破是刀片垂直向下刺入土表深1.3~2.5 cm，长5~12 cm、宽不足3 mm，用来改变草坪通气透水的一种作业。它与打孔不同之处在于，不带土块上来，不用深度铺沙，对果岭草坪破坏性小。划破能减缓土壤表层板结，利于水穿透硬壳状的表层、枯草层、草垫向下到达根部；更重要的是划破有助于根状茎和匍匐茎生长出新枝和根；当土壤表面潮湿、长青苔时，划破能提高表面土水分的蒸发和渗透。所以，每年划破的频率高于打孔，次数视天气、土壤面层状况而定。

8.4.7.3　切割

切割是三角形的刀片垂直向下切入草坪5~10.2 cm深的一种作业。它与划破的作用一样，但它比划破的深度要深很多，对土壤的破坏介于打孔和划破之间。每年切割的次数少于打孔1~2次。

8.4.7.4　疏草

疏草是靠一系列安装在高速旋转的水平轴上的刀片来切进枯草层，依靠旋转惯性梳出枯草。这种作业会对草坪草造成伤害，尤其是当土壤和枯草层太湿时，伤害更严重，在果岭上要慎重使用。疏草是防治枯草层最有效的措施，可深可浅，疏草的次数取决于枯草层形成的速度。如杂交狗牙根果岭，在每年春秋季每3~5周可进行轻、中度疏草；夏季进行深度疏草；冬季低温时不能实施疏草作业，否则草坪草难以恢复，极易造成草坪斑秃。

总体上，翦股颖果岭每年进行2~6次更新处理。春末和秋初至少进行两次打孔或疏草处理。尽可能避免在高温季节进行。穿刺根据需要进行，以改善坪床表面通透性，在夏季可每周进行一次以刺激根系和枝条生长。杂交狗牙根果岭每年进行2~6次更新处理。质地较细的土壤，若践踏过度，更新较为频繁。至少要在每年春季和夏末进行两次打孔或疏草处理。在计划冬季盖播一个月之内不要进行更新作业。穿刺可以每周进行一次以防止坪床紧实、通透性不好的问题。

8.4.8　冬季盖播

亚热带地区狗牙根等暖季型草坪草在冬季会发生休眠，常使用冷季型草种对果岭进行冬季盖播以使果岭冬天保持绿色。盖播草种以多年生黑麦草和粗茎早熟禾使用较多，紫羊茅、细叶羊茅和匍匐翦股颖偶尔也用。冬季盖播的最佳时间因地域的不同而差别很大，大多依据以下几种情况来确定播种的时间：①气温或土壤10 cm深处的温度稳定降至22~26℃时；②第一次霜冻之前至少 20 d；③多年积累的经验。播种日期可因天气情况而有一定的机动性。

8.4.8.1　盖播前的养护措施

养护良好、健康的狗牙根草坪，其越冬和次年返青才可能顺利。因此，应进行必要的垂直切割和表施土壤以防治枯草过分积累，以及采用打孔措施，缓解土壤紧实都是十分重要的。这些养护措施应至少在盖播前 4～6 周完成，以便使狗牙根在入冬休眠前得到很好的恢复。冬季施肥也应在此时完成。

8.4.8.2　盖播

无论天气怎样，播种时间既不能太晚，也不能太早。过低的温度影响盖播的冷季型草坪草萌发；太早，狗牙根的生长还没有因为低温而受抑制。后者可尽量减少狗牙根对盖播的冷季型草坪草的幼苗形成竞争压力。这样做的目的是形成一个均一的平面过渡，对球滚动不产生影响。进行冬季盖播之前一个月停止打孔和施肥。冬季盖播的基本操作：①沿不同的方向疏草；②清除表面枯草；③如果必要，施用杀真菌剂；④均匀播种；⑤用耙子将种子耙入草坪；⑥轻度覆沙；⑦灌水，以保持种子萌发所需的潮湿坪床。

疏草的目的是划破狗牙根草皮，使种子能落入草皮并接触土壤，有利于种子萌发，并减少了种子被风及水流冲散的可能。疏草通常在盖播前约 1 周进行。播种前 1 周。将剪草高度调至 6～8 mm，可减少种子侧向移动。

播种前的最后一项工作是施杀真菌剂。为预防幼苗病害，可购买用合适的杀菌剂处理过的种子。无风时播种效果最好。用离心式或重力播种机沿相互垂直的 2 个播种，每个方向播撒一半种子，以保证播种均匀。果岭的盖播量一般为常规播种量的 3～5 倍。

播种后要立即将种子刷入草皮。最好的方法是用金属拖网将种子刷入草丛内。播种和拖刷不应超出果岭表面，以免将种子带到果岭环。然后覆沙，厚度 2～3 mm，所使用的沙应与种植层一致。覆沙后，同样也用拖平网拖刷一遍，以使沙子进入土壤表面。

播种、拖刷和表施土壤完成后，应立即对果岭灌水。灌水时选用小喷头，以防喷出水量过大而将种子冲出果岭。

8.4.8.3　盖播后的管理

种子萌发以及苗期必须保持坪床湿润，是盖播成功的最基本的管理措施。一次或多次的轻度午间浇水是必需的。尽管保证充足的水分是很重要的，但喷水过度又会引起幼苗发生病害。管理者必须时刻警惕幼苗病害的发生并准备喷施适当的杀菌剂。在土壤紧实、排水不良的果岭，高湿度最容易引起病害。

在这个建植初期，修剪高度一般保持在 7.6 mm，而且不能低于 6.4 mm，直到幼苗充分发育。这段时间大概得持续两周，也就是直到幼苗分蘖为止。最初几次剪草时，不带收草袋，以免将撒在地表的种子收走。剪草在盖播的果岭干燥时进行。第一次剪草时刀片要锋利并调到合适的高度。

盖播后的首次施肥要延迟到幼苗发育完全之后，一般是在第 2～3 周后。以后，每隔 2～4 周施肥一次，施肥量为 3～5 g/m^2，施肥后马上喷灌。

盖播后的建植时期内，能否打球要看预计的打球强度和果岭的排水状况。如果盖播后即开始打球，一定要每天更改球灌位置，以尽量均匀分散践踏压力。

8.4.8.4　春季过渡

一个成功的冬季盖播是冷暖季草顺利实现春季过渡。就是说盖播的冷季型草逐渐消失而暖季型草逐渐占据优势直至最终完全占据。如盖播的多年生黑麦草，在秋季盖播建植和冬季打球季节表现很好，但持续的时间过长，即从春季到夏初一直占优，这种春季竞争对狗牙根的恢复十分不利，甚至有时间会造成狗牙根植被大量减少。要实现春季顺利过渡，一是要通过调整水肥、修剪等措施，适当控制多年生黑麦草的生长；二是春季当地下 10 cm 深度的温度大约为 18℃时，对生长旺盛黑麦草不断进行轻度疏草和低修剪，控制灌水使草坪处于适度干旱状态，增加氮肥施用量，通过这些综合措施以抑制多年生黑麦草的生长，促进狗牙根的旺盛生长，从而顺利实现多年生黑麦草向狗牙根的过渡。

8.4.9　附属管理

8.4.9.1　果岭洞杯的更换

果岭上的球洞是高尔夫击球的终点，通常球洞里放置一个金属或塑料洞杯。洞杯包括底座和杯体两部分，杯体的外径不得超过 10.8 cm，深至少 10.16 cm。洞杯应放在果岭表面以下 20.32 cm 深处。杯口比果岭表面低 2.54 cm。果岭洞杯更换的目的，一是减少对果岭草坪的局部磨损，使整个果岭得到平均使用，保持果岭质量的一致性；二是使比赛富于变化，增加比赛的挑战性。

(1)洞杯的放置

洞杯的放置首先要体现公平的原则。洞杯所选的位置应该是在球道适当位置上打出的好球最易入洞。这需要考虑多种因素，其中主要包括：①坡度变换；②草坪质地；③视觉表现；④与果岭边缘的距离；⑤果岭的质量；⑥击球点到果岭的距离；⑦每天的盛行风向；⑧果岭球洞的设计；⑨打球比赛的类型。严格地讲，在球洞周围半径为 0.9 m 的范围内要求坡度变化一致且坡度不能太陡，否则会让滚动的球加速。另外，若球洞设置在过陡的坡上，结果会由于果岭的干燥使球速加快而洞杯不能持球。

球洞周围最好没有球疤、其他污点和草坪质地的变化。球洞周围打球强度最大，所以球洞的位置选择要十分仔细。美国高尔夫球协会果岭部建议球洞离果岭边缘要有 5 码(约 4.6 m)的距离，如果到达果岭的球必须越过果岭边缘的障碍物，这个距离还要大些。新球洞的放置要使进出果岭的人流至少远离旧球洞 4.6 m 左右。在湿黏土、土壤紧实和冬季打球淡季，应把球洞放在果岭的前面，这样会保护余下的部分免受磨损和土壤紧实。如果预测到要下雨，球洞就不能设在低洼地，以防止球洞周围的土壤过度持水甚至积水。

当球场的管理人员对洞杯的放置缺乏经验时，可参照以下方法来做。果岭和发球台都有前、中、后 3 部分之分，果岭前部——后发球台、果岭后面——前发球台、果岭中部——中发球台，这 3 个组合之间的距离相等。另外，洞杯应在左右两边轮流放置。在一个 18 洞的高尔夫球场上一般的设置是：6 个洞在中间、6 个洞在前面和后面，或 9 个洞在左面、9 个洞在右面。采用这个方法会尽量保证球道的真实长度，减少打球者对球道过长或过短的不满。进行正规比赛时洞杯的放置有特殊的要求。放置前不仅要分析球场，预先做好规划，而且还要在每个果岭上划定 4 个球洞区，在设置球洞时还要考虑天气状况、风向、草坪状况和比赛的特殊要求等。

比赛中每天球洞的设置要均衡，避免太多的左—右和前—后顺序的设置。比赛中球洞放置的一个常见的错误是：随着比赛的进行，逐日提高球洞的难度，所有最容易的位置都设在第一天，而所有最难的洞都设置在最后一天，这样的错误设置会破坏球场的平衡，同时对球员而言，第一天和最后一天的比赛会有不合理的差距。在一个为期4 d的大型比赛中，每个果岭的4个球洞区的难度以4分制进行评价，最难的为1分，最易的为4分，中等的为2分和3分。每天设置的球洞总分不应是18分或72分，而应在45分左右。比赛前10 d，最好将球洞放置在比赛的4个球洞区之外。果岭的使用必须有周密的计划，以保护比赛用的球洞区。

(2)洞杯的更换

洞杯的位置定期或不定期地移动称为洞杯的更换。更换洞杯的位置，是为了转移果岭上的人流中心，使果岭表面经受均匀的打球强度，保护原洞杯周边的草坪，以免长时间击打、踩踏、摩擦，使土壤紧实，破坏草坪；移动洞杯还能增加赛事的刺激和竞争。

更换洞杯位置的次数依以下因素决定：①打球的强度、胶钉鞋印痕和球疤；②草坪相对的耐磨损性；③草坪受损的恢复率；④土壤的紧实度；⑤需要改变打球线路。洞杯位置更换根据具体运作决定，通常是周末来打球的人数多时，每天移动1次，平日2天1次；冬季，打球人数少时，3~4 d 1次或间隔时间更长。新的位置尽可能远离原位置。如遇大型比赛，则根据赛会要求和规则设定洞杯位置。18个洞中，难、易、中均匀分配。在一日的比赛中，洞杯的位置是不能改变的。

洞杯的更换、安放是一项要倾注耐心和认真地工作。因为洞杯不正确的放置会影响到果岭上推杆的质量。

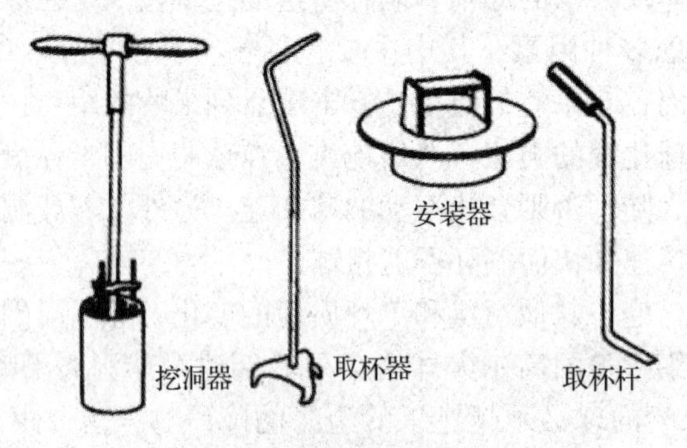

图8-11 换洞杯的工具

(引自孙吉雄，2009)

挖洞器(图8-11)是用来挖球洞的，它能精确地挖出与洞杯直径一致的洞。挖洞器取出的芯土正好可将旧洞填满，填入的芯土表面应略高于周围，如有缺土，可在洞底垫少许沙，然后用手或脚将芯土表面压平，并及时浇水，否则芯土表面的草坪会失水死亡。一般果岭管理者用随身携带的水壶补水。

洞杯用取杯器从旧洞取出后，放入新洞并保持合理的高度，放上洞杯安装器，踩一下安装器，使其外沿与推球面贴紧，再取出安装器，洞杯便安装成功了。此时洞杯上口距地表2.5 cm。在这2.5 cm的根系层中，如有未被平齐切断的根、茎伸出，应用小剪刀仔细地剪断，使洞口的草和根茎整齐。否则，根茎会对球入洞形成不合理的障碍。

8.4.9.2 推杆练习果岭管理

推杆练习果岭是球员进场打球前练习推杆的地方。其质量和打球的感觉应该尽可能与球场果岭相同。因此，推杆练习果岭的质量应该与正规的18洞球场的果岭相同。由于推杆练习果岭所承受的践踏可能比球场中任何一个果岭都要大，对它的养护管理比球场中的果岭难度更大。

推杆练习果岭通常位于会所和第一发球台附近。应该能够设置9～18个洞杯及它们的替换位置。其面积大小依会员的想法、使用强度和可利用的状况而定。通常推杆练习果岭是在完成球洞和俱乐部的设计后才确定其位置。其实，练习果岭的大小应在计划阶段就确定，而且设计时应留出足够的场地，最好能建一个单独的大练习场。如果练习果岭太小，而使用强度又很大，会使其日益退化、磨损，不能代表整个球场果岭的水平。在某些情况下设置两个推杆练习果岭会有许多方便之处。如果其中一个练习果岭变得很糟，那么可以停止使用它，以进行一些必要的养护管理、修补或一段时间的恢复，而使用另一个果岭。

练习果岭表面相对很平整，但允许有一定的坡度。最好有3%的坡度，以利于表面迅速排水。所选用的草种应与常规球洞果岭上使用的一样。建植程序、根际层土壤混合物、地下排水系统的建造和养护措施与常规球洞果岭所用的相似。因为践踏严重，推杆练习果岭常发生土壤紧实，所以要合理浇水和使用含沙量高的根际层土壤混合物，以尽量减少土壤板结。

更换洞杯的频率及其放置计划对维护练习果岭质量是很关键的。更换频率应根据使用强度和草坪草的磨损状况而定。如果练习果岭使用强度很大，那么洞杯更换的频率也要比普通果岭高得多。

8.4.9.3 果岭草坪备草区管理

果岭草坪备草区是高尔夫球场的必备设施之一，其大小应该与球场果岭的平均面积相近，但在一个18洞的球场其面积不能少于500～1 000 m^2，太大的备草区会增加管理费用。在对果岭草坪进行更新和重建时，就要有一个较大的果岭备草区。

根据场地条件，备草区一般尽量呈近长方形或正方形，四角有一些弧度以易于修剪。表面最少要有2%的坡度，以利表面排水。备草区距离球场草坪管理部要近一些，以便于管理。果岭备草区有两个主要用途：①作为修复果岭意外损伤的草皮来源；②作为常规果岭上施用的新的杀虫杀菌剂、肥料、养护措施、新品种的试验地。

在建植备草区之前，场地要有一段时间的闲置或进行熏蒸，以防止备草区内混入其他草种。各草区内使用的土壤混合物和地下排水系统与球场果岭相似，种植的草种及实行的养护措施也与球场内果岭相同。有时球场内果岭的草坪包括了多个草种或品种及基因型，用种子播种很难保证备草区与其一致，这时可利用球场内果岭打孔提取出的草柱来建植备草区，保证二者的一致性。另外，备草区要每天按球场内果岭的修剪高度进行修剪，尽量避免备草区内及其周围的草坪草发生抽穗造成其他植物的入侵。备草区上践踏很少，因而其养护措施也应做一些调整。备草区也常出现枯草层问题，可用低氮肥用量、高覆沙量以及频繁垂直切割进行治理。

果岭草种如果是营养茎型的草种，如杂交狗牙根，除备用果岭外，还需要建立一个匍匐茎备草区进行匍匐茎繁殖，以备将来重建果岭时提供足够的匍匐茎种源。匍匐茎备草区应靠近球场草坪管理部，并且灌水便利。其大小取决于要进行匍匐茎建坪的果岭总面积。建植坪床与果岭的相似，但管理可粗放一些，修剪高度为1～2 cm，以保证匍匐茎的产量为目标。匍匐茎一般通过疏草机来收获。匍匐茎收获后立即施肥、覆沙、滚压，以促进草坪快速恢复生长。

本章小结

果岭是整个高尔夫球场的精华，其质量代表了球场的质量水平。本章系统介绍了高尔夫球场果岭的基本概念、质量要求、果岭建造、果岭草坪建植及养护管理技术。通过本章的学习，可全面了解高尔夫球场果岭的建造过程和养护管理内容，掌握果岭的结构、材料组成、建造过程、草坪草种类、建植和养护管理技术；养护管理技术中，要重点掌握果岭草坪的修剪、覆沙、滚压等常规措施和疏草、打孔等更新措施，以及冬季盖播技术；同时，要熟悉洞杯更换等辅助管理技术。

思考题

1. 简述果岭的概念及其组成。
2. 果岭的质量要求有哪些？
3. 如何测定果岭球速？
4. 简述 USGA 果岭建造标准及其对建造材料的要求。
5. 果岭草坪草应具备哪些特征？哪些草坪草适合作果岭草？
6. 果岭草坪修剪需要掌握哪些关键技术？
7. 果岭灌溉需要注意哪些问题？
8. 试述如何通过养护措施提高果岭的球速？
9. 简述修补果岭球疤的方法与过程。
10. 果岭经多年使用后会出现什么问题？如何解决？
11. 简述果岭冬季盖播的技术要点。
12. 果岭洞杯为什么要更换？并简述更换过程。

第9章

高尔夫球场发球台

高尔夫球场发球台(tee)是每个球员打球的起点，是高尔夫球场每个球洞不可缺少的组成部分。发球台形状、大小、布局以及草坪质量都会对球员击球产生深刻的影响。在高尔夫球场中，发球台草坪质量要求仅次于果岭。尽管发球台草坪建植与养护管理与高尔夫球场其他部分草坪的建造及养护管理具有相同之处。但是，发球台建造以及草坪建植与养护管理的主要环节，与果岭等的主要环节还是存在一定的差异。

9.1 发球台概述

发球台是高尔夫球的发球区域，因这块区域一般高于球道，呈台状，故称发球台，也称发球区。发球台是每个球洞开球的地方，亦即每个球洞打球的起点，它是每个球洞不可缺少的组成部分。

1875年以前，高尔夫球场一直没有发球区，直到这以后有一个球员击打高尔夫球时，曾将一把沙土放在果岭上的一个球洞的旁边，并把球放置其上进行击球。此后小且平的发球区被广泛地应用于高尔夫球场，从而形成了现在的高尔夫球场发球台。

9.1.1 发球台结构与种类

9.1.1.1 发球台结构

高尔夫球场不同，其发球台结构，如形状、面积大小等均不相同。每个洞的发球台大小及形状多变，可增加高尔夫球场的趣味性。

(1)发球台形状

高尔夫球场发球台的位置和朝向一般根据不同球道类型和打球战略而定，但是，其位置和朝向设置必须对所有水平的球员都具有可打性和公平性。发球台的形状有长方形、正方形、半圆形、圆形、S形、L形和O形等，单个独立或多个连体，或一个多层次、梯形(图9-1)。开球时将球座安插在发球台标志界限内的草坪上，然后把高尔夫球放在球座上，用球杆将球击出。

(2)发球台面积

20世纪50年代前，高尔夫发球台面积较小，其大小仅能满足那时的较低打球强度的需要。随着20世纪60年代高尔夫球运动的蓬勃发展，高尔夫人口不断增加，小发球台越来越不能满足要求，从而使许多高尔夫球场不断地扩大发球台。

发球台面积的大小一要根据球场的利用强度而定；二要根据不同的球道类型、开球使用

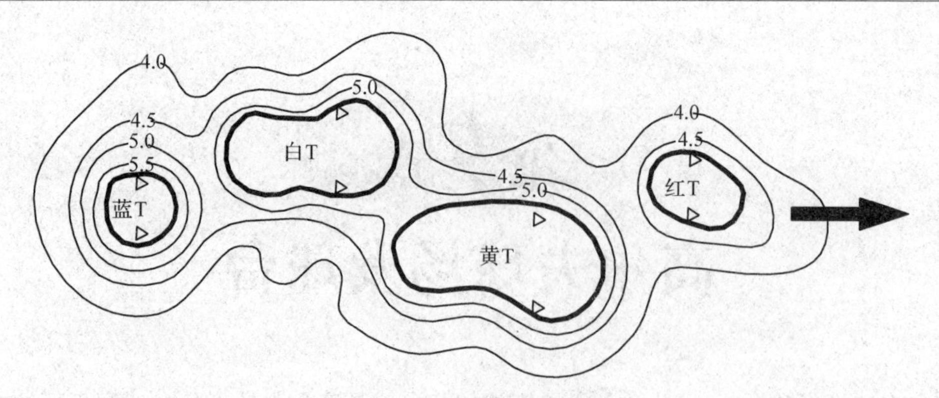

图 9-1 发球台设计示意

球杆的不同和布局位置的差别予以调整。总之，发球台的面积应满足在强烈践踏下草坪的良好覆盖及发球台标志物的频繁移动的要求。但是，发球台最小面积标准为：4 杆洞、5 杆洞和用木杆打球的 3 杆洞需 9.3 m^2；对于需用铁杆上果岭的 3 杆短洞，则需 18.6 m^2，而在实际应用中，常到这个最低标准的 2 倍或以上。

第一个发球台由于打球的人较为集中，草坪受到的践踏也较严重，故应大些。在打球人数较多时，也可在第 1 和第 10 个球洞同时打球，第 10 个球洞的发球台也应大些。男子业余和男子发球台由于使用人数众多，草坪所受的践踏和破坏最严重，在设计面积上常大于其他发球台。在一些营运繁忙的球场，如有投资保障，增建 1 或 2 个男子业余和男子发球台，更有利于发球台的轮换使用和养护，给发球台草坪以休养生息的机会。通常设计良好的 18 洞高尔夫球场的发球台总面积为 0.6~1.2 hm^2。

(3)发球台标志物和码数、洞牌

高尔夫球场发球台一般还建有发球台标志物、码数、洞牌等附属设施。

①发球台标志物(tee markers) 是放置在发球台上指示开球区域的标志。每一个发球台上设 1 对发球台标志物，分别放置在发球台左右两侧的边线上，可以移动，用来限定发球区域。发球线则是这一对发球台标志物之间的直线，球员只能在一对发球台标志物所限定的区域内开球，前后方向不能向前越过这一对发球台标志物所连成的直线，左右方向不能越过发球台标志物的两边。过去的限定是两个发球台标志物之间的距离是两个球杆长，但在现代的球场运营中，打球人数远超过早期的规模，因而两个标志物之间的距离也可以增加到 5~6 码。发球台标志物是用防腐木材(也可以用塑料棒材)做的一根木桩，大小约 5 cm×5 cm×30 cm~8 cm×8 cm×40 cm，打入地下后，顶部与发球台草坪平齐，上面再涂上规定颜色的油漆。

移动发球台标志物可以为每个球洞带来一些变化，使草坪管理者控制球员分流和草坪打痕的分布，避免某一区域草坪过分损伤，同时为损坏的草坪赢得恢复的时间。发球台标志物移动的频率是由打球的密度和草坪的损坏程度来决定的。平日一般 2 天移动 1 次，周末、节假日每天移动 1 次。移动时位置的确定尽可能与果岭洞杯协调，以保持球场整体距离的一致性。通过有计划地放置球洞杯和发球台标志物，使球员每天开球的感觉和进球的挑战都不一样，这样能提高球场给球员带来的乐趣。

②码数 发球台标志物的出现，使计算球洞的长度能以码数(yardage)确定下来。球洞的长度是指从发球台中心沿着中心线到果岭中心的距离(码数)。码数作为永久性标志放在

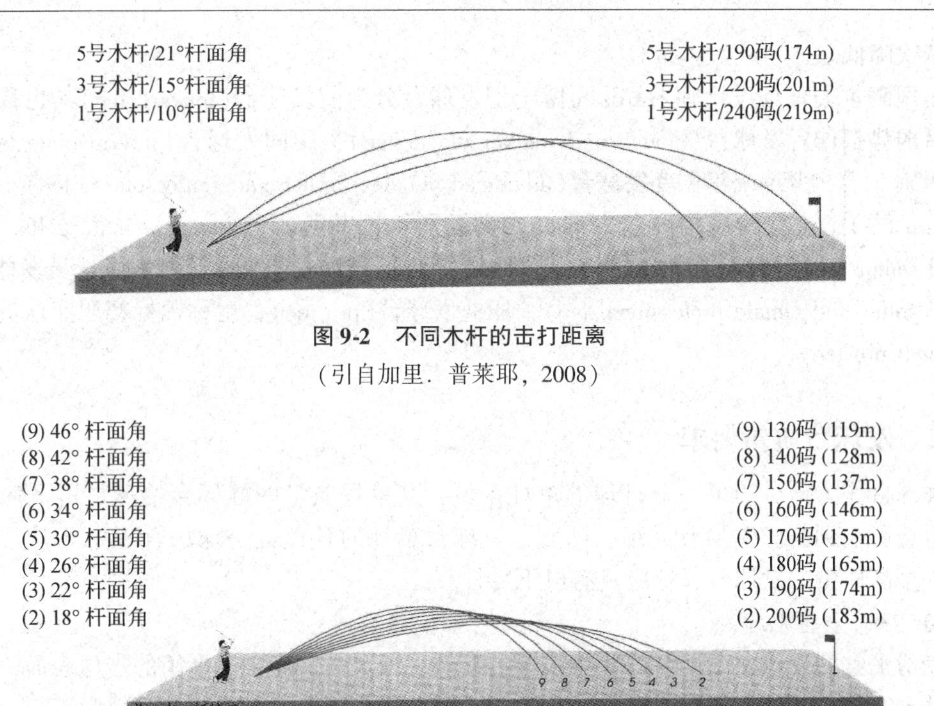

图 9-2　不同木杆的击打距离

（引自加里．普莱耶，2008）

图 9-3　不同铁杆的击打距离

（引自加里·普莱耶，2008）

每个发球台边缘的中间。球员可以根据码数多少、球道变化来选择不同的球杆发球（图 9-2、图 9-3）。

③洞牌　在每个洞的发球台边都竖有一块洞牌，上面标有球洞编号、简称、码数、标准杆数和球洞平面图，用来指示球员打球。洞牌木制、石制或其他材料制作，形状各样，没有统一规定。

此外，发球台边还有垃圾箱、沙槽和坐凳等附属设施。

9.1.1.2　发球台种类

现代高尔夫球场大多采用多发球台体系，以适应不同水平球员的打球需要和进行大型国际比赛的要求。一个洞的发球台组成发球区，一个发球区至少要具备 4 个发球台，一般有 3~5 个，最多可达 7~8 个。发球台一般有如下 4 种类型。

①女子发球台（red tee）　女子发球台又称红梯或红 T，为离果岭最近的发球台。一般为女球员用的专用发球台。

②男子发球台（white tee）　男子发球台又称白梯或白 T，为离果岭第二近的发球台。一般为初学的男球员或水平高的女球员用的专用发球台。

④职业或比赛发球台（blue tee）　职业或比赛发球台又称蓝梯或蓝 T，也是男子发球台，为离果岭第三近的发球台。一般为男业余球员用的专用发球台。

④职业比赛发球台（black tee）和锦标赛发球台（gold tee）　职业比赛发球台又称黑梯或黑 T；锦标赛发球台又称金梯或金 T。两者均为职业选手发球台，均为离果岭最远的发球台。一般为职业选手用的专用发球台。

发球台台面平坦，前后有 1% 的倾斜，上述 4 个发球台标高从职业选手发球台到女子发球台依次降低。

美国高尔夫球场设计师 Hurdzan 博士把发球台分为前发球台(forward tee)，也称为初学者或者弱势打球者发球台(novice and weaker player tee)；中间发球台(intermediate tee)，也叫高级别女子、少年或年长者发球台(advanced female，junior and senior player tee)；主发球台(main tee)，也称为平均高尔夫球员或高级别年长者发球台(average male golfer and advanced senior tee)；后发球台(back tee)，也称高级别高尔夫球员或职业女子球员发球台(advanced golfer and female professional tee)；职业发球台(pro tee)，也称锦标赛职业球员发球台(tour golf pro tee)。

9.1.2 发球台质量要求

发球台作为球员的第一个打球的草坪区域，其草坪质量的好坏会给球员留下深刻的印象，也会影响到击球质量及成绩。因此，发球台草坪的管理也是球场管理中非常重要的部分。一个高质量的发球台草坪应具有以下特性：

(1)坪面平整光滑

光滑平整的发球台草坪坪面才能给球员提供一个水平、稳定、平衡的击球表面，使球员在发球台上能自如地舒展开球姿势。凸凹不平的发球台草坪坪面会使球员感觉不适，难以舒适站位，而且还会造成发球台的养护管理很不方便。

(2)坪面适度硬实

发球台草坪坪面过于蓬松既影响球员的开球稳固站位，还会使发球台草坪由于球杆的击打容易产生打痕问题，不但影响草坪质量，还会影响击球质量。

(3)草坪密度好

发球台草坪保持一定的密度可保证草坪草适当的叶面积，从而可同化出足够的碳水化合物，维持发球台草坪的可持续发展；也可维持健壮生长的草坪，使球员开球时可能造成的打痕得以快速修复，从而减轻对草坪质量的危害。另外，还可以增强草坪对球员践踏和磨损的抵抗能力。

(4)坪面均一性好

发球台草坪的质地、颜色、修剪高度等应保持高度的均一性和一致性。既不应有裸露区域，也不应有杂草生长。发球台草坪整洁的外观，可使人们赏心悦目，同时也可以给球员提供良好的运动条件。

(5)坪面弹性好

发球台草坪坪面过于硬实的种植层不利于球座的插入，为了使球座易于插入土壤，发球台草坪应具有一定厚度的种植层和相当的弹性。发球台草坪坪面如果是干燥、紧实的黏性土壤，草坪土壤弹性差，球座很难插入；而采用沙质种植层土壤就有良好的弹性。

(6)草坪耐适当的低修剪

发球台草坪的修剪高度介于果岭和球道之间，一般为 1~2.5 cm，最常见的剪草高度为 1.3 cm 或更低，如采用草地早熟禾发球台草坪，则可以修剪到 1.9 cm 或更高。发球台草坪标准高度为球放在球座上时，球应该是明显位于草叶尖上为宜。即球的周围没有叶片的围绕，这样可以避免妨碍击球。并且，该发球台草坪高度也是每个球员最佳的击球高度。

9.2　发球台建造

发球台的平面布局形式多样，有的按球道轴线依次排列为直线型，有的呈弧线型，也有的呈不规则形。由于男女运动员的击球位置不同，可以将发球台建成阶梯式由前向后依次抬高。也可以设计在同一台面上，相邻发球台既可分离也可相连。

发球台坪床结构的优良与否对草坪草能否正常健壮地生长起着至关重要的作用。这是因为发球台草坪质量要求较高，且践踏较为集中，所以应在草坪建植之前根据球场的具体情况选择适宜的坪床结构，并做好坪床建造工作，为发球台草坪草的生长创造良好的土壤条件。

9.2.1　坪床结构

发球台由于面积有限，通常受到严重践踏，特别是没有对其坪床土壤进行合理改良的情况下，会导致发球台坪床土壤紧实，草坪草生长不良。

发球台理想的种植层土壤应具有不易紧实、良好的排水性、适当的持水性、适宜的弹性以利于球座插入，且无石子等杂物，否则不利于日后的草坪养护。发球台的种植层厚度一般为20~45 cm，其坪床结构一般有3种。根据高尔夫球场的定位和经济许可，可选择不同的发球台结构，从而选择不同的施工方案。

(1)第一种发球台坪床结构

第一种发球台坪床结构最上层为20 cm的种植层，其下为原土壤层(图9-4)。原土壤层中设置有排水管道，该坪床结构投资较少，建造相对简单，成本较低，是比较普遍采用的方案，适于利用强度为低到中等的发球台。

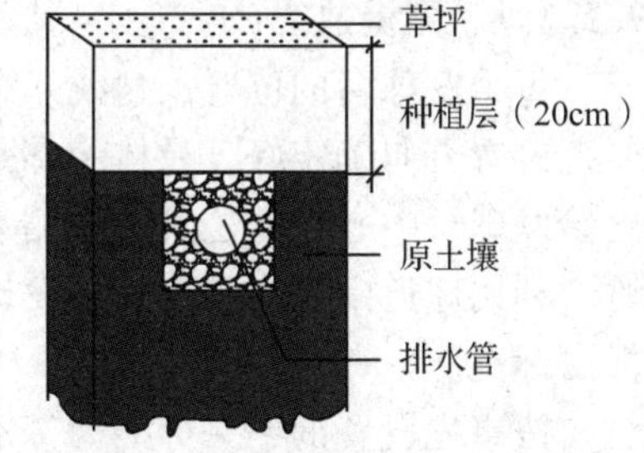

图9-4　第一种发球台坪床结构
(引自 James B Beard，2002)

(2)第二种发球台坪床结构

第二种发球台坪床结构和果岭坪床结构相同，其建造程序也相同。最上层为30 cm的种植层，其下层为5~10cm的由粗砂构成的中间层(可省去)，中间层下面为10 cm的砾石层。最下层为原土壤层，原土壤层中也设置有排水管道(图9-5)。该种坪床结构投资大，建造程序复杂，对建造材质要求高。但建成后的坪床的排水性能优良，最适宜草坪草生长，适于利用强度大的匍匐翦股颖发球台。

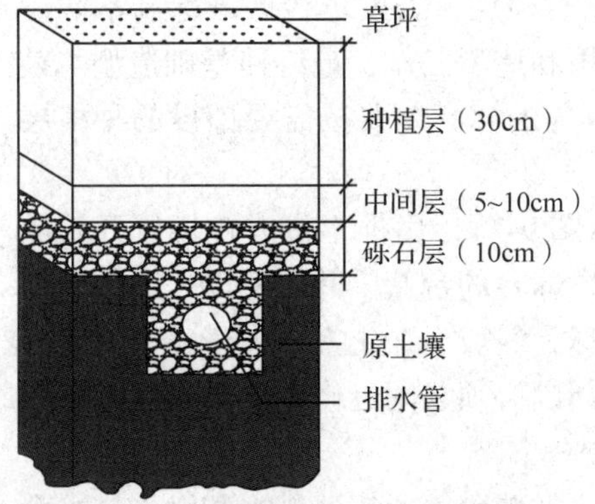

图9-5　第二种发球台坪床结构
(引自 James B Beard，2002)

(3)第三种发球台坪床结构

第三种坪床结构是在原土壤上铺设20 cm当地肥沃的表层土壤，要求表土是排水性好、不易紧实的沙质壤土，一般是由当地优质的表层土壤堆积而成，造形高于四周(图9-6)。这种坪床结构投资少，建造最简单，但排水性能相对要差，适于利用强度低的发球台。

上述3种不同发球台坪床结构各有特点，具体选择哪一种，则应充分考虑发球台的利用强度、面积大小、投资以及球场所处的气候条件等因素。

此外，高尔夫发球台一般均要比四周草坪坪面加高，以利于其排水及提供发球台可见性。如果发球台不加高，则应在种植层与地基之间铺设砾石层，且最好在种植层土壤铺设前，沿发球台边缘竖起一圈塑料挡板，以防周围黏土混入发球台。发球台周边的土壤应为含沙量高、质地粗的优质表层土，以保证发球台内部土壤排水畅通。这对于其边坡常遭受集中践踏或车辆碾压的发球台尤为重要。

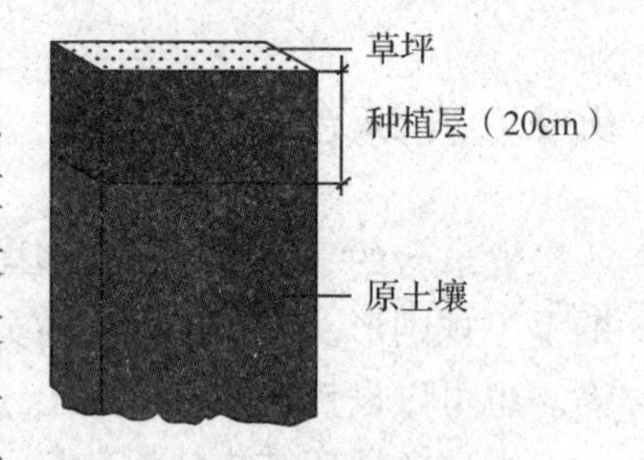

图 9-6 第三种发球台坪床结构
（引自 James B Beard，2002）

9.2.2 建造过程

不论何种类型发球台，由于挥杆者流量较大，经常在发球台草坪上践踏，养护管理机具也常在其草坪上滚压。因此，一是发球台必须有持久的稳固基础，才能经受持久性的践踏和滚压。基础越稳固，今后养护管理工作越顺利，越方便。若基础出现问题，会造成人力、物力和财力的极大浪费。二是发球台必须有利于草坪草根系的生长发育，使它的地上部分生长正常。发球台建造与果岭建造过程相似，但没有果岭建造要求那么严格。具体施工流程有：测量放线、基础造型、地下排水系统安装、铺设种植层、喷灌系统安装、表面细造型等。

9.2.2.1 测量放线

每个发球台的位置、视线、距离、高程及大小各不相同，因此，在建设发球台时，首先要把位置方向确定好。具体步骤是：在球场清场工作开始前进行的测量放线过程中，已测放出始发球台中心桩的位置，用测量仪在始发球台，以中心桩作为基准点，前视球道拐点或果岭，利用球道中心线测出其他发球台的位置及方向，定出发球台的边界位置，并打上标桩，标出标高。

按事先设置的中央标线为基准，每个发球台的形状按照建筑师的设计标出轮廓。中央标桩是作为检查有倾斜设计的建设高度与坡度的依据。

9.2.2.2 基础造型

发球台的基础建设十分重要。首先要按照粗糙整形图，用推土机将发球台及附近地形定好型。如果需深挖，就必须有足够的时间来解决土方问题，最好选在冬季。

发球台基础应该较最终标高低 15~30 cm，以便铺设种植层，若发球台区域标高不能满足这一要求，应按球场等高线图进行发球台基础的挖、填和造型工作，最终使基础造型与最终造型相一致，并低于发球台面最终标高 15~30 cm。具体的标高差要按需要铺设的种植层厚度确定。底部的泥土要压实，不能处于松软状态。

每个发球台的地基为平台形，坡度 1%，前高后低(图 9-7)。用推土机或挖掘机开挖或填土方，达到相应的标高后，用小型多方向造型机造出发球台的台基，并辅助以人工做精细整理，有的发球台地基为松土层，在一些落差较大的发球台斜坡面，土方必须夯实，以防日后塌陷。发球台斜坡必须平整，不能有低洼积水之处，周围必须与附近修整成自然状态。

9.2.2.3 地下排水系统安装

发球台面积小，受到践踏强度大，容易损坏。因此，发球台表面快速排水和渗透排水都很重要，有必要在发球台铺设地下排水系统。

排水系统的主要作用为：排出多余水分，保证发球台表面无积水；阻隔地下水上升，免

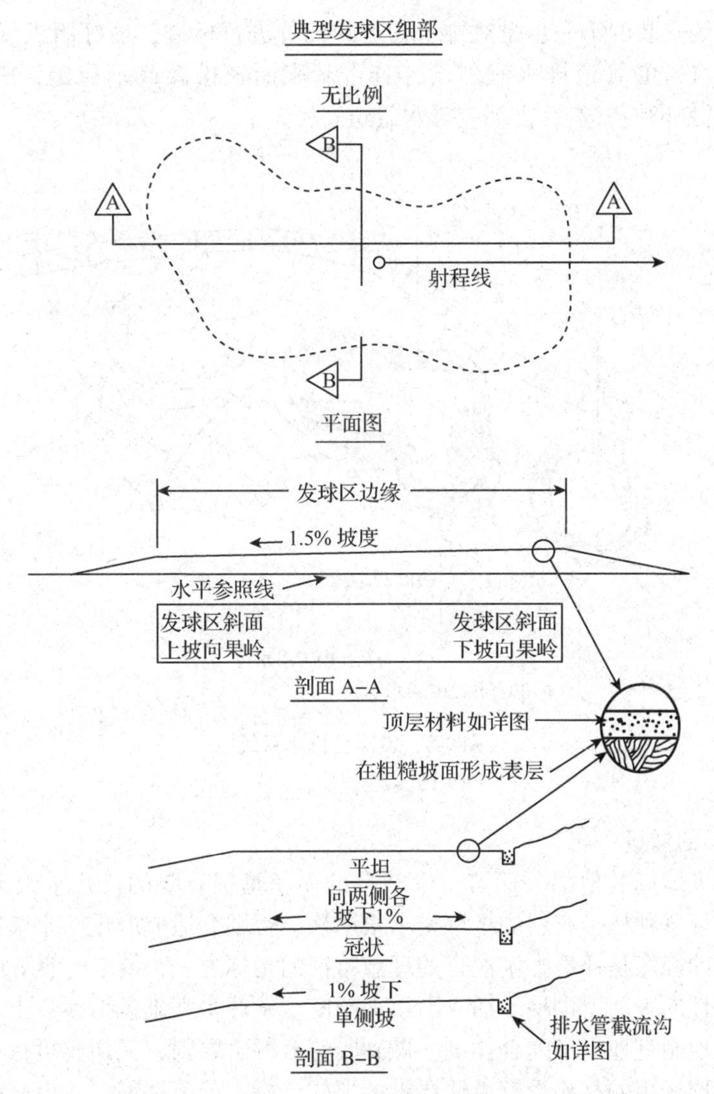

图 9-7　发球台设计造型图

（引自罗伯特 · 穆尔 · 格雷夫斯，2006）

除盐碱对草坪草的危害；有利于土壤通气和透水；便于灌溉管理。

铺设地下排水系统的目的在于减少土壤紧实，为草坪草生长提供良好的条件，还可以改善发球台台基的土壤通透性。若球场场址原土壤排水条件较好，可不安装排水系统；反之，则需安排水系统。

发球台的排水应根据地形设置。若发球台面积较小，所处的位置比周围高，发球台的排水可采用地基倾斜建设，将落在发球台的雨水或喷灌的水，分单边或多边从地基层向周围流走；如发球台面积较大，周围流向发球台的雨水较多，发球台地基层排水困难，可在地基层安置排水管。发球台排水系统连接到球场的整体地下排水系统中，常使用鱼翅状设计，主管道直径 10 cm，其通口连接到邻近的一个容积适宜或稍大的干井中，也可以是铺有砾石的排水床上；而侧向的排水管道是直径 10 cm 的管子，管间距 4. 6 ~ 6. 1 m，呈鱼翅状排列(图 9-8)。排水管可以是陶质的、水泥的，也可以是可弯曲的带穿孔的塑料管。

地下排水系统安装的第一步是对排水管道的位置进行标桩，最好用机械挖沟机挖台基。且应注意最小有 1% 的管道排水倾斜度，若台基表面较松散或不稳定，应在沟底铺直径 1.25～1.50 cm 的鹅卵石，然后再铺装排水管道。

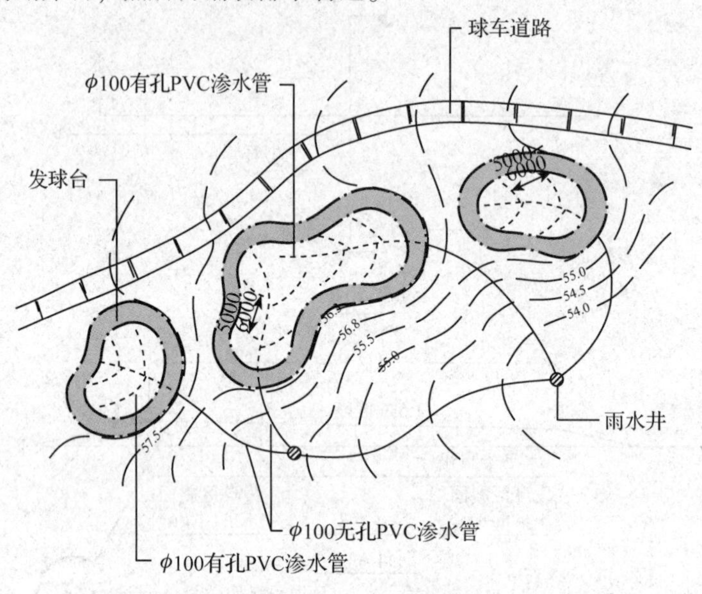

图 9-8　发球台排水系统

（引自梁树友，2009）

9.2.2.4　种植层的铺设

相对于高尔夫球场其他部分而言，发球台的面积是很有限的，几乎天天遭到强烈的践踏，因此，对草坪草种植分布层的土壤要求很严格，否则会造成严重的土壤紧实及草坪草生长不良。紧实度的好坏是评价土壤混合的理想特征的指标之一，要求有良好的土壤渗透与过滤速度，富有弹性的表层，也易于插入高尔夫球座。发球台基础包括沙、土、基肥和土壤改良剂等，必须因地制宜地制定配合比例，做到既符合科学原则，又切实可行有效。

发球台种植层选用的材料没有果岭要求的那样严格。若条件许可，最好能使用果岭种植层混合物，应使发球台草坪的根系分布在 15～30 cm 的深度范围内，因此，种植层铺设厚度一般为 15～30 cm，在安装好排水管的发球台基础上，铺设种植层混合物，铺设时要分层碾压。在发球台不安装地下排水系统的情况下，可直接在发球台基础上铺撒一层 15～20 cm 的中粗砂，然后在其上铺上一层 5～10 cm 厚的球场原表土，再根据具体情况施入一定量的有机土壤改良物质和调节土壤酸碱度的无机土壤改良剂，用机械直接在现场进行充分混合均匀，即可形成发球台的种植层土壤。

与果岭一样，通常发球台的沙以粒径 0.25～0.50 mm 的中目沙为主，占一半左右。若原有土壤质地较黏，可多用粗砂，不用黏土和粉沙。各类沙、土的配合，仅仅改良坪床基础的物理性，另外还需施用基肥及土壤改良剂。

基肥中的氮、磷、钾可按照 12∶5∶14 或者接近这个比例施用，以 80 kg/m^2 的量施入。若土壤中磷元素含量低于 30 mg/kg，每 1 hm^2 表土中应施入过磷酸钙（9%）200 kg；若钾元素含量低于 60 mg/kg，每 1 hm^2 表土中应施入过磷酸钾 100 kg。

在酸性土壤坪床中，若 pH 为 5.5～6.0 或 5.05 以下，可采用施农用石灰把土壤 pH 改良到中性。一般施用标准为，施量100 g/m^{2}可提高土壤pH0.5，土壤酸性较大时，需适量多施农用石灰。

通常市场上销售经过发酵腐熟的消毒鸡粪等被制成颗粒状的有机肥料，可方便运输与施用。这种肥料所含营养成分丰富，能使草坪草健壮生长，减少病害侵染。用作基肥的施用量为1.5 kg/m^2。

将上述基肥及土壤改良剂使用撒播机械均匀地撒在土壤表层，然后用旋耕机从不同方向(即南北向、东西向)尽量使其在原地被翻动，使肥料及改良剂混入0～15 cm的表层土中，同时应注意避免沙的侧向移动，以保持原来设计的表层结构。

9.2.2.5　喷灌设备安装

现代高尔夫球场发球台为保证草坪的良好生长，必须安装灌溉系统。发球台的喷灌系统是由一个至数个电磁阀控制，喷头能覆盖整个发球台，再配以管道、快速接头等组成。灌溉系统的设计要满足特殊发球台形状的要求，最好所有的发球台都安装单独控制的灌溉喷头。喷头一般配置在发球台台面的边缘，斜面安装的喷头因坡度等原因实际喷灌面积比理论值要小得多。每组发球台还应设置一个快速取水器接口，俗称快接头，快接头一般设在职业发球台和男士发球台之间的侧面，用来给整个发球区域补水。

安装喷灌系统时，应按照球场喷灌系统平面布置图，准确确定出发球台的喷头位置和喷灌管线位置，开挖管线，进行安装。管线与喷头的标高要严格控制，以便与球道的喷灌系统能够顺畅连接。发球台的喷灌系统应在草坪种植前安装完毕，如果安装及时，喷灌系统可在种植土壤的沉降中发挥作用。

9.2.2.6　表面细造型

在发球台种植层混合物铺设后，经过一段时间的沉降，便可进行发球台表面细造型工作。通过人工结合机械，将发球台表面细致地整形，使最终的表面形状光滑、变化流畅，无积水现象，并符合设计要求。

发球台表面细造型的目的：①使发球台具有良好的地表排水性能。发球台表面一般坡度较平缓，以1%～2%的坡度为宜。发球台表面排水方向最好比较分散，使雨水向不同方向分流。发球台表面的坡度走向，要避免使雨水汇集到球员进出发球台的通道上和管理车辆行走的路线上。②发球台表面细造型能使发球台具有良好的地表排水系统和使发球台表面充分平整为球员提供良好的站立开球姿势。

9.3　发球台草坪建植

9.3.1　草种选择

9.3.1.1　草种选择原则

发球台草坪需具有平整光滑、紧实、高密度、均匀、有弹性、耐低修剪等特点。其中平整光滑最重要。因此，要选择能满足发球台草坪要求的草种，其草坪草种应具有如下特点：

①具有快速恢复能力　因发球台草坪经常会被球杆损伤，同时受强度践踏。因此，发球台草种应具有匍匐生长的习性和快速恢复的能力。

②能适应较低的修剪高度　发球台草坪草种要求能耐8～20 mm的剪草高度。

③能形成质地致密平坦的草坪坪面　发球台草坪要求为紧实高密度的草坪，因此，要求

发球台草坪草种根系丰富、具有一定弹性，从而可使发球台草坪坪面致密。草坪紧密结实则可保证球员的挥杆稳定性。

④能耐土壤板结和耐践踏能力　发球台的草坪草种应该具有较矮的或匍匐的生长特性，主要是为了能承受低修剪和受损后的快速恢复能力。由于发球台上的践踏较为严重，因此，发球台的草种同时也应具备耐践踏性和恢复能力。

除上述选择原则以外，发球台的草坪草种选择还应尽量注意所选草种，应有较好的抗热、抗寒、抗旱、耐阴、抗病虫害等特性。

9.3.1.2　常用草坪草种和品种

发球台草坪草种选择范围较广，许多草坪草种均适合用作发球台草种，但常用的草坪草种并不太多。如狗牙根广泛用于温暖地区的发球台草种；在冷凉地区，草地早熟禾和匍匐翦股颖是两种最好的发球台草种；草坪过渡地区的发球台草种，常用结缕草或狗牙根。

(1)冷季型草种

根据发球台草坪对草种选择的要求，高尔夫球场可选择匍匐翦股颖、草地早熟禾等冷季型草种来建植发球台草坪。

匍匐翦股颖匍匐茎发达，质地细致，叶片密度高，它在频繁修剪、灌溉良好、施肥及时的高水平管理条件下，如剪草高度为13～18 mm，依靠其匍匐茎的蔓延生长，可形成非常致密、理想的发球台草坪，但要求管理水平较高，需频繁修剪、浇水适宜。最大的缺点是恢复性较差，球杆打击草坪后，容易产生较大的打痕，若修复不及时，容易形成大的秃斑。匍匐翦股颖在中等或较低管理水平下形成的草坪质量较差，不适合用作发球台草种。

适于用作发球台的匍匐翦股颖品种很多，多采用2～3个不同的匍匐翦股颖品种混播形成发球台草坪，以使草坪适应复杂的环境条件，增强草坪的整体抗逆性。如我国天津、青岛、大连等北方海滨城市可采用50% 海滨Ⅱ号（SeaSideⅡ）+50% L93两个匍匐翦股颖品种混播配方建植发球台草坪，其播种量为10 g/m^2。

草地早熟禾生长均一，整齐，外观一致，色泽深绿，密度高，形成的草坪密实，抗击打，耐践踏，损伤后恢复性好。要求的管理水平中等。缺点是种子直播成坪较慢，抗病性较差，夏季尤其易受褐斑病侵害，影响坪观质量。经过改良的草地早熟禾在剪草高度较高的情况下，也可作为很好的发球台草种，在中等管理水平下即可形成较理想的发球台草坪。

适于作发球台的草地早熟禾品种很多，有时也可采用3～4个不同的草地早熟禾品种混播形成发球台草坪。美国北部大都采用草地早熟禾、加拿大早熟禾、紫羊茅及高羊茅等混合播种。一年生早熟禾尽管不是过去人们常用的发球台草种，但随着时间的变化，尤其在遮阴和北方寒冷地区的条件下，它逐步在发球台上占据主导地位，但其缺点是不能抵抗高温。

此外，多年生黑麦草和紫羊茅等也常作为混播组合成分应用于发球台草坪。其中，多年生黑麦草大多作为混播组合的先锋草种应用；紫羊茅耐阴性强，质地细致，生长低矮，要求管理水平不高，在我国西北、东北及云贵高原的部分地区发球台草坪应用较广泛。

在我国潮湿冷凉的沿海地区和美国海边地区有时也会用细弱翦股颖作为发球台草种。在美国中西部降水量较少地区，则采用野牛草和扁穗冰草作为发球台草种，这是由于它们具有较强的抗旱能力，适应性很强的缘故。

(2)暖季型草种

在过渡地带选择发球台草种，除要具备发球台草坪应具备的特点外，还要注意草种的耐寒性。南方温暖地带应用最多的发球台草种是杂交狗牙根，其次为结缕草。

杂交狗牙根为C_4植物，喜光，耐阴性差，抗寒能力较好，因是浅根系，所以遇到夏天较长时间的干旱时，容易出现匍匐茎嫩尖成片枯黄的现象。杂交狗牙根耐践踏，喜排水良好的肥沃土壤。在轻度盐碱地上也能生长，该草侵占力极强，在良好的条件下常侵入其他草坪。当土壤温度低于10℃狗牙根开始褪色，并且直到春天高于这个温度时才逐渐恢复。喜高湿环境，但不耐浸水。因此，杂交狗牙根常用作南方温暖地带的发球台草种。

发球台常用的狗牙根品种是杂交狗牙根品种 Tifway、Midway、Santa Ana 等。其中 Tifway 是比较理想的发球台草坪草品种。此外，近年来育成的 TifSport、TifGrand 等新品种开始广泛使用。

结缕草耐旱，耐践踏，抗病虫害能力强，管理粗放，形成的草坪致密。但草坪色泽不理想，绿期较短，由于根茎和匍匐茎生长速度慢，对打痕的恢复能力较差。尤其是出苗慢，成坪慢，苗期极易被杂草侵入。在对发球台草坪质量要求不太高、管理水平较低的情况下，有时也用结缕草建植发球台草坪。因此，在发球台使用强度不大的情况下，也可以选择结缕草作为发球台草种。在发球台有遮阴的条件下，结缕草的表现要比狗牙根好。但结缕草由于根茎和匍匐茎生长速度慢，对打痕的恢复能力较差。

此外，美国南部还采用狗牙根改良品种、沟叶结缕草、假俭草等作为发球台草种，其中以狗牙根改良品种的应用较多。近年来育成的一些海滨雀稗品种，如 Salam、Supreme、Platinum、SeaIsle2000 也开始用于发球台。

(3)冷季型与暖季型草种盖播

在南方冬季高尔夫打球较多的地方，发球台需要盖播，但不像果岭那样精细。多年生黑麦草常常是冬季盖播的冷季型草种。冬季盖播的冷季型草种与果岭盖播一样，除单播外还可以混播。混播一般也由以下2~4种冷季型草种组成：多年生黑麦草、紫羊茅、粗茎早熟禾、匍匐翦股颖、一年生黑麦草以及一些生长缓慢的草地早熟禾。

9.3.2　草坪建植

在发球台的坪床建造细造型完成后，应使种植层土壤有充分的时间进行沉降，以免发生不均匀的地表陷降现象，而后再进行发球台的草坪建植工作。发球台的草坪建植工作包括坪床准备和草坪种植等项工作。

9.3.2.1　坪床准备

发球台的坪床准备包括施基肥及土壤改良剂、坪床土壤消毒和坪床细平整等工作。

(1)施基肥及土壤改良剂

发球台坪床准备前，应对坪床土壤理化性质、营养成分含量和土壤酸碱度等进行测定，为施基肥和土壤改良提供理论依据。

施基肥是发球台坪床准备的重要工作。应根据草坪草生长的要求和发球台坪床土壤营养成分测定结果，在坪床中施入适量的氮、磷、钾复合基肥，一般基肥以低氮、高磷、高钾为好。其中，磷肥有助于草坪草根系的生长发育；钾肥有利于提高草坪草的抗逆性；氮肥则主要促进草坪地上部分的生长发育。一般来说，复合肥的施入量为50~80 g/m^2，氮、磷、钾三元素的比例为4∶5∶5，还可根据土壤营养成分测定结果作进一步调整。除了复合肥，有机肥料如膨化鸡粪、厩肥和堆肥等都可以用作发球台基肥施入。这些有机肥料属长效缓释肥料，能够为草坪后期生长发育持续提供营养，其施肥量根据坪床土壤营养成分测定结果而定，一般为1～2 kg/m^2，基肥施入深度不能超过15 cm，可将复合肥或有机肥施入到坪床表面，而后用机械混拌均匀。否则会造成因肥料不均匀而使草坪生长不一致，甚至对幼苗造成灼烧伤害，为草坪养护管理带来不必要的麻烦。

有些草坪草能够适应较高的土壤pH，然而大多数草坪草最适宜的pH6.0～7.0是中性到弱酸性，在此pH范围内，草坪草生长最佳。根据坪床土壤测定结果，如果土壤偏酸或偏碱，就需要进行土壤改良。对于偏酸的土壤，改良方法为在土壤中施入一定量的石灰，石灰要充分混拌于20 cm土层内。对于偏碱的土壤，除了在草种选择上应考虑耐碱性强的草籽外，还应在坪床中施入酸性物质，如泥炭土、有机质和充分腐熟的农家肥等。此外，还可以施入硫黄粉或硫酸亚铁等酸性化合物来改良土壤的碱性。

如果发球台坪床采用球场原表土，为了保证土壤有良好的团粒结构，提高土壤通透性和保水保肥能力，在坪床制备中往往加入一定量的泥炭土，以便为其草坪草的生长创造良好的条件。

(2)坪床土壤消毒

如果需要，可对发球台坪床进行消毒工作，以杀灭杂草种子和营养繁殖体、病原体和虫卵等。最常用的消毒剂是福尔马林、五氯硝基苯、氯化苦等。操作方法为：将药剂均匀注入干燥的土壤中，待药液渗入后，用湿草帘或塑料薄膜进行覆盖，以防止药液挥发。5～7 d后可除去覆盖物，并翻耕土壤，促使药液挥发，经过7～10 d待没有气味时，再进行坪床的细平整工作。

(3)坪床细平整

发球台坪床细平整时，首先要清除坪床内的石块、树根等杂物，然后利用人工结合机械进行细平整。造型时不得破坏发球台的形状，同时应确保发球台表面排水良好和有利于球员站立开球。要保证坪床表面具有0.5%～2%的排水坡度，发球台周边边坡的朝向应根据地形而定，一般倾斜方向应该是前高后低，排水应沿多个线路进行，但要避免排水流向球员进出发球台及球车通过的区域。对于台阶式的发球台，其排水坡度最好朝向右后方或左后方，以免雨水汇集在台阶基部。最后，用人工或机械将表面处理平整、光滑，并压实等待植草。在坪床的细平整中，可使用一些电子测量设备或水平尺等来检测坪床的平滑程度，以期获得一个理想的符合设计要求的发球台表面。

9.3.2.2 草坪种植

发球台草坪的种植方式有种子直播和营养体繁殖两种方式。冷季型草坪草及日本结缕草和普通狗牙根等暖季型草坪草多采用种子繁殖，而对于部分只能靠营养繁殖体的暖季型草坪草，可采用播茎和直接铺装草皮等方法进行建植。

(1)种子直播

发球台采用种子直播建坪时，最好在播种前一天将坪床浇透水，目的使播种时坪床土层半干半湿，但地表无积水。此时用耙子拉松表土，在土层湿润时将种子播下，可以提高发芽率和出苗率。

冷季型草坪草播种时间以春季或秋季为宜；暖季型草坪草则应在初夏气温较高时播种。不同草种因种子粒径不同，发芽率有所差别，其播种量也有所不同，发球台草坪草种的播种量参见表9-1。

表 9-1　发球台草坪草种的播种量

草坪草种	播种量(g/m^2)	草坪草种	播种量(g/m^2)
草地早熟禾	12~15	紫羊茅	12~15
匍匐翦股颖	5~8	结缕草	20~25

如采用混播方法建植草坪时，不同草种或品种的播种量应根据其在混播组合中所占的比例来确定。

播种第一步，按照每个发球台的面积和种子的播种量，将种子分好。如为混播建坪，可根据混合比例在播种前将种子混合均匀，但如果种子粒径或千粒重差异较大，则不同草种应分别播种。

播种第二步，采用不同方式进行播种作业。发球台面积有限，一般采用手推式播种机进行播种，面积较小的还可采用手持式小型播种机。由于发球台与周围所播的草种不同，因此播种时要特别小心，防止操作不慎将发球台草坪的草种子播到外围区域而成为杂草，造成草坪品质下降。为防止出现种子飞出发球台外的现象，播种前应对播种人员进行培训，使其熟悉播种机的操作，播种时应选择无风天气，并在待播区外围竖上挡板，或者在发球台最外侧1~1.5 m处采用下落式播种机播种，内侧则可以使用旋转式播种机播种，这样就可以有效地防止种子飞出待播区域。为了保证播种均匀，应适当调整种子下落量，以便至少在垂直方向上将种子播两遍。播种时，应尽量减少闲杂人员在发球台上的走动，以免留下过多的脚印。

播种第三步，播种作业完成后，人工用耙子将坪床土壤轻轻地耙一遍，使种子与土壤混合，或者用与坪床土壤相同的材料覆盖种子，厚度控制在0.5~1.0 cm之间。然后用重300~500 kg的压磙进行滚压，以确保种子与坪床土壤的紧密结合。可根据实际情况用农作物秸秆、草帘或者无纺布覆盖坪床，以便为种子萌发提供良好的生长环境，促使种子萌发更快、更整齐，同时也可防止由于水冲而造成出苗不匀的现象。

(2)营养体种植

有些暖季型草坪草需要采用营养体种植建坪，可通过撒播茎枝或直铺草皮的方法来建植草坪。

①撒播茎枝　撒播茎枝时，可先将茎枝切成2~5 cm长的短茎，每个短茎上至少有2个节，将切好的短茎人工均匀地撒在坪床上，用重300~500 kg的压磙对坪床进行滚压，然后用与坪床土壤相似的材料进行覆盖，厚度为2~5 mm，然后再次用压磙进行滚压，使茎枝与坪床土壤充分接触，以利生根，同时可使坪床表面平整。最后喷水并保持坪床土壤湿润，进入养护管理阶段。

此方法适用于匍匐茎发达的匍匐翦股颖、狗牙根等草坪草种营养体种植建坪。在撒播过程中，为减少人员走动在发球台上留下过多的脚印，可在操作区内铺几条木板或纤维板，供人员来回行走。

由于匍匐茎或者切碎的根茎重量轻，撒播后覆土比较困难，可在撒播茎枝后用菱形尼龙网压住茎枝，在尼龙网上覆土0.5~1.0 cm，然后轻轻抖动尼龙网，将尼龙网取出，这样就可以将重量轻、弹性大的茎枝很好地植入坪床中，随后进行必要的滚压和浇水即可。

需要注意的是，撒播所用的茎枝段要保证新鲜、有活力，所有茎枝在采割后的2 d内应全部撒播完毕，贮放时要注意保持适宜的温度、湿度和通风条件，堆放发热变黄和失水变干的枝条不得用于撒播，否则极易造成建坪失败。

②直铺草皮　发球台草坪需要重建并且必须尽快投入使用时，大多采用草皮直铺法。该方法成坪迅速，即铺即绿，养护管理也较为简便，但费用较高。铺植的草皮应没有杂草，所用的草种或品种应符合发球台草坪的要求。此外，待铺草皮的根层土壤与发球台种植土壤要一致或相类似，草皮下带土厚度不应超过 1.5 cm。铺植前一天，坪床应浇透水，铺植时，草皮块应进行交错放置，或进行方格式铺植，搬运草皮及进行铺植操作时动作要轻，尽量避免撕裂或拉伸草皮，草皮边缘应完全衔接，但不重叠。草皮铺植完毕后，在某些草皮块之间有缝隙的地方要撒土找平，保证坪床床面光滑平整，所用的土应与坪床土壤一致。然后用压磙对草皮进行滚压，使草皮与坪床土壤紧密结合，尽快生根。草皮直铺后还应及时喷灌，保持坪床湿润直至一周后新根长出，草坪投入使用。

9.4 发球台草坪养护

高尔夫球场发球台草坪的养护管理措施的基本原理和应用技术的具体操作与果岭基本类似，本节主要介绍与果岭有明显差异的技术环节。

9.4.1 修剪

发球台草坪适宜留茬高度要求草坪草叶片不妨碍球杆击球时，球杆杆面与球的接触，球能被顺利击出，并保证球员具有稳固的站立开球姿势。

一般而言，发球台草坪的留茬高度约 0.8~2.5 cm，介于果岭草坪和球道草坪之间。草地早熟禾、多年生黑麦草、普通狗牙根草坪的留茬高度保持在 2 cm 左右较理想；而匍匐翦股颖、结缕草及杂交狗牙根可适于更低的修剪，留茬高度为 1.3 cm 或更低。

发球台草坪修剪频率较果岭小，生长季节可每 2~3 d 修剪一次。但施入氮肥后需适当增加修剪频率。

发球台常用三联(6~8 刀)滚刀剪草机修剪。发球台剪草前，应检查是否有石块、球员遗留下的球座及其他杂物，并及时清除，以免损伤剪草机刀片。对于因打球所致的打痕也要在修剪前覆沙或修复。修剪通常采用相互垂直的两个方向进行，尽量减少草坪纹理的形成以及发球台的局部践踏。

9.4.2 施肥

发球台草坪的施肥原理与果岭草坪有所不同。发球台由于挥杆造成的草坪损伤较严重，这就要求草坪的恢复能力要很强。因此，需要施入较果岭更大的氮肥量，以促进植株生长和分蘖并维持草坪的色泽、密度和恢复能力，确保发球台草坪的质量。

同一球场的不同发球台即使种植层土壤及灌溉措施相同，但每个发球台的氮肥施入量也可能会不同，发球台施肥量需要考虑草种、草皮受损的程度及其他养护措施等。匍匐翦股颖、草地早熟禾、多年生黑麦草和结缕草发球台草坪，每年需氮量约 15~30 g/m^2；狗牙根草坪发球台所需氮肥量较大，每年需施氮约 25~50 g/m^2。对于击球损伤较重的三杆洞、第

1洞和第10洞发球台草坪，氮肥施入量较多，往往是受损较小的发球台的2倍，其目的主要是促进受损草坪的快速恢复；而面积较大、利用强度较小的发球台，则不需要过多的氮肥，过量的施肥反而会引起枯草层的滋生。

氮肥施入的间隔时间一般为15～30 d，间隔时间也取决于氮肥的释放速度及种植层土壤的保肥能力。如果施用的是缓效氮肥，则应适当延长施肥间隔。总体而言，发球台氮肥种类的选择、氮肥施入的时间及施肥方法等与果岭基本相似。实践证明，匍匐翦股颖、草地早熟禾、多年生黑麦草、结缕草及一年生早熟禾发球台的施肥间隔时间与施肥量，以每隔15～30 d施氮1.25～3.75 g/m^{2}为宜；狗牙根草坪发球台每隔15～30天施氮2.5～6 g/m^{2}是有效的。以上氮肥施入量的上限，主要用于那些沙质、淋溶流失严重或剪草时草屑移出以及草皮受损严重、光照非常充足的发球台。

发球台草坪磷、钾、铁、硫及其他营养元素的施入计划和时间安排也与果岭的基本一致。钾肥对于提高草坪的耐践踏性非常重要。施用量需根据土壤化验结果和植物缺素情况适时施入，因此，发球台的土壤化验一般每年进行一次。此外，土壤酸碱度调整可根据土壤化验结果，于每年春季或秋季施入农用石灰石或硫酸盐，具体施用量和施用方法与果岭相似。

9.4.3　灌溉

发球台灌溉的基本原则及操作与果岭的基本一样，但总体上发球台的水分要求比果岭略为干燥一些。坚实的发球台对于保证击球的稳定性是有利的，也能避免潮湿而导致的严重践踏与土壤板结。此外，发球台草坪的留茬高度高于果岭，其草坪根系更深、更发达，能够忍耐相对较强的干旱，可在较少的喷灌量下保持旺盛生长，也减少了炎热夏季对草坪进行喷淋降温的工作。总之，发球台的灌溉多采用频率较少的深层灌溉。

9.4.4　覆沙与滚压

覆沙与滚压也是发球台草坪常用的养护管理措施。覆沙有利于发球台表面平坦，保证击球的平稳，并能有效防治枯草层，促进打痕的快速修复。有些球场将覆沙与施肥计划结合起来，提高施肥效果，促进草坪草生长。

发球台因草坪草留茬度高，其覆沙量一般比果岭大，每100 m^{2}每次覆沙量可达到0.21～0.41 m^3。发球台覆沙一般于生长季进行，每年至少进行一次覆沙。损伤严重的三杆洞发球台和践踏强度大、打痕破坏严重的发球台，每年可进行3～5次的覆沙。覆沙所用的沙子要与发球台建造时使用的沙子一致。

此外，发球台在打孔、疏草后也需要辅助覆沙。打孔后覆厚沙(至少填满孔隙)，而梳草后则覆薄沙，覆沙原理与方法大致与果岭相似。

发球台滚压，可参考果岭滚压方法于生长季节每10 d或更长时间间隔进行一次，目的是保持发球台表面草坪的致密和坪床的紧实。

9.4.5　有害生物防治

发球台也面临着与果岭类似的草坪病害、虫害、杂草危害等有害生物问题。发球台草坪由于低修剪，杂草发生一般较轻，但是发球台因击球可产生大量的打痕，为杂草滋生提供了生存空间。另外，三杆洞发球台产生的深的打痕也会破坏苗前除草剂的保护而产生杂草。发球台杂草多以一年生杂草为主，如马唐、一年生早熟禾、雀舌草、牛筋草和雀稗等。其防除措施除手工拔除或使用必要的除草剂外，在草坪养护管理中可适当追施氮肥，或通过补植草皮块的方法帮助修复打痕，抑制杂草的生长。对于气候潮湿或环境阴湿情况下滋生的苔藓，也可用划破草皮、调节土壤 pH 以及重施氮肥与覆沙相结合的方法进行防控。

发球台草坪最为严重的是病害问题。其病害的发生与草坪草长势、管理水平及环境气候因素有关。连续的践踏与击球会使草坪草长势变弱而感染病害；较高的氮肥施入也会提高褐斑病和腐霉病的发病率。当然，发球台为保持干燥的击球表面而采用的较少的喷灌措施有助于抑制病害的发生。然而，一些较为严重的病害如腐霉病、褐斑病、币斑病、镰刀菌病、春季死斑病和仙环病等也会在发球台草坪呈阶段性的发生，需定期喷洒杀菌剂进行预防与控制。国外生产的一种四元混合剂含百菌清(Chlorostar 或 Daconil – Ultrex) + 乙烯菌核利(Curalan) + 统扑净(SysTec 或 3336) + 丙环唑(Banner®)对于防治匍匐翦股颖草坪病害效果很好，混合剂中的生长调节剂能促进草坪草的生长，作为其组成成分之一的统扑净还能抑制地下害虫的活动。

发球台草坪虫害的发生也与管理质量和气候有关。发球台草坪一些较为常见的虫害有蛴螬、地老虎及黏虫等，一旦发现有可能造成严重虫害的症状，需采用适当杀虫剂有针对性地进行防控。

9.4.6 损伤修复

发球台草坪区域集中的频繁击球，导致发球台草坪出现大量的打痕损伤(图 9-9)，这在三杆洞、第 1 洞和第 10 洞的发球台以及练习发球台尤其突出。因此，打痕修复是发球台的日常管理工作之一。修补打痕的基本方法有两个：一个是用沙与种子的混合物填充打痕区域；另一个是在打痕上铺植草皮。这两种方法的使用主要根据发球台的使用频率和打痕的多少来决定和交替进行。用沙与种子混合修复打痕，沙与种子的比例一般为 9∶1，沙子最好与发球台建造时所用的沙子一致，种子的组成也应与原有草种一致。用铺植草皮方法修补打痕时，应及时将草皮放置到损伤的打痕处，并立即浇水，促使打痕尽快恢复。若发球台草坪打痕极其严重，就需要考虑重新铺植草皮来替换已经损坏的草坪。

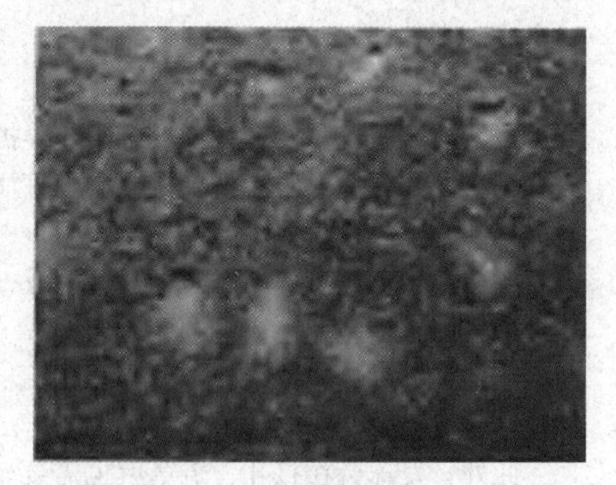

图 9-9 发球台草坪上的打痕

9.4.7 更新作业

土壤板结与枯草层防控是发球台更新作业的重要内容。由于发球台面积较小，践踏集中，特别是当发球台种植层土壤没有进行改良或改良不当时，其土壤板结情况往往比果岭更严重。而日常的水、肥管理，草屑的去留等都会影响枯草层的积累，其中过量的氮肥施入是发球台枯草层积累的主要原因。

不同发球台枯草层控制有所不同。对于三杆洞的发球台及使用强度较大的发球台，很少有枯草层积累的问题；而那些使用强度中等、面积大又大量施入氮肥的发球台则需经常进行枯草层的控制。可采用垂直切割、打孔、覆沙等措施控制枯草层的积累。一般认为，与垂直切割相比，覆沙对防除枯草层更彻底，但花费更高。生产实践中，有时也将这些措施组合起来采用，如打孔后进行垂直切割并覆沙，枯草层控制效果很好。

发球台土壤板结主要出现在那些面积小、践踏严重、种植层土壤为黏土的发球台，可在生长季每 4~6 周进行一次打孔或划破草皮。而对于面积较大、使用强度又较小的发球台，可不必进行改善土壤板结性的措施。大多数发球台每年可于春季和秋季进行 2 次以上的打孔或划破草皮。打孔的深度一般为 2 cm 左右，为改善严重板结的黏土，打孔深度可达 25~30 cm。打孔后的土芯要被打碎后再拖平到发球台草坪上，但在发球台种植层土壤质地较差时，需将土芯清除，用覆沙材料填充留下的孔眼。至于液压打孔、人工刺穿(实心打孔)等措施，在发球台的管理中采用较少。其他关于改善土壤板结的方法，可参看果岭相关章节。

9.4.8　冬季盖播

发球台草坪的冬季盖播不如果岭普遍，一般在过渡带一些高预算高养护的高尔夫球场进行，其发球台多为狗牙根或结缕草等暖季型草坪草建植而成。盖播前要消除枯草层，多年生黑麦草为最常用的盖播草种，播种量一般为 40~50 g/m^2。盖播方法与果岭相似，播种后一般不用覆沙覆盖种子。盖播后幼坪的管理，与果岭冬季盖播草坪的养护管理措施相同，但需注意经常变换发球台开球标志的位置，以减低损伤和避免草坪稀疏。

9.4.9　附属管理

9.4.9.1　发球台标志物管理

发球台标志物主要包括开球标志与距离标志(图 9-10)。开球标志是两个可以移动、限定发球区域的标志物，是每个发球台最基本的特征。开球标志一般有 4 种颜色，即红色、白色、蓝色和金色或黑色，对应的发球台类型为红梯、白梯、蓝梯和金梯或黑梯，指示着不同的球道距离。开球标志一般放置在发球台左右两侧的边线上，两个标志物间的距离为 5~7 码(4.6~6.4 m)。两个标志物的连线称为开球线，球员站在线后开球，左右两侧不能越过标志物。由于开球标志物的出现，使得球洞的长度能以码数确定下来。一般在发球台一侧的中间位置埋设一个永久距离标志，表明球洞从该发球台中心沿着球道中心线到果岭中心的距离，作为该球洞的标准长度。

此外，发球台上通常还设有球道标志牌、盛沙器、洗球器、休息凳、擦鞋器、垃圾桶等一些附属设施。其中，球道标志牌是一个石制、木制或其他材料做成的牌子，上面刻有该球洞的序号、球洞长度、球洞杆数、球洞在整个球场中难度序号以及障碍物分布等。有的球场还将球洞的平面图案刻在球道标志牌上，以便球员选择球杆和决定击球路线等。而发球台旁的盛沙器，内装过筛的与发球台坪床种植层土壤类似的沙子，供球员击球后修复打痕覆沙所需。

发球台上，更换开球标志会改变打球的战略性和球道的难度，增加打球的趣味性和刺激性。尤其重要的是，更换开球标志可使草坪管理者控制球员的分流和打痕的分布，避免某一

(a) 开球标志

(b) 距离标志

(c) 发球台旁的洞牌

图 9-10　发球台标志物与洞牌示意

分区草坪过分损伤，为损伤的草坪赢得恢复的时间，有利于草坪的再生与恢复。开球标志的更换频率主要取决于发球台的使用强度和草坪受损程度。因三杆洞和第 1 洞、第 10 洞的发球台受损伤较重，其开球标志变动的频率也较大，有时每天变动一次。对那些宽大的发球台，开球标志可分别在发球台左、右两个部分的前、中、后移动，也可在左、右两部分之间进行轮换，这样可使草坪有更长的休养生息的时间，利于草坪的恢复。

放置开球标志与否需要根据下列条件确定：即将放置开球标志物处的草坪已从先前的损伤中完全恢复，生长良好，无打痕；开球标志物之后两球杆距离内的草坪应平整、坚实，能为球员提供一个稳定、平衡的站立开球姿势；前面发球台的开球标志不宜放在后面发球台开球标志物之间球的飞行线上，表面坚硬、平整的开球标志也不要面向球员放置，以保证打球安全。此外，开球标志变动还应与果岭上球洞的变动相互结合、协调，以保证球场的总长度相对固定；同时，整个球场所有球洞发球台的开球标志需统一规划，以便轮换。

9.4.9.2　发球台周区管理

发球台周区是指位于发球台下方、紧邻发球台台面的周围草坪区域。该区域种植的草坪草种及管理措施基本上和初级高草区一样，但由于该区接受的喷灌多于初级高草区，其修剪频率高于初级高草区而与发球台接近；发球台周区草坪留茬高度也比发球台草坪稍高。当发球台周区坡度较大时，可选用手扶式旋转剪草机或手提式打草机进行修剪；若坡度较小，可选用三联式剪草机修剪。

发球台周区存在的问题主要有土壤的板结与树木的遮阴。由于发球台周区是球员经常进出发球台的通道区域，践踏较为严重，因此需要加强氮肥施入和打孔、划破草皮等更新作业，以利改善土壤板结状况，促进草坪恢复，保证其正常生长。发球台周区的树木，虽然在夏季炎热的天气可为球员打球提供一个较舒适的环境，但离发球台太近的树木也会引发草坪一系列问题。发球台周区遮阴严重时，草坪通常密度稀疏，生长不良，耐践踏性差，草坪恢复能力差，易于感病。其解决办法是在发球台和发球台周区种植耐阴性强的草坪草种或品种，日常管理中适当提高草坪留茬高度，少施氮肥，保持适宜的灌溉，并加强病虫害防控。此外，为改善草坪生长环境，可移除部分遮阴严重和妨碍通风的树木，修剪树木低矮密集的枝条，并及时清除落叶；同时，还可用挖沟切根法切断进入发球台下部的树根，减少其与草坪草争夺养分与水分。

9.4.9.3　练习发球台管理

练习发球台草坪是挥杆练习场的组成部分，是供球员练习挥杆的场所，但并非每个球场必需，有的球场仅有硬地打席台，而无草坪打席台。练习发球台草坪一般设在挥杆练习场的硬地打席台前方，长方形或月牙形，造型高于练习场。其面积根据球场打球人数而定，一般2 000~7 000 m^2不等，每隔3 m放置一组清晰可见的大型开球标志，具有多个打位，可同时满足多人练习需要。

练习发球台草坪的建植和管理原理与发球台基本相同，但其使用强度要高于球场中的发球台，因此，练习发球台的维护水平要求更高，主要表现为以下3点。

(1)开球标志的移动

练习发球台草坪践踏强度和使用强度很大，必须定期更换开球标志，有时更换频率高达每天1次，以保证受伤草坪尽快恢复和打痕及时修复。

(2)草坪更新

练习发球台草坪的更新一般有部分更新和全部更新两种方法。

部分更新就是每次变换开球标志时，将种子与沙混合撒播在暂不使用、进行休闲恢复的练习发球台上，使其恢复更新。所用的草种种子与练习发球台原有草种一致，若打痕特别严重，也可在草种中混合一些成坪速度快、耐践踏性较强的多年生黑麦草品种。

全部更新可用灭生性除草剂杀灭原有草坪草，再进行播种的方法。也可不杀灭而直接在原有草坪上覆沙、打孔与播种，实现草坪更新。如打痕严重，播种后还需要进行大量的覆沙，覆沙厚度2~5 mm。覆沙材料应与草坪种植层土壤相同。播种完成后，进行适当的喷灌及幼坪培育等工作。土壤表层在2~3周内保持湿润以保证快速、成功地建坪。

在草坪更新中，有些球场在覆沙修复打痕时，在覆沙材料中混入草种。为使发球台表面迅速覆盖成坪，草种多选用生长速度快的多年生黑麦草，对那些发芽较慢的种子可催芽处理以加快其成坪。

(3)草坪施肥

练习发球台草坪践踏和破坏严重，需更高的氮肥施入。一般练习发球台草坪在生长季，每月需氮量为5 g/m^2，同时还要施入其他所需的营养元素。

9.4.9.4　发球台备草区管理

如前所述，发球台草坪往往使用强度较大而面积有限，致使草坪受损严重，而发球台草坪草种与果岭和球道又有所不同，因此有必要建立发球台备草区，及时更换受损草坪，保证发球台草坪的质量，还可避免发球台的重建。

球场中设置发球台备草区的主要目的，首先是用于修补击球后产生的打痕、草坪的部分更新，以及遮阴、汽油、农药和病虫害等引起的发球台秃斑区域的补植；其次是用作新型农药、肥料以及一些管理措施引入球道中发球台前的试验场所。

为便于管理，发球台备草区一般设在草坪管理部附近，与果岭备用草坪、球道备用草坪设在一起。如球道草种与发球台草种相同时，二者可共用同一备草区。一个18洞的高尔夫球场一般需要建立1 000~2 500 m^2的发球台备草区。

发球台备草区的坪床准备、草坪建植及幼坪养护措施与发球台草坪基本相同，备草区种植层土壤、选用的草坪草种也与发球台草坪基本一样。但考虑到备草区每年要生产1~2茬草皮，而每一茬草皮都会带走部分土壤，因此，备草区的坪床厚度一般比球场中发球台更大。

发球台备草区养护管理水平与发球台草坪一样，只是氮肥用量要保持较低的水平，因为备草区没有强度践踏，也不会出现打痕，而高的水肥条件会增加枯草层的积累，从而增加垂直切割与覆沙作业。

草皮移出后，若气候条件适宜，备草区应立即播种繁殖，以便再次为发球台及时提供草皮，也能防止裸露土壤的杂草入侵。

本章小结

发球台是高尔夫球场每个球洞不可缺少的重要组成部分。通过本章的学习，要了解发球台的形状多样、其位置朝向可依据不同球道类型和打球战略确定，其大小取决于球场的利用强度，也会考虑经济的因素；掌握发球台草坪质量要求高，草种选择需满足耐低修剪、草坪密度高、恢复生长能力强的特点，坪床建造需要考虑种植层不易板结、排水良好并有适宜弹性。需要注意的是，发球台草坪的建植与养护管理原理和果岭类似，但也有独特之处。基于发球台面积局限、使用强度大、践踏严重的特点，需注意其水肥管理与更新作业，确保其尽快恢复生长。此外，发球台标志物的更换对于提供良好的草坪质量也极为重要。

思考题

1. 简述发球台的结构和种类。
2. 发球台的质量要求有哪些？
3. 发球台的坪床结构有哪些类型？与果岭坪床结构有何区别？
4. 发球台的建造内容有哪些？
5. 发球台表面造型与果岭造型有什么不同？
6. 发球台的草坪草应具备哪些特征？哪些草坪草适用于发球台？
7. 发球台草坪养护管理措施主要包括哪些内容？与果岭草坪养护管理有哪些不同之处？
8. 如何修复发球台上的打痕？
9. 发球台经多年使用后会出现什么问题？如何解决？
10. 发球台的开球标志为什么要移动？其依据是什么？

第10章 高尔夫球场球道

球道(fairway)是指连接发球台与果岭之间，较为开阔、平坦的草坪区域。从高尔夫比赛的角度来说，球道是从发球台打到果岭的最佳击球路线。球道草坪修剪较低，而且均匀致密，有利于球员击球。由于球道是高尔夫球场打球的主要通道，面积较大，并且与果岭、发球台、障碍区等区域都相连，因此，球道作为高尔夫球场的主要区域可以体现出整个球场的风格。每个球道不仅应与高尔夫球场整体相协调，而且还应具有各自的特色。球道的走向、宽窄、起伏、坡度，可以使整个球道富有变化，从而增加高尔夫运动的挑战性和乐趣。理想的高尔夫球道应既具有挑战性又可合理打球。

10.1 球道概述

球道是高尔夫球场主要的打球区域，但它并不是每个球洞必不可少的一部分，如有些3杆洞常常设计有很大的果岭裙而没有球道。球道一般为不规则的狭长形，也有向左弯曲、向右弯曲(即狗腿球洞)或扭曲形。

球道宽度随地形的变化而变化，一般在20~60 m之间，比较普遍的是40~45 m。通过变化球道宽度，可以创造不同难度的落球区，调整打球的难度，丰富打球的策略性和趣味性。球道长度因每个洞杆数的不同而不同，一个标准18洞球场球道总长度为6 000~6 500 m。球道面积取决于球道的长度、宽度以及球道前缘距离发球台的远近，一般一个标准18洞球场球道的总面积为10~20 hm^2，约占球场总面积的18%。

球道中一般都设有落球区，它是球道中最重要的一个区域，是设计师为球员设计的、假定的较理想的落球和击球区域，是到达一个球洞最终目标果岭的中间攻击目标。标准杆为4杆的球道，通常有1个落球区；标准杆为5杆的球道有2个落球区(策略性球道可设计多个落球区)；3杆洞可以不设中途的落球区。落球区一般是球道中最宽阔的区域，此处球道的宽度通常在36 m以上，较为平坦，有利于球员击球和攻击下一个目标。同时，在落球区附近设计有水域、沙坑、树丛、草坑等障碍物，以增加打球难度，增强打球的刺激性。

落球区作为一个球道策略的重要组成部分，其所处的位置、大小及其周边的地形和障碍直接影响打球的难度和球道的策略性。落球区面积大小一般与击球距离有关，击球距离越大，落球区的长度和宽度也越大。据美国高尔夫协会对多年打球数据统计，对于一个标准杆球员，击球距离从64 m增加到229 m，落球区的长度和宽度也分别在12~19 m和8~37 m之间逐渐增大。

一般而言，球道除了大面积草坪区域外，还有海、湖、塘、河流、水池等水域障碍延伸至球道，甚至切断球道，以及位于球道上的草坑、草丘、沙坑、树木等其他障碍，它们与球道周边的长草区一起构成球道打球策略。

10.1.1 球道类型

在高尔夫运动的发展过程中，基于高尔夫的运动功能、美学和实用性考虑，逐渐形成了4种不同的球道类型，即罚杆型球道、策略型球道、冒险型球道和轻松型球道。

10.1.1.1 罚杆型球道

罚杆型球道是一种比较古老、过时的球道形式，在原始苏格兰球场中比较常见，它一般只有一条打球线路，在这条线路上布满了障碍，球员只有一个选择，即必须准确将球打在设计师规定的落球区才是安全的，一旦击球失误，落入设计师设定的障碍中，就会受到罚杆。

图10-1是一个典型的罚杆型球道，唯一的击球线路上水域障碍横穿球道，球员必须击球过水面才能上果岭，到达安全区域，别无其他选择，如果击球落入设计师设定的水域障碍中就会罚1杆。

罚杆型球道的特点是没有鼓励球员去思考、去冒险，选择适合自己的线路，而是被动地遵循设计师规定的打球路线。

罚杆型球道设计中，球道或许有一些随地形修剪的样式，剪得很窄(27～32 m)，果岭可能会很小、呈圆形。

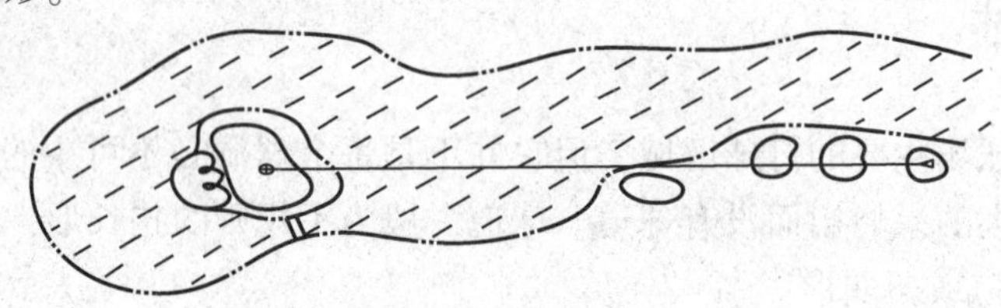

图10-1 罚杆型球道

(引自梁树友，2009)

10.1.1.2 策略型球道

策略型球道是在一条球道上有多条击球线路供不同水平的球员选择，每条击球线路设置难度不同的障碍，奖惩比例相对应，球员站在发球台上观察球道后，根据自身的能力和当时的状态与天气条件等因素，选择适合自己的打球线路。

策略型球道最大的特点是打球线路多种选择性和奖励与罚杆成比例的平衡性，让每位球员都能最大限度地发挥自身优势，从而满足不同水平球员的需要。它是对各种水平球员最公平的一种球道形式，也是现代高尔夫球场设计的主导形式。

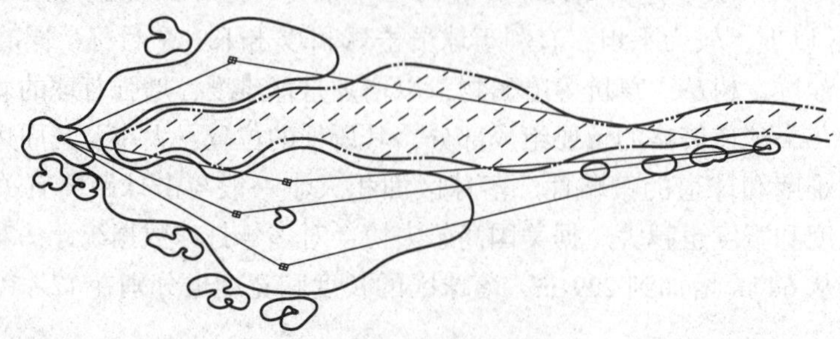

图10-2 策略型球道

(引自梁树友，2009)

如图 10-2 是一个策略型球道，有若干条击球线路供球员选择，或左或右，或前或后，但每条击球线路都有相应的奖惩比例，球员可根据自身特点和状态及天气条件等因素，选择适宜的打球线路。

10.1.1.3　冒险型球道

冒险型球道是策略型球道和罚杆型球道的一种折中球道类型。它的特点是只要有冒险就会有奖赏，同时也就有风险，冒险程度与奖赏和风险成正比。另外，冒险型球道中也有策略型的成分，即也有多条击球线路供球员选择，但其中有一条线路较其他线路冒险性大，冒险成功奖励很大，冒险失败罚杆性也很大，体现了高尔夫球运动的挑战精神。

冒险型球道在某种程度上夸大了高水平球员和大力球员与一般水平球员和弱力球员间的差距，使前者更加收益，对后者显得不太公平。

图 10-3 是一个冒险型球道，也有多条线路选择，球员站在发球台上根据球道的走向和特征，结合自己的水平选择合适的击球线路，即是否冒险。若选择右侧线路开球，第一打需要穿越很长的水域障碍，极具冒险性，但整个球道距离缩短很多，且第二打线路上没有任何障碍，一旦冒险成功，很容易打一个小鸟球，若冒险失败，将受到严厉的罚杆。若选择左侧线路开球，除第二打线路上有一个沙坑障碍外，没有其他任何障碍，比较安全，但很难打一个小鸟球，奖罚分明。

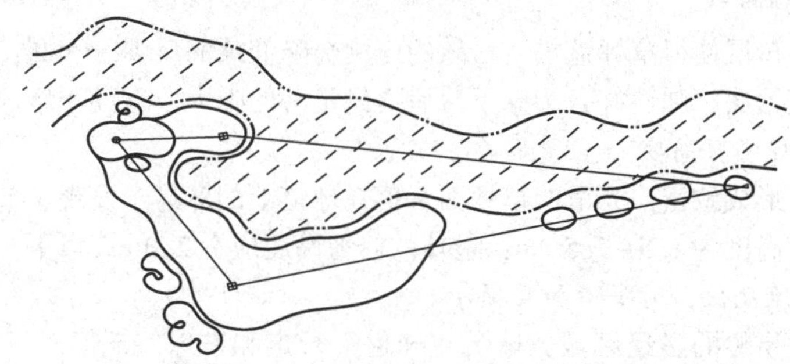

图 10-3　冒险型球道

(引自梁树友，2009)

10.1.1.4　轻松型球道

轻松型球道就是球道击球线路上不设任何障碍，目标就在球道正前方，球道两侧只有一些指示性沙坑和保护性沙坑，以及以景观功能为主的水域(图 10-4)。

在这种球道上打球可以使球员得到放松，为挑战下一个球道保存精力，或者以自由轻松的球道结束，留给球员一个满意的结局，增加打球的乐趣，体现了高尔夫球运动休闲、娱乐的特征。

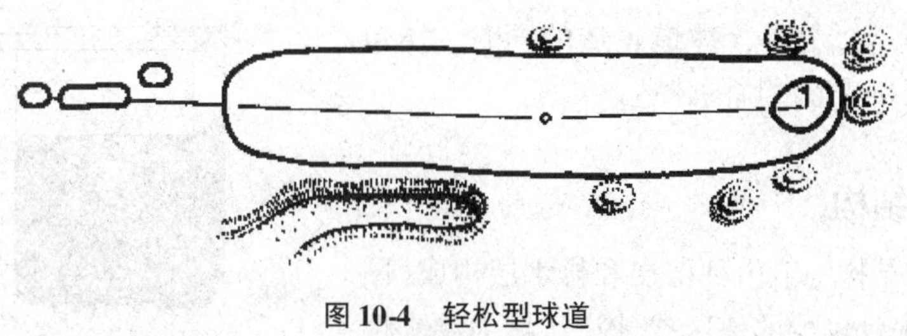

图 10-4　轻松型球道

(引自韩烈保，2004)

现代高尔夫球场设计中，一般以策略型球道和冒险型球道为主，配合一定的罚杆型球道，少量的轻松型球道，使球道设计多样性，球员打球随球道的布局富有节奏的变化，以体现高尔夫球运动、健身、休闲、娱乐的综合特征。高尔夫球场设计师在具体设计时，应根据球场的风格和类型、场地的面积和地形条件等因素，在球场中合理布局和应用这4种球道类型，设计出具有特点、富有可打性的球场。

10.1.2 球道质量要求

球道的主要功能是为球员提供一个较好的落球区域和击球位置，因此，球道草坪的质量要求低于果岭和发球台。但是，由于球道草坪面积大，是最能体现球场风格的地方，所以，球道草坪应具有优美的坪观质量，为球员和观众创造良好的球场景观效果，为球员提供理想的击球面。球道应具备以下特点：

(1)球道表面致密、均一、光滑

球道草坪致密、没有裸露的区域，颜色、质地、修剪高度均匀、一致，没有杂草和病虫害斑块，草坪外观整洁、平整，不仅能形成良好的球场景观效果，使人赏心悦目，而且致密、均匀、光滑的草坪能形成平整的落球区，利于球员平稳站立和准确击球。

(2)球道表面弹性好

球道较厚的枯草层使得草坪蓬松，松软的土壤会降低球的反弹。因此，球道枯草层应厚度适中，土壤适度紧实，弹性好，为球下落后提供足够的弹力，有助于增加球的击打距离。

(3)较低的草坪修剪高度

低修剪有利于形成致密、光滑的草坪面，落在球道上的球易于发现，节省打球时间。一般球道草坪的修剪高度为1.5~2.5 cm，最佳的修剪高度应在2.0 cm以下。

(4)草坪生长速度快，耐践踏和磨损

球道是打球上果岭的必经区域，球员在球道上行走和击球，不但对草坪造成践踏和磨损，也会形成打痕。草坪生长快，有利于球道损坏草坪的迅速恢复，增强草坪对践踏和磨损的抵抗能力。

10.2 球道建造

球道是高尔夫球场面积最大、球员打球的重要草坪区域，对草坪质量的要求也较高。因此，球道建造时间和经费直接影响整个球场建造的进度和总投资。球道建造的主要步骤包括：测量放线与标桩、场地清理、表土堆积、场地粗造形、排灌系统的安装、坪床土壤改良、场地细平整等。另外，球道建造的同时，还包括球道水体障碍和球道沙坑的建造。

10.2.1 坪床结构

球道的坪床结构一般由种植层和排水层构成(图10-5)，但在降水量较少的地区或球道土壤为渗水性较好的沙质壤土时，可以不设排水管层。种植层的

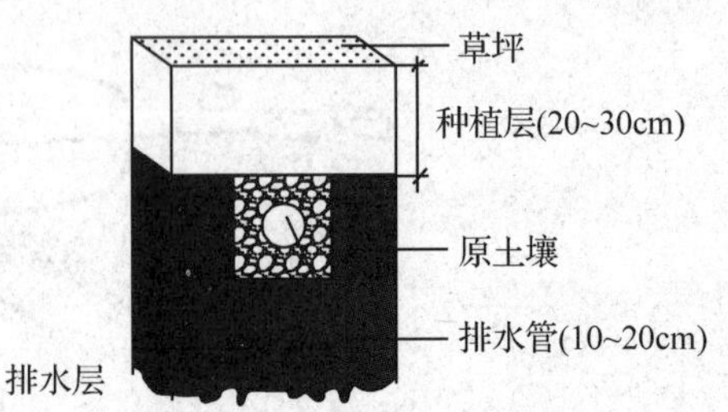

图10-5 球道坪床结构剖面图

厚度一般为20～30 cm，可以由造型阶段剥离堆积的肥沃表土回填，也可以完全由沙构成，但沙子没有果岭和发球台要求严格，粒径以0.25～1 mm的中粗砂为主，使球道种植层具有良好的排水和透气性。排水管层的结构与果岭和发球台基本相似，但只是在低洼处或需要的地方局部铺设。

10.2.2　建造过程

10.2.2.1　测量放线与标桩

球道作为高尔夫球场的重要区域，建造时必须准确定位，并以标桩或旗帜标定，作为施工的参照物。首先由测量师或建造师进行测量，确定每个球洞的中心线，然后沿着球道中心线每隔30m打一个标桩或插一旗帜标定。另外，在落球区及球道转点处(如狗腿拐点)应用特殊的标桩做出明显的标记。球洞中心线标定的方法是：在职业发球台中心打一个标桩，落球区及球道转点处打一标桩，最后一个标桩位于果岭中心。

10.2.2.2　场地清理

球道建造过程中，需要移走大量的树木、灌丛、植被和垃圾等，露出表土，为土方工程和坪床改良做准备。

场地清理的范围和步骤通常是，根据清场图和已经测量定位的球道中心线，首先将球道中心线两侧约20～30 m宽的树木和大块石头等杂物清除，形成显而易见的球道轮廓；然后由设计师在现场根据需要，第二次加宽清理范围。如需要，设计师应再次到现场，根据球道的策略性和球道的整体景观效果，进一步补充需要清理的区域，直到清理出所有球道线或造型变化的区域，满足球道的设计和建造要求。球道最终的清理宽度为55～76 m。球道边缘重要的树木，可以通过移动球道中心线或轻微改动原有的果岭、发球台或沙坑的中心点，予以保留并进行标桩或插上旗帜。

球道清理时，通常采用大型液压机械砍伐、切断树木，用推土机牵引的耕耙翻掘清除树桩以及表土中的石头和巨砾，翻掘深度为20～130 cm。地上的灌丛、植被和垃圾等一般用推土机清除。砍伐的树木视具体情况进行处理，粗壮的树木可作为木材出售，树枝既可就地焚烧、掩埋，也可搬运到其他地方堆放作为野生动物的栖息地或燃料。其他杂物就地焚烧、掩埋，或搬运到事先指定的地方。对清除大的树桩而留下的深坑应及时填土夯实，以免日后发生沉陷，影响草坪的建植及后期养护管理。

10.2.2.3　表土堆积

表土作为球道建造最为珍贵的自然资源之一，是保证球道草坪健壮生长的基础。表土堆积是在球道场地清理后，将表层20～30 cm深、质地良好的土壤(最好砂壤土)堆积到球场暂不施工的区域存放，以便球道坪床建造时运回铺设在坪床表面，改良坪床，为草坪的建植创造良好的土壤条件。

表土一般条形堆放，并且要确保有足够大的面积，以免第二次搬运。为此，施工时应从第一个工作面移动和堆积表土，接着修整该区域，然后用第二个工作面的材料铺摊前一个工作面的表土，依此类推，循序渐进，直到整个球场的球道建造结束，以减少表土的搬动次数。

10.2.2.4　土方工程和粗造型

场地建造中，将土方简单的倾倒成堆并轻微摊开，称为基础粗造型，俗称土方工程。当填方到位、平整到所需坡度准备铺土时，称为基础设计粗造型。当表土铺摊开但尚未平整时，就达到了完全粗造型。

土方工程和粗造型是在表土堆积作业完成后，建造师根据球场土方平衡图和球道造型等高线图指导造型师使用推土机和造型机，对球道造型的局部进行土方的推、挖、填和调运，对造型局部进行加工修整，使球道的起伏造形自然、顺畅、优美，符合球场造型等高线图的要求，以体现设计师的设计理念和球场的设计风格。同时，利于草坪的建植和管理机械的运行，以及地表排水。

球道区域占球场总面积大，因此，球道土石方工程和粗造型是高尔夫球场建造中所占比重较大的一项工程，需要投入大量的人力、物力和财力。球道土方工程量的大小与建设球场的地形和球道设计的起伏大小有关，一般山地球场的土石方工程量比较大，18 洞球场的挖填方量可达上百万方；丘陵地带的起伏比较适合于高尔夫球场的要求，土石方量一般较少，在数十万方；平地球场的土石方工程量介于两者之间，但有时需要调入大量客土来弥补挖方量的不足。

由于球道和长草区是场地粗造型的主体，在球场建造时，一般将二者的造型作为一个整体，一起施工。

10.2.2.5 地下排水系统的建造

球道排水系统对于球道草坪的养护管理和球场运营至关重要，良好的排水系统既可以为草坪的健康生长创造良好的条件，而且在降雨后较短的时间内球员可以下场打球，增加球场的运营时间。球道地下排水系统由雨水排水系统和渗排水系统两部分组成。

(1)雨水排水系统

雨水排水系统是排除球道因降雨、喷灌而汇集形成的径流水，主要由雨水井、排水暗井、排水检查井、排水管道、出水口等组成。

雨水井位于球道的低洼区域汇水区，最好位于非打球区，天然降水或喷灌降水形成的地表径流汇集到低洼区域后直接进入雨水井，通过排水管排走。雨水井剖面构造如图 10-6 所示。

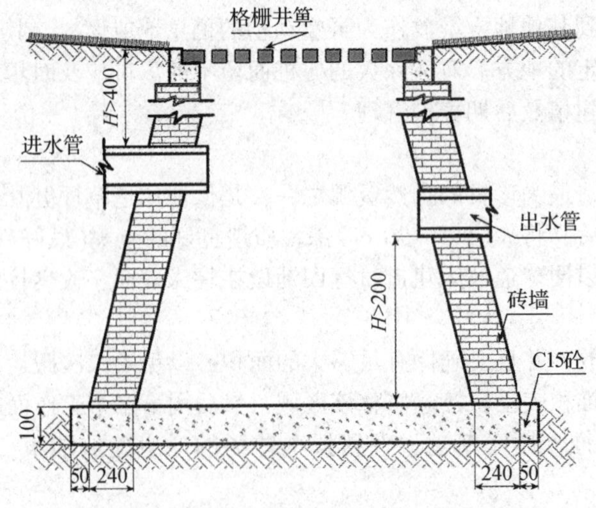

图 10-6 球道雨水井剖面图(单位：mm)

(引自梁树友，2009)

排水检查井是在排水管线上每隔一定距离设置一座，主要位于排水管的交叉汇合处，用于定期检查线路维护，便于清淤。

雨水排水管道大多数采用UPVC塑料管、钢筋混凝土管和素混凝土管，管径应足够大，以便能迅速排除大量流入雨水井中的水。具体可根据各类管材的特点、价格、使用寿命和施工安装特点选用合适的管材。

出水口是通向球场中水面或球场外部排水系统中的管道出水端口，一般设置在球道周围的次级长草区或湖岸与湖渠的侧壁，结构比较简单，但在排水管道比较粗或通向球场外部排水系统时，需在管道的出水端口建造一个出水口(图10-7)。

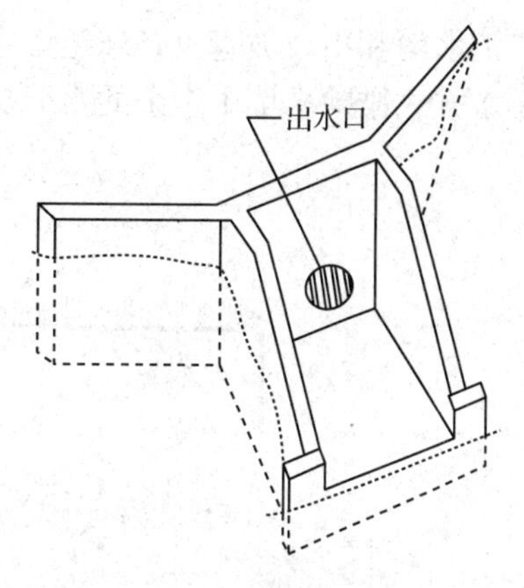

图10-7 高尔夫球场球道排水系统出水口结构图

(引自梁树友，2009)

雨水排水系统的建造应按雨水井剖面构造图、管道排水施工详图等设计图进行施工。一般情况，管道最小埋设深度应大于40 cm，通常以80～100 cm为宜，尽量减少与喷灌管道的相互交叉和干扰。

(2)渗排水系统

球道的排水主要依靠地表径流排水，球道是否需要设置地下渗排水系统，取决于球场所在地区的降雨和球场场址的土壤状况。一般球场所在地区的降雨较多、球场场址土壤黏重或盐碱时，应设置地下渗排水系统。

球道地下渗排水系统主要是排除土壤中多余的水分，包括管式渗透排水和沟槽式渗透排水两种类型，一般设置在水分容易汇集的区域。

①雨水井边、汇水沟和山坡坡脚区域　由于雨水井四周坡面的水分会顺坡汇集到雨水井周围，从而在其周边容易产生蓄水情况。通过在雨水井周边及向外一定范围的区域布置地下排水系统，解决球道的渗排水，为球道草坪的健康生长创造一个良好的条件。雨水井周边地下排水管网的布置可采用鱼脊式、炉箅式或其他比较自由的管式形式(图10-8)。

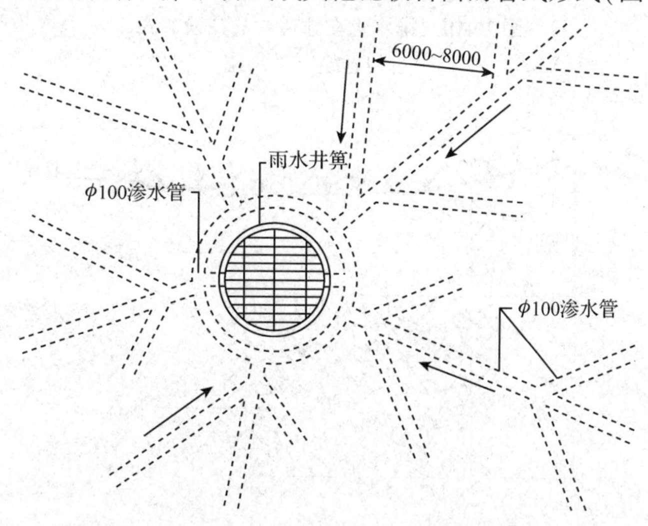

图10-8 球道雨水井周边渗排水管布置图(单位：mm)

(引自梁树友，2009)

汇水沟和山坡坡脚也是球道中容易产生水分汇集和积水的区域，这些区域，可设置拦截式排水方式排除土壤中多余的水分(图 10-9)。

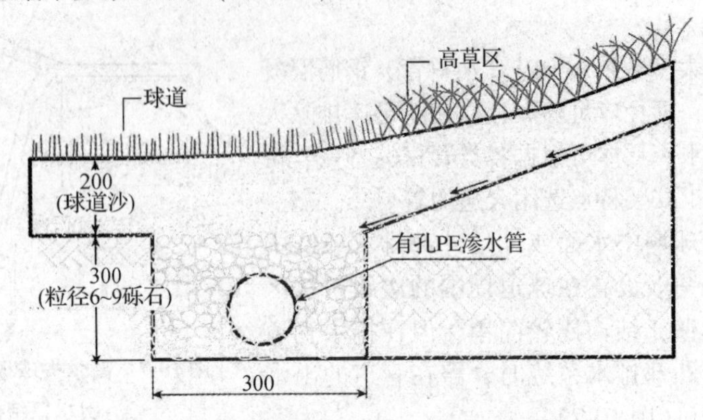

图 10-9　球道坡面拦截式渗排水剖面图(单位：mm)

(引自梁树友，2009)

②球道低洼区域　在球道地形低洼的区域，可根据球道的起伏，设置通过低洼区域的排水管道，铺设方式有鱼脊式、平行式和随机式 3 种类型(图 10-10)，或者根据情况，对于球道区零散的低洼地可采用渗水井、渗水沟等沟槽式渗透排水系统进行排水(图 10-11)。

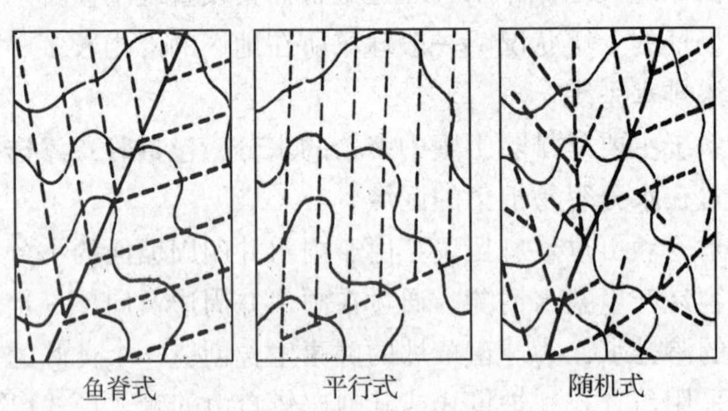

图 10-10　排水管在球道中的铺设方式

(引自胡延凯等，2012)

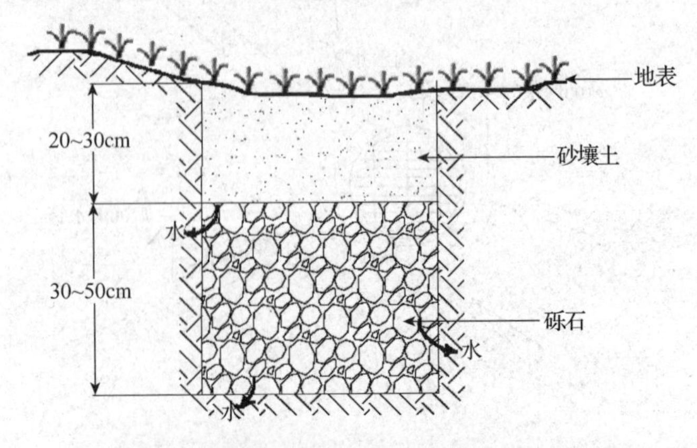

图 10-11　球道渗水井、渗水沟渗排水剖面图

(引自梁树友，2009)

现代高尔夫球场地下排水管多采用软式透水管或有孔 PVC 波纹管，主管直径 150～200 mm，支管直径一般为 100 mm 左右；管道铺设深度 50～100 cm，管间距离 10～20 m，坡降至少 1%。土壤渗水性较差的区域，排水管道应埋设较浅，支管间距也应更小，以利排水。

管道安装时，先放样画线，挖好管沟(沟比管宽和深各长 10～15 cm)，平整夯实沟底，在沟底铺放 5～10 cm 厚经水冲洗过的砾石，然后沿管沟中心线安放排水管，并达到设计的坡降，管道周围填充经水冲洗过的 4～10 mm 砾石或粗砂及透水性较好的砂壤土，直至与周围地面相平，最后浇水自然沉降。排水管的出口一般设在球道周围的次级长草区或湖岸与湖渠的侧壁。

10. 2. 2. 6　灌溉系统的设计与安装

球道是高尔夫球场面积较大的草坪区域，也是球场中比较重要的打球区域，因此，应设计与安装充足的喷头，保证灌水喷洒均匀，没有盲区，为球道草坪建植和日后草坪养护提供良好的灌溉条件。

(1)球道喷头的布置方式

高尔夫球场球道喷头的布置一般根据球道的宽度、球场建造投资费用和管理水平要求高低来确定，通常有以下 3 种方式。

①单排式布置　喷头单行布置在球道中心线上(图 10-12)。这种布置方式节约喷头数量，但喷洒不均匀，喷灌覆盖的草坪区域不全面，适合较窄的球道或球道狭窄的区域，在某些投资不足的球场也采用这种喷头布置方式喷洒所有的球道区。

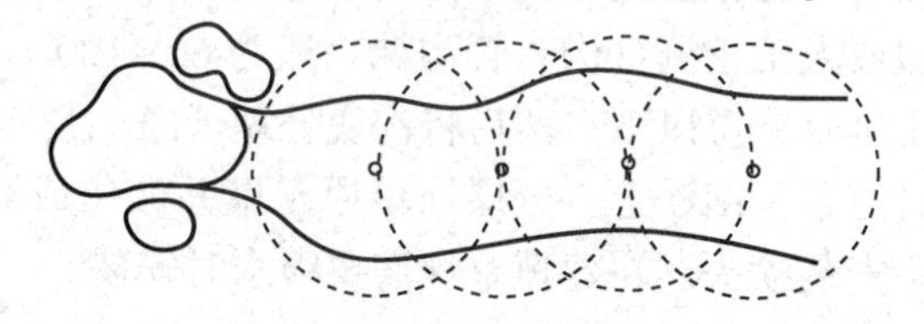

图 10-12　球道喷头单排式布置

(引自梁树友，2009)

②双排式布置　双排式布置是球道中布置两排喷头，喷头的布置方式一般采用正三角形和正方形布置形式(图 10-13)。这种布置方式较单排式布置喷洒均匀，覆盖更加全面，一般适于宽度在 40 m 左右的球道区域，是应用最普遍的一种球道布置方式。

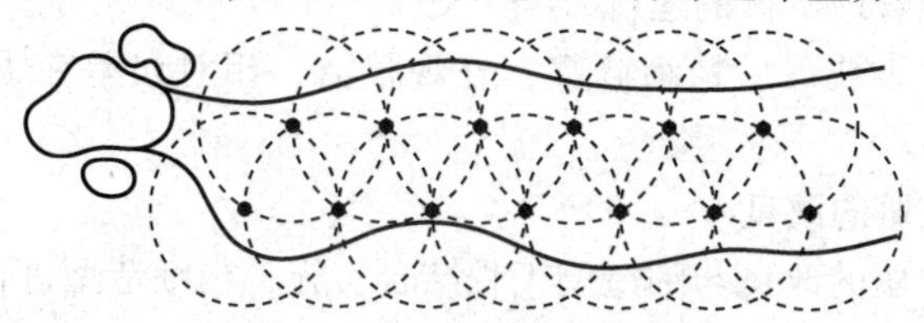

图 10-13　球道喷头双排式布置

(引自梁树友，2009)

③三排式布置　三排式布置是在球道中布置三行喷头，喷头的布置方式一般也采用正三角形或正方形布置形式(图 10-14)。这种布置方式只用于球道较宽的局部区域，如宽度大于 50 m 的落球区等球道区域。另外，在一些管理水平要求较高的球场，为达到精确、均匀喷灌的目的，在所有球道中都使用三排式布置喷头。

图 10-14 球道喷头三排式布置

(引自梁树友，2009)

(2)球道喷头射程和间距

为管理方便，球道一般选择同一射程的地埋、自动升降式旋转喷头，射程 20~25 m，较果岭、发球台远。球道喷头间距主要取决于喷头的射程，另外还受水的喷洒强度和风力大小的影响，一般为喷头射程的 1~1.3 倍。同时，不同区域的喷头应由不同的泵站或阀门进行控制，进行分区灌溉，每个泵站或阀门所能控制的喷头数最多不能超过 3 个。

(3)球道快速取水器布置

为了补充球道局部区域草坪浇水的需求，通常在球道两侧的长草区中每隔 50~100 m 设置一个快速取水器，供球道草坪和长草区草坪的补充灌溉。

(4)球道灌溉系统安装

灌溉系统的安装应在草坪种植前完成，以保证草坪建植对水分的要求。首先按球道灌溉系统设计图放线，用机械或人工挖掘管沟，管沟深一般为 60~100 cm，宽 30~50 cm，冬季寒冷地区应将管道埋至土壤永冻层以下。然后将沟底处理干净、紧实，在沟底铺一层细土或细沙，沿管沟中心线将管道置于细沙上，分层回填原土壤并碾压或灌水，使土壤充分沉降。管道安装完毕后，可先不安装喷头，在建植草坪需要喷水时安装。

10.2.2.7 球道细造型

球道细造型是关系到球场日后运营及草坪质量的一项重要工程，也是球场建造中真正的艺术，对球场优美的景观、各部分的和谐具有重要作用。球道细造型不仅要根据球道造型局部详图进行，而且还需要设计师进行现场指导实施，确定各球道局部区域的微地形起伏，并对所有的造型区域精雕细琢，使整个球场的造型变化流畅、自然，没有局部积水的区域，同时有利于剪草机及其他管理机械的运行。

球道细造型后，地表被最后精细修整，外观整洁，相对误差在 15 cm 之内，且至少有 2% 的坡度。

10.2.2.8 球道坪床土壤的改良

一般而言，坪床土壤的改良与细造型工程结合实施，当细造型进行到一定程度后，将原来堆积的表土重新回铺到球道中，或重新铺设一层质地良好的土壤，并细致修整造型。由于球道面积大，考虑到建造时间和经费，因此，球道坪床土壤的改良一般没有果岭及发球台那样精细。根据球道场址的土壤性质，球道坪床土壤的改良可分为部分改良和全部改良两种方式。

(1)部分改良

部分改良是在原场址土壤质地和土壤结构较好的情况下，加入部分改良材料进行坪床的建造。具体方法是在细造型进行到一定程度时，将球场施工初期堆积备用的表土，重新铺设到球道上，厚度10~15 cm。然后根据表层土壤的理化性质和球道草坪草的要求加入适量的中粗砂、泥炭等改良材料，以及有机肥或复合肥等，调整土壤pH值。最后用土壤耕作机械将施入的改良材料和表土充分混合均匀，混拌深度15 cm左右。

(2)全部改良

全部改良一般是在原场址土壤条件极差的情况下重新建造坪床的过程，具体方法是细造形进行到一定程度时，在原土壤上重新铺设一层15~20 cm厚质地良好的土壤，最好为含沙量在70%左右，以中粗砂为主的砂壤土。铺设后，施入一定量的有机肥或复合肥及泥炭等土壤改良剂，改善土壤的物理性质，调整土壤pH值。而后利用混耙机械将土壤与施入的肥料和土壤改良剂等充分混拌均匀，深度控制在表层20 cm以内。

坪床土壤改良后，在设计师现场指导下进行局部的标高与造形调整，使之符合球道细造形原来的形状，最后将坪床细平整，处理光滑、压实，符合设计图纸要求。

10.3 球道草坪建植

10.3.1 草种选择

球道草坪要求密度高、均一性好、表面平滑、稳定性好、弹性强。其中，最为重要的是维持一个稳定的击球表面。同时尽量选择对环境胁迫(如热、冷、洪涝、荫蔽以及干旱)耐性强的草种和品种。

选择球道草坪草种时，首先要考虑草种的生态适应性和抗逆性，同时也必须考虑当地的地理和气候条件，应选择适应当地生态环境条件、抗病虫害能力强的草种。球道草种必须具备以下性状：

①茎叶密度要高　高的茎叶密度可以形成致密的草坪，能将球支撑在茎叶顶部，使球员有合适的击球点。如果草坪稀疏，裸露地表，球落入草坪深处，击球难度加大。此外，高密度的草坪还能有效控制杂草的入侵。

②耐低修剪　适宜球道1.3~2.0 cm的修剪高度。

③不易形成枯草层　如果草坪草垂直生长过快，就易形成枯草层，日后养护管理比较麻烦。

④快速地恢复能力　球道击球频率过高导致落球区大量的打痕产生，因此要求草坪草要有快速地恢复能力。

⑤耐高强度践踏和土壤板结　能够承受胶钉鞋的踩踏、机械的碾压等。

⑥较强的抗逆性　如耐寒、耐旱性，以及抗病虫害等，可以减少养护管理成本。

除了考虑实际的环境条件以及草坪草的特性外，球道的日后养护和管理费用也很重要。因为草坪建成后，由于球道面积大且不同的草坪草所要的养护条件是不同的，因此，需要大量的资金进行养护管理。如果无法保证充足的资金投入，那么就应选择较耐粗放管理的草坪草。

各个气候区内适用于球道的草坪草分别介绍如下。

10.3.1.1 冷凉气候区

(1)翦股颖

翦股颖是冷凉气候区高强度养护球道最常用的草坪草种，需要高强度管理。一般1~2 d

修剪1次，修剪高度低于2.0 cm，需水量较大，需要中等施肥，在日常管理中常施用杀菌剂防除病害。在沙质坪床和高水平的养护下进行频繁的灌溉、修剪、覆沙等，翦股颖可形成非常致密、低矮、理想的球道草坪，但翦股颖枯草层问题较为严重。

目前，用于球道的翦股颖主要有Penncross、Emerlad、Penneagle、Cato、SR1020、Washington、Prominent、Penn A系列、Penn G系列等。细弱翦股颖也偶尔和匍匐翦股颖混播。

(2)草地早熟禾

草地早熟禾叶片质地较细、叶色深绿，通过地下根状茎可以形成具有弹性、高密度的球道草坪。此外，其还具有耐践踏、抗寒性、抗旱性、耐低修剪、快速恢复能力以及中等的抗病虫害等特性，可以有效地减少后期的养护管理。在施肥量、喷灌水平、控制枯草层积累等方面都比匍匐翦股颖草坪要低。早熟禾一般采用种子播种，成坪速度快于匍匐翦股颖。地下根茎的再生能力极强。

草地早熟禾可以和其他草地早熟禾品种进行混播，也可以单独建坪，适用于从中高到低水平养护的球道草坪。在凉爽湿润气候区北部地区，草地早熟禾一般与细羊茅类草坪草如紫羊茅、硬羊茅、邱氏羊茅等进行混播。在凉爽气候区南部地区尤其是在过渡区，与改良型多年生黑麦草进行混播。混播群落的修剪高度通常比球道上匍匐翦股颖要稍高。如果混播群落修剪过低或灌溉过量，易于造成早熟禾草坪的消退和一年生早熟禾的入侵。细羊茅和多年生黑麦草都比草地早熟禾成坪快。但细叶羊茅在冷湿气候区稍南部易于感染病害，加之耐热性差，不能存活；而在冷湿气候区偏北部，黑麦草易于受冻，且雪霉病发生危害较为严重。许多改良的草坪型多年生黑麦草耐践踏性强，但再生力差。

(3)细叶羊茅

凉爽气候区北部地区，在灌溉量少的情况下，可以选用细叶羊茅。细叶羊茅由于草坪密度极高，即使在夏季干旱情况下草坪枯黄时，依然能支撑起高尔夫球。细叶类羊茅主要包括紫羊茅、硬羊茅、邱氏羊茅等草种，这类草坪草叶片质地细、抗旱性强、垂直生长速度慢，管理较粗放。邱氏羊茅和紫羊茅在干旱、沙质土壤和施肥较少的情况下表现最佳。在土壤质地较细、施肥量稍高、灌溉量少时，可与草地早熟禾进行混播。

10.3.1.2 温暖气候区

(1)杂交狗牙根

杂交狗牙根是由普通狗牙根和非洲狗牙根杂交而来，一般只用于南方较温暖地区。杂交狗牙根多采用营养繁殖方式建坪，基本满足球道草坪的应用和养护的所有特征，具有耐践踏、耐热、耐干旱和快速恢复能力等特点，在频繁的低修剪下，可以形成致密、均一的草坪。再生能力极强。与普通狗牙根相比，对施肥、喷灌等管理水平的要求都比较高；耐阴性、抗旱性、抗病虫害能力则不如普通狗牙根强。但是，杂交狗牙根枯草层积累比较严重。在整个暖季候区，Tifway是使用最广泛的品种。Midiron抗寒性相对较强，可用于过渡带气候区。

杂交狗牙根的常见缺点是易于形成枯草层，耐阴性差，不耐寒，易于感染多种虫害。

适用于球道的杂交狗牙根品种有Tifway、Tifgreen、Snata Ana、Tiflawn、Midway、Cope、Ormond、Santa Ana、U-3等。此外，近年来育成的TifSport、TifGrand等新品种开始广泛使用。

(2)普通狗牙根

普通狗牙根具有较强的抗旱性和抗病虫害能力、较少的枯草层积累、耐粗放管理等特性，也常用于温暖地区的球道草坪，尤其是要求养护水平不太高的球场。普通狗牙根草坪比杂交狗牙根草坪密度低、耐践踏性差，在虫害发生严重时需要定期施用杀虫剂。

普通狗牙根的品种既可以用种子播种建坪，也可以用营养繁殖方式建坪。常用的普通狗牙根品种有 NuMex Sahara、Sonesta、Midlaw、Vamont 等。

(3)结缕草属

作为暖季型草坪草，结缕草属草种也经常用做球道草坪草。结缕草属中，常用于草坪的是中华结缕草、日本结缕草、沟叶结缕草和细叶结缕草。沟叶结缕草和细叶结缕草适于温暖季候区气温稍低地区，二者均以营养繁殖建坪。在温暖气候区，结缕草属需要中低水平的养护。在频繁的低修剪下，可形成质地细致、茎叶稠密、色泽良好、适于球道草坪的要求。主要应用品种为 Meyer。中华结缕草和日本结缕草较耐低温，比狗牙根更适用于过渡气候区，耐践踏、干旱和荫蔽环境，主要以播种方式建植，但种子需经过处理，否则发芽率极低；也可用无性繁殖为主，通常采用小草皮块方式繁殖，但建植速度慢，再生速度慢，易于形成枯草层。

此外，近年来育成的一些海滨雀稗品种，如 Salam、Supreme、Platinum、SeaIsle2000、SeaStar、SeaDwarf 也可用于球道。

(4)冬季盖播草坪草

在温暖气候区，需要高养护管理的高尔夫球道冬天要进行盖播。由于球道面积大、需种量大、成本高，所以不是所有的高尔夫球场都要进行冬季盖播。进行盖播一般选用多年生黑麦草，播种量一般为 30~40 g/m^2。

10.3.1.3　过渡性气候区

过渡性气候区球道既可选用冷季型草，也可选用暖季型草。在过渡带北缘常用草地早熟禾、黑麦草等，在过渡带南缘与用于温暖气候区的草坪草相同，常用中华结缕草、日本结缕草、狗牙根等。在过渡带无须进行灌溉的球道，一般使用野牛草。野牛草能耐频繁修剪、耐干旱，形成的草坪密度较低。由于种子缺乏且成本较高，一般用营养体建坪。改良后的草坪型野牛草品种有 Comanche 和 Texoka。

10.3.2　草坪建植

草坪建植的时间根据草坪草种类不同而不同。暖季型草坪草，在春末夏初种植；而冷季型草坪草，则在夏末秋初种植。但是在北方极度寒冷的地方，由于生长季节很短，冷季型草坪草最好在春末夏初种植。在球道草坪建植过程中，要保持草坪草处于适宜的温湿条件下。

10.3.2.1　坪床准备

(1)土壤改良

在草坪建植前，要对球道土壤进行测试。每个球道或者分区域采集球道土壤样本，用于土壤测试。根据土壤测试结果，对土壤 pH、盐度、磷、钾、钠、硼以及微量元素含量进行分析，作为土壤改良的依据。一般将农用石灰石(或硫黄)混合后，施入到土壤 10~15 cm 的种植层中，来调节土壤 pH 值。石灰石主要成分是碳酸钙，通常用于酸性土壤的调整。尽量采用颗粒细的材料，利于其迅速反应。白云质石灰石用于缺镁的土壤，硫黄一般用于调整碱性强的土壤。施用量根据土壤测试结果来确定，因此，整个高尔夫球场不同球道的施用量可能是不同的。土壤的 pH 值调整最好是在种植前完成。

(2)施基肥

种植前必须要进行施肥。肥料的施用量和比例应根据土壤测试结果来确定。通常每公顷施用氮肥 45~112 kg，如果经费投入较大，可以多施。如果施氮量高，一半用缓释肥。肥料通常施入到 7.5~10 cm 的土壤中。如果土壤测试表明缺少某种微量元素，或者根据以往的经验判断需要某种微量元素，选用的微量元素必须与全价肥同时施用。通常在播种前施肥。

(3)坪床平整

种植前，要做好坪床准备，保持土壤表面平整、稳实、湿润且使土壤颗粒较细。土壤颗粒要保证在 1~5 mm。如果土壤板结或颗粒较大，可进行浅旋耕，并拖平，保证土壤表面平整、稳实。保证充足的时间让土壤沉降对土壤平整至关重要。

10.3.2.2 种植

(1)种植方法

球道草坪的种植方法一般有种子直播和营养繁殖。大部分冷季型草坪草，如翦股颖、草地早熟禾和细羊茅，通常用种子播种。碎土镇压播种机能够镇压土壤表面，破碎表面碎土，使地表平整稳实，非常适宜球道草坪播种建植。播种深度为 0.25~1 cm，这样有利于种子早日萌发，而且建植后草坪光滑度好，均一性高。在温暖气候区，普通狗牙根也可用种子播种。

改良型狗牙根如 Tifway 通常采用幼枝扦插繁殖，有时也采用撒茎覆土繁殖。通常球道上采用机械扦插法建植，将幼枝扦插到 2.5~5 cm 深土壤，然后滚压、覆土，压紧枝条，行内枝条间隔 7.6~10 cm，行间距为 25~45 cm。行内和行间距越小，建植速度越快。

也可采用塞植法进行草坪建植。建议将 5~10 cm 的小草皮块按 30~40 cm 塞入土壤中。结缕草通常采用塞植法繁殖或草皮条植法建植。草皮满铺法由于成本过高，通常不用于球道草坪的建植。

(2)覆盖

播种后马上进行覆盖，为新植的草种提供良好的水、气、热条件，可以有效地防止水土流失，有利于草坪的建植成坪。由于球道土壤流失较少，因此球道草坪覆盖不是必须的。同时由于球道面积过大，不会全面进行覆盖，仅在球道斜坡处或者水土流失可能性大的地方进行。覆盖物种类很多，如稻草、草帘子、无纺布、塑料薄膜、黏着剂等，具体应根据实际情况选择最合适的材料进行覆盖。草秸的用量为每公顷 4 480 kg，如果能和黏合剂结合使用效果更好。在低洼地块，由于水流冲刷较大，可用刨花或黄麻编制网加以固定。

10.3.2.3 幼坪养护

(1)浇水

刚种植的草坪草，后期的养护管理非常重要。种植后要立刻浇水，防止因过度失水而造成草坪草损伤。用种子播种后，要立即浇水，促进种子萌发。草皮塞植后也最好马上浇水。幼坪管理时每天至少在正午要浇一次或多次水，以保证土壤表面始终湿润；在进行覆盖的条件下，可适当减少灌溉次数。一般要保证 2~3 周的灌溉，直到成坪。每次可少量灌溉，保证土壤表面的湿润即可。恰当的灌溉是草坪快速成功建坪的关键步骤。

(2)修剪

当草坪草幼苗达到5 cm时，就要进行修剪。最佳修剪时期是在正午，这时草坪表面较为干燥。修剪的草屑可返施入土壤。刚开始修剪的高度因草种不同而有差异，但一般在2.5~3.8 cm范围内，保持这个修剪高度6~8周，然后逐步地进行更低的修剪以达到球道所要求的标准修剪高度1.5~2.5 cm。在修剪过程中要遵循剪草“1/3”原则，每次修剪剪除的叶片不能超过叶面积的30%。每次修剪时要与上一次修剪的方向不同以提高草坪的平整性和均匀性。

(3)施肥

在幼苗达到2.5~3.8 cm高度时，即可进行第一次施肥，第一次施氮肥量为2.2 g/m^2。以种子建坪的幼苗可以每3周或者更长的时间施一次氮肥。以营养繁殖的建成的幼坪，每隔2~3周施一次氮肥，每次施氮量为2.2~4.5 g/m^2。施肥后需要立即浇水，防止肥料灼伤叶片。在种植前，土壤改良时已施入磷肥和钾肥，因此，苗期一般不要再施用磷肥和钾肥。

(4)杂草防治

由于草坪还没成坪，早期的杂草防治，一般人工拔除。防治阔叶杂草的除草剂至少要在种子萌发后4周才能使用；防治一年生杂草的有机砷类除草剂至少要在种子萌发后6周才能使用。

幼坪期，草坪草还很脆弱，此时要防止草坪受到践踏和碾压。在播种后6~8周内要禁止管理机械外的其他机械的进入。一般情况下，竖牌或用绳围栏，严禁新建草坪受到任何碾压。

10.4　球道草坪养护

高尔夫球在球道上的落点位置受球道草坪表面和土壤表面状况的影响，而球的位置对高尔夫球员在球道上取得适合的击球控制力相当重要。球的位置由草坪草的支撑力和草叶的数目决定。叶数主要是由修剪高度、施肥、灌溉水平来决定的，而叶的支撑力受灌溉水平和钾肥的影响。球道草坪管理不当，在一定程度上依靠低修剪来获得良好的支撑力，实际导致球更多的是土壤表面在支撑而不是草叶在支撑。这种过度的低修剪严重地损害了草坪草，造成草坪草抗杂草入侵，抗病虫害的能力减弱，抗损伤恢复能力下降。

10.4.1　修剪

(1)剪草机的选择

球道表面草坪草的修剪，主要使用5~10刀片的滚筒式剪草机。高频率的低修剪要求保持球道表面均一、平整。滚筒式剪草机可分为5联机、7联机、9联机，分别对应修剪宽度为3.4 m、4.6 m、5.6 m。目前，多使用液压驱动滚筒式剪草机，这种剪草机可紧贴地面修剪，修剪质量优良。一些改良后的剪草机，可在土壤湿润条件下尤其是在陡坡处进行球道草坪的修剪。

(2)修剪频率和修剪时间

球道草坪草修剪频率主要受草坪草生长速度的影响，而生长速度与草坪草的种类、生长条件和养护管理水平等因素有关(表10-1)。灌溉的草坪草，一般2~3.5 d修剪1次。当草坪草生长的温湿度条件最适宜、草坪草垂直生长速度快以及高水平的养分条件，尤其是高氮肥的施入，相应地需要增加修剪的频率。在比赛或俱乐部活动期间，每天都要修剪草坪，来保证球道的质量。高频率的修剪需要较高的管理成本。

表10-1 球道草坪修剪高度和修剪间隔天数

草坪草种	修剪高度(cm)	修剪间隔天数(d)
翦股颖(灌溉)	1.3~2.3	2~3.5
狗牙根（灌溉）	1.3~2.0	2~3.5
狗牙根（不灌溉）	1.8~2.5	7~14
野牛草	1.8~2.5	7~21
细叶羊茅(极少灌溉)	1.8~2.5	7~21
草地早熟禾(灌溉)	1.8~2.5	2~3.5
草地早熟禾(不灌溉)	2.5~3.0	7~14
狼尾草	1.3~2.8	2
结缕草(灌溉)	1.3~2.5	2~3.5

注：引自James B Beard，2002。

球道的修剪常在凌晨打球之前进行，但为了达到最好的修剪效果及减少土壤紧实问题，修剪时草坪应比较干燥，因此一般球场举办大型赛事时，通常在傍晚进行修剪。如球道草坪必须在清晨进行修剪时，则应在修剪前将露水清除掉。

(3)修剪高度

修剪高度要能满足球员在球道上击球的需要，还要考虑到不同草坪草种以及预算管理成本。翦股颖、狗牙根和结缕草修剪高度为1.3 cm，而草地早熟禾和细羊茅的修剪高度为3 cm。一般来说，在草坪草所能忍耐的修剪高度范围内，越低的修剪越好。刚修剪过的球道草坪有利于球员对球的控制，通常最好的球道草坪草是匍匐翦股颖和杂交狗牙根。这两种草坪草的球道，一般每2天修剪1次，修剪高度为1.3 cm。草地早熟禾等垂直生长的草坪草种，通常修剪高度更高一些，这样既满足了球道草坪所需要的草坪密度，又减少了一年生早熟禾的入侵。

在夏季不良的环境条件下，冷季型草坪草修剪高度要提高3~6 mm。在仲夏，翦股颖球道修剪高度要在1.3~1.5 cm，这样有利于冷季型草坪草的养护。暖季型草坪草如狗牙根，在早秋，应完全地停止修剪，使得进入休眠期的狗牙根，具有足够的茎叶，利于其越冬。冬季休眠前停止修剪有利于草坪草生物量的增加，可以提高冬季草坪在冬季打球的耐磨性，减少冬季低温使草坪死亡或失水干枯等不良影响。

(4)修剪方式

球道草坪的修剪方式可分为纵向条带状和横向条带状(图10-15)。纵向条带状修剪是指剪草机沿着球道的方向进行修剪；横向条带状修剪指剪草机垂直于球道方向修剪，仅在修剪球道边缘轮廓线时顺球道方向修剪。球道每个月至少要进行一次横向修剪。无论采取哪种修剪方式，每次修剪草坪要与上次修剪的方向相反。球道是否进行纵横向轮换修剪方式取决于球场管理费用预算、是否使用轻型液压剪草机，以及剪草机在初级长草区的转向能力等诸多因素。

修剪方式的变换一方面有利于草坪草的直立生长，获得比较好的球位；另一方面，减少了机械碾压造成的土壤板结问题，并使球道形成优美的条带形外观，提高了视觉美观效果。修剪在保持球道边缘轮廓线的基础上，增强了球道的美观，波状的外围可以为球员击球指示方向。

(5)修剪操作

优秀的修剪操作人员在修剪时要保持均匀一致的剪幅，并要保证剪幅之间少有重叠。剪草机的行驶速度是保证球道质量的重要因素。进行修剪操作时，不应超过修剪机规定的修剪速度。修剪速度主要受到剪草机类型、草坪草种类、土壤湿度、球道的平整程度等因素的影响。修剪机速度过快，会导致剪草机刀片弹起，结果是在草坪上出现波浪状条纹，并造成剪草机的过度磨损。一般来说，剪草机的修剪速度以6.5~8.0 km/h为宜。使用液压驱动的剪草机，剪草机停止工作时，液压滚筒驱动也要放下。

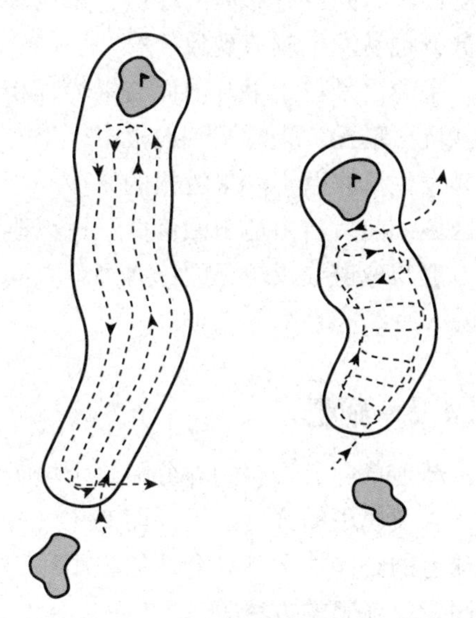

图10-15　球道修剪方式示意图

(引自韩烈保，2004)

左：纵向修剪，右：横向修剪

在进行修剪工作时，要密切注意修剪线路上是否有金属、石块等杂物，喷头是否弹出地面。一旦发现杂物，要立即停止工作，清理杂物，以免对剪草机刀床和滚筒造成损害。操作者要特别注意剪草机是否漏油，以防止因漏油对草坪造成污染和损害。此外，要定期对剪草机等机械进行维护和检查，保证其处于良好的工作状态，防止因机械故障使球道草坪出现剥皮现象。

剪草机在转弯时，应降低速度，并且要有充分的转弯半径，以免剪草机的滚筒挫伤或撕裂草皮。无论采用哪种修剪方式，在修剪前都要对修剪线路进行具体的规划，尤其要注意保证充足的转弯半径。采取横向修剪时，采用间隔条状修剪法，即每隔一个剪幅进行一次修剪，在完成第一次修剪后再补剪留下的区域。每隔2~4 h，要对剪草机进行检查。一旦发现机械故障，无论严重与否，都要立即进行检修，以排除故障。

在纵向修剪时，剪草者往往每次都从球道一侧边缘开始修剪，以至于使每次修剪总是以相同线路方向进行，结果因机械地重复碾压而导致土壤板结和损害草坪。因此，可以通过改变球道边缘第一刀修剪的剪幅方向，来改变剪草机在球道内的行走路线。这样，减轻了机械的重复碾压，可有效地减少土壤板结问题。

一般来说，只要保证修剪的频率，修剪后的草屑不影响球道外观以及打球的球位，修剪后的草屑可以留在球道。但如果球道草坪土壤比较黏重，排水不良且草屑较多时，需要及时地清除。当草坪生长旺盛，枝条较长，修剪时应提高修剪高度，随后在修剪时慢慢降低修剪高低直至适宜留茬高度。

球道草坪的纹理现象问题没有果岭严重，但如果草坪长期按照同一方向进行修剪，就会形成纹理。通常可以用改变修剪方向或者采用轮换修剪方式来减轻纹理现象。另外，操作者要注意调整机械设备，剪草时保持匀速的行走速度，以防止草坪剃剪现象的发生。由于土壤潮湿而长时间没有修剪的球道，采用多次修剪已达到所需的草坪高度，如果修剪高度一次性过低，也易发生剃剪现象。

果岭裙是位于果岭前面与果岭环相接的球道的延伸部分，通常向外延伸到主要障碍区，如沙坑、草丘。果岭裙一般很窄，果岭修剪时机械转弯常常发生在果岭裙处，因此，在果岭裙易发生草坪磨损。果岭裙的修剪采用三联式修剪机。这种修剪机可以在果岭裙和其他较窄的区域，前后自由地来回修剪，可以避免因球道剪草机多次转弯时造成的草坪磨损。修剪高度一般与球道或果岭环的修剪高度相同。果岭裙要求高质量的草坪，因此修剪后草屑要及时清除。

10.4.2 施肥

球道草坪所需要的养分随着土壤类型、土壤保肥力、灌溉量、气候条件、草坪草种和品种，以及使用的强度的不同而变化。管理者在施肥前，要观察每个球道的草坪状况，根据不同球道的具体情况制订合适的施肥计划，包括肥料的种类、肥料的配比、施肥的时间、肥料的用量、施肥的方法等。

10.4.2.1 施肥时间

通常在春季和夏末秋初施用 N－P－K 的全价肥。如果一年只施用一次的话，最好是在夏末秋初。在整个生长季节，要定期给球道草坪补充氮肥，铁和钾肥在需要时施用。

氮肥施用的时间间隔取决于氮肥的载体、施肥量、肥料利用率以及适宜的草坪色泽和生长速率等。暖季型草坪草，如狗牙根和结缕草，除了冬季休眠前的低温阶段和春季返青后 2～3 周内草坪根际衰退期外，在整个生长的季节都要施用氮肥。

冷季型草坪草在仲夏高温时期和秋末低温时期都要减少氮肥的施用。冷季型草坪草球道通常每年施用 2～4 次氮肥，但细羊茅球道每年只施用 1～2 次氮肥即可。少量多施是目前施肥的整体趋势。

在仲夏，翦股颖草坪草球道需要施用铁和钾肥。春季，狗牙根草坪草易发生缺铁而褪绿。另外，生长在强碱性土壤上的狗牙根和草地早熟禾草坪，在仲夏也易出现缺铁而褪绿。铁可用来维持草坪色泽，提高草坪光合作用能力；而钾肥在逆境胁迫前施用，可以提高草坪耐践踏性和耐高温、抗寒和抗旱性。

10.4.2.2 施肥方法

球道施用的肥料可以是固体的颗粒，或者液体的肥料。目前，固体肥料使用离心式施肥机进行施肥。如果草坪密度大、肥料水溶性好且肥料易造成叶片灼伤时，最好是将肥料溶于水后进行叶面喷施。

液体肥料通过灌溉系统施用的方法称为喷灌施肥。喷灌施肥是一种新型的液体施肥法，肥料通过喷灌管道，与水一起通过喷头施入到球道草坪草上。这种施肥方法依靠喷灌系统进行，因此，喷灌系统的设计要合理并能满足喷灌的要求，保证液体肥料通过喷灌系统能够全面均匀的覆盖球道草坪。小剂量肥料的施入时，如含铁的化合物，可以和杀虫剂或杀菌剂混合，进行叶面追肥。在进行叶面追肥时，一定保证肥料要混合均匀。在夏季逆境胁迫下，冷季型草坪草可以通过叶面喷施的方法施入氮肥，每次施入量为 0.20～0.45 g/m^2。在施用氮肥时，可以将含铁化合物与氮肥混合，一起施用。

10.4.2.3　施肥种类

（1）氮肥

为了保证球道草坪适宜的密度、良好的再生能力、中等强度的生长速度和适宜的颜色，要保证充足的氮肥。氮肥的施用量随着草坪草种的不同而变化。暖季型草坪草，翦股颖和草地早熟禾通常一年需氮肥量为9~18 g/m^2；细羊茅则只需要4.5~13.4 g/m^2。在炎热逆境胁迫下，冷季型草坪草不施或者少施氮肥。暖季型草坪草，如狗牙根，在生长季节，不同的品种需氮肥量有所不同，一般每月施1.1~4.5 g/m^2；而结缕草则是1.1~2.2 g/m^2。当球道土壤含沙量高、淋溶现象严重时，应该采用上述施肥量的上限。

冷季型草坪草和暖季型草坪草的氮肥施用频率不同，冷季型草坪每3~6周施入1次氮肥，而暖季型草坪每4~10周施入1次。具体的施肥间隔取决于氮肥的种类、肥料的水溶性、释放氮肥的快慢等因素。一般来说，施用缓释氮肥可以保持草坪适宜的生长速度，从而可以减少修剪的次数。然而，对于球道的落球区，由于落球时造成草皮损伤而形成草皮疤痕，需要适当的加大氮肥量和施肥频率，以促进草坪的再生和快速恢复。对于球车等经常行驶的区域，由于践踏比较严重，也要加大氮肥的施用。需要注意的是，在春季降雨频繁、雨量较大时，要减少氮肥的施入量，以控制草坪生长速度，减少土壤在湿润条件下草坪修剪次数，同时避免肥料过多的淋溶。

（2）磷和钾肥

根据土壤测试结果来确定磷和钾肥的施入量，尤其是磷肥，其用量只能根据土壤测试结果。磷肥一般每年只需要施入1~2次，在春季或者夏末秋初，最好以复合肥的形式施入。

钾肥到后期生长需要时，可以适当的增加补充。钾肥有助于增强草坪的耐磨性和耐热性、抗寒及抗旱性，一般来说，钾肥的施入量为氮肥的50%~70%，或者更高一些。春季、夏末秋初最适宜施入钾肥，在夏季草坪受到炎热和干旱胁迫时也需要施入部分钾肥。氯化钾（含58%~62% K_2O）和硫酸钾（含48%~53%的 K_2O）是两种常用的钾肥。相比较而言，硫酸钾更好一些，因为硫酸钾不易造成叶片灼伤，并且将硫元素也施入了草坪。

（3）铁和其他微量元素

铁是球道草坪普遍缺乏的元素，尤其是生长在碱性土壤条件下的一年生早熟禾、翦股颖和草地早熟禾。春季处于根际衰退时期的狗牙根草坪，极易缺铁。改善缺铁症状，可以施入含铁化合物如硫酸铁、螯合铁、硫酸亚铁铵等，或施入含铁的全价肥，也可以杀虫剂或者杀菌剂混合使用，进行叶面追肥。在草坪严重缺铁时，每隔3~4周就要施肥，每次施入硫酸铁0.3~1.2 g/m^2。

氮、钾、铁是球道草坪最容易缺乏的营养元素。其他营养元素仅偶尔出现缺乏，通常只在局部区域或者一些特定的土壤类型中缺乏。硫是球道中第四种较易缺乏的营养元素。球道草坪对硫的需求量通常几乎和需钾量相当。草坪草出现缺硫症状时，可施用硫酸铵（含25%的硫）或者硫酸钾（含17%的硫）。有些全价肥中含有充足的硫，通过施用全价肥也可以在一定程度上缓解缺硫问题。

钙和镁在球道草坪中很少缺乏，镁元素偶尔会在一些沙性土壤中缺乏。当这种情况出现时，可以施入含有白云石的石灰石（含12%的镁和22%的钙）来进行改善。其他微量元素也会偶有缺乏，如狗牙根生长在碱性、含沙量高的土壤中时，偶尔会缺乏铜和锰。微量元素的缺乏一般会通过叶面施肥来予以调节。

10.4.2.4 调节土壤酸碱度

球道草坪建植前对土壤进行改良效果最好。对于翦股颖和细羊茅草坪草适宜的 pH 为 5.5~6.5；而狗牙根、草地早熟禾和结缕草为 6.0~7.0。当强降雨、土壤质地粗糙、原基层土壤呈强酸性以及喷灌用水呈碱性等情况下，需要调节土壤的 pH。硫黄粉可以用来降低 pH，农用石灰石可以提高 pH，用以改良酸性土壤。经常施用酸性肥料如硫酸铵有助于降低土壤的 pH。

改良土壤酸碱度的材料施入量要根据土壤测试结果来确定。一般，农用石灰石的施用量一次性可达到 120 g/m^2，含硫量为 90% 的硫黄粉一次性施入量不能超过 25 g/m^2。施入调节土壤 pH 材料的最适宜时间是早春、秋末、冬季草坪休眠期或者草坪进行中耕打孔操作后。施用后应立即浇水，以免造成草坪叶片灼伤。

10.4.3 灌溉

在球道日常的养护管理中，喷灌是最难制订具体计划的一项管理措施。球道草坪的灌溉主要考虑地形、坡向、土壤质地、草坪草种、土壤层深度以及蒸腾速率等因素。现代高尔夫球采用远程控制双排旋转式喷灌系统，这种喷灌设施固定埋设在地下。根据地形和土壤类型，一般 1~4 个喷头为一组，用来进行喷灌。

由于球道草坪草修剪后高度比果岭高，球道的蒸腾作用也要比果岭高很多。球道草坪修剪后高度越高，草坪草根系扎得就越深，这样有助于草坪的保水能力，有利于对抗干旱胁迫。常用于球道的草坪草，翦股颖需要频繁灌溉，而细羊茅只需要在灌溉时才进行。在干旱胁迫条件下，球道功能区草坪草需要灌溉来保证草坪质量，但是狗牙根、草地早熟禾、结缕草球道草坪草则是根据具体需要来确定是否进行灌溉。

10.4.3.1 灌溉频率

球道草坪灌溉一定要保证充分湿润草坪草的根际层。对于深根性草坪草，在最适宜生长的温湿条件下，灌溉的频率由每天一次到每 7~14 d 1 次不等。当浅根性草坪草处于高温、蒸腾速率高、土壤板结严重的逆境胁迫时，则需要较高的灌溉频率，每周 3~5 次，甚至每天 1 次。

10.4.3.2 灌溉时间

高尔夫球场草坪灌溉的时间最好是在清晨。清晨进行浇水有利于清除草坪叶面的露水，同时减少病害发生。然而，许多高尔夫球场由于灌溉系统的设计和水源等问题，通常需要长时间灌溉才能保证整个球道的需水量。

午间叶面喷灌用于降低草坪表面温度，对于缓解草坪草内部水分胁迫起到立竿见影的效果。翦股颖就是通过上述方法来对抗干旱胁迫的。叶面喷洒仅用于经常受到干旱胁迫的球道区域。午间叶面喷灌时，必须停止球道上的击球活动。喷灌系统实行卫星区域控制，在保证球道上没有球员的情况下，自动进行喷灌。

10.4.3.3 灌溉量

球道灌溉量主要取决于地形、土壤质地以及草坪草等因素。灌溉量受到灌溉喷头的控制，要根据土壤质地来选择喷头。适合的喷头可以减少水分流失，防止草坪表面积水。灌溉量要适当，不是越多越好。实际上，过度灌溉比灌溉不足，对草坪草的影响更严重。过度灌溉不仅会造成积水，而且会导致草坪容易发生病害，杂草入侵，最终影响球道的使用。不同的草坪草品种对灌溉量的要求不同，如草地早熟禾1～3 d灌溉1次，灌溉量可以保证其最好的草坪质量。翦股颖和草地早熟禾保持一定程度的水分胁迫，可以有效地抑制一年生早熟禾的入侵。同样，偶尔限制细羊茅球道的灌溉量，减少草地早熟禾和一年生早熟禾的入侵。

球道草坪每周的灌水量最多5 cm，每天不应超过7.6 mm。整个养护阶段，球道的需水量最大。对于沙土或者保水性差的土壤，要求使用保水剂，确保灌水能够渗透到土壤的草坪草根际层。

10.4.4　覆沙与滚压

球道草坪一般不使用表层覆沙，因为球道面积过大，需沙量大、需时较长、耗费劳动力，相对来说成本较高。但表层覆沙可以控制球道枯草层积累和保持草坪平整，因此，某些局部不平整的球道草坪，可以通过表层覆沙来达到平整的目的。另外，打孔操作后的土芯打碎后返回草坪表面，在一定程度上也起到了表层覆沙的作用，增加了草坪表面的平整性。

草坪滚压增加草坪草分蘖，促进匍匐茎生长，使匍匐茎的上浮受到抑制，节间变短，增加草坪密度。生长季节滚压，使叶丛紧密而平整，抑制杂草入侵。草坪铺植后滚压，使草坪根部与坪床土紧密结合，吸收水分，易于产生新根，利于成坪。滚压可对冻胀和融化或因蚯蚓等引起的土壤凹凸不平进行修整，可增加场地硬度，使场地平坦。另外，滚压可使草坪形成花纹，提高草坪的观赏效果。

10.4.5　有害生物防治

(1)杂草

球道草坪杂草种类繁多，发生危害较果岭严重。但是，果岭的主要杂草在球道上同样也危害严重。在球道草坪上选择和施用除草剂需非常谨慎，最好是只在杂草问题开始显现需要防除时才使用除草剂，而不是定期使用广谱性除草剂来预防杂草的发生。基于此，合理养护体系的规划和执行是杂草成功长期防控的基础所在。杂草的发生，特别是一年生禾本科杂草，最可能发生在落球区。在落球区，击球造成的打痕伤害较为严重，为杂草的滋生蔓延提供了有利条件。

在翦股颖草坪上防除阔叶杂草最有效的方法是秋季施用除草剂。MCPP由于选择性较好，适用于翦股颖和一年生早熟禾，而2,4-D不能用于翦股颖草坪。在暖季型草坪上防除多年生杂草应该在生长季前半期进行。另外，如果不进行冬季盖播，需要在狗牙根进入冬眠后防除冬性一年生杂草。冷季型和暖季型草坪在春季可使用芽前除草剂防除多数禾本科杂草。

(2)病害

合理养护管理草坪，维持草坪健壮生长是球道草坪病害防控的先决条件。避免过度灌溉，以免为病害发生提供有利条件。

狗牙根、细叶羊茅、草地早熟禾和结缕草球道草坪，如果做到合理养护，可少施杀菌剂。球道上狗牙根春季死斑病发生较为严重，细叶羊茅很少使用杀菌剂，草地早熟禾最主要的病害是长蠕孢菌，可通过多种抗性品种的混播来避免其危害。在特定区域，结缕草上锈病偶有发生。

在高强度养护的球道草坪上，翦股颖更需要定期使用杀菌剂防除病害。这种草对多种病害敏感，包括币斑病、褐斑病、腐霉菌、镰刀枯萎病等。因此需要在高强度管理的球道草坪上施用预防性杀菌剂，最好是内吸性和触杀性杀菌剂的交替使用，以防产生抗药性。

另外，可在冷湿气候区北部秋末使用预防性杀菌剂防治雪霉病，然后在币斑病高发期施用1~2次内吸性杀菌剂，这样可极大减少杀菌剂的使用。

(3) 虫害

虫害在温暖气候区的暖季型草坪上发生相对较重，在冷湿气候区的冷季型草坪上发生相对较轻。在狗牙根上虫害发生较为严重，最好是在虫害发生严重危害症状初期就使用杀虫剂进行防治。需选用选择性强、毒性低、残留期短的杀虫剂。

10.4.6 损伤修复

(1)球道修复区

球道修复区指的是由于极端天气、球车设备碾压、人为故意破坏等造成的草坪损害，一般会被明显地标示出来，不能进行打球的草坪休养恢复区。有时在修复区，如刚植入新的草皮区域，由于草皮扎根不充分，也被当作球道修复区。

草坪修复区有多种标识方法，常用绳子和木桩进行围合，或者用草坪涂料在草坪上喷涂。涂料喷涂草坪要环绕修复区，通过加压喷雾器上的触发式喷头进行喷涂，喷涂的涂料不会对草坪造成损害。如果用绳子或木桩进行围合，当修复区草坪进行修剪、施肥、喷灌等养护时，要将绳子和木桩等去除。相比较而言，草坪草涂料喷涂更加地方便。通常喷涂的线条能在草坪上保留2~3周。

(2)球疤与打痕

当球落到球道草坪上，会对草坪向下撞击，形成小的凹坑，称为球疤；在球道挥杆击球时，杆头可能会带起小块草皮，称为打痕。球道球疤和打痕在落球区比较严重，需要定期修补，通过种子混合营养基质的方式补播或移植小草皮块的方式补植。其他不严重的区域，一般不需要修补，可通过草坪草的自然生长而恢复。

(3)胁迫管理

球道草坪草遭受各种环境和土壤的胁迫。环境胁迫主要包括冬季的低温冻害、失水过度、冰的覆盖、霜冻冻胀和融化或因蚯蚓等引起的土壤凹凸不平，以及夏季时荫蔽、高温、萎蔫、洪水、油渍、烫伤和大气污染。土壤胁迫，严重程度变化较大，包括盐碱、钠盐含量高、土壤沉降、积水等。当造成胁迫损伤的原因纠正或消失后，可通过草皮满铺法、草皮块补植法、扦插法或更新播种进行重建草坪。

10.4.7 更新作业

(1)枯草层控制

当球道草坪枯草层积累到一定厚度就会造成病害，局部会形成干枯表面。枯草层的形成主要与草坪草以及养护强度有关。暖季型草坪草，如某些狗牙根品种以及结缕草都易产生枯草层；冷季型草坪草，尤其是翦股颖，枯草层问题最严重。此外，经常灌溉的球道，如果施入氮肥量过高或者经常使用杀菌剂都容易造成枯草现象。

选用枯草较少的草坪品种是避免发生枯草问题最直接有效的方法。合理的养护措施也可以有效地减少枯草现象，如施入的氮肥以保证草坪草的再生能力即可，不要多施；适当的灌溉、严格控制杀虫剂的使用量等。此外，微生物对环境中有机物的分解作用，可以将土壤pH值维持在6.0~7.0之间；蚯蚓和真菌等活动还可以增加土壤的含氧量，这些都有利于减少枯草现象的发生。

通常在枯草积累厚度超过15 mm时，通过垂直切割来控制枯草层的形成。垂直切割机带有可以独立工作的清扫机，在进行切割时，清扫机收集并清除枯草碎屑。在草坪草快速生长时期，进行垂直切割以去除枯草层，有利于草坪草快速生长。草坪草处于较低养分条件下，垂直切割后要立即施肥，以增强草坪草的恢复能力。一年生杂草尤其是一年生早熟禾入侵时，尽量避免垂直切割，以防止杂草混入草坪草中，不易发现。大多数情况下，在草坪草上半个生长季进行垂直切割。根据草坪草种、枯草层厚度及分布来确定切割的高度和间距。

预防是最有效避免枯草积累的方法，通过不断地调整养护计划，可以减少枯草层的积累。此外，将打孔操作后打碎的芯土返回到土壤中有助于枯草层的分解。

(2)破除土壤板结

如果球道的土壤是黏土时，土壤易发生板结。球车和其他机械的碾压也会加剧土壤板结。土壤板结不利于土壤通气，抑制了草坪草根系的扩展；减少了土壤的渗水性，易发生地表径流，造成水分流失；草坪草生长不良、密度减少，草坪质量差。一旦发生土壤板结，就要采取有效措施进行解决。解决土壤板结问题常用的两种方法是打孔和划破草皮。

①打孔　是用一种实心管或空心锥管。空心管有筒状、匙状两种。球道草坪打孔常采用滚筒式打孔机。打孔机带有一系列宽度不等的滚筒，一般宽度为1.8~2.7 m，打孔深度为8~12 cm。滚筒上的打孔锥通常是半匙型齿或空心齿。匙形齿打孔锥的直径一般为1.3~2.5 cm不等，通常用于弧度较大的草坪，以便于将土壤打散和清除。如果坪床土壤质地较好，空心打孔后的土壤可以留在草坪上，利用拖平机械碾碎后，拖回到草坪中。球道打孔的次数要根据土壤硬实的情况来确定，每年最多进行1~3次。

②划破草皮　是更新作业的一种方式，主要通过对土壤进行垂直切割来完成。但是与打孔不同的是，划破草皮没有土壤的移动，主要通过安装在滚筒上的"V"形刀片来完成。刀片间留有适当的间距，以便于球道变化的轮廓线处的垂直切割。球道上使用的划破草皮机械由拖拉机来牵引，一般工作幅宽1.5~1.8 m，划破草皮的深度一般为5~8 cm。

更新作业在打孔和划破草皮都需要进行的情况下，作业的土壤深度为7.6~10 cm。球道草坪草进行更新作业最适宜时间为草坪草生长的最佳时间，对于冷季型草坪草，晚春季节比较适宜；而对于暖季型草坪草，春季和夏季都很适宜。除非土壤板结非常严重，否则一般不在秋季进行更新作业。对于球道中某些容易出现土壤硬实的区域，如球车经常行走的路线，根据情况增加更新作业的次数。

10.4.8　冬季盖播

在热带和亚热带温暖气候区，暖季型草坪球道如狗牙根球道需要进行冬季盖播。但是球道草坪的冬季盖播没有果岭普遍，一般只在观光型球场或者高品质的高尔夫球场。由于球道对草坪草的要求没有果岭的高，所以盖播时的操作相对要简单一些。多数情况下，盖播前球道不要进行中耕或垂直修剪，仅用离心式播种机将种子撒入球道草坪即可。冬季在易发生病虫害的区域进行盖播时，盖播前可用杀虫剂或杀菌剂对土壤进行处理。

球道盖播所使用的草种通常是多年生黑麦草和一年生黑麦草。在北方低温严重的地区，一年生黑麦草冻害现象严重，一般不使用。播种量一般为 30~40 g/m^2。盖播后使用拖网将种子拖入草坪中。养护过程中，很少进行覆沙，只要适当地进行灌溉，保持坪床湿润，以利于种子的快速萌发和成坪。盖播草坪的养护管理可参照果岭部分。

10.4.9 附属管理

(1)落叶和杂物的清除

球道修剪后的草屑一般不需要清除，直接留在草坪中。但是在春、秋季定期对草坪上的草屑、落叶等杂物的清除是球道养护必不可少的一项工作。早春，草坪草处于冬季休眠期时，草屑等的清除尤为重要。

落叶的清除一般有 3 种方法：①使用粉碎机，将落叶收集粉碎再返回土壤中；②用耙子收集，吸草机将草屑等吸进料斗箱，然后运走；③用鼓风机将草屑等吹到长草区，这种方法是最快速也是成本最低的。

(2)球道备草区

球道备草区在高尔夫球场并不非常普遍。当球道草坪由于损伤需要替换时，一般都是从初级长草区选择生长良好的草皮或者从草皮农场购入草皮进行修补。但是这种方法可能会将杂草、其他草坪草种和病害引入球道草坪。因此，在条件允许的情况下，最好还是设置球道备草区。

与果岭备草区不同，球道备草区通常还可以用作新型农药和化肥的试验基地、草坪型品种测试和将在球道草坪实施的新型管理措施的试验场所。球道备草区一般设在较远的次级长草区，临近果岭备草区的养护设施。通常一个 18 洞高尔夫球场需要 1 500~2 500 m^2 的备草区。

球道备草区所使用的土壤最好和球道土壤性质相当，也需要进行灌溉和铺设排水设施。球道备草区的草坪草种、坪床处理过程以及种植方法与球道草坪相同。所不同的是，为了加快成坪、缩短收获时间，常常增加施肥和喷灌。成坪管理和球道草坪的成坪管理相同。

本章小结

球道是位于发球台与果岭之间，较为开阔、平坦的草坪区域，是每一洞的最佳打球路线。球道富于变化，最能体现整个高尔夫球场的风格，其主要功能是提供一个较好的落球区域和击球位置，有利于球员打球。球道草坪质量低于果岭和发球台，要求密度大、光滑、弹性好、恢复能力强。通过本章的学习，可了解球道的组成，熟悉球道的类型、建造过程和日常养护管理措施，掌握球道的坪床结构、排水系统类型、草种选择原则及适宜的草坪草种，以及草坪灌溉、施肥、修剪、修复和更新等关键技术措施。

思考题

1. 球道草坪的质量要求主要是哪些？
2. 球道常用草坪草有哪些？为什么？
3. 球道草坪修剪应注意哪些事项？
4. 球道草坪施肥的主要措施？

5. 球道草坪的节水灌溉措施有哪些？
6. 如何治理球道草坪枯草层？
7. 球道草坪土壤板结如何防治？
8. 球道打痕(divot)如何进行修复？
9. 球道草坪的更新与复壮有哪些措施？

第11章

高尔夫球场长草区

随着高尔夫运动的发展，人们对于高尔夫球场的认识和管理方式因全球气候变化、环境观念、草坪质量以及运营成本等发生了深刻改变。长草区(rough)作为高尔夫球场面积最大的区域及障碍区的主要组成部分，除了在高尔夫球比赛中的障碍作用外，其在高尔夫球场管理、高尔夫球场景观和环境等方面的价值获得了重新发现和阐述，长草区设计、建植、管理和维护等相关方面的知识也因此得到了长足进步。

11.1 长草区概述

11.1.1 长草区的概念

长草区是高尔夫球场中非主要的运动或比赛区域，草坪管理较粗放，一般留茬高度大于3.8 cm。该区域位于果岭、发球台和球道的外围，包括高留茬的草坪地、不修剪的高草、灌丛、树林等，用以惩罚球员过失击球，提高击球难度，增加比赛的策略性和挑战性。长草区的面积因球场占地面积和设计要求的不同，差异很大，一般长草区占一个标准18洞球场总面积(约为60~80 hm^2)的75%左右。

图11-1 高尔夫球场长草区景观

从空中鸟瞰(图11-1)，可以发现长草区实际上是高尔夫球场中分隔球道并将其组织成为一个有机整体的要素，在组成要素和表现形式上并无特定的形式。例如，在林地建造球场，球道分布在丛林之间，长草区随地形变化成为球道和林木的过渡地带并自然地连接成一个整体；在海滨、平原、植被稀疏地，作为一个独立草坪区建植并管理的长草区，其内缘是球道的向外延伸，外缘则配置自然起伏、随意组合的景观树木，球车道穿行在其中；在干旱缺水的球场，长草区的设置则多利用原有植被来分隔球道，作为障碍区、景观区和球道边界。

设置长草区的目的主要有三：第一，惩罚错误击球，长而柔软的高草，使落入其中的球难以有效击打，从而增加击球杆数而达到惩罚目的，因此击球者在做出击球动作之前必须首先进行准确的判断，如球杆类型、距离、落点、方向、风向风速和力量等。对过失击球惩罚的严厉程度取决于长草区的草坪修剪高度、密度、园林树木的数量等因素；第二，通过调整长草区内缘草坪的修剪高度，可以改变球道形状，从而在整个生长季形成灵活多变的球道，增加球场的趣味性、策略性和挑战性；第三，长草区草坪所需养护管理强度较低，减少养护费用投入，可降低球场运营成本。此外，建造时长草区所在区域可保留原有的植被，能有效地控制水土流失。

长草区内除了草坪草外，通常还布置有一定量的乔木、灌木、花卉等园林植物，是设计师进行球场景观布置的重要区域。

11.1.2　长草区类型

根据草坪修剪高度、管理水平和距球道边缘远近，长草区分为初级长草区(the primary rough)和次级长草区(the secondary rough)(图 11-2、图 11-3)。紧邻球道两侧、修剪高度较低的区域为初级长草区，主要用以惩罚偏离路线的不当击球。初级长草区宽度一般为10~15 m，主要取决于树木离球道的距离、洞与洞之间的距离、是否有隔离带存在等。初级长草区草坪养护水平近似或略低于球道草坪。除了典型的海滨球场和沙漠球场外，通常在初级长草区内分散种植一些园林植物，形成较鲜明的反差，二者较易区分，初级长草区的外缘线一般与周围的景观融合在一起。高尔夫球车道路一般沿初级长草区布设，并与次级长草区相邻。

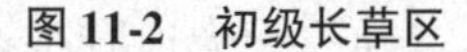

图 11-2　初级长草区

图 11-3　次级长草区

次级长草区是在初级长草区之外，草坪修剪高度更高的草坪区域，管理非常粗放，有时甚至不需任何管理，其内种植的树木较密集。高尔夫球场的服务道路布设于其中。使用本地自然植被比草坪草更适合次级长草区，非禾本科草类以及野花可以营造出充满野趣的自然风光，但是也会给球场造成潜在的杂草危害，如千屈菜、蓟等。因此，考虑到运行成本，地带性自然植被应该用于一些特定区域，而不适于大面积使用。有些球场不设置次级长草区或面积很小，尤其是在大众化球场，甚至没有次级长草区。

在管理水平极高的球场，有时在次级长草区和球道之间还留有中间长草区(intermediate

rough)，中间长草区的草坪修剪高度介于球道和初级长草区之间。中间长草区的出现是为了适应由球道至长草区灌溉和施肥管理的变化。中间长草区的宽度介于1.5~5.0 m之间，高度为4~6 cm。

长草区的使用强度较果岭、发球台及球道要小得多，管理水平及管理强度也低得多，然而这并不意味着长草区在球场中无关紧要。它是体现球场风格和设计理念的重要区域，对于球场的整个景观起着重要作用。为打球的需要，长草区草坪仍需要进行一定程度的粗放管理。

11.1.3 长草区质量要求

什么是一个理想的长草区？确定的标准不应该是单一的，而应该综合多个方面的要求。首先，高尔夫专家希望长草区的设置能够在比赛的竞技性、观赏性和时间花费之间取得平衡；其次，球员及裁判则希望通过合理设置的长草区来惩罚那些不当击球，而长草区是否合理的判断标准取决于作出判断的人所扮演的角色(球员或裁判)；最后，长草区还应考虑球场管理者的意见。长草区虽然是高尔夫球场中次要的部分，但也是重要的组成部分，而球场管理者所掌握的资源总是有限的，必须考虑如何把有限的资源合理地分配在球场的各个部分。

一个理想的、低维护的长草区应该满足以下条件：

①保证球员能够在较短时间内发现并确定球的位置。

②对不正确的、偏离路线的击球给予惩罚。

③球场管理者能够通过调整长草区的修剪高度来改变惩罚的严重程度。

④能够适应低的维护水平，并且能够获得并维持一个可接受的质量水平，如较高的均一性、杂草较少以及与高尔夫球场相适应的景观美感。

⑤能够忍受管理机械和人员的碾压踩踏。

⑥所使用的草坪草能够满足分级设置不同修剪高度的长草区的要求，现代高尔夫逐渐开始在长草区中设置一定面积完全没有维护的区域。

11.2 长草区建造与草坪建植

11.2.1 长草区建造

长草区的建造与球道建造相似，从理论和设计上来看，长草区和球道是分开建造的，但在现实中，绝大部分球场的长草区和球道采用了同一种草种，大大地减少了建造的困难和养护管理的费用。所以，在实际的操作中，长草区和球道的建造是一同完成的，仅在剪草初始，按设计图剪出球道的边界，将长草区和球道分隔。

长草区的建造流程与其他区域基本相同，包括以下步骤：①测量、标定边界；②清理不需要的植被和其他障碍物；③剥离表层土并运输到指定地点堆积；④场地粗平整；⑤安装排水/灌溉(如果需要)；⑥深耕；⑦场地细平整；⑧表层土的回填；⑨表面造型与平整。

11.2.1.1 测量定桩

根据长草区中心线和永久水准点，测量和计算出各个桩的坐标，每个坐标构成了定桩的平面图，从这些坐标能够在现场准确地定位出长草区的特征。在现场施工中，应根据地形和实际情况做一些适当的调整，并把这些变化绘制在经过修改的定桩平面图上，为后续的场地平整和造型打好基础。

11.2.1.2　场地清理

清理是建坪场地内有计划地清除和减少障碍物的作业。主要有建植前场地内树木和灌丛的清理；影响草坪的岩石、碎砖瓦块的清理及场地杂草的清理等。

树木清理包括乔木、灌木、枯木、树桩和树根等。生长着的树木可根据其美学价值和实用价值来决定是否移走，在长草区内缘和球道边缘，保留一些重要的树木作为障碍和球洞的隔离；如果球场建在林木地，长草区外边缘的树木、灌木应尽可能保留或者有选择的保留，它能形成一个自然的林木景观和有效的分割林带，并保护了水土，降低投资成本。枯木和树桩应根据不同的草坪使用目的来决定具体的措施，一般情况下应彻底移除；草坪修剪时由于残留树桩的影响可能会严重损坏剪草机的刀片或曲轴，此外残留树桩会腐烂塌陷，对地形造成影响，同时还有诱发病害发生的潜在可能。

除留存点缀景观的自然岩石，裸露的岩石以及35 cm表层土壤中的砖石应全部清除。在10 cm以内表土层不要有大于2 cm的砾石或石块，否则会影响草坪的耕作管理(如打孔等作业)，严重破坏机械设备。

建坪前期的杂草清理工作对于高均一性草坪的建成和后期维护具有深远的影响。具体的方法有机械耕翻、化学除草、熏蒸等。具体防除方法视建坪场地、作业规模和存在的杂草种类而定。

11.2.1.3　表土剥离

将长草区建设所占土地约30 cm厚的表土搬运到固定场地存储，然后待造形作业完成后再回填到建设区域。这一措施可有效保护地表熟土资源不流失，且表层土壤肥力充足，减少生土熟化产生的额外资金投入。表土堆放地应设置相应的水土流失防治措施。

11.2.1.4　场地粗平整

按照设计图和现场的定桩，借助大型推土机、挖土机、装载机等对需要填方或挖方的区域，进行原始的土地平整、造型(图11-4)。在填方的区域，应考虑填土的沉陷问题，细质土通常下沉15%，填方较深的地方除加大填量外，需镇压以加速沉降。

图11-4　长草区粗造型工程

11.2.1.5　排水和灌溉系统的设置

一般来说，长草区不需要大面积安装地下排水系统，而仅在需要的地方安装地下排水管道、集水井、渗水井等，以利于迅速有效地排除过多的水分，尤其是在需要排水的沙坑和球道附近。为了排出过量的水分，排水口的数量要充分，排水管道的管径也应足够大。因长草区造型起伏较大，且与球道相接，因此在长草区斜坡底部与球道相邻的部位安排地下排水管拦截斜坡渗流的水分是非常必要的，它可以防止斜坡的地下水渗透至球道，而导致地表积水。如果没有安装足够的排水管道及采取适宜的排水措施，有可能导致无法正常修剪草坪、草坪生长不良、土壤紧实等，从而影响打球。

在湿润和半干旱地区，长草区草坪通常不需要安装灌溉系统，因为这样可以节省较大的建造费用。但在干旱地区，长草区的灌溉系统显得尤为重要，即使不安装自动喷灌系统，球道的喷灌系统也要能覆盖长草区的部分草坪。另外，在球道安装喷灌系统时，应留出足够多的快速接水口，以便在必要的时候人工对长草区草坪进行补浇，保证其正常生长。

11.2.1.6　深耕

深耕地的目的在于改善土壤的通透性，提高持水能力，减少根系扎入土壤的阻力，改善土壤的结构和表土的一致性。深耕包括犁地、圆盘耙耕作和耙地等连续操作。深耕的同时配合石块、杂物、树桩、树根、杂草根茎的清理。

11.2.1.7　细造型与表面平整

长草区最终造型应符合球场设计要求，坡度平缓，起伏顺畅、自然，具有良好的地表排水性能。首先应制定长草区细造型方案，按照设计师的意图或在设计师的现场指导下修建草坑、草丘、草沟等微地形，并通过人工进行必要的挖方和填方工作，将表面处理平整(图11-5)。由于长草区面积大，细造型工作很繁重，可使用平地机完成初级长草区和相邻球道的细部造型和平整，以消除细微的隆起或凹陷。

图11-5　长草区细造型工程

11.2.2　草坪建植

长草区草坪面积大，草坪养护管理较为粗放。因此，其草坪草种的选择及草坪建植方法与球道有所不同。

11.2.2.1　草坪草选择原则

长草区的草坪草在使用特性方面的要求与球道草坪差异很大，主要体现在耐粗放管理方面，所选择的草坪草种除了适应当地的气候、土壤条件、有抵抗当地病虫害的能力外，还应具备以下特点：

①耐粗放管理，对水、肥要求不高，尤其要耐旱，具有在干旱胁迫下能正常生长的能力。

②适于较高的修剪高度，生长低矮，修剪频率低。

③出苗快、成坪快，保持水土能力强。长草区一般具有较大的起伏造型，易造成水土流失，因此不仅要求草坪能快速定植，还要求草种具有较深和较丰富的根系。

为做到科学合理地选择适宜当地气候条件的长草区使用的草坪草种，可咨询专门的科研机构或种子供应商。

11.2.2.2　适宜的草坪草种

大多数草坪草都能够适应较大范围的管理水平，因此大部分常用草坪草均可用于高尔夫长草区的建植。每一个高尔夫球场都有着不同的要求，每一种草都有各自的优点和不足。下面按照气候适应性介绍长草区常用的草坪草：

(1)北方冷凉地区

草地早熟禾、多年生黑麦草、高羊茅、细羊茅都有耐粗放管理、成坪速度快等特点，不需要较高的养护水平就可维持生长良好的草坪，是长草区内经常使用的冷季型草坪草。

①草地早熟禾　草地早熟禾适宜冷凉、湿润气候以及肥沃的土壤。如果气候条件适宜，草地早熟禾能够形成质量极佳的长草区，满足不同长草区的功能需求及不同的惩罚策略。即使在低维护水平条件下，草地早熟禾也能形成可接受的草坪质量。为了满足长草区功能性需求，建议进行低强度的施肥和灌溉措施。草地早熟禾能够适应高、中、低留茬的修剪，因此可用于与球道相毗邻的初级长草区、次级长草区以及完全不修剪区。相对于其他草种，草地早熟禾需要较高的养护管理，因此在干旱地区无灌溉条件下表现较差。

②草地早熟禾与多年生黑麦草混播　在大多数情况下，使用这一混播组合能够获得与草地早熟禾单播相似的质量。多年生黑麦草能够显著提高长草区草坪建植速度，而占据主导地位的草地早熟禾可以保证长草区的功能。在利用这一混播组合时，需要注意的是两个草种的混播比例(多年生黑麦草幼苗活力高，侵占性极强)。用于长草区时，30% 多年生黑麦草 + 70% 草地早熟禾的混播组合即可获得极佳的质量效果，同时也满足长期使用的需要。草地早熟禾与多年生黑麦草混播组合的养护管理需求与草地早熟禾单播相同。但是，如果长草区的维护水平比较高，多年生黑麦草就会快速生长，必须加强修剪以保持其功能性和竞技性。

③高羊茅　在较干旱地区高羊茅是长草区的理想选择。高羊茅能够在多种气候条件的生态环境中生长，生态适应幅度较大。根系分布深且广泛，因此具有较好的耐热性和抗旱性。高羊茅在较高留茬高度可获得令人满意的草坪质量，可用于初级长草区和次级长草区，同时满足长草区对不当击球的惩罚需求。管理中需要注意的是，完全不修剪的高羊茅会形成密集的草丛，从而使落到其中的高尔夫球很难被发现。

④细羊茅　细羊茅常用于遮阴环境下高尔夫长草区草坪混播组分之一。近年来，细羊茅也被用于非修剪的坡地区域。这一新方法具有两个优点：第一是可以降低维护费用，而且可以保证长草区惩罚功能性，这得益于其质地细而硬的叶片；第二是可形成优美的景观，不修剪的细羊茅形成似原野一般的草地，具有令人喜爱的外观。在实际管理中，需要加以注意的是杂草的控制，以维持长草区良好的外观质量。

长草区的草坪由于不要求具有很高的均一性，大多数情况下可以采用两个以上冷季型草坪草种的混播。如草地早熟禾 + 高羊茅，草地早熟禾 + 高羊茅 + 多年生黑麦草，草地早熟禾 + 多年生黑麦草，高羊茅 + 细叶羊茅类等。

如果需要先锋种，可以使用燕麦代替传统的一年生黑麦草或多年生黑麦草。

(2)南方温暖地区

普通狗牙根、杂交狗牙根、海滨雀稗、结缕草、假俭草、钝叶草和画眉草等都是可用于温暖地区长草区的暖季型草坪草。其中尤以种子型的普通狗牙根、海滨雀稗和结缕草最普遍，它们都具有耐炎热、耐干旱、管理粗放等优点。

①狗牙根　用于高尔夫长草区的狗牙根以种子繁殖的普通狗牙根为主，杂交狗牙根 Tifway 419 也用于一些高档球场的长草区。狗牙根能够在低维护条件下形成令人满意的外观质量和功能。与其他一些草种不同，狗牙根难以通过叶色来区分长草区和球道。为了获得良好的外观和功能质量，狗牙根需要较其他草坪草更高的氮肥需求，这也成为其用于长草区时一个主要的不足之处。如果管理者降低其对长草区草坪的质量要求，狗牙根也能在低水肥条件下形成可接受的草坪。

②海滨雀稗　海滨雀稗喜温暖气候。耐热和抗旱性强，抗寒性较狗牙根差，较耐阴，耐

瘠薄土壤。耐涝性强，在遭受涨潮的海水、暴雨和水淹或水泡较长时间后，仍然正常生长。耐盐性极好，可忍受盐离子浓度高达 54 dSm^{-1}的土壤。海滨雀稗原为粗质地草坪草，经过育种家的不懈努力，现已育成多个优良品种。品种间在叶片宽度差异较大，有些质地粗糙，用于道路绿化等；有些品种则质地细腻，株丛低矮，枝条密集，叶色和密度均较大多数杂交狗牙根更为优秀。在美国佛罗里达、夏威夷、泰国、菲律宾等地区的高尔夫球场上使用表现极佳，近年来引种到我国，在南方地区的高尔夫球场被广泛应用。海滨雀稗耐盐性极好，可使用海水灌溉，现已成为热带、亚热带沿海滩涂和类似的盐碱地区高尔夫建植的最佳选择，其中粗质地的品种可应用在长草区。定期施肥可促进海滨雀稗茎叶健康生长，但应避免早春施氮肥，以免刺激茎干过分生长。草皮致密易造成严重的枯草层问题，有计划地进行去除枯草和通气作业有助于形成良好的草坪。

③结缕草　结缕草具有密度大、耐低剪、抗逆性强、对水分需求低等优良特性，可形成致密、整齐的草坪，非常适合温暖地区长草区种植。采用结缕草的长草区，在早春和深秋时与球道、果岭、发球台的冷季型草形成明显的季相色带，景观非常漂亮。此外，用结缕草建植的球道和长草区对球员来说打球有独特的趣味性，这种击球感与早熟禾和高羊茅草坪很不相同。由于结缕草抗逆性强，耐粗放管理，水、肥、药的需要较少，养护成本低，比冷季型草坪草节约40%以上，是环境友好型球场理想的长草区草种选择。但结缕草成坪速度慢，绿期比冷季型草坪短，质地偏硬，剪草机修剪时对刀的磨损比较大，在选择时也要考虑。

(3)过渡地带

在南北相交的过渡地带长草区一般选用耐热的冷季型草坪草种和抗冷的暖季型草坪草种，高羊茅、结缕草和野牛草较为常用。野牛草是过渡带干旱、半干旱地区高尔夫球场长草区理想的选择。其生态适应性范围广，耐旱，耐瘠薄，对农药也有很好的耐受性。此外，野牛草垂直生长缓慢的特性使得修剪频率大大降低。与狗牙根相比，野牛草建植的长草区具有更好的击球性能，使得球员能够轻松地将球从草丛中击出。但是，野牛草的耐践踏和耐磨性不如狗牙根，尤其是在土壤含水量较高的条件下。

11.2.2.3　坪床准备

长草区草坪的坪床标准较球道低，对草坪质量要求不高，可以适当减少改良材料的投入量。尽管如此，长草区草坪的建植仍需对坪床进行必要的整备工作，主要包括以下几项：

(1)土壤 pH 调整

采集长草区域内有代表性的土壤样品并送交实验室进行理化分析和营养成分分析，根据测试结果及所选草坪草种对土壤酸碱度的要求决定是否对土壤 pH 进行调整，如果土壤化学分析结果显示土壤酸碱度需要调整，应该在播前进行。酸性土壤施入农用石灰，碱性就应加入硫黄粉及一些酸性肥料等。播种以前较长的时间内，在土壤表层 100~150 mm 以上混入石灰或硫黄是最有效的方法。

(2)施肥

尽管在大多数情况下，长草区在日后正常养护管理中的施肥量很低，但在草坪建植初期应该提供足量的营养。使用肥料的种类、比例和数量应根据土壤测试结果决定。一般基肥以氮、磷、钾肥为主，以全价复合肥的形式施入。如土壤测试结果发现缺乏某些微量元素，可随基肥一同施入。磷在土壤中的移动很慢，如果土壤含磷量较低，应该在施用磷肥后进行轻度耕翻，以使磷肥与土壤充分混合。而氮肥和钾肥施用在土壤表层即可。氮肥和钾肥宜选择长效缓释肥。也可以使用绿肥、腐熟的粪肥、堆肥以及泥炭土等有机肥，既可以改善土壤结构，又可为草坪草的生长提供充足的养分。

(3)播前平整

播种前对坪床通过耙、耱、拖平、碾压等方法，将坪床表面的土块打碎，使土壤颗粒大小均匀、适中，最终形成光滑、紧实、平整，起伏顺畅、自然的坪床。

11.2.2.4　草坪种植

(1)种植方法

长草区草坪的种植方法一般为种子直播法、撒播草茎法及液压喷播法。播种后一定要镇压，可使种子与土粒紧密接触，对种子快速、整齐出苗非常重要。因此，最好使用带有开沟、播种、滚压一体的播种机播种。撒播草茎法常用于只能靠营养茎繁殖的草种，如杂交狗牙根，撒植草茎后一定要覆沙、滚压，对保证草茎成活率、造型的顺畅都很重要。液压喷播法在长草区草坪建植中比较常用，因长草区起伏较大，种子直播方法建坪有一定的难度，如果条件允许，最好采用液压喷播法。这一播种方法不仅速度快，工作效率高，而且不破坏坪床表面细造型，出苗快，成坪快，抗水冲和风蚀。

(2)种植时间

理论上来讲，一年中任何时间都可播种，甚至在土壤结冻的冬季也可播种。但实际上，在不利于快速发芽和苗期生长的条件下播种，往往会导致失败。理想的播种时间是草坪草幼苗在冬季来临之前有充足的生长发育时间。一般来说，冷型草种的最佳播种时间是夏末秋初，而暖型草种的最佳时间则在春末夏初。

(3)播种量

播种量的确定的最终标准，就是以足够数量的活种子确保单位面积上的额定株数。长草区与果岭、球道等具有不同的质量和功能要求，因此其枝条密度较其他区域低，一般达到 1~2 个/cm^2。最后，综合考虑种子纯净度、发芽率、草坪草生长习性、播种后的管理水平等因素，确定所采用的播种量。对撒播草茎法来说，将草皮按 1∶4~1∶8 比例加工成营养茎撒植，可满足建植的枝条密度要求。

(4)覆盖与土壤侵蚀控制

长草区一般地形起伏较大，草坪建植期间需要频繁的灌溉以保证种子发芽和幼苗生长对水分的需求，但这也会造成严重的水土流失。因此，地表覆盖和土壤侵蚀控制是长草区建植期间一个很重要的问题。

在陡坡、洼地、果岭或沙坑周围，一般使用草皮或者植生带进行长草区草坪建植。在除此之外的其他区域，通常采用播种后覆盖的方法来控制土壤侵蚀。最常用的覆盖材料是麦秸。麦秸通过覆盖喷播机喷撒，秸秆的使用量大约为 0.4~0.5 kg/m^2，在喷撒后再喷洒一定的黏合剂进行黏合固定，以免大风将其吹走。常用的覆盖材料还包括无纺布、草帘、纤维材料、刨花等。覆盖不但可以防止水土流失，而且可为种子萌发和幼苗生长提供良好的小生态环境，加速草坪成坪。采用覆盖措施时应注意，在幼苗生长到 2 cm 左右时，可于阴天或傍晚没有阳光直射时揭开覆盖物，以免因过度遮盖而影响幼苗生长。撒播草茎建植的长草区一般要覆沙，不再进行覆盖。

11.2.3 幼坪养护

长草区草坪能否成坪取决于播种后的养护管理。养护管理措施要求精细。

(1)喷灌

如果条件允许，对新播种的长草区进行喷灌，尤其是在比较干旱的季节。干旱对草种萌发是相当有害的；严重的土壤板结会阻止新芽钻出地面而致幼苗窒息死亡。营养繁殖体对干旱不如幼苗敏感，但干旱也会对其产生危害。

幼坪灌溉应遵循“少量多次”的原则，即每次灌水量小，灌溉频率高。这样的喷灌浇水应该持续 2~3 周或到草坪完全成坪。如果长草区进行了覆盖，灌溉的频率就会少得多。在没有喷灌的地方，就要选择一年中自然降水和土壤水分较高的时间播种。新建草坪在灌溉时应注意：①选择喷灌强度小的喷灌系统，以雾状喷灌为好；②新坪第一次灌溉应保证充足灌水；③灌水速度应不超过土壤有效的吸水速度，灌水应持续到土壤 2.5~5 cm 深完全浸湿为止；④避免坪床上产生积水；⑤喷灌应尽量选择在无风或微风的天气进行，时间以蒸发量较小的清晨或傍晚为宜；⑥随着草坪草的生长发育，应逐渐减少灌溉频率，提高灌水量，促使草坪草根系向土壤深层生长。

(2)修剪

对于修剪高度较高的草坪，建坪期的草坪修剪高度通常和成坪后的要求一致。对于修剪高度较低的草坪，一般建坪期的修剪高度较成坪期高，随着草坪草的逐渐成熟而不断降低修剪高度，最后达到计划要求。修剪时遵循“1/3”的修剪原则。根据不同草种，当草坪生长到 7~13 cm 时开始第一次剪草，剪草高度一般为 5~8 cm。

幼坪修剪通常应在土壤干燥时进行，剪草机的刀刃应锋利，调整适当，否则易将幼苗连根拔起和撕破损伤幼嫩的植物组织。为避免修剪对幼苗的过度伤害，应在草坪无露水时进行，一般选择下午进行。新建草坪应尽量避免使用重型修剪机械。

(3)施肥

施肥为促使长草区幼坪尽快成坪，应及时对幼坪进行施肥，在幼坪生长到 4~5 cm 时，需要施入氮肥，施氮量为 2~3 g/m^2，施肥后立即浇水，以免叶片灼伤。在幼坪阶段一般不需施入磷、钾肥。

(4)病虫杂草防治

长草区出现病虫害时，应选择一些广谱低毒的农药产品并降低剂量使用；如出现杂草，尽量人工拔除，推迟除草剂的使用时间。至少在种子萌发后 4 周再喷施除草剂。

11.3 长草区草坪养护

长草区草坪的管理强度和管理水平取决于所种植的草坪草种或品种、践踏强度、需要的打球速度、球场管理费用等。尽管长草区草坪质量要求低，但为了满足景观质量和惩罚性功能的需要，仍应进行一定的管理。主要管理措施有修剪、施肥、灌溉、杂草防治及一些附属管理措施等。

11.3.1　修剪

长草区草坪一般不需要修剪，但如果致密的草坪不修剪，球落入其中很难找到，势必影响打球的速度，而且也造成对球员过失击球的过度惩罚。因此，根据需要对长草区，尤其是初级长草区草坪进行修剪是十分必要的。

(1)初级长草区的修剪

初级长草区紧邻球道边缘，球落入其中的概率很大，其修剪高度和频率取决于球场投入的管理费用、要求的打球速度和打球的难易程度。修剪高度变化很大，有的球场将其修剪至2 cm，有的为10 cm，甚至不修剪。但一般球场的初级长草区修剪高度为4~8 cm，每1~2周修剪1次。修剪时要注意球道边缘轮廓线，保持轮廓线清晰易辨识。

(2)中间长草区的修剪

某些管理精细的球场，在球道和初级长草区中间保留有中间长草区，其修剪高度为2.5~5 cm，介于球道和初级长草区之间，一般每周修剪1次。设立中间长草区可降低打球难度，但大多数球场出于管理费用的考虑不设置中间长草区。

(3)次级长草区的修剪

多数球场的次级长草区是不进行修剪的，尤其是球很难达到的区域(out-of-play area)。靠近初级长草区边缘的次级长草区可进行轻度修剪，不修剪的区域，有时还种植一些花卉和树木来增加球场的景观效果。

(4)陡坡地区的草坪修剪

长草区内的一些陡坡区域，剪草机无法操作，如果这些区域也需要修剪，可以使用割灌机进行修剪或使用植物生长抑制剂进行化学修剪。

11.3.2　施肥

长草区草坪在成坪后的第一个生长季节内，要给予与球道草坪相近的施肥量，以保证草坪充分、快速地定植。大多数球场，长草区成坪后的施肥计划是每年施入1次全价复合肥。冷季型草坪草在秋季进行，而暖季型草坪草在春季施入。对于某些不进行修剪等管理措施的次级长草区，可2~3年施入1次全价复合肥。

长草区的施肥水平主要由草坪草种、土壤、气候条件等因素决定。在相对肥沃且营养成分不易损失的长草区几乎不需施肥，特别是种植那些营养需要量很少的草种，如巴哈雀稗、结缕草、野牛草和狗牙根等。

11.3.3　灌溉

初级长草区可以定期进行少量喷灌，次级长草区一般不需要灌溉。在干旱和半干旱地区，当草坪严重缺水而出现萎蔫症状时，可以进行一次性大量喷灌，充分湿润种植层土壤。

11.3.4　杂草防除

大多数进行修剪的长草区都必须进行阔叶杂草的防治，以避免杂草种子传播到球道上。防治阔叶杂草时，冷季型草坪草在夏季使用除草剂较好，暖季型草坪草则在春季较适宜。此外，要注意采用合理的除草方式防除一些单子叶杂草。进行修剪或灌溉的初级长草区内生长一年生杂草如马唐时，可人工拔除；如杂草过多，可考虑使用萌前或萌后除草剂，在杂草幼小时防除。

除了施肥、修剪和灌排水等主要措施，有时还需要借助一些辅助管理措施来保持草坪的高质量。当草坪出现或预计会出现问题时，有必要采取辅助管理措施，包括表层耕作、表施土壤、滚压等。这些措施通常作用于8 cm以内的表土层，所以土壤状况严重恶化时，必须进行草坪更新或重新建植草坪。

11.3.5 更新作业

在长草区内球车经常行走的区域、接受践踏的区域容易发生土壤板结，可以根据土壤紧实情况进行打孔或划破草皮更新措施进行改良。管理中，还应通过变更交通路线，如使用标识牌、路障、篱笆以及绳子等进行分割阻挡，来降低因对同一区域土壤的反复碾压而造成严重的土壤紧实。

总之，长草区养护管理计划受到高尔夫球场其他工作的影响，因此长草区的管理应该与果岭、球道等的管理相协调，应将其作为球场整体管理计划的一部分，这样有助于获得高水平的高尔夫球场景观。

11.3.6 辅助管理

11.3.6.1 清除落叶和杂物

一般球场在长草区内都种有较多的树木，以丰富园林景观。当树木中落叶树较多时，清除落叶的工作就必不可少。在秋季4~6周内必须将大量的树叶清除掉，否则不仅会因遮阳而影响草坪草的正常生长，而且也会使落入其中的球难以找到。

环境优美、管理精细的高尔夫球场应没有树枝、落叶和垃圾等杂物，即使是在长草区也如此。因此，应在发球台和长草区附近设置足够的垃圾箱或垃圾袋，每天进行垃圾的清理。

11.3.6.2 长草区界外标志

根据高尔夫竞赛规则，每个洞都应具有明显的界外标志线，用以提示球员的打球区域和范围。界外标志一般设在球道两侧的长草区内或长草区外，都是距离球道较远、球不易被打出的界线。

球场中常使用的界外标志有围栏、桩子、在草坪上喷涂染色剂等。界桩一般涂成白色，木桩的尺寸一般为5 cm×5 cm×160 cm，留在地面上的高度约90 cm。也可以是永久性的水泥桩。界桩的间隔以球员站在两木桩中间容易发现和确定球是否出界为宜，一般在25 m左右。界桩周围最好没有灌木丛或树木遮挡。一般每年对界桩进行一次重新涂色。在举办大型比赛前，也应检查界桩位置并重新涂色。

为更好地确定球洞的边界线，可以使用染色剂将界桩间的草坪带喷涂上颜色，使界桩连接成线，也可用围栏将界桩连接起来，形成界线。界桩、界桩间的连线及围栏都属于界外。每一个洞的界线应标示在记分表的球道平面图中，以便于球员在打球前了解。

界外标志线通常用白色线条标示，侧面水障碍常用黄色线条表示，水障碍则用红色界线标示。

11.3.6.3　距离标志

在很多球场中，为给球员提示球道中某点到果岭中心点的距离，常设置一些指示距离的标志物，标志物通常设置在距果岭中心点150码的初级长草区内。也有些球场不设置这种标志，以测试球员自己判断距离的能力，增加打球的刺激性。

标示距离的标志物有很多种，如指示的树木、有色的木桩、埋设的有色水泥桩、标志牌等。标志物一般设置在初级长草区内不影响打球的区域，有些球场也将标志物设在球道中，将之埋设于地下，顶面几乎与草坪面相平，在顶部涂上颜色。有的利用喷头作为距离标志物，在接近需要设置距离标志的喷头上涂上颜色，书写上离果岭中心点的距离数字。

有些球场在记分卡上绘制球道平面布置图，并在每个球道上标明距离标志物的位置(如树木、沙坑、标志牌等)和标志物到果岭中心点的距离。

本章小结

长草区是高尔夫球场中为惩罚球员不正确击球和提高运动的趣味性及竞技水平而设置的区域。通过本章的学习，要掌握长草区的类型。根据草坪修剪高度、管理水平和距球道边缘远近，长草区可分为初级长草区、次级长草区及中间长草区，长草区的建造流程与其他区域基本相同；了解常用草坪草中，气候适应性强、耐粗放管理的种类，如草地早熟禾、高羊茅、细羊茅、狗牙根、野牛草等均适合长草区使用。长草区草坪建植一般采用喷播法，建植期间，需特别注意地表覆盖和土壤侵蚀控制问题。高尔夫球场对长草区质量一般不做较高要求，但为了满足景观质量和惩罚性功能的需要，仍应进行一定强度的修剪、灌溉和施肥等措施。

思考题

1. 简述长草区的概念、种类及功能。
2. 长草区质量有哪些要求？
3. 简述长草区的建造过程。
4. 哪些草坪草种适合用于长草区？为什么？
5. 如何控制长草区建植期间的水土流失问题？
6. 与高尔夫球场其他区域的草坪相比，长草区的养护管理有什么特点？

第12章
沙坑与草坑

沙坑(sand bunker)和草坑(grass bunker)都是高尔夫球场上的凹陷区域。沙坑内填充沙子，主要是作为打球障碍设置在果岭周围和球道两侧，用以惩罚不正确的击球；而草坑是被草坪所覆盖，虽具有一定的障碍作用，但不属于障碍区。对于大多数高尔夫球员而言，沙坑球最令人头痛。随着高尔夫球场设计理念的不断变化和设计师对沙坑的认识不断加深，沙坑的景观功能受到重视，沙与草形成了刚与柔、重与轻的对比，在绿色的环境中无疑是一道靓丽的景色。另外，各个球洞之间沙坑的形状、数量、大小及其布局的变化，也有力地塑造了各球洞鲜明的个性特征，增加了球洞的可识别性。草坑在高尔夫球场中也具有重要作用。草坑使高尔夫球场地形和草坪更富于变化，与沙坑一样，也会影响球员的打球战略，还可以增加高尔夫球场草坪的层次感，使球场更加美观。

12.1　沙坑概述

高尔夫起源于苏格兰的海滨，高尔夫球场沙坑的起源也与苏格兰海滨独特的环境有关。据说苏格兰海滨的沙丘草地上，来自北海强劲的寒风使羊群躲在背风的山丘后面躲避寒风，这样羊群拥挤在一块，不断对草地踩踏，久而久之使这部分草地沙化、裸露，并不断被风蚀、下陷，形成了现在所说的高尔夫球场沙坑。随着高尔夫运动的演变和发展，沙坑作为高尔夫球场不可或缺的一部分也不断变化，形式多样，在美化场地景观、体现打球战略等方面尽显其独特的作用。

12.1.1　沙坑的概念

在高尔夫球场规则中，沙坑定义为四周被草坪环绕，中间由沙子覆盖的凹陷区。作为高尔夫球场重要的障碍组成部分，沙坑是高尔夫球场表现设计理念和球场风格的重要手段。

沙坑面积变化很大，可以从几十平方米到几千平方米，没有一个固定的要求。从建造角度来说，沙坑的大小应有利于造型机操作；从管理的角度来看，应有利于沙坑耙沙机械的操作。因此，一般来说，一个沙坑占地面积为 90～400 m^2，有些球道沙坑面积会高达 2 500 m^2，但一些“罐状”沙坑的面积很小，甚至有些沙坑小得使球员在该沙坑中几乎无立足之地。现代高尔夫球场沙坑一般具有大型且开放的特点，在维护费用适当的情况下，这便于耙沙机的应用，以进行沙坑的保养和维护。在一些资金充足、养护水平高的高尔夫球场上，往往用人工进行沙坑维护，人工耙出的沙面非常漂亮、整洁和均匀。

目前大多数标准 18 洞的高尔夫球场建有 40～80 个沙坑。因为沙坑的维护费用高，所以现在的趋势是球场的沙坑数目已逐渐减少，但在具体的场地中可根据实际需要设置沙坑。

12.1.2　沙坑结构与功能

沙坑由沙坑前缘、后缘，沙坑边唇、沙坑面和沙坑底等几部分组成。沙坑面是球员在击球位置所能看到的沙坑的沙层面。沙坑边唇是沙坑边缘从草坪植草面到沙面的垂直边缘部分。边唇部分一般被草坪草所覆盖。沙坑底位于沙坑的最低部位，其下埋设排水管(图12-1)。

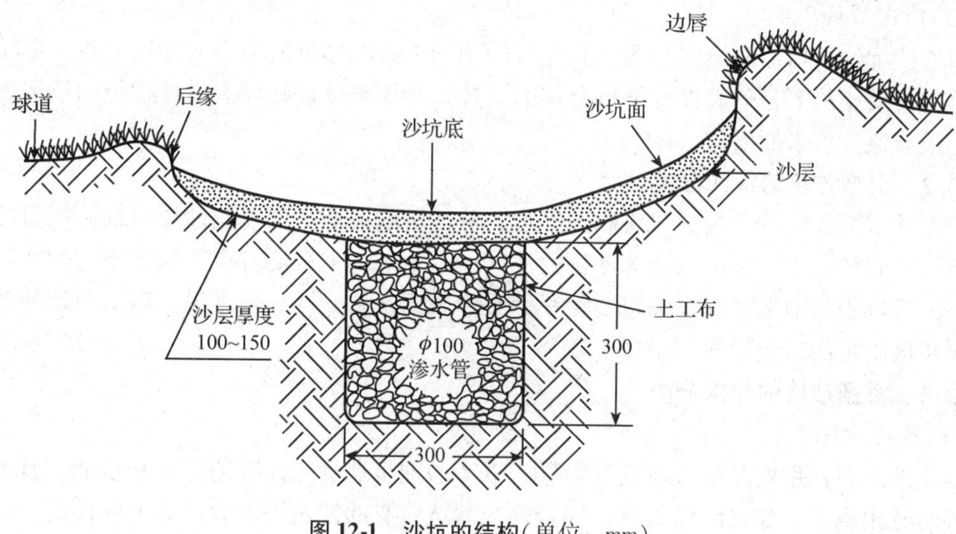

图12-1　沙坑的结构(单位：mm)
(引自梁树友，2009)

沙坑的建造及特点将高尔夫策略、景观设置及球场维护综合为一个统一的整体，其在高尔夫球场上的作用具体表现为以下几个方面。

(1)沙坑的惩罚性

在高尔夫球场设置障碍，增加高尔夫比赛的难度，惩罚球员的过失击球，使比赛具有一定的挑战性。其惩罚程度取决于沙坑深度、沙坑的坡度、沙坑周边地形、沙坑沙子质地、沙坑距离目标的远近。

(2)沙坑的艺术性

沙坑是高尔夫球场中特有的一种艺术形式，它是球场设计骨架，是球场中的画龙点睛之笔。沙坑的艺术性表现在两个方面：景观价值和艺术风格。

(3)沙坑的指示性

沙坑的位置及其颜色对比可以帮助球员识别洞的位置，指示击球的方向。

(4)沙坑的保护性

在某些情况下设置沙坑是为了防止球滚入水塘或惩罚性超过沙坑的区域。保护性沙坑还具有保护打球人员和球场养护工作人员安全的作用。

12.1.3　沙坑种类

在高尔夫球场中沙坑的变化最为丰富，无论沙坑的形状、大小、风格，还是沙坑的设置位置、建造方法，可以说变化无穷。沙坑可从不同的角度进行分类。

12.1.3.1 根据沙坑的位置分类

(1)果岭沙坑

在果岭附近的沙坑称果岭沙坑，特别对于扼守果岭大门的果岭沙坑称护卫沙坑，如同果岭的卫士一样守卫在击球进果岭的一旁或两旁。果岭沙坑小而深，较深的沙坑甚至超过2m。果岭周围沙坑的形状、大小、深浅对攻果岭的难度、果岭区的交通组织、果岭养护都会带来显著影响。

(2)球道沙坑

球道沙坑位于球道两侧或一侧，其位置的确定、沙坑体量的大小、沙坑个数、形状及其与球道的衔接布局等是球洞设计不可分割的整体，是体现设计师球洞设计构想的重要组成部分。一般球道沙坑大而浅。

12.1.3.2 根据沙坑的深浅分类

根据沙坑的深浅可分为深沙坑和浅沙坑。从沙坑的底面最低点到沙坑边缘可修剪的草坪边最高点之间的垂直距离可以称为沙坑的深度。一个球场上可能有多个深度不一的沙坑，沙坑的深浅可以根据地形状况来确定，无法用具体数据来衡量。一般来说，球道附近的沙坑较浅，果岭区附近的沙坑较深。

12.1.3.3 根据沙坑的作用分类

(1)障碍沙坑

沙坑的主要作用就是给打球设置障碍，以考验球员遇到障碍时的智慧和技能。有的沙坑是考验击球距离的，如果距离不够，球会落入沙坑；有的沙坑是考验击球方向性的，如果击球方向不准确，球也会落入沙坑。

(2)指示沙坑

白色的沙坑在大面积的绿地中特别醒目，用它作辅助击球的瞄准物十分理想。设计师将这些指示沙坑布置在理想击球路线的延长线上，为球员选择合适的击球方向提供帮助。

(3)保护沙坑

在有些情况下设置沙坑是为了防止球滚入水塘或惩罚性超过沙坑的区域。例如，在果岭和水塘之间设置保护沙坑，球在果岭上快速滚动时会落入沙坑，有效降低了滚动速度，起到拦截作用。

(4)景观沙坑

一个高尔夫球场上沙坑与碧绿的草坪形成鲜明的对比，使得高尔夫球场呈现出无与伦比的壮观和美景，这是高尔夫球场景观的独特之处，也是球场设计师孜孜不倦的追求。所以，沙坑的形状、尺度、类型、作用等仅仅是一般意义上的表面的变化形式，更为深层的意义就是沙坑是体现球场景观的一种有效的艺术形式，它不是简单的大小、位置等技术参数就能确定的，而是需要球场设计师亲临现场经过不懈的观察、尝试以及富有艺术的想象最终确定下来的。

12.1.3.4 根据沙坑面的明暗分类

(1)露面沙坑

有一种沙坑，从远处的发球台上就能看到部分露出或抬升的沙坑面，提示球员沙坑的位置，这种沙坑可以称为露面沙坑。设置露面沙坑是为了让球员根据露面的多少来判断沙坑的大小范围，尽可能的准确击球。露面沙坑在果岭前方布置较多，关键是要突出显现，让球员很明显地观察到沙坑的位置。

(2)不露面沙坑

另有一种类型的沙坑，从击球方向看不到沙坑面，只能看到部分沙坑边缘，这种沙坑称为不露面沙坑或锅底形沙坑。不露面沙坑一般在地势平坦的地方，沙坑呈罐状，沙坑边缘全都是草皮，只在沙坑底部铺装沙子。

12.2　沙坑建造

沙坑也采用与果岭类似的技术来建造，不过沙坑的面层是沙子。沙坑的建造一般与果岭同步，每一层建造必须材料干净，厚度一致，造型平滑和紧实。

12.2.1　建造过程

沙坑建造包括以下几个方面的内容：测量放线、基础开挖、粗造型、排水管安装、边唇建造、细造形、沙坑铺沙。

根据沙坑边唇建造和沙坑边缘草坪建植的先后顺序的差别，沙坑建造可分为两种方式：①先建沙坑后进行边缘草坪建植；②是先进行沙坑边缘的草坪建植，后进行沙坑边缘建造。两种建造方式具体的操作流程如图12-2所示。

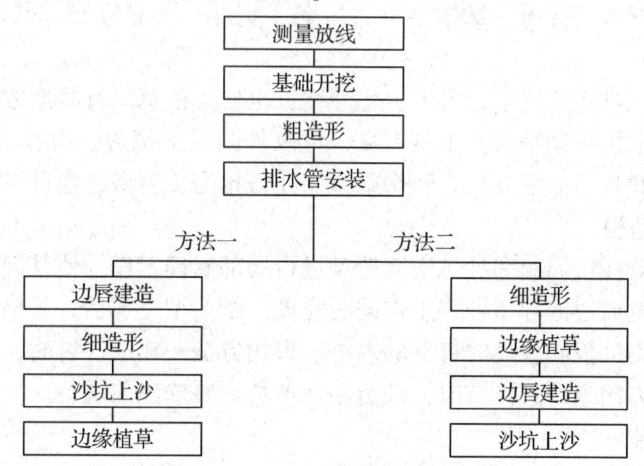

图12-2　沙坑建植施工流程
(引自韩烈保，2004)

12.2.1.1　测量放线

采用极坐标法或者网络法进行放线，使用喷枪或石灰。放线主要是给沙坑定位，确定沙坑的边界线。在边界线上每隔4～5 m，固定一个桩，标识出沙坑边界。另外，还要对沙坑周边的造型轮廓线和等高线放线，为沙坑周边的粗造型提供依据。

12.2.1.2　基础开挖

沙坑放线后一般要进行基础开挖工作，沙坑深度通过标桩控制，土方用于造型，多余的土方运到别的地方。较深的沙坑用挖掘机开挖，较浅的沙坑可以用小型推土机。

12.2.1.3 粗造型

沙坑造型一般由造型机完成，根据设计图纸进行造型。安排工人将沙坑清理干净，将表面浮土刮平，然后请造型师或者设计师用喷枪或者石灰划出边线、盲排线。

12.2.1.4 铺碎石与排水管

先用纱网铺底，然后在沟底铺5 cm厚的碎石压住纱网，再放排水管，最后用碎石填平排水沟，包扎纱网。雨后如果不能及时地疏导沙坑周围的地表水，那就会给沙子带来侵蚀问题。在多种地形和斜坡情况下，雨水通常积在低洼的沙坑地区，在这里安装排水管或建造地下排水道，非常重要。若是很复杂的斜坡沙坑，需要很多条排水管或排水沟。

12.2.1.5 边唇建造

(1)整形切边

第一步开始切边，切入深度10~15 cm。为保持沙坑边线的顺滑，施工时可以用PVC软管做辅助引导。

(2)夯实基底

将沙坑底部表层细土刮松，然后使用水泥、石灰与细土均匀混合，反复夯实。如果沙坑底部土质不佳，可以外调细土进行三合土夯实。

(3)挖边唇环沟

有些沙坑前沿不需要挖沟，但是沙坑边唇一定要挖沟，以防止地表水流进沙坑。环沟必须紧贴沙坑边，其下布设盲沟，每隔2~4 m一条，宽度、深度为25~30 cm。

(4)边唇修整

盲排沟挖完后，修齐沙坑边，可以美化沙坑，也便于植草。有些地方土质比较沙性或者不易成型，可以用木板帮助修边；土质不良，可以外调黏土筑边。边唇高10~15 cm，沙坑铺沙后，沙坑边刚好与沙面平齐。边唇修整可以在盲排完工后做，也可以在沙坑铺沙前做。

12.2.1.6 沙坑细造型

沙坑细造型是对沙坑周边和沙坑底部造型进行局部修理工作，使其起伏自然、流畅。沙坑细造型一般与沙坑周边的坪床处理工作同时完成。细造型完成后，复核沙坑造形的设计标高，并彻底清理杂物，拔除放线时钉下的木桩。采用方法一建造沙坑时，细造型在沙坑边唇建好后进行；采用方法二建造沙坑时，细造型在沙坑边唇修建前进行。

12.2.1.7 沙坑铺沙

(1)沙坑内部清理

采用方法一建造沙坑时，沙坑边界在植草前已存在，沙坑铺沙前不必进行确定沙坑边界线工作，只需要对沙坑内部进行清理。在铺沙前，仔细检查沙坑边缘和边唇，若有被破坏的部位，进行人工修补。同时，还要将沙坑边唇建造过程中使用的木桩、金属网等建造材料清理出去，将沙坑内部的土块、石块等杂物彻底清理干净，并耙平、压实，为沙坑铺沙做好准备。

采用方法二进行沙坑建造时，沙坑铺沙距沙坑边唇修建的时间很短，沙坑的清理工作与边唇修建同时完成。

(2)沙坑铺沙操作

①衬垫层的铺设　为防止沙坑中的杂草问题，有时在沙坑上沙前于沙坑底部铺设一层透水的土工布，这样做可以防止沙坑沙下移到盲沟砾石中。

②铺沙厚度　沙坑的铺沙平均厚度一般为8~15 cm，果岭沙坑的铺沙厚度相对较厚，一般在沙坑底的部位厚度为10~15 cm，而在沙坑面的部位可以减少到5 cm球道沙坑的铺沙厚度相对较浅，一般为8~10 cm。

③铺沙方式　沙坑沙可以采用人工或机械搬运到沙坑，用人工与机械方法相结合进行铺设，所用的机器为前面装有耙子的小型耙沙机。沙坑底部散沙可以使用耙沙机进行，沙坑边缘和坡度较大的沙坑面部位可以通过人工使用铁锨与耙子铺散，要保证沙子的铺散均匀，使沙坑底部沙层保持大约10 cm，沙坑面沙层保持在5 cm左右。

沙坑铺沙也可以直接用喷沙机喷沙方式铺沙。这种方法对沙坑边缘和边唇的破坏最小，并对输送到沙坑中的沙子具有一定的压实作用。

无论采用上述哪种方法给沙坑铺沙，在铺沙前要仔细检查所用的沙子质量，运输沙子的工具要清理干净，以防将杂物带入沙坑中去。

沙子全部铺散完后，使用耙沙机或人工将整个沙坑沙层耙平滑。进行上述操作要谨慎，避免破坏沙坑的边唇和边缘造型。

12.2.1.8　植草

沙坑边缘植草可在不同阶段进行。铺沙后对沙坑沙进行保护，然后植草；或者在植草完毕后将沙铺入沙坑，具体施工次序因情况而定。如果在建造期间有灌溉条件，最好在沙坑边缘铺植一圈草皮，可以更好地保护沙坑边缘，防止塌边和雨水冲刷。

12.2.2　沙的选择

寻找和选择一种质量好又合适的沙坑沙是不容易的。不同的打球者会喜欢不同的沙，不同的选手面对不同的沙坑比赛表现会不同。沙的种类很多，它们的大小、纯度和颜色等都各不相同，在考虑使用之前应该对沙样进行土壤物理实验室测试检测，根据测试结果做出选择。

12.2.2.1　沙子颗粒大小

由于沙子和沙坑的存在会影响打球的质量，因而选择颗粒大小一致的沙子是非常重要。选择合适大小粒径的沙子能给打球者创造好的击球环境。对球员打球的角度来讲，最适的沙坑沙床应该是球落到沙坑后，陷下的深度是其本身直径的二分之一。较低的球路，加之很高的速度，往往易使球陷入较深；而高杆、垂直下落的球，球陷入较浅，球位较为理想。最重要的是，当球员无论从位于球道还是果岭的沙坑击球时，都能让球员有良好和稳定的感觉。沙坑所推荐的沙子大小范围，理论上讲，至少75%的沙坑沙应在0.25~0.50 mm范围内，泥沙和黏土应当尽量少。建议用大小在0.25~1.00 mm的沙粒做沙坑沙。沙子太细的沙床有可能会结块、变硬、下渗流失。粒径在0.50~1.00 mm的沙可以防风蚀。粒径小于0.25 mm的沙经常容易被疾风吹到果岭上或人为地带离出沙坑。特别是当沙坑接近果岭30 cm内的时候，这会给果岭和沙坑的维护带来许多问题。果岭沙坑颗粒大于1.00 mm的沙如果多的话，被打球击上果岭表面，将会加快磨损剪草机刀片，并有可能使球的运行线路发生偏向，影响推杆质量。

沙坑沙的粒径级配见表12-1，这样的沙坑沙具有良好的质地与稳定性。但在有些地方，如果在风速较大的滨海球场，应考虑加大粒径较大(1.0~1.5 mm)的沙粒比例。

表 12-1 沙坑沙的粒径级配

沙的种类	粒径(mm)	比例(%)	沙的种类	粒径(mm)	比例(%)
砂砾	>2.0	无	中细沙	0.25~0.5	<15
特粗砂	1.0~2.0	无	细沙	0.1~0.25	<3
粗砂	0.75~1.0	≤7	特细沙	0.05~0.1	无
粗中沙	0.5~0.75	≥75	粉沙及黏粒	<0.05	无

12.2.2.2 沙子纯度

一个很好的沙坑沙应该是干净的，不掺杂其他物质(包括淤泥、黏土、粗砂、砂砾等)，否则易使沙子固化而过硬，同时还有可能使有生命力的种子生长发育，进而形成杂草入侵，沙中只要有5%的泥沙或3%的黏土就有可能阻碍排水。沙坑沙要求是水洗沙，以消除泥沙、黏土及大颗粒。沙子中杂草种子含量较多时，要使用土壤消毒剂对沙子进行消毒处理，以消除杂草隐患。

12.2.2.3 沙子形状

沙坑选用的沙子以多角或半多角形的棱沙为最好。这种形状的沙子在打球时易被踏实，具有较好的稳定性，有利于保持在沙坑挥杆时站姿的稳定性。而圆滑的沙粒易打滑且易被吹走，同时使用同一颗粒大小的圆滑沙粒还会使球易于埋进沙子中，脚面会因沙子的流动没入沙层之中，不利于挥杆击球。圆沙在风力作用下，还会产生流动现象。多角形状的棱沙有很多平面，颗粒内能交叉连锁，快速稳定下来，并能保持长时间的良好状态，比较适合沙坑用沙的要求，但过于尖锐的沙粒也不太适宜，不仅会损伤球杆，还会铰接得过于紧密，加大在沙坑中的击球难度，也不利于排水。

12.2.2.4 沙子质地

沙子的成分有很大的不同，质地也差别较大。许多沙，包含石英砂，最常见的成分是二氧化硅。硬度上，石英沙是最好的，因为石英砂抗风化，并能永久保留其原有的形状。硬的硒酸盐沙比软的钙质沙如珊瑚沙要好。沙子质地越稳定越好。软沙在破碎后易黏结在一块，为防沙坑变得过硬，需要经常耙沙。许多球场选择沙时没有综合考虑。例如，一些俱乐部选择石灰石沙，因为它具有明亮的白色，能承担沙坑频繁的机械维护所要求的硬度，但忽视了其易受到风化及由此带来的维护问题，而且对于球员来说石灰石沙表面过于坚硬，也会影响打球效果。另外，有的球场也使用白云质灰岩沙，因其易受风化故而不常使用。一些俱乐部在沙坑中使用制造业产生的沙子，如玻璃沙等，这种沙是99%的石英，具有理想的白颜色，不过，在使用前还需要测试其颗粒大小，以确保使用效果。

12.2.2.5 沙子颜色

沙坑中的沙子常使用的颜色有白色、褐色、黑色、灰色和黄色等。使用浅颜色的沙子如白色、褐色或浅灰色要比使用黑色的好。白沙与绿草的鲜明颜色搭配是高尔夫球场理想的色彩组合。特别是在高尔夫球赛事电视中，浅颜色的沙子与周围的绿草形成鲜明的对比，从而使场地背景更加优美。沙粒大小及形状应优于颜色考虑。即如果一种沙子仅仅是白色，而在形状及大小上都不理想；而另有一种黑色沙子，其大小和形状都很合适，那么毫无疑问应选黑色的沙子。白沙，肯定吸引人的眼球，但应避免沙子太白，阳光灿烂的时候反射光从明亮的白沙上反射过来，使打球者感到眩目，难以看清并准确击球，影响球员打球。球场景观主要是高尔夫球爱好者爱好的视觉效果；对于球员来说，棕褐色的沙则显得较为舒适、自然。

12.2.2.6　沙子入渗率

沙子通常由不同大小和形状的沙粒组成，最重要的是其稳定性和打球效果，但沙层的排水性能也很重要，很多沙坑都是由于排水不畅而被污染的。排水性能可通过沙层的入渗率来衡量。刚建成的沙坑其沙层入渗率很可能高达 130 cm/h 以上，但沙坑经过使用稳定后，其导水率最低应保持在 50 cm/h。

12.2.2.7　沙子 pH 值

在选择沙的时候，应该对其 pH 值进行测试，这个值具有重要意义。如果一种沙具有极高的 pH 值(>8.0)，那么很可能会被强烈的钙质化而易受风化等作用影响。由于机械磨损，沙颗粒的形状和大小可能受到改变，沙坑功能会因此受到影响。

12.3　沙坑维护

12.3.1　耙沙

耙沙是沙坑管理中一项最基本的管理措施，为保持沙坑处于良好击球状况，沙坑的沙层需要定期耙沙。尽管球员每次在完成沙坑击球后，要用耙子耙掉沙坑中的脚印，但这不能代替球场管理中的耙沙工作。沙坑中的沙层因为降雨、喷灌等原因，会经常使沙层表面板结，还需要球场管理人员定期进行耙沙工作，将沙层耙松。

一般来说，沙坑的沙层应符合下列要求：①经常保持半松软状态，沙面硬实不利于击球和排水；②具有一定的干燥和光滑程度，沙坑沙层表面可以保持光滑的平面，也可以是有条条浅沟的沙面，这取决于高尔夫球场管理上的喜好。对于有浅沟的沙面，沟不能太深、脊不能太高，以浅沟或无沟的平面为宜。沙坑沙面的状态主要取决于耙沙的操作步骤和使用的耙沙工具；③不能有杂草，有杂草生长的沙坑不利于打球，不符合沙坑的要求；④没有石子等杂物。石子会损伤球杆，从沙坑击出的石子会造成人员伤害，同时，被击打到草坪上的石子会对草坪管理机械造成损坏，沙坑中的其他杂物也影响击球。

在耙沙机未应用到沙坑管理之前，耙沙工作都由人工完成需要花费大量的时间及人力，也正是因为这一因素，早期高尔夫球场的沙坑数量较少。在 20 世纪 60 年代以后，耙沙机开发用于球场沙坑管理中，耙沙工作就相对简单多了，球场中沙坑的数量也不再被严格的控制。

12.3.1.1　耙沙频率

为使沙坑沙层经常保持半松软状态、具有一致的干燥和光滑程度，需要定期进行耙沙。耙沙频率主要受喷灌降水频率、沙坑所用沙子的粒径状况、沙粒的质地以及沙坑使用强度等因素的影响。沙坑在接受大量降雨和喷灌后，沙层表面板结变硬，需要进行耙沙工作。如果沙坑中所使用沙子含粉粒、黏粒过多或沙粒较容易风化时，要相应地加大耙沙频率，防止沙坑的沙层板结，出现排水不良问题。在沙坑使用强度较大也要适当加大耙沙频率，尽管球员在进行沙坑击球后也进行耙沙的工作。

周末和节假日打球人数一般较多，需要每天进行一次沙坑耙沙工作，而在其他时间需要每 2~7 d 进行一次耙沙，在球场进行大型比赛时，为保持沙坑具有较好的打球条件，每天都要进行一次耙沙工作。总之，耙沙频率以保持沙坑沙面不出现板结状况、表层沙面经常保持半松软的干燥状态为宜。

12.3.1.2 人工耙沙

没有耙沙机的球场，只能对沙坑进行人工耙沙，即使使用机械耙沙，有时也需要人工对局部进行细致的修整和补充耙沙。

人工耙沙的具体操作一般是使耙子在沙面上前后往返移动进行，操作时要仔细，防止在每次放下与提起耙子时在沙面上产生沙岭。耙沙操作可以从沙坑一侧耙向另一侧，也可以环绕沙坑连续进行，操作时速度不要太快。进行坑边缘耙沙时，最好将沙坑中间的部分沙子用耙子耙向沙坑边缘，要使耙子从沙坑底向上移动，将部分沙子耙到沙坑面上，或在沙坑底将沙子推到沙坑面上来，不要从沙坑面向沙坑底方向耙沙，使沙坑面的沙子过多地滑动到沙坑底，造成沙坑面的沙层越来越薄，而沙坑底的沙层越来越厚。

手工耙沙所用的工具很多，可以使用耙子也可以使用刮板，短齿(5 cm)较重的耙子比较适宜，省力，易于操作，这种耙子比较适合沙子干松的情况，不适合于沙层较湿或沙坑中有杂草的情况。在沙坑沙层较湿时，需要使用长齿(8~10 cm)的耙子，以耙入更深的沙层，疏松沙子和控制杂草的生长。

12.3.1.3 机械耙沙

机械耙沙是使用耙沙机来进行耙沙。耙沙机由小型拖拉机和相应的部件组成，拖拉机前面装有推沙板，后面带有耙子，耙子有硬齿和软齿形式供选择，沙层较硬实时，安装硬齿耙；沙层较软时，可以安装软齿耙。耙沙机体型小，操作非常灵活、简便。

操作时，驾驶耙沙机以一定路线通过沙坑表层，通过安装在耙沙机后面的耙子达到耙沙的目的。耙沙机在沙坑中行走的线路一般有两种形式：环状形式和“8”字形式。操作耙沙机时，速度不要太快，以免因耙子跳动在沙层表面形成沙岭，耙沙机进出沙坑的通道应经常更换，防止单一的行走线路给沙坑边缘造成过多的践踏和损伤草坪。耙沙机每次完成耙沙离开沙坑时，要逐渐提升耙子，避免在沙坑边缘草坪上留下沙堆和对沙坑边缘草坪造成损伤。机械耙沙完成后，若沙坑留有小的沙岭或沙堆，需要人工耙平。对于较陡的沙坑面或沙坑局部较窄的区域，耙沙机无法进行耙沙操作，应人工补充耙沙。沙坑进行一段时间机械耙沙后，沙坑面的沙子会滑落到沙坑底，也需要人工耙沙，将底部多余的沙子耙回到沙坑面上，尽管耙沙机可以利用推板将沙子推到沙面上，但不能对沙面进行精细地整形。

12.3.2 周边草坪修剪与重新定界

沙坑边缘与边唇的草坪由于枝条或根茎的生长会蔓延到沙坑中去，造成沙坑边唇不明显，破坏沙坑形状和视觉效果，缩小沙坑面积等不利影响。因此，沙坑边缘和边唇的草坪要经常进行修剪。沙坑边缘及边唇草坪的修剪不能用机械进行，只能使用剪草剪刀手工进行。操作时，以原沙坑边缘为界线，用剪刀剪掉蔓延在沙坑内部的草坪枝条，垂直的沙坑边唇以其垂直面为界线进行修剪。修剪掉的草坪枝条要用耙子从沙坑拣出。沙坑边缘和边唇草坪的修剪是一项费时、耐心仔细的工作，防止破坏沙坑边缘的形状。边唇草坪修剪的频率要依据边缘草坪蔓延的速度具体确定。

沙坑边缘线以外的沙坑周围草坪也需要经常修剪，其具体修剪操作与长草区草坪的修剪措施相同。对于突入沙坑的狭窄草丘和沙坑周围较陡的草丘，不利于驾驶式剪草机的操作，要用手推式剪草机或气垫式剪草机进行修剪，其他较平坦的区域可以用驾驶式剪草机进行修剪。

沙坑边缘和边唇草坪向沙坑内部蔓延的问题，可以通过预防性措施来加以控制。第一种方法通过给沙坑边缘和边唇上的草坪定期施入植物生长抑制剂，抑制草坪枝条向沙坑内部生长，施入一次抑制剂可以使草坪生长速度降低50%，从而减少了沙坑边唇人工修剪的频率；第二种方法通过在沙坑边缘铺植50~100 cm宽的生长速度较慢的草坪草，如结缕草，减缓草坪向沙坑内部生长蔓延的速度，从而降低人工修剪的次数。

如果沙坑边缘或边唇的草坪向沙坑蔓延生长严重，并且在沙坑中已经定植，就需要采用重新进行沙坑边缘线定界的改良措施。其方法是：人工使用铁铲或草坪切边机将沙坑边缘和生长在沙坑中的草皮铲掉，重新给沙坑边缘定界，把铲掉的草皮和枝条清理出去，并给沙坑加沙使沙子与新的沙坑草坪边缘相接。切除沙坑边缘草皮时，一定要注意使新的沙坑边界线与球场建造时的沙坑边界相一致，并注意保持沙坑原来的边缘和边唇的造型。重新进行沙坑边线定界与沙坑建造过程中的沙坑边线定界方法相同。

沙坑边线重新定界措施一般每2~3年进行1次，如果沙坑边缘草坪生长蔓延速度较快，可以缩短时间间隔。另外，球场在不进行沙坑边缘草坪修剪操作的情况下，也要相应地缩短重新定界的时间间隔。

12.3.3　杂草防治

在管理过程中，要保持沙坑在任何时候都不应有杂草存在。沙坑的杂草防治可以采用物理和化学两种防治方法结合进行。

物理防治方法是通过日常的沙坑耙沙措施来实现的，通过人工和机械的深度耙沙，可以预防杂草在沙坑中生长和除掉生长在沙坑中的杂草。机械耙沙是进行物理防治最佳的措施，因为耙沙机可以进行较深的耙沙，对于没有耙沙机管理的沙坑或耙沙机无法进行操作的沙坑部分，沙坑中出现杂草时需要人工拔除。进行沙坑沙子选择时，要注意选择不含粉粒和黏粒的沙子，沙子应清洗后再铺入沙坑中，这是预防沙坑杂草最基本的措施，也是最有效的措施。

沙坑中杂草严重时，就不得不使用化学方法进行防治，使用除草剂进行沙坑杂草防治时要注意以下几点：①所选用的除草剂对沙坑周边草坪的植物毒害要小，因为沙坑中施用的除草剂会被雨水冲刷到沙坑周围草坪上，对周围草坪造成伤害，另外，在进行沙坑击球时，也会将沙坑中附着有除草剂的沙子带到周围草坪上，对草坪产生伤害；②所选用的除草剂要具有充分生物降解的能力，尽量少地留下残毒；③所选用的除草剂不能具有较高的水溶性，以免容易被雨水将除草剂带到周围草坪上。

沙坑进行杂草防治常使用的除草剂有以下几种类型：①控制阔叶杂草，使用苯氧型除草剂，施用时要定点施入；②残留毒害较少的非选择性的除草剂；③芽前除草剂。这种除草剂只是偶尔使用，将之混入沙子中，杀死萌发的杂草。上述除草剂在喷洒时要谨慎操作，保证除草剂只施于沙坑的沙层中，不要伤及沙坑边缘和边唇的草坪。

12.3.4　杂物清理

沙坑中有落叶和石子等杂物存在时，不仅影响到沙坑的美观而且会影响沙坑击球。沙坑中有较大的石子存在时，会被球员从沙坑中击出，造成伤人，被击打到果岭上的石子，还会损伤果岭剪草机。因此，沙坑中的落叶和石子等杂物的清理也是沙坑管理中不可缺少的一项措施。

沙坑在春、秋季节容易积累落叶，在这两个季节要经常进行落叶的清理工作。进行沙坑中的落叶或枯枝的清理一般只能人工进行，不适宜采用机械方法，因为吹风机或清洁机等清理落叶的机械，在吹走或吸掉沙坑落叶的同时，也会将沙坑中的沙子吹至沙坑外或从沙坑中吸走。人工清理落叶可用耙子将落叶和枯枝耙到一起，然后从沙坑中运走。落叶比较多时，每周需要进行一次，落叶比较少的情况下，可以不单独进行沙坑落叶清理工作，在每次进行耙沙工作时，顺便将落叶和枯枝耙到一起后清理出去。

沙坑中石子的清理有以下 3 种方法：①在石子很少的情况下每次耙沙操作前后人工拣除沙坑中的石子；②在沙坑中的沙层内有一定量的石子时，使用细而密的齿耙，耙到沙层一定深度，沙层中的石子耙到沙层表面后，清理出去。这种方法最好要在沙子比较干燥的情况下，通过多次的清理工作，可以逐渐清理掉沙层中的石子；③在沙层中含有较多的石子，不易采用耙子耙除时需使用给沙坑中的沙子过筛的方法，清理沙子中的石子。先将沙坑中的沙子堆到沙坑一侧，利用孔径 4 mm 左右的筛沙工具，筛分堆起来的沙子，并将筛好的沙子重新铺设到沙坑中。筛出的石子运出场外。如果需要，还应给沙坑中加入一些新沙。

如果沙坑中沙层的石子太多，不值得用上述三种方法进行石子清理工作，可以采用重新全部更换沙坑中沙子的方法彻底解决沙坑中的石子问题。将沙坑中的沙子全部清理出去，在沙坑中铺设不易腐烂的衬垫层如玻璃纤维布等，以防止未处理干净的沙坑底部的石子再向上移动到沙层中去，最后按沙坑建造中所述的沙坑上沙的方法给沙坑重新铺沙，重新铺入的沙子要符合沙坑沙的技术要求。

12.3.5 防止风蚀

由于大风的侵蚀，沙坑的沙子会不断地被吹走而损失，造成沙坑的沙子逐渐减少，这种现象在半干旱的平原地区球场和海滨球场比较严重。沙坑的风蚀不仅造成沙坑中沙子的损失，还会导致沙坑周边草坪以及果岭环区草坪内沙子的不断积累，使其高度逐渐升高，给草坪的管理带来一系列不良问题。

防止沙坑风蚀问题可以采用以下几种方法：①选择不易被风吹走的较大颗粒的沙子作为沙坑沙；②在球场很少使用的冬季，在沙坑周围或一侧设置遮风屏障，防止沙子被吹走；③重新设计建造沙坑的造形，降低容易受风侵蚀的较高的沙坑面，增加沙坑边唇与边缘的高度。深的锅底形沙坑有助于减少沙坑中沙子的风蚀问题。

12.3.6 沙坑补沙

沙坑中的沙子由于风蚀、击球时带出等原因会不断地减少，需要给沙坑定期进行补充加沙。沙坑加沙频率要根据沙子风蚀的严重情况和沙坑击球的沙子损失情况具体确定。一般每 1~5 年需要进行 1 次沙坑加沙。当沙坑中的坑底沙层少于 10 cm 厚、沙面沙层小于 5 cm 厚时，就需要对沙坑进行补充加沙。加入的新沙在粒径分布、沙子颜色、形状等指标方面要与沙坑中原有的沙子相一致。

沙坑加沙工作一般在球场很少使用的季节进行。在球场进行大型国际比赛之前，一般要在沙坑中加入一些新沙。加沙时要谨慎操作，尽量减少对沙坑边唇和边缘的破坏。为减少对沙坑的破坏，一般需要采用两次搬运形式给沙坑加沙，先用大型运输工具将沙子运到沙坑周围堆放，然后用小型运输工具如手推车等将沙子再运到沙坑中散开。为使新加入的沙子尽快沉降，在铺沙后可以对沙坑进行喷灌，使沙子沉实。

12.3.7　沙坑装饰

有些高尔夫球场在一些沙坑中设有一些装饰物，如草丛、树木、花卉等，这些装饰物具有提高沙坑美观效果的功能，还会影响到打球战略。

草丛是在沙坑中间、四周环绕沙子的一块凸起的地面上种植的丛生状草坪，就像是沙海中的一块绿岛，非常引人注目。草丛面积一般为30～100 m^2。草丛的管理同长草区草坪管理相似，也可以不进行管理。其喷灌问题可以通过长草区草坪或球道草坪的喷灌予以覆盖而得到解决。沙坑种植的草丛是一些非常耐旱的密丛型禾草，如细叶羊茅、弯叶画眉草等。

沙坑中种植的树木一般是常绿的针叶型树种。花卉一般采用丛植的方式形成花镜，增加沙坑的美感。

沙坑中种植装饰植物能够提高沙坑的景观，但也给管理带来了麻烦，常会引起一些杂草问题，因此，球场不具有较高管理水平的情况下，一般不设置装饰植物。沙坑中设置装饰物仅适于面积较大的沙坑，而对于面积较小的沙坑则不宜设置。

12.4　草坑建造与管理

高尔夫球场在设计过程中，初级长草区内、球道边缘和果岭周边都设置一些草坑。草坑是高尔夫球场内呈凹形的、草坪较高的地域。草坑建造形状与沙坑基本相似，坑沿与周围地面等高。草坑里的草坪草一般与初级长草区的草坪草具有一样的高度。草坑既有分布在球道上的，也有分布在球道与初级长草区之间或长草区的。尽管草坑对打球具有一定障碍作用，但它们和沙坑有严格的区别，沙坑在高尔夫竞赛规则中定义为一种障碍，而草坑则不属于障碍。草坑的功能主要有增加打球战略性，增加球道起伏变化，使球场具有更好的景观效果，隔离景观区域以及增加打球的安全性等。

12.4.1　草坑建造

草坑的建造相比沙坑要简单得多。草坑的形状与沙坑很相似，但没有明显的边唇，与周围地形、草坪结合比较紧密，起伏变化比较自然。草坑一般建造在汇水的低洼地，在这些地方由于排水不良的问题，不适宜建造沙坑，而以草坑代替。另外，有些沙坑由于不适应打球战略的要求等原因而被变更，留下的沙坑区域后来便被改造成草坑。草坑中需设置较小的集水井，以便将周围地区汇集到草坑中的雨水排入到地下排水管道中。由于草坑的养护管理费用要较沙坑低，因此，常常利用草坑代替沙坑来达到增强打球战略性的目的。

12.4.2　草坑养护管理

草坑使用的草坪草种与其所处的球道或者长草区相同，常采用铺植草皮的方式来建坪，草坪养护管理措施与球道或者长草区相同。草坑的管理强度和养护水平取决于所种植的草坪草种或品种、践踏强度、需要的打球速度、球场管理费用等。尽管草坑草坪质量要求较低，但为了打球的需要，仍需进行一定程度的粗放管理。主要管理措施有修剪、施肥、灌溉及其他管理措施(如清除落叶)等。

(1)修剪

草坑草坪一般不需要修剪，但如果致密的草坪不修剪，球落入其中很难找到，势必影响打球速度，而且也加重了对球员过失击球的惩罚。因此，应根据需要对草坑进行必要的修剪。

(2)施肥

草坑草坪在成坪后的第一个生长季节内，要给予与球道草坪相近的施肥量，以保证草坪充分、快速地定植。大多数球场，草坑成坪后的施肥计划是每年施入一次全价复合肥。冷季型草坪草在秋季进行，而暖季型草坪草在春季施入。对于某些不进行修剪等管理措施的次级草坑，可2~3年施入一次全价复合肥。草坑的施肥水平主要由草坪草种、土壤、气候条件等因素决定。在相对肥沃且营养成分不易损失的草坑几乎不需施肥，特别是种植的是那些营养需要很少的草种如巴哈雀稗、结缕草、野牛草和狗牙根等。

(3)灌溉

草坑可以定期进行少量喷灌。在干旱和半干旱地区，当草坪严重缺水而出现萎蔫症状时，可进行一次性大量喷灌，充分湿润根际层土壤。

(4)杂草防除

大多数进行修剪的草坑都必须进行阔叶杂草的防治，以避免杂草种子传播到球道上去。防治阔叶杂草时，冷季型草坪草在夏季使用除草剂较好，暖季型草坪草则在春季较适宜。此外，要注意采用合理的除草方式防除一些单子叶杂草。进行修剪或灌溉的初级草坑内生长一年生杂草如马唐时，可人工拔除，如杂草过多，可考虑使用萌前或萌后除草剂，在杂草幼小时防除。

(5)更新

在草坑内球车经常行走的区域、经常接受践踏的区域以及坡度较大的坡面，可以根据土壤紧实情况进行打孔或划破草皮更新措施，其他区域不必进行改良土壤紧实的操作。

(6)清除落叶

一般球场在草坑附近都种有较多的树木，以丰富园林景观。当树木中落叶树较多时，清除落叶的工作就必不可少。在秋季落叶时期内必须将大量的树叶清除掉，否则不仅会因遮阳而影响草坪草的正常生长，而且也使落入其中的球难以找到。

(7)清除杂物

环境优美、管理精细的高尔夫球场应没有树枝、落叶和垃圾等杂物，即使是在草坑也如此。因此，应在发球台和草坑附近设置足够的垃圾箱或垃圾袋，每天进行垃圾的清理。

本章小结

沙坑是高尔夫球场中为惩罚球员不准确击打而设置的一种类型的障碍区，而草坑虽具有一定的障碍作用，却不属于障碍区。沙坑和草坑除了影响球员打球战略外，还具有指示和保护击球、增加球场景观等功能。通过本章的学习，要了解沙坑的结构、功能及其类型，熟悉沙坑的建造过程，掌握沙坑沙的选择标准和沙坑维护技术，同时了解草坑的功能、建造及养护管理技术，并注意草坑与沙坑的异同之处。

思考题

1. 简述沙坑的概念、结构及其功能。
2. 沙坑是如何分类的？有哪些种类？
3. 简述沙坑的建造过程。
4. 如何选择适宜的沙坑沙？
5. 沙坑耙沙后沙层应达到哪些要求？
6. 沙坑维护过程中经常会出现哪些问题？如何解决？
7. 简述草坑的概念，其与沙坑在结构、功能上有哪些异同？

参考文献

韩烈保 . 2004. 高尔夫球场草坪[M]. 北京：中国农业出版社 .

韩烈保 . 2011. 运动场草坪[M]. 2 版 . 北京：中国农业出版社 .

胡林，边秀举，阳新玲 . 2001. 草坪科学与管理[M]. 北京：中国农业大学出版社 .

胡延凯，段舜山，刘自学 . 2012. 高尔夫球场设计与建造[M]. 北京：科学出版社 .

任继周 . 2014. 草业科学概论[M]. 北京：科学出版社 .

苏德荣 . 2004. 草坪灌溉与排水工程学[M]. 北京：中国农业出版社 .

孙吉雄 . 2009. 草坪学[M]. 3 版 . 北京：中国农业出版社 .

徐庆国，张巨明 . 2014. 草坪学[M]. 北京：中国林业出版社 .

俞国胜，李敏，孙吉雄 . 1999. 草坪机械[M]. 北京：中国林业出版社 .

张自和，柴琦 . 2009. 草坪学通论[M]. 北京：科学出版社 .

Beard J B. 2002. Turf Management for Golf Courses [M]. 2nd ed. Michigan：Ann Arbor Press.

Evans R D C. 1994. Winter Games Pitches[M]. West Yorkshire：STRI.

Puhalla J C, Krans J V, and Goatley J M. 2010. Sports Fields：A Manual for Design, Construction and Maintenance[M]. 2nd ed. Michigan：Ann Arbor Press.